Fit fürs Studium

Statistik

+++ Benno Grabinger +++

Liebe Leserin, lieber Leser,

aus Gesprächen mit Lehrenden und Studierenden wissen wir: Jedes Studium setzt Inhalte aus dem »Schulstoff« voraus. Hat die Vorlesung einmal begonnen und ist der Takt vorgegeben, sollten diese Inhalte präsent sein, sonst wissen sich Hörer wie Dozenten nur schwer zu helfen.

Also heißt es: Wissenslücken vorab schließen. Damit das mit Schwung und ohne aufwändige Recherche gelingt, haben wir »Fit fürs Studium« im Programm. Es spielt keine Rolle, für welchen Studiengang oder für welchen Beruf Sie Statistik brauchen: Unser Autor führt Sie mit vielen anschaulichen Beispielen in alle wichtigen Themen ein. Die Daten und Fragestellungen stammen aus allgemeinverständlichen Bereichen – Sie rechnen mit Kirmeslosen, Gesundheitsangaben, Längen von Gegenständen oder Würfeln. Jedes Kapitel steigt mit einem konkreten Beispiel ein, das intuitiv zugänglich ist. Mit den Aufgaben lernen Sie nach und nach, die Theorie anzuwenden, mit der formalen Sprache umzugehen und immer mehr Berechnungen selbst durchzuführen.

Idealerweise arbeiten Sie das Buch von vorne nach hinten durch, denn die meisten Inhalte bauen aufeinander auf, wie es für die Mathematik typisch ist. Mit passenden Vorkenntnissen lassen sich die Kapitel aber auch einzeln lesen. Das bietet sich an, falls Sie nur an einem bestimmten Thema interessiert sind oder später noch einmal etwas nachlesen möchten. Wenn dann doch eine Voraussetzung nicht präsent sein sollte, helfen Ihnen die Querverweise auf nummerierte Abschnitte, Beispiele und Aufgaben.

Damit Sie mit Daten und Zusammenhängen experimentieren können, ohne viel tippen zu müssen, gibt es zu vielen Abschnitten Übungsmaterial zum Herunterladen. Scrollen Sie dazu auf der Seite zum Buch unter *https://www.rheinwerk-verlag.de/4391* etwas herunter bis zu den MATERIALIEN ZUM BUCH. Die Schaltfläche ZU DEN MATERIALIEN führt Sie zum Download.

Eine Anmerkung noch in eigener Sache: Wir möchten unsere Arbeit und unsere Bücher immer besser machen. Feedback und konstruktive Kritik sind uns deshalb sehr willkommen!

Ihre Almut Poll
Lektorat Rheinwerk Computing

almut.poll@rheinwerk-verlag.de
www.rheinwerk-verlag.de
Rheinwerk Verlag · Rheinwerkallee 4 · 53227 Bonn

Auf einen Blick

TEIL I   Deskriptive Statistik

1	Grundbegriffe der Statistik	16
2	Häufigkeitsverteilungen	30
3	Lügen mit Statistik	66
4	Lagemaßzahlen	80
5	Streuungsmaßzahlen	118
6	Mehrdimensionale Merkmale	136

TEIL II   Wahrscheinlichkeitsrechnung

7	Grundlagen der Wahrscheinlichkeitsrechnung	172
8	Spezielle Verteilungen	314

TEIL III   Beurteilende Statistik

9	Schätzen	404
10	Testen von Hypothesen	428

Wir hoffen, dass Sie Freude an diesem Buch haben und sich Ihre Erwartungen erfüllen. Ihre Anregungen und Kommentare sind uns jederzeit willkommen. Bitte bewerten Sie doch das Buch auf unserer Website unter **www.rheinwerk-verlag.de/feedback**.

An diesem Buch haben viele mitgewirkt, insbesondere:

Lektorat Almut Poll
Fachgutachten Johannes Schneider
Herstellung Melanie Zinsler, Norbert Englert
Korrektorat Joram Seewi
Einbandgestaltung Mai Loan Nguyen Duy
Titelbilder unsplash © joanna kosinska; iStock: 499629512 © Eva-Katalin, 509290786 © vgajic, 139887145 © Gloda
Typografie und Layout Christine Netzker
Satz SatzPro, Krefeld
Druck und Bindung Media-Print Informationstechnologie, Paderborn

Dieses Buch wurde gesetzt aus der TheAntiquaB (9,35/13,7 pt) in FrameMaker.
Gedruckt wurde es auf chlorfrei gebleichtem Offsetpapier (90 g/m²).
Hergestellt in Deutschland.

Das vorliegende Werk ist in all seinen Teilen urheberrechtlich geschützt. Alle Rechte vorbehalten, insbesondere das Recht der Übersetzung, des Vortrags, der Reproduktion, der Vervielfältigung auf fotomechanischen oder anderen Wegen und der Speicherung in elektronischen Medien.

Ungeachtet der Sorgfalt, die auf die Erstellung von Text, Abbildungen und Programmen verwendet wurde, können weder Verlag noch Autor, Herausgeber oder Übersetzer für mögliche Fehler und deren Folgen eine juristische Verantwortung oder irgendeine Haftung übernehmen.

Die in diesem Werk wiedergegebenen Gebrauchsnamen, Handelsnamen, Warenbezeichnungen usw. können auch ohne besondere Kennzeichnung Marken sein und als solche den gesetzlichen Bestimmungen unterliegen.

Bibliografische Information der Deutschen Nationalbibliothek:
Die Deutsche Nationalbibliothek verzeichnet diese Publikation in der Deutschen Nationalbibliografie; detaillierte bibliografische Daten sind im Internet über *http://dnb.d-nb.de* abrufbar.

ISBN 978-3-8362-4566-1

1. Auflage 2018
© Rheinwerk Verlag, Bonn 2018

Informationen zu unserem Verlag und Kontaktmöglichkeiten finden Sie auf unserer Verlagswebsite **www.rheinwerk-verlag.de**. Dort können Sie sich auch umfassend über unser aktuelles Programm informieren und unsere Bücher und E-Books bestellen.

Für Sara und Elisa

Inhalt

Über dieses Buch 12

TEIL I Deskriptive Statistik

1 Grundbegriffe der Statistik 16

1.1 Die Anfänge 17
1.2 Wichtige Begriffe 21
    1.2.1 Das Linda-Problem 22
    1.2.2 Merkmale und Merkmalsausprägungen 23
    1.2.3 Klassifikation von Merkmalen 24
    1.2.4 Zusammenfassung 27
1.3 Lösungen zu den Aufgaben 28

2 Häufigkeitsverteilungen 30

2.1 Darstellung qualitativer und ordinaler Daten 31
2.2 Das Summenzeichen 37
2.3 Darstellung quantitativ-diskreter Daten 41
2.4 Darstellung quantitativ-stetiger Daten 44
2.5 Empirische Verteilungsfunktionen 49
    2.5.1 Verteilungsfunktionen bei quantitativ-diskreten Merkmalen ... 49
    2.5.2 Verteilungsfunktionen bei quantitativ-stetigen Merkmalen 55
2.6 Überblick zur Verwendung graphischer Darstellungsformen 59
2.7 Lösungen zu den Aufgaben 60

3 Lügen mit Statistik ... 66

3.1	Manipulation graphischer Darstellungen	67
3.2	Losbuden und Krankenhäuser: Das Simpson-Paradoxon	70
3.3	Der wohlgewählte Mittelwert	78
3.4	Lösungen zu den Aufgaben	79

4 Lagemaßzahlen ... 80

4.1	Das arithmetische Mittel	81
4.1.1	Exkurs: Beweis der Minimalitätseigenschaft	87
4.1.2	Das gewichtete arithmetische Mittel	87
4.1.3	Das arithmetische Mittel klassierter Daten	90
4.2	Der Median	91
4.2.1	Der Median für quantitative Daten	91
4.2.2	Der Median für Rangmerkmale	96
4.3	Quantile und Boxplots	97
4.4	Der Modalwert	103
4.5	Arithmetisches Mittel, Median und Modalwert im Vergleich	105
4.6	Das geometrische Mittel	107
4.7	Das harmonische Mittel	109
4.8	Überblick zur Verwendung der Lagemaßzahlen	113
4.9	Lösungen zu den Aufgaben	114

5 Streuungsmaßzahlen ... 118

5.1	Spannweite und Quartilsabstand	121
5.2	Mittelwertabweichung, Medianabweichung, Varianz und Standardabweichung	123
5.3	Lösungen zu den Aufgaben	134

6 Mehrdimensionale Merkmale ... 136

- 6.1 Transformationen von Daten ... 137
- 6.2 Standardisierung von Daten ... 139
- 6.3 Korrelation ... 145
- 6.4 Lineare Regression ... 161
- 6.5 Lösungen zu den Aufgaben ... 168

TEIL II Wahrscheinlichkeitsrechnung

7 Grundlagen der Wahrscheinlichkeitsrechnung ... 172

- 7.1 Zufallsexperimente und Wahrscheinlichkeiten ... 173
  - 7.1.1 Laplace-Experimente ... 176
  - 7.1.2 Beliebige Zufallsexperimente ... 179
  - 7.1.3 Regeln für Wahrscheinlichkeiten ... 183
- 7.2 Das Empirische Gesetz der großen Zahlen ... 185
- 7.3 Die Produktregel ... 190
- 7.4 Geordnete Stichproben ... 192
  - 7.4.1 Geordnete Stichproben mit Zurücklegen ... 193
  - 7.4.2 Geordnete Stichproben ohne Zurücklegen ... 196
  - 7.4.3 Permutationen ... 197
- 7.5 Ungeordnete Stichproben ... 200
  - 7.5.1 Ungeordnete Stichproben ohne Zurücklegen ... 200
  - 7.5.2 Ungeordnete Stichproben mit Zurücklegen ... 207
- 7.6 Die Pfadregeln ... 211
  - 7.6.1 Die 1. Pfadregel ... 212
  - 7.6.2 Die 2. Pfadregel ... 215
- 7.7 Bedingte Wahrscheinlichkeiten ... 218
  - 7.7.1 Satz von der totalen Wahrscheinlichkeit ... 226
  - 7.7.2 Der Satz von Bayes ... 228
  - 7.7.3 Unabhängige Ereignisse ... 233
- 7.8 Zufallsvariablen ... 234
  - 7.8.1 Diskrete Zufallsvariablen mit endlich vielen Werten ... 237

	7.8.2	Diskrete Zufallsvariablen mit abzählbar unendlich vielen Werten	245
	7.8.3	Verteilungsfunktionen diskreter Zufallsvariablen	246
	7.8.4	Stetige Zufallsvariablen und ihre Verteilungsfunktionen	253
	7.8.5	Verknüpfung von Zufallsvariablen	261
	7.8.6	Unabhängige Zufallsvariablen	265
7.9	Erwartungswerte		268
	7.9.1	Der Erwartungswert für diskrete Zufallsvariablen	268
	7.9.2	Der Erwartungswert für stetige Zufallsvariablen	273
7.10	**Die Varianz**		274
7.11	**Die Ungleichung von Tschebyschew**		279
7.12	**Regeln für Erwartungswerte und Varianzen**		283
	7.12.1	Standardisierte Zufallsvariablen	291
7.13	**Rückblick**		293
7.14	**Lösungen zu den Aufgaben**		294

8 Spezielle Verteilungen ... 314

8.1	Die Bernoulli-Verteilung	315
8.2	Die diskrete Gleichverteilung	322
8.3	Die Binomialverteilung	326
8.4	Die Poisson-Verteilung	338
8.5	Die hypergeometrische Verteilung	346
8.6	Die geometrische Verteilung	352
8.7	Die stetige Gleichverteilung	357
8.8	Negativ exponentiell verteilte Zufallsvariablen	362
8.9	Die Normalverteilung und der zentrale Grenzwertsatz	363
8.10	Rechnen mit der Normalverteilung	377
8.11	Quantile und Perzentile	387
8.12	Die Normalapproximation der Binomialverteilung	390
8.13	Lösungen zu den Aufgaben	394

TEIL III Beurteilende Statistik

9 Schätzen ... 404

9.1 Schätzfunktionen und Stichprobenverteilungen ... 405
9.2 Eine Punktschätzung für den Erwartungswert ... 407
9.3 Ein Konfidenzintervall für den Erwartungswert ... 410
9.4 Schätzen des Parameters p einer Binomialverteilung ... 414
9.5 Umfang einer Stichprobe zur Schätzung des Erwartungswertes bei bekannter Standardabweichung ... 420
9.6 Umfang einer Stichprobe zur Schätzung eines Anteils ... 422
9.7 Lösungen zu den Aufgaben ... 425

10 Testen von Hypothesen ... 428

10.1 Grundbegriffe ... 429
    10.1.1 Hypothesen ... 429
    10.1.2 Fehler beim Testen ... 431
10.2 Der Binomialtest ... 435
10.3 Test für den Erwartungswert einer Grundgesamtheit ... 442
10.4 Test bezüglich der unbekannten Differenz zweier Erwartungswerte ... 449
10.5 Der Wilcoxon-Zwei-Stichproben-Test ... 453
10.6 Nachwort ... 465
10.7 Lösungen zu den Aufgaben ... 465

Anhang

A   Tabelle der Standardnormalverteilung ... 468
B   Literaturverzeichnis und Weblinks ... 470

Index ... 473

Über dieses Buch

Die Situation

Löst das Wort »Statistik« bei Ihnen Panik aus, besonders dann, wenn Sie feststellen müssen, dass Statistik ein Bestandteil Ihres Studiums ist und Ihnen die Grundlagen aus der Schulzeit fehlen?

Neben Mathematik, Wirtschaftswissenschaften und Naturwissenschaften sind auch Psychologie, Soziologie, Medizin, Pädagogik und Geowissenschaften typische Beispiele für Studiengänge, in denen ein Statistikkurs Bestandteil der Studienordnung ist.

Können Sie mit Begriffen wie Zufallsvariable, Wahrscheinlichkeitsverteilung, Korrelation, Punktschätzung und Hypothesentests wenig oder gar nichts verbinden, und wissen Sie aber, dass diese Begriffe Grundvoraussetzung für eine erfolgreiche Bewältigung eines Statistikkurses sind? Dann sollten Sie nicht gleich einen Studienfachwechsel oder gar den Abbruch des Studiums in Erwägung ziehen. Schöpfen Sie lieber Mut aus den Worten von René Descartes (1596–1650, Philosoph, Mathematiker und Naturwissenschaftler), der sagte: »Ich glaube, dass selbst zur Entdeckung der schwierigsten Wahrheiten, wenn man nur richtig geleitet wird, nichts als der gesunde Menschenverstand erforderlich ist.« Den gesunden Menschenverstand besitzen Sie, weil Sie sich die Zulassung für ein Studium erarbeitet haben. Nach Descartes fehlt dann nur noch die richtige Anleitung. Dazu macht Ihnen dieses Buch mit seinen vielen anschaulichen Beispielen und dem niedrigen Einstiegsniveau ein Angebot. Wenn Sie weiterlesen, erfahren Sie, wie dieses aussieht.

Was Sie erwartet

Dieses Buch soll Ihnen die Grundbegriffe von Statistik und Wahrscheinlichkeitsrechnung nahebringen, die erforderlich sind, damit Sie sich erfolgreich auf einen Statistikkurs vorbereiten können. Um jegliches Missverständnis zu vermeiden, muss deutlich gesagt werden, dass dieses Buch Ihren Statistikkurs nicht vorwegnimmt, sondern Ihnen nur die Voraussetzung liefert, diesen erfolgreich zu absolvieren.

Das Buch gliedert sich in drei Hauptteile. Im ersten Teil, der »deskriptiven Statistik«, erfahren Sie, wie man erhobene Daten durch geeignete Kennzahlen wie z. B. Mittelwerte verdichtet und wie man diese Daten dann übersichtlich darstellt. Die Inhalte des zweiten Teils, »Wahrscheinlichkeitsrechnung«, fungieren als Bindeglied, da im dritten Teil Wahrscheinlichkeitsrechnung erforderlich ist. Im Wesentlichen stellt dieser zweite Teil die Inhalte dar, welche Sie aus dem Schulunterricht kennen sollten, sodass Sie sich gezielt mit den Abschnitten beschäftigen können, die Ihnen weniger vertraut sind. Der dritte Teil, die »beurteilende Statistik«, soll Ihnen die Grundlagen des Schätzens und Testens an grundlegenden Beispielen verständlich machen.

Wie das Buch aufgebaut ist

Für alle in diesem Buch behandelten Themen gibt es eine gemeinsame Vorgehensweise. Als Ausgangspunkt wird stets ein Beispiel, oft mit realen Daten, gewählt. An diesem Beispiel werden die wesentlichen das Problem betreffenden Punkte herausgearbeitet. Es erfolgt dann eine Verallgemeinerung der erkannten Strukturen. Dabei wird oft, dem Charakter dieses Buches angemessen, auf eine exakte mathematische Behandlung verzichtet und dafür mehr Wert auf einen anschaulichen Zugang gelegt. Es schließen sich Beispiele und Aufgaben an, die das Problem an einer ähnlichen Situation und unter einem leicht veränderten Blickwinkel verdeutlichen. Die Aufgaben sollen Ihnen dazu dienen, zu überprüfen, ob Sie die Problematik erfasst haben und ob Sie die erarbeiteten Begriffe selbst anwenden können. Sie finden die Lösungen der Aufgaben jeweils am Ende des Kapitels. Das erfordert von Ihnen allerdings die Disziplin, nicht gleich die Lösung zu lesen, sondern sich an der Aufgabe erst selbst zu versuchen. Diese Selbsttätigkeit ist für das Lernen von Mathematik stets erforderlich.

Bei komplexeren Rechnungen erhalten Sie dadurch Hilfe, dass Ihnen unter dem Hinweis »*So berechnen Sie...*« die Teile der Rechnung in leicht durchführbaren Einzelschritten präsentiert werden. An dieses Schema können Sie sich halten, wenn Sie unsicher sind.

Am Ende eines jeden Abschnittes finden Sie die Rubrik »*Was Sie wissen sollten*«. Darin sind die wichtigsten Lernziele des letzten Abschnittes aufgeführt, und Sie können damit überprüfen, wie fit Sie schon sind.

Welche Voraussetzungen müssen Sie mitbringen?

Mit der Bruchrechnung sollten Sie sich auskennen, und auch Prozente sollten Ihnen nicht unbekannt sein. Aus dem Bereich der sogenannten Analysis sollte Ihnen die Euler'sche Zahl *e* bekannt sein, besser noch die darauf beruhende natürliche Exponentialfunktion. Aus der Integralrechnung reicht es, wenn Sie ein bestimmtes Integral als Flächeninhalt interpretieren können, ohne dass Sie selbst Integrale berechnen müssen. Womit Sie sich auf jeden Fall noch befassen müssen, ist das »Summenzeichen«, das Sie aus dem Schulunterricht wahrscheinlich nicht kennen. Sie benötigen es zum Lesen dieses Buches und für Ihren Statistikkurs. Um Ihnen dabei zu helfen, sich mit diesem Zeichen vertraut zu machen, beschäftigt sich ein eigener Abschnitt des Buches mit dem Summenzeichen und liefert Ihnen eine Reihe von Beispielen und Aufgaben.

Excel-Dateien

Zu diesem Buch gehören 33 Excel-Tabellenkalkulationsblätter, die Sie auch mit Open-Office lesen können sollten. Mit diesen Dateien können Sie Simulationen und Beispiele, die im Buch beschrieben sind, nachvollziehen und damit besser verstehen. Im Text des Buches wird jeweils darauf hingewiesen, wann Sie ein Tabellenblatt sinnvoll einsetzen können. Sie sind in Arbeitsmappen mit den Dateinamen *1.xlsx*, ..., *8.xlsx* zusammengefasst. Dabei beziehen sich die Nummern auf die Kapitel im Buch. Außerdem gibt es die Mappe *Tabellen.xlsx*, welche interaktive Tabellen zu folgenden Verteilungen enthält: Binomialverteilung, Poisson-Verteilung, Hypergeometrische Verteilung, Geometrische Verteilung, Normalverteilung und Wilcoxon-Verteilung. Mit diesen Tabellen können Sie leicht Wahrscheinlichkeiten zu den einzelnen Verteilungen berechnen lassen, deshalb beschränkt sich der Tabellenanhang des Buches auf die Standardnormalverteilung. Sämtliche Dateien enthalten Hinweise zur korrekten Verwendung. Außerdem sind alle Dateien schreibgeschützt, sodass auch ein ungeübter Nutzer nichts »zerstören« kann. Weil der Schreibschutz nicht passwortgeschützt ist, können Experten diesen auch entfernen und die Datei ihren Bedürfnissen anpassen. Die Dateien helfen Ihnen sicher beim Studium des Buches und bei eigenen Rechnungen, trotzdem wird darauf hingewiesen, dass es sich nicht um professionell erstellte Dateien handelt, sondern um Dateien, die parallel zum Schreiben dieses Buches entstanden sind.

Danksagung

Für den familiären Rückhalt während meiner Schreibphase bedanke ich mich bei meiner Ehefrau Hildegard, die in dieser Zeit manches ertragen musste. Bei den Mitarbeitern des Rheinwerk Verlags, allen voran bei meinen Lektorinnen Almut Poll und Anne Scheibe, bedanke ich mich für die vielfältige Unterstützung.

TEIL I
Deskriptive Statistik

Kapitel 1

Grundbegriffe der Statistik

Wir werfen einen Blick auf die Anfänge der Statistik und klären wichtige Begriffe. Erste Beispiele werden diskutiert und erläutert. Außerdem bekommen Sie einen Überblick darüber, wie sich das Gebiet der Statistik heute gliedert und welche Teilgebiete es umfasst.

1.1 Die Anfänge

Es begab sich aber zu der Zeit, dass ein Gebot von dem Kaiser Augustus ausging, dass alle Welt geschätzt würde. Und diese Schätzung war die allererste und geschah zu der Zeit, da Cyrenius Landpfleger von Syrien war. Und jedermann ging, dass er sich schätzen ließe, ein jeglicher in seine Stadt.

Da machte sich auch auf Joseph aus Galiläa, aus der Stadt Nazareth, in das jüdische Land zur Stadt Davids, die da heißt Bethlehem, darum dass er von dem Hause und Geschlechte Davids war, auf dass er sich schätzen ließe mit Maria, seinem vertrauten Weibe, die ward schwanger.

Im neuen Testament findet man diesen Text bei Lukas 2, 1–5. Es handelt sich um die Erwähnung einer vom römischen Kaiser Augustus befohlenen Volkszählung. Diese wurde von Publius Sulpicius Quirinius (Cyrenius), dem wichtigsten Statthalter Roms im Osten, angeordnet. Jeder musste sich an seinem Herkunftsort in die Steuerlisten eintragen lassen. Nach dem Bericht von Lukas war es dieser Befehl, der Josef und Maria zur Reise nach Bethlehem führte.

Volkszählungen (census) gab es seit dem 5. Jahrhundert v. Chr. im Römischen Reich regelmäßig. Sie dienten unter anderem zur Vermögensschätzung der Bürger und als Unterlage zur Musterung für das Heer. Der Begriff *Zensus* für Totalerhebungen wurde in unsere heutige Statistik übernommen. Statistische Erhebungen von Bevölkerungszahlen sind auch aus China ca. 2000 v. Chr. bekannt. In Ägypten wurden ebenfalls schon um 2700 v. Chr. Bevölkerungszahlen für Steuerzwecke erhoben. Davon zeugen Zensus-Papyri aus pharaonischer Zeit. So gibt es einen Papyrus, heute im Besitz des Britischen Museums London, der aus Theben stammt und eine Aufstellung von Häusern und deren Haushaltsvorstehern enthält [KRS].

Von Inschriften ist bekannt, dass die Ägypter ausführliche Statistiken über die Flut des Nils führten. Jedes Jahr im Juli stieg der Nil an. Erreichte er eine bestimmte Höhe, dann wurden die Dämme durchstochen, sodass sich das Wasser mit dem fruchtbaren Schlamm auf den Feldern verteilte. Nach Ablauf des Wassers konnten die Felder neu eingesät werden. Nach diesen jährlichen Überschwemmungen mussten auf Grundlage der alten Besitzverhältnisse eine neue gerechte Vermessung und Verteilung der Felder erfolgen.

Abbildung 1.1 Fruchtbares Niltal

Im Mittelalter gab es nur vereinzelte Ansätze zu Volkszählungen. Sie dienten hauptsächlich der Erfassung wehrfähiger Männer. Im Deutschen Kaiserreich wurden dann ab 1871 im Fünfjahreszyklus Volkszählungen durchgeführt.

Die letzte in Deutschland durchgeführte Volkszählung fand im Jahr 2011 statt. Jährlich wird von den Statistischen Landesämtern der sogenannte *Mikrozensus* durchgeführt. Für diese statistische Erhebung wird 1 % der Privathaushalte in Deutschland ausgewählt. Diese Haushalte werden stellvertretend für die gesamte Bevölkerung befragt. Die Auswahl dieser Haushalte geschieht nicht willkürlich, sondern nach statistischen Regeln, um zu gewährleisten, dass eine sogenannte *repräsentative Stichprobe* vorliegt. Deshalb kann auch kein Ausgewählter von der Auskunftspflicht befreit werden, auch nicht, wenn alters- oder krankheitsbedingte Umstände vorliegen. Damit ist gewährleistet, dass alle Bevölkerungsgruppen in der Stichprobe gleichmäßig vertreten sind. Die erhobenen Daten bilden die Grundlage für viele Entscheidungen im Bereich des öffentlichen Lebens. Der Bedarf an Kindergartenplätzen, Schulen und Krankenhäusern wird ebenso daraus geschätzt wie die Nachfrage an Wohnraum.

Am Beispiel des Mikrozensus lassen sich die Aufgaben der Statistik erkennen: Es werden **Daten aus der Wirklichkeit erfasst und durch geeignete Kennzahlen wie z. B. Mittelwerte verdichtet**. Mit Diagrammen werden diese Daten dann übersichtlich dargestellt. Im Groben ist das die Aufgabe der *beschreibenden (deskriptiven) Statistik*. Was sich aus den Diagrammen augenscheinlich aufdrängt, z. B. Unterschiede zwischen verschiedenen untersuchten Gruppen, führt dann zu Hypothesen, die getestet werden müssen. Dazu sind Methoden der Wahrscheinlichkeitsrechnung erforderlich. Dieses Teilgebiet der Statistik heißt *schließende* oder *induktive Statistik*.

Deskriptive und induktive Statistik

Deskriptive Statistik ist die **Erhebung und Betrachtung** von Daten.

Induktive Statistik bedeutet, dass aus den erhobenen Daten **Schlüsse gezogen** werden. Zum Beispiel sollen aus den Daten Schätzwerte abgeleitet werden, oder es sollen anhand der Daten **Hypothesen** getestet werden.

Das folgende Beispiel zeigt eine typische Aufgabenstellung der beschreibenden Statistik.

Aufgabe 1: Drogeriemarkt-Umsätze

Eine Drogeriemarktkette besteht aus 17 Filialen. Die jährlichen Umsätze der einzelnen Filialen in der Einheit 100.000 € sind: 5,25; 6,15; 5,67; 1,365; 4,2; 6,84; 1,095; 4,725; 3,6; 4,8; 2,7; 2,64; 1,02; 1,47; 2,01; 4,425; 3,1.

Zur besseren Übersichtlichkeit sollen verschiedene Parameter gebildet werden.

a) Gesamtumsatz aller Filialen

b) Der mittlere Umsatz (arithmetisches Mittel)

c) Der Umsatz der drei kleinsten und der Umsatz der drei größten Filialen

d) Für die Klasseneinteilung [0; 1), [1; 2), [2; 3), [3; 4), [4; 5), [5; 6), [6; 7), ebenfalls in der Einheit 100.000 €, soll ermittelt werden, wie viele Filialen zu jeder der Klassen gehören. Bei der Schreibweise soll die eckige Klammer andeuten, dass der danebenstehende Wert zur Klasse gehört, die runde Klammer hingegen besagt, dass der danebenstehende Wert *nicht* zur Klasse gehört.

Gehen Sie diese Fragestellungen nun der Reihe nach an.

Schauen Sie am Ende des Kapitels nach, ob Ihre Lösungen richtig sind.

Sie haben in Teilaufgabe d) die Häufigkeiten der einzelnen Klassen ermittelt. Um diese Häufigkeiten graphisch darzustellen, kann man ein *Säulendiagramm* zeichnen. Dazu werden auf der *x*-Achse die Klassen aufgetragen. Über jeder Klasse werden in Form einer Säule die Häufigkeiten aufgetragen. Dabei gibt die Säulenlänge die Häufigkeit der Ausprägung an, d. h. die Anzahl der Elemente, welche in die betreffende Klasse fallen. In

Kapitel 2, »Häufigkeitsverteilungen«, erfahren Sie mehr zur Verwendung von Säulendiagrammen.

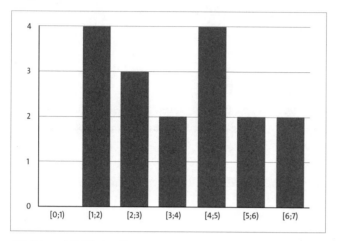

Abbildung 1.2 Säulendiagramm

Beispiel 1: Frauenanteil an einem Seminar

Zu einem Seminar melden sich 7 Frauen und 3 Männer an. Kann der hohe Frauenanteil durch Zufall erklärt werden, oder gibt es dafür andere Ursachen wie z. B. eine größere Beliebtheit des Seminarthemas bei Frauen?

Diese Fragestellung muss man der induktiven Statistik zurechnen. Gleichwohl kann man das Beispiel auch ohne induktive Statistik angehen. Dazu simuliert man 1.000 Mal je 10 Anmeldungen zu einem Seminar. Jede Anmeldung soll mit gleicher Wahrscheinlichkeit ein männlicher oder ein weiblicher Teilnehmer sein können. Aus der Simulation kann man den Prozentsatz der Simulationen mit 7 oder mehr weiblichen Anmeldungen bestimmen.

Die folgende Abbildung zeigt eine solche Simulation. Männlich und weiblich ist durch *m* und *w* abgekürzt. In jeder Zeile werden 10 Anmeldungen simuliert. Abgebildet sind die ersten 5 der 1.000 Simulationen. In dieser speziellen Simulation ergaben sich 181 Fälle mit 7 oder mehr weiblichen Teilnehmern, das sind 18,1 %.

1	2	3	4	5	6	7	8	9	10	Anzahl w	Anzahl w>6	in %
w	w	m	m	m	m	w	m	w	w	5	181	18,1
w	m	w	m	w	w	w	m	w	w	7		
m	w	w	w	w	w	m	w	m	m	6		
w	w	w	m	w	m	w	w	w	m	7		
w	m	w	m	m	m	w	m	w	m	4		

Abbildung 1.3 Simulation

Weitere Simulationen liefern ähnliche Werte. Wenn ein Ereignis in ca. 18,1 % aller Fälle eintritt, dann kann man es nicht als ungewöhnlich bezeichnen, denn das Ereignis tritt dann etwa in jeder 5. Simulation auf. Das im letzten Beispiel beobachtete Ergebnis ist daher auch durch Zufallsgeschehen erklärbar. Mit der Datei »*1.1 Simulation*« können Sie solche Simulationen selbst durchführen.

> **Übungsdateien zu diesem Buch**
>
> Für viele der Beispiele in diesem Buch stehen Excel-Dateien für Sie zur Verfügung, mit denen Sie Simulationen durchführen und mit passendem Datenmaterial praktisch arbeiten können.
>
> Um sie herunterzuladen, scrollen Sie auf der Webseite zum Buch unter *https://www.rheinwerk-verlag.de/4391* etwas herunter bis zu den MATERIALIEN ZUM BUCH und verwenden Sie den Link ZU DEN MATERIALIEN.

Hätte die zuvor betrachtete Simulation zu einem Ergebnis geführt, das sich nicht durch ein Zufallsgeschehen beschreiben lässt, dann wäre natürlich noch nicht klar, aus welchen Gründen der Frauenanteil erhöht ist.

> **Was Sie wissen sollten**
>
> Sie sollten die Aufgabenfelder der beschreibenden und die der schließenden Statistik kennen.

1.2 Wichtige Begriffe

Jede Wissenschaft, die hinreichend weit gekommen ist, benötigt ihre eigene Fachsprache – nicht als Selbstzweck, sondern um die untersuchten Fragen und Probleme exakt beschreiben und zuordnen zu können. Zusätzlich spart eine präzise Fachsprache auch Zeit, weil Sachverhalte ohne Informationsverlust knapper dargestellt werden können. Für die Statistik sind unter anderem die Begriffe *Grundgesamtheit*, *Merkmal*, *Merkmalsträger* und *Merkmalsausprägung* grundlegend. Am Beispiel des Linda-Problems werden diese Begriffe eingeführt. Für die Merkmale wird eine Klassifizierung eingeführt.

1.2.1 Das Linda-Problem

»Linda ist 31 Jahre alt, unverheiratet, freimütig und intelligent. Sie hat während ihres Studiums Seminare in Philosophie belegt, interessierte sich als Studentin sehr für Diskriminierung und soziale Ungerechtigkeit und nahm an Demonstrationen gegen Atomwaffen teil.«

Die Kognitionspsychologen Daniel Kahneman und Amos Tversky legten in den 1980er Jahren diese Beschreibung von Linda vielen Versuchspersonen vor. Die Probanden wurden dann gefragt, welche der folgenden Aussagen nach dieser Beschreibung wahrscheinlicher ist:

a) Linda ist bei einer Bank angestellt.

b) Linda ist bei einer Bank angestellt und aktive Feministin.

Die meisten Menschen entscheiden sich für Alternative b) und liegen damit falsch. Kahneman und Tversky legten diese Frage auch Doktoranden des Studiengangs Entscheidungswissenschaft der Stanford Graduate School of Business vor, von denen alle Lehrveranstaltungen zur Wahrscheinlichkeitsrechnung und Statistik besucht hatten. 85 % dieser Probanden hielten »feministische Bankangestellte« für wahrscheinlicher als »Bankangestellte« [KAH].

Der Grund für diese Fehleinschätzung ist, dass unser intuitives Denken ein Faible für plausible Geschichten hat. Je überzeugender eine Geschichte geschildert wird, desto größer ist die Gefahr des hier auftretenden Denkfehlers. Die übliche Bankangestellte ist keine Feministin. Ergänzt man aber das Detail »feministisch« zu »Bankangestellte« – und genau das macht unser Gehirn, ohne uns weiter danach zu fragen –, dann erhält man eine zu den Eingangsinformationen über Linda passende Geschichte.

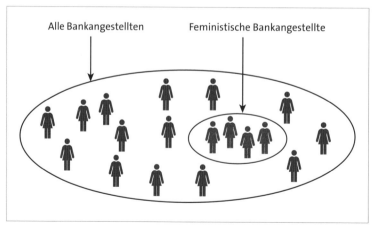

Abbildung 1.4 Grundgesamtheit im Linda-Problem

Warum aber ist Aussage b) weniger wahrscheinlich? Stellt man sich die Menge aller weiblichen Bankangestellten als Mengendiagramm vor, dann enthält diese Menge die feministischen Bankangestellten als Teilmenge.

Jetzt ist es einsichtig, dass man bei einer zufälligen Auswahl eher eine »Bankangestellte« als eine »feministische Bankangestellte« erhält. Es liegt hier eine immer wieder vorkommende Fehleinschätzung der sogenannten *Grundgesamtheit* vor. Die Grundgesamtheit (auch *Population* oder *statistische Masse*) ist die Menge der »Untersuchungsobjekte«, von denen eine statistische Analyse gemacht werden soll.

1.2.2 Merkmale und Merkmalsausprägungen

Als *Merkmale* bezeichnet man in der Statistik die Eigenschaften, die von Interesse sind und die beobachtet werden sollen. Betrachtet man z. B. als *Grundgesamtheit* alle Schüler an deutschen Gymnasien im Schuljahr 2013/2014 – das sind 2.329.990 Schülerinnen und Schüler [STA15] –, dann ist die »Staatsangehörigkeit« ein Merkmal. Das »Geschlecht« ist in diesem Beispiel ein weiteres Merkmal.

Ein Merkmal kann verschiedene *Werte* annehmen. So sind »deutsch« und »italienisch« Werte, welche das Merkmal »Staatsangehörigkeit« annehmen kann. Das Merkmal »Geschlecht« kann üblicherweise die Werte »männlich« und »weiblich« annehmen. Solche Realisierungen eine Merkmals bezeichnet man in der Statistik als *Merkmalsausprägungen*. Ein paar Beispiele sehen Sie in Tabelle 1.1.

Grundgesamtheit	Merkmal	Merkmalsausprägungen
Deutsche Städte	Bevölkerung	Insgesamt, männlich, weiblich
Seen in Deutschland mit einer Spiegelfläche über 6 km²	Tiefste Stelle in m	Natürliche Zahlen von 1 bis 300
Schwerbehinderte Menschen	Grad der Behinderung	50, 60, 70, 80, 90, 100
Männliche Personen ab 65 Jahren	Internetaktivitäten	E-Mails, Soziale Netzwerke, Online Banking, Suche, ...

Tabelle 1.1 Beispiele zu Merkmalen und ihren Ausprägungen

Um Aussagen über das Vorkommen bestimmter Merkmalsausprägungen in der Grundgesamtheit zu machen, ist es meist nicht möglich, eine *Totalerhebung*, bei der man die komplette Grundgesamtheit untersucht, durchzuführen. Vielmehr wählt man eine

Teilmenge der Grundgesamtheit aus, die *Stichprobe*. Eine solche Stichprobe sollte *repräsentativ* sein, d. h. sie sollte ein Abbild der Grundgesamtheit sein. Strukturmerkmale wie Einkommen, Geschlecht, Religion und Alter sollten in der Stichprobe und in der Grundgesamtheit gleich vertreten sein. Um das zu erreichen, wählt man die Elemente der Stichprobe zufällig aus der Grundgesamtheit aus. Dadurch hat jedes Element der Grundgesamtheit die gleiche Chance, in die Stichprobe zu gelangen. Man spricht dann von einer *Zufallsstichprobe*.

Manchmal ist eine Zufallsstichprobe aber auch ungeeignet. Will man beispielsweise die Studiendauer von Studentinnen und Studenten des Faches »Deutsch Lehramt« vergleichen und dabei gleich viele Männer wie Frauen befragen, eignet sich eine einer Zufallsstichprobe nicht: Der Frauenanteil in der Stichprobe wäre zu hoch, denn in diesem Studiengang studieren mehr Frauen als Männer. In solchen Situationen setzt man *Quotenstichproben* ein. Dabei werden die Elemente der Stichprobe bewusst ausgewählt, um im angegebenen Beispiel gleich viel Männer und Frauen in der Stichprobe zu haben. Es werden also so lange Elemente aus der Grundgesamtheit gezogen, bis die gewünschte Quote erreicht ist.

Die Quotenstichprobe ist nicht zu verwechseln mit der *geschichteten Zufallsstichprobe*. Bei dieser wird die Grundgesamtheit in einzelne Schichten eingeteilt, und aus jeder Schicht wird dann eine Zufallsstichprobe gezogen. Alle Zufallsstichproben werden dann zusammengeführt. Soll z. B. ermittelt werden, wie zufrieden die Bundesbürger mit ihrer Landesregierung sind, dann ist es naheliegend, die einzelnen Bundesländer als Schichten zu wählen, aus jedem Bundesland eine Zufallsstichprobe zu wählen und diese Stichproben dann zusammenzulegen. Damit ist gewährleistet, dass auch Bürger aus kleineren Bundesländern in der Stichprobe vorkommen.

1.2.3 Klassifikation von Merkmalen

Merkmale lassen sich aufgrund der Art der Merkmalsausprägung klassifizieren. So besitzt das Merkmal »Konfession« Merkmalsausprägungen wie katholisch, evangelisch, jüdisch, muslimisch usw., die nicht messbar, d. h. nicht zahlenmäßig vergleichbar sind. Es lässt sich auch keine Rangordnung innerhalb der Merkmalsausprägungen herstellen. Ein solches Merkmal wird *qualitativ* genannt. Bei qualitativen Merkmalen sind die Merkmalsausprägungen durch verbale Ausdrücke gegeben. Das Merkmal »Note« in einer Klassenarbeit hat die Ausprägungen sehr gut, gut, befriedigend, ausreichend, mangelhaft und ungenügend. Hier ist eine Rangfolge vorgegeben. Den Abständen zwischen den Notenstufen entsprechen jedoch nicht gleiche Abstände zwischen den Leistungen. Man kann nicht sagen, dass die Note drei doppelt so gut wie die Note sechs ist.

Auch werden unterschiedliche Leistungen oft in derselben Notenstufe zusammengefasst. Die Noten repräsentieren daher nur die Rangfolge der zugeordneten Schüler. Wegen dieser Rangfolge sind Noten deshalb mehr als ein qualitatives Merkmal. Sie sind ein typisches Beispiel für ein *Rangmerkmal*.

Qualitatives Merkmal

Die Merkmalsausprägungen werden **verbal** und nicht durch Zahlen beschrieben.

Rangmerkmal

Die Merkmalsausprägungen können in eine Reihenfolge gebracht werden.

Quantitatives Merkmal

Die Merkmalsausprägungen sind Zahlen. Falls sich die Menge der Merkmalsausprägungen abzählen lässt, so liegt ein diskretes Merkmal vor, ansonsten ein stetiges Merkmal.

Quantitative Merkmale besitzen als Merkmalsausprägung reelle Zahlen. Wenn nur isolierte Zahlenwerte auftreten können, wie z. B. bei der Anzahl der Personen in einem Haushalt oder bei der Kinderzahl in einer Familie, dann spricht man von einem *quantitativ-diskreten* Merkmal. Für *quantitativ-stetige* Merkmale nehmen die Merkmalsausprägungen Werte aus einem Intervall reeller Zahlen an. Beispiele sind Körpergröße, Gewicht oder die zeitliche Dauer eines Telefongesprächs. Genauer lassen sich diskrete und stetige Merkmale mit dem Begriff der *Abzählbarkeit* beschreiben.

Abzählbarkeit

Man nennt eine Menge abzählbar, wenn sie aus endlich vielen Elementen besteht oder wenn sie sich mit den natürlichen Zahlen durchnummerieren lässt. Im letzten Fall sagt man dann, dass die Menge abzählbar unendlich ist.

Beispiele für abzählbar unendliche Mengen sind die Menge aller Bruchzahlen oder die Menge der ganzen Zahlen. *Nicht* abzählbar sind die Menge der reellen Zahlen oder auch jedes Intervall $[a, b]$ reeller Zahlen.

Diskretes Merkmal

Diskrete Merkmale sind dadurch gekennzeichnet, dass die Menge ihrer Merkmalsausprägungen **abzählbar** ist.

Stetiges Merkmal

Ein stetiges Merkmal liegt dann vor, wenn die Menge der Merkmalsausprägungen nicht abzählbar ist.

Oft wird bei der Klassifikation der Merkmale nach Art der Skalen unterschieden, die durch die Merkmalausprägungen gebildet werden. Bei qualitativen Merkmalen spricht man von einer *Nominalskala*. Rangmerkmale werden durch *Rangskalen* (oder *Ordinalskalen*) beschrieben. Quantitative Merkmale erzeugen mit ihren Ausprägungen *Kardinalskalen*. Dabei unterscheidet man *Intervallskalen* und *Verhältnisskalen*. Dazu im Folgenden ein paar Beispiele.

»Geschlecht«, »Warenart«, »Blutgruppe (A, B, AB, 0)« und »Studienfach« sind qualitative Merkmale und werden durch eine *Nominalskala* beschrieben. Es gibt keine Reihenfolge der Merkmalsausprägungen. Man kann nur feststellen, ob einzelne Werte gleich oder verschieden sind.

»Platzierung in einem Sportwettbewerb«, »Güteklasse bei Eiern«, »Kleidergröße (S, M, L, XL)« sind Rangmerkmale. Für sie existieren Rangordnungen. Auf einer Ordinalskala können die Merkmalsausprägungen in eine Reihenfolge gebracht werden.

Bei einer Intervallskala liegt nicht nur eine Rangordnung vor, sondern es lässt sich auch der Abstand zwischen Merkmalsausprägungen messen. Beispiele sind »Jahreszahl«, »Datumsangabe« und »Temperatur in Grad Celsius«. Diese Merkmale haben keinen natürlichen Nullpunkt. Der Nullpunkt auf diesen Skalen wurde willkürlich festgelegt (z. B. Schmelzpunkt des Wassers). Deshalb lassen sich zwar Abstände messen, aber keine Verhältnisse bilden. Eine Aussage wie »Heute ist es 5 Grad Celsius wärmer als gestern« ist sinnvoll. Dagegen kann man nicht sagen, dass es bei 10 Grad Celsius doppelt so warm wie bei 5 Grad Celsius wäre. Das sieht man spätestens dann ein, wenn man die Temperaturen in Grad Fahrenheit umwandelt. 5 Grad Celsius entsprechen 41 Grad Fahrenheit, und 10 Grad Celsius entsprechen 50 Grad Fahrenheit. In dieser Skala erscheint die höhere Temperatur nicht als das Doppelte der niedrigen Temperatur. Näheres zur Umrechnung von Grad Celsius in Grad Fahrenheit erfahren Sie in Abschnitt 6.1 ,»Transformationen von Daten«. Einen natürlichen Nullpunkt besitzen z. B. »Kontostand«, »absolute Temperatur in Kelvin« und »Einkommen«. Diese Merkmale werden mit *Ver-*

hältnisskalen beschrieben. Hier kann es sinnvoll sein, beispielsweise von einer Verdopplung des Einkommens zu sprechen. In der folgenden Tabelle sind die verschiedenen Skalen und ihre Eigenschaften zusammengestellt. Außerdem sind Beispiele angegeben und die Rechenoperationen, die man mit den Merkmalsauspägungen durchführen kann.

	Qualitative Merkmale – Nominalskala	Rangmerkmale – Ordinalskala	Quantitative Merkmale – Intervallskala	Quantitative Merkmale – Verhältnisskala
Eigenschaften	Merkmalsausprägungen lassen sich nicht ordnen	Merkmalsausprägungen lassen sich ordnen	Kein natürlicher Nullpunkt vorhanden	Natürlicher Nullpunkt vorhanden
Beispiel	Farbe	Noten	Intelligenzquotient	Alter
Mögliche Operationen	$=, \neq$	$=, \neq, <, >$	$=, \neq, <, >,$ $+, -$	$=, \neq, <, >,$ $+, -, \cdot, /$

Tabelle 1.2 Skalen und ihre Eigenschaften

Aufgabe 2: Merkmale klassifizieren

Klassifizieren Sie die folgenden Merkmale. Die Klassifikationsgruppen sind: qualitatives Merkmal, Rangmerkmal, quantitativ-diskretes Merkmal und quantitativ-stetiges Merkmal.

Familienstand, gerauchte Zigaretten pro Tag, Güteklasse von Obstsorten, Sehstärke in Dioptrien, Tageshöchsttemperatur, Geburtsland.

1.2.4 Zusammenfassung

Im Rahmen eine Datenerhebung sind folgende Begriffe wesentlich:

- *Grundgesamtheit*: Die Menge aller Merkmalsträger
- *Stichprobe*: Eine Teilmenge der Grundgesamtheit, die untersucht wird

- *Merkmalsträger*: Die Objekte der Grundgesamtheit
- *Merkmal*: Die interessierenden Eigenschaften der Merkmalsträger
- *Merkmalsausprägung*: Die Realisierungen eines Merkmals

Die Einteilung von Merkmalen erfolgt in *qualitative Merkmale*, *Rangmerkmale* und *quantitative* Merkmale. Bei den quantitativen Merkmalen werden *diskrete* und *stetige* Merkmale unterschieden.

> **Was Sie wissen sollten**
>
> Sie sollten die in diesem Kapitel aufgezählten Grundbegriffe der beschreibenden Statistik kennen.

1.3 Lösungen zu den Aufgaben

Aufgabe 1: Drogeriemarkt-Umsätze

a) Um den Gesamtumsatz zu ermitteln, addiert man die vorliegenden Zahlen. Es ergibt sich 61,06.

b) Das arithmetische Mittel erhält man, indem man die Summe aller Daten durch die Anzahl der Daten teilt: 61,06 / 17 ≈ 3,59

c) Dazu ist es sinnvoll, die Liste der Umsätze der Größe nach zu sortieren:

d) 1,02; 1,095; 1,365; 1,47; 2,01; 2,64; 2,7; 3,1; 3,6; 4,2; 4,425; 4,725; 4,8; 5,25; 5,67; 6,15; 6,84

Aus der sortierten Liste kann man die drei kleinsten (1,02; 1,095; 1,365) und die drei größten (5,67; 6,15; 6,84) Umsätze ermitteln.

Klassen	Häufigkeiten
[0; 1)	0
[1; 2)	4
[2; 3)	3
[3; 4)	2
[4; 5)	4

Tabelle 1.3 Klassen und ihre Häufigkeiten

Klassen	Häufigkeiten
[5; 6)	2
[6; 7)	2

Tabelle 1.3 Klassen und ihre Häufigkeiten (Forts.)

Aufgabe 2: Merkmale klassifizieren

Merkmal	Klassifikation
Familienstand	qualitativ
gerauchte Zigaretten pro Tag	quantitativ-diskret
Güteklasse von Obstsorten	Rangmerkmal
Sehstärke in Dioptrien	quantitativ-stetig
Tageshöchsttemperatur	quantitativ-stetig
Geburtsland	qualitativ

Tabelle 1.4 Klassifikation von Merkmalen

Kapitel 2
Häufigkeitsverteilungen

Die Erhebung von Daten und deren graphische Darstellung sind für die Statistik grundlegend. In diesem Kapitel lernen Sie verschiedene Möglichkeiten kennen, qualitative und ordinale Daten aufzubereiten und darzustellen.

2.1 Darstellung qualitativer und ordinaler Daten

Zum Einstieg

Gummibärchen gibt es in verschiedenen Packungsgrößen zu kaufen. Gängige Größen sind 1 kg, 300 g, 200 g, 100 g und Minibeutel von ca. 10 g. Die Gummibärchen kommen in den Packungen in den sechs verschiedenen Farben Weiß, Gelb, Orange, Hellrot, Dunkelrot und Grün vor, und die Farbzusammenstellungen in den einzelnen Beuteln sind unterschiedlich. Die Herstellerfirma erklärt dies auf folgende Weise:

»Die verschiedenen Mischungsbestandteile eines Artikels werden in einem festen Verhältnis in einen Mischungsbehälter vor der Verpackungsmaschine gefüllt. In diesem Behälter werden die Produktstücke dann vermischt und anschließend als Zufallsmischungen nach Gewicht verpackt. Durch diese Art der Zufallsmischung sind Schwankungen im Mischungsverhältnis unvermeidbar.« [HAR].

Abbildung 2.1 Gummibärchen

Die Farbzusammenstellung in den Gummibärchenbeuteln scheint von großem Interesse zu sein. Es gibt sogar eine »Gummibärchen Farben Datenbank« im Internet [BAS]. Dort dokumentieren engagierte Gummibärchenkonsumenten die Häufigkeit der Farben in den von ihnen geöffneten Beuteln. Es bleibt anzumerken, dass diese Seite natürlich keinen Anspruch auf wissenschaftliche Ernsthaftigkeit erhebt.

Um die Farbzusammensetzung eines 200-g-Beutels zu erkunden, wird zunächst die sogenannte *Urliste* der Farben erstellt, d. h. für jedes aus dem Beutel entnommene Gummibärchen wird seine Farbe aufgeschrieben.

Urliste: Gelb, Weiß, Grün, Weiß usw.

Mithilfe der Urliste wird ausgezählt, wie oft die einzelnen Merkmalsausprägungen vorkommen. Ein Beispiel dazu sehen Sie in Tabelle 2.1. Eine solche Auflistung nennt man auch eine *Häufigkeitstabelle*.

Weiß	Gelb	Orange	Hellrot	Dunkelrot	Grün
14	14	15	11	13	16

Tabelle 2.1 Beispiel für Anzahlen der Merkmalsausprägungen, 200-g-Packung

Diese Häufigkeitstabelle enthält die Verteilung der Merkmalsausprägungen in tabellarischer Form. Für die graphische Darstellung der Inhalte kann man ein *Stabdiagramm* verwenden.

Auf der x-Achse des Diagramms werden die beobachteten Merkmalsausprägungen aufgetragen. Auf der y-Achse werden die Häufigkeiten der Ausprägungen in Form von Stäben eingezeichnet. Die Länge eines jeden Stabes gibt die Häufigkeit der zugehörigen Merkmalsausprägung wieder.

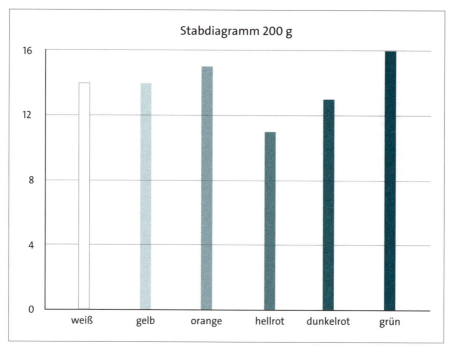

Abbildung 2.2 Stabdiagramm 200 g

Aufgabe 1: Farbverteilung von Gummibärchen darstellen

In einer 300-g-Packung Gummibärchen wurde die folgende Farbverteilung festgestellt:

Weiß	Gelb	Orange	Hellrot	Dunkelrot	Grün
20	22	27	19	21	22

Tabelle 2.2 Farbverteilung in einer 300-g-Packung

Zeichnen Sie ein Stabdiagramm für diese Verteilung. Sie können dazu auch das Tabellenblatt »*2.1 Stabdiagramm*« in der Datei *2.xlsx* verwenden, mit dem man beliebige Stabdiagramme erstellen kann.

Statt eines Stabdiagramms wird häufig auch ein *Säulendiagramm* benutzt. Dabei ist zu beachten, dass die Breite der Säulen für die Repräsentation der hier vorliegenden quantitativen Daten keine Rolle spielt.

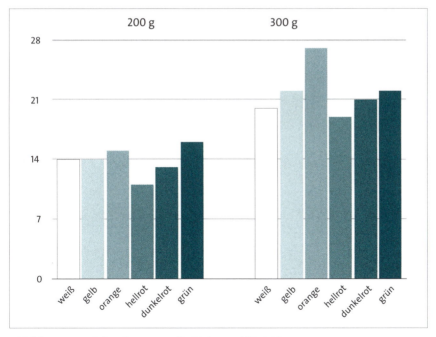

Abbildung 2.3 Säulendiagramm für 200 g und für 300 g

Säulendiagramme wie in Abbildung 2.3 können Sie mit dem Tabellenblatt »*2.1 Säulendiagramm abs.H*« zeichnen lassen.

Häufigkeitsverteilungen

Mit den bisher betrachteten Häufigkeiten, die man auch *absolute Häufigkeiten* nennt, ist es nicht möglich, zu entscheiden, ob sich die Farbverteilung im 200-g-Beutel wesentlich von der Verteilung im 300-g-Beutel unterscheidet. Der Grund dafür liegt in der unterschiedlichen Anzahl der Gummibärchen in den beiden Beuteln. Der kleine Beutel enthält 83 Gummibärchen, der große Beutel bringt es auf 131 Gummibärchen. Ein Vergleich zwischen beiden Packungen wird möglich, wenn man für die einzelnen Farben Anteile bildet. Der Anteil der 14 weißen Gummibärchen im 200-g-Beutel ist 14 / 83 ≈ 0,169 = 16,9 %. Der Anteil der 20 weißen Gummibärchen im 300-g-Beutel ist 20 / 131 ≈ 0,153 = 15,3 %. Die auf diese Weise gebildeten Anteile nennt man *relative Häufigkeiten*.

Absolute und relative Häufigkeiten

Die Grundgesamtheit bestehe aus n Merkmalsträgern. Es gebe die Merkmalsausprägungen $a_1, ..., a_k$. Dann heißt die Anzahl der Merkmalsträger, bei denen das Merkmal die Ausprägung a_i annimmt, die absolute Häufigkeit von a_i. Diese Anzahl wird mit n_i bezeichnet.

Dividiert man die absolute Häufigkeit durch den Stichprobenumfang n, dann erhält man die **relative Häufigkeit** von a_i. Diese wird mit h_i bezeichnet. Es ist $h_i = \frac{n_i}{n}$.

Beispiel 1: Sitzverteilung im Bundestag

Nach der Wahl am 24.9.2017 ergab sich die folgende Sitzverteilung im 19. Deutschen Bundestag:

Union: 246, SPD: 153, AfD: 94, FDP: 80, LINKE: 69, GRÜNE: 67

Die Verteilung dieser Daten kann man mit einer Tabelle und einem Diagramm darstellen:

Merkmalsausprägung	Absolute Häufigkeit	Relative Häufigkeit	Prozent
Union	246	0,347	34,7
SPD	153	0,216	21,6
AfD	94	0,133	13,3
FDP	80	0,113	11,3

Tabelle 2.3 Sitzverteilung im 19. Deutschen Bundestag

Merkmalsausprägung	Absolute Häufigkeit	Relative Häufigkeit	Prozent
Linke	69	0,097	9,7
Grüne	67	0,094	9,4
Summen:	709	1	100

Tabelle 2.3 Sitzverteilung im 19. Deutschen Bundestag (Forts.)

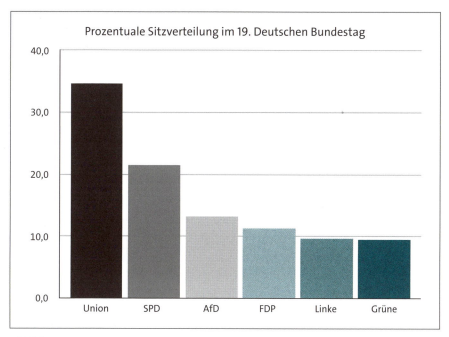

Abbildung 2.4 Sitzverteilung im Deutschen Bundestag

Aufgabe 2: Absolute und relative Häufigkeiten untersuchen

In einer Packung Gummibärchen befinden sich 30 weiße, 36 gelbe, 32 grüne, 30 hellrote, 40 orange und 32 dunkelrote Gummibärchen.

a) Berechnen Sie für jede Farbe die relative Häufigkeit.
b) Bilden Sie die Summe aller absoluten und relativen Häufigkeiten. Welche Eigenschaften der absoluten und der relativen Häufigkeit zeigen sich dabei?

> **Merke: Eigenschaften der absoluten und relativen Häufigkeiten**
>
> Die Summe der absoluten Häufigkeiten ist gleich dem Stichprobenumfang n. Als Formel geschrieben:
>
> $$\sum_{i=1}^{k} n_i = n$$
>
> Die Summe der relativen Häufigkeiten ist 1. Mit Verwendung des Summenzeichens:
>
> $$\sum_{i=1}^{k} h_i = 1$$

Bei der Formulierung der letzten beiden Eigenschaften wurde das *Summenzeichen* Σ verwendet. Dieses wird im weiteren Verlauf noch häufig benötigt werden. Für Leser, denen der Gebrauch des Summenzeichens nicht geläufig ist, gibt es in Abschnitt 2.2 eine Einführung.

Beispiel 2: Kreisdiagramm zu Haushalten in Deutschland

Familien, Paare ohne Kinder und Alleinstehende verteilten sich 2014 in Deutschland auf 28 %, 28 % und 44 % der Haushalte [STA15, S. 51].

Dabei umfasst *Familie* alle Eltern-Kind-Gemeinschaften, d. h. Ehepaare, nichteheliche gemischtgeschlechtliche Lebensgemeinschaften, gleichgeschlechtliche Lebensgemeinschaften sowie alleinerziehende Mütter und Väter mit ledigen Kindern im Haushalt. Zur Darstellung dieser relativen Häufigkeiten eignet sich ein *Kreisdiagramm*. In einem Kreisdiagramm wird eine relative Häufigkeit h_i durch den Flächeninhalt einen Kreissektors dargestellt. Dabei ist der Mittelpunktwinkel α_i des Sektors durch $\alpha_i = 360° \cdot h_i$ gegeben.

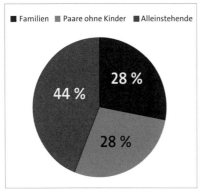

Abbildung 2.5 Kreisdiagramm

Kreisdiagramme eignen sich nur dann zur Darstellung statistischer Daten, wenn nicht zu viele Kategorien dargestellt werden, denn sonst wird die Darstellung unübersichtlich. Kreisdiagramme können Sie mit Tabellenblatt »*2.1 Kreisdiagramm*« zeichnen lassen.

2.2 Das Summenzeichen

Das Summenzeichen Σ (griechisch: Sigma) ist eine bequeme Abkürzung für Summen. Man erspart sich damit die aufwändige Notation vieler Summanden und gewinnt beim Bearbeiten von komplizierten Formeln viel Übersicht.

Beispiel 3: Arithmetisches Mittel von Körpergrößen

Von 5 Personen wurde die Körpergröße in cm ermittelt:

Person Nr. i	1	2	3	4	5
Größe x_i	185	178	191	182	186

Tabelle 2.4 Körpergrößen

Um auszudrücken, dass die 3. Person 191 cm groß ist, kann man schreiben: $x_3 = 191$

Um die mittlere Körpergröße der 5 Personen zu bestimmen, bildet man das arithmetische Mittel: $\frac{1}{5}(x_1 + x_2 + x_3 + x_4 + x_5)$

Den Ausdruck in der Klammer kann man jetzt bequem mit dem Summenzeichen schreiben: $\sum_{i=1}^{5} x_i$. Wenn man die Körpergrößen von 100 Personen aufsummieren sollte, so würde man entsprechend $\sum_{i=1}^{100} x_i$ schreiben.

Das Summenzeichen Σ gibt an, dass man die Summe aller rechts von diesem Zeichen stehenden Ausdrücke bildet, wobei man für den sogenannten »Summationsindex«, der unter dem Summenzeichen steht, alle ganzen Zahlen zwischen der unteren und der oberen Grenze einsetzt. Die Zahlen, die man einsetzt, beginnen mit dem Wert unter dem Summenzeichen, der *unteren Grenze* des Summationsindex, und enden mit dem Wert über dem Zeichen, der *oberen Grenze* des Summationsindex.

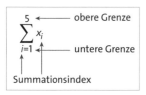

Abbildung 2.6 Summenzeichen

Statt x_i kann hinter dem Summenzeichen natürlich auch ein anderer Ausdruck stehen.

Beispiel 4: Summe von Potenzen von 5

In diesem Beispiel steht 5^i hinter dem Summenzeichen, d. h. es werden Potenzen von 5 aufsummiert:

$$\sum_{i=1}^{4} 5^i = 5^1 + 5^2 + 5^3 + 5^4 = 5 + 25 + 125 + 625 = 780$$

Beispiel 5: Summe gerader Zahlen

Die Summe $6 + 8 + 10 + 12$ soll mithilfe des Summenzeichens geschrieben werden. Offenbar handelt es sich um aufeinanderfolgende gerade Zahlen, sodass der Ausdruck, der aufsummiert wird, von der Form $2i$ ist. Die untere Grenze von i ist 3, denn 2 mal 3 liefert den ersten Summanden, d. h. die Zahl 6. Die obere Grenze ist 6, denn 2 mal 6 ist gleich dem letzten Summanden. Also kann man diese Summe in folgender Form schreiben: $\sum_{i=3}^{6} 2i$

Man darf sich nicht irritieren lassen, wenn man im Ausdruck hinter dem Summenzeichen einmal keinen Summationsindex findet, wie z. B. bei der Summe $\sum_{i=1}^{5} 1$. Dann ist eben dieser Ausdruck 5-mal zu summieren, sodass gilt: $\sum_{i=1}^{5} 1 = 1 + 1 + 1 + 1 + 1 = 5$

Bisher wurde als Summationsindex immer i benutzt. Das ist rein willkürlich. Man kann den Summationsindex auch umbenennen, was an der Bedeutung der Summe nichts ändert: $\sum_{i=1}^{10} x_i = \sum_{k=1}^{10} x_k$

Vom Rechenunterricht in der Schule kennt man einige Regeln im Umgang mit Summen, z. B. das Ausklammern: $2x_1 + 2x_2 + 2x_3 = 2(x_1 + x_2 + x_3)$

Schreibt man dies mit dem Summenzeichen, dann ergibt sich:

$$\sum_{i=1}^{3} 2 \cdot x_i = 2 \sum_{i=1}^{3} x_i$$

Allgemein formuliert heißt dies:

> **Summenregel: Faktoren vorziehen (»ausklammern«)**
>
> Man kann einen Faktor, der nicht vom Summationsindex abhängt, vor das Summenzeichen ziehen:
>
> $$\sum_{i=1}^{n} a \cdot x_i = a \sum_{i=1}^{n} x_i.$$

Vom üblichen Rechnen ist man das Umordnen von Summen gewohnt, z. B.

$(x_1 + y_1) + (x_2 + y_2) + (x_3 + y_3) = (x_1 + x_2 + x_3) + (y_1 + y_2 + y_3)$.

Mit dem Summenzeichen schreibt sich dies auf folgende Weise:

$$\sum_{i=1}^{3}(x_i + y_i) = \sum_{i=1}^{3} x_i + \sum_{i=1}^{3} y_i$$

Diese Regel lautet dann:

> **Summenregel: Summanden umordnen**
>
> Falls hinter dem Summenzeichen eine Summe steht, so kann man die Summation umordnen:
>
> $$\sum_{i=1}^{n}(x_i + y_i) = \sum_{i=1}^{n} x_i + \sum_{i=1}^{n} y_i$$

Die beiden letzten Regeln für das Rechnen mit Summenzeichen lassen sich auch kombinieren.

Beispiel 6: Summanden und Faktoren

Hier wird zuerst die Summe umgeordnet, dann werden die vom Summationsindex nicht abhängigen Faktoren vor das Summenzeichen gezogen.

$$\sum_{i=1}^{n}(ax_i + by_i) = \sum_{i=1}^{n} ax_i + \sum_{i=1}^{n} by_i = a \sum_{i=1}^{n} x_i + b \sum_{i=1}^{n} y_i$$

Setzt man dabei a gleich 1 und für b gleich −1 ein, dann erhält man:

$$\sum_{i=1}^{n}(x_i - y_i) = \sum_{i=1}^{n} x_i - \sum_{i=1}^{n} y_i,$$ d. h. die letzte Regel gilt auch für Differenzen.

Es bleibt darauf hinzuweisen, dass es keine entsprechende Regel für Produkte und Quotienten gibt. Im weiteren Verlauf brauchen Sie diese beiden Summen, die aus dem Schulunterricht bekannt sein könnten:

Summe der ersten *n* natürlichen Zahlen

$$\sum_{k=1}^{n} k = \frac{n(n+1)}{2}$$

Summenformel der geometrischen Reihe

$$\sum_{k=1}^{n} x^{k-1} = \frac{1-x^n}{1-x}$$

In manchen Fällen lässt man die Summationsgrenzen am Summenzeichen weg und gibt nur an, wie der Summationsindex heißt. Die zuvor betrachtete Regel über die Umordnung einer Summe hat dann folgendes Aussehen:

$$\sum_i (x_i + y_i) = \sum_i x_i + \sum_i y_i$$

Aufgabe 3: Regeln für Summen anwenden

Ordnen Sie die folgende Summe in Einzelsummen um, und vereinfachen Sie sie mithilfe der zuvor betrachteten Regeln:

$$\sum_{i=1}^{n}(ax_i + by_i + c)$$

Was Sie wissen sollten

Sie sollten Stabdiagramme, Säulendiagramme und Kreisdiagramme als Darstellungsformen kennen.

Sie sollten absolute und relative Häufigkeiten verwenden können.

Sie sollten die Eigenschaften der relativen Häufigkeiten kennen.

Sie sollten das Summenzeichen verwenden können.

2.3 Darstellung quantitativ-diskreter Daten

In diesem Abschnitt sehen Sie, wie Sie Häufigkeitstabellen und Diagramme auch für quantitativ-diskrete Daten verwenden.

Beispiel 7: Wie viele Geschwister?

In einer Klasse von 30 Schülern wird für jeden Schüler die Anzahl der Geschwister festgestellt. Das ergibt die folgende Urliste:

0, 3, 2, 2, 0, 1, 0, 0, 1, 1, 1, 0, 2, 1, 0, 0, 0, 0, 1, 1, 2, 1, 1, 0, 0, 1, 0, 0, 1, 0

Geschwisterzahl	Absolute Häufigkeit	Relative Häufigkeit
0	14	0,467
1	11	0,367
2	4	0,133
3	1	0,033

Tabelle 2.5 Relative Häufigkeit der Geschwisterzahl

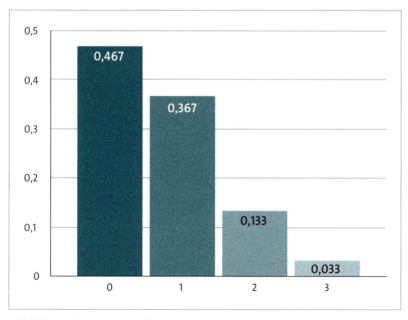

Abbildung 2.7 Relative Häufigkeit der Geschwisterzahl

Häufigkeitsverteilungen

In Beispiel 7 treten nur die Merkmalsausprägungen 0, 1, 2 und 3 auf. Die Darstellung unterscheidet sich von einer Häufigkeitstabelle und einem Diagramm für ein qualitatives Merkmal oder ein Rangmerkmal.

Enthält die Urliste der Daten aber viele Merkmalsausprägungen, dann ist es sinnvoll, eine *Klassenbildung* vorzunehmen, d. h. einzelne Merkmale zu einer Klasse zusammenzufassen. Dabei dürfen sich die einzelnen Klassen nicht überschneiden. Die absolute Häufigkeit einer Klasse gibt an, wie oft eine Merkmalsausprägung in dem Datensatz auftritt, der zwischen den Grenzen dieser Klasse liegt. Die relativen Häufigkeiten erhält man, indem man die absoluten Klassenhäufigkeiten durch die Anzahl der Daten teilt.

Beispiel 8: Migrationshintergrund und Lebensalter

Die Altersverteilung der Bevölkerung mit Migrationshintergrund im Alter von 15 Jahren (einschließlich) bis 65 Jahren (ausschließlich) soll dargestellt werden.

In diesem Fall ist es nicht sinnvoll, ein Diagramm mit 50 Säulen zu zeichnen. Vielmehr werden die Daten in Klassen der Breite 10 zusammengefasst. Dabei deutet die linke eckige Klammer an, dass diese Grenze zur Klasse gehört, die rechte runde Klammer sagt aus, dass diese Grenze *nicht* zu der Klasse gehört [STA16, S. 80]. Die Tabelle 2.6 enthält zu jeder der angegebenen Klassen deren absolute und relative Häufigkeit.

Klasse	Absolute Anzahl n_i in der Einheit 1.000	Relative Häufigkeit h_i
[15; 25)	2.262	0,1932
[25; 35)	2.620	0,2238
[35; 45)	2.764	0,2361
[45; 55)	2.327	0,1988
[55; 65)	1.735	0,1482
	Summe: n = 11.708	

Tabelle 2.6 Altersverteilung

Abbildung 2.8 zeigt ein Säulendiagramm, in dem jeder Klasse deren relative Häufigkeit zugeordnet ist.

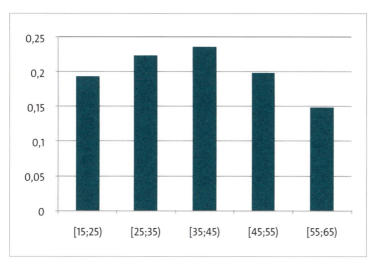

Abbildung 2.8 Klasseneinteilung d. Bevölkerung mit Migrationshintergrund

Für quantitativ-diskrete Merkmale gibt es weitere Darstellungsmöglichkeiten, die zum Beispiel deutlich machen, welcher Anteil der betrachteten Bevölkerung jünger als 25 oder jünger als 55 Jahre ist. Sie werden sie in Abschnitt 2.5.1 kennen lernen.

Aufgabe 4: Mietpreise für 1-Zimmer-Wohnungen darstellen

Auf einer Immobilienseite im Internet gab es im März 2017 folgende Angebote für 1-Zimmer-Wohnungen in Mannheim (alle Angaben in Euro): 310, 480, 260, 270, 350, 260, 480, 500, 680, 430, 320, 295, 370, 300, 300, 360, 250, 410, 450, 300.

Klassieren Sie diese Daten in Klassen mit der Klassenbreite 50, wobei die erste Klasse bei 250 beginnt. Erstellen Sie eine Häufigkeitstabelle für die relativen Klassenhäufigkeiten, und zeichnen Sie ein Säulendiagramm.

> **Was Sie wissen sollten**
>
> Sie sollten wissen, dass Sie für quantitativ-diskrete Merkmale alle Darstellungsformen verwenden können, die auch für qualitative Merkmale möglich sind.
>
> Sie sollten für quantitativ-diskrete Merkmale Klasseneinteilungen und deren Häufigkeitstabellen erstellen können.

2.4 Darstellung quantitativ-stetiger Daten

Vom 3. bis zum 5.2.2017 fand auf der umgebauten Heini-Klopfer-Skiflugschanze ein Weltcup-Springen statt, das als Generalprobe für die Skiflugweltmeisterschaft im Jahr 2018 galt. Der Deutsche Andreas Wellinger stellte dabei am 5.2.2017 den Schanzenrekord von 238 m auf. Am Vortag fand ein Einzelwettbewerb mit 30 Springern statt. Jeder Springer absolvierte zwei Sprünge. Sieger wurde der Österreicher Stefan Kraft vor Andreas Wellinger. Kraft war zwar etwas kürzer als Wellinger geflogen, aber dafür besser gelandet. Die Sprungweiten aller $n = 60$ Sprünge sind in der Tabelle zusammengefasst, die Namen der Sportler wurden weggelassen.

1. Sprung	2. Sprung	1. Sprung	2. Sprung	1. Sprung	2. Sprung
227,5	218	208,5	210,5	181,5	196
234,5	222,5	193	210	190	204
222,5	217	185,5	216	188	201,5
215,5	229	195	219,5	181,5	180,5
220	211	217,5	197	171,5	177,5
220	211,5	188,5	220,5	186,5	186,5
207	215	205,5	210,5	185	185,5
211,5	214,5	188,5	204	183,5	188
214	203	185	214,5	185,5	162,5
195,5	214	183	215,5	169,5	179,5

Tabelle 2.7 Sprungweiten

Die Sprungweiten der Springer sind reelle Zahlen und stellen damit ein stetiges Merkmal dar. Wenn man ganz genau messen würde, dann wäre es möglich, zu zeigen, dass es keine zwei Sprünge gibt, welche exakt die gleiche Weite haben. Aus diesem Grund ergibt es bei einem stetigen Merkmal keinen Sinn, für jede Merkmalsausprägung die relative Häufigkeit zu erheben, wie das zuvor für qualitative Daten erfolgt ist. Jede Merkmalsausprägung käme nur einmal vor, und alle Merkmalsausprägungen hätten deshalb die relative Häufigkeit 1/60.

Tatsächlich ist die Messung der Weiten aber nur im Halbmeter-Maßstab erfolgt, sodass eigentlich qualitativ-diskrete Daten vorliegen. Wegen der vielen unterschiedlichen Merkmalsausprägungen werden die Daten trotzdem wie stetige Daten behandelt.

Mit den vorliegenden Daten soll die Verteilung der Sprungweiten dargestellt werden. Das wird dadurch ermöglicht, dass man eine Klasseneinteilung durchführt, im vorliegenden Beispiel mit der Klassenbreite $d = 5$ (Einheit Meter). Es werden 15 Klassen gebildet: [160; 165), [165; 170), ..., [230; 235). Die Klammerung der Klassen soll andeuten, dass die linke Grenze zur jeweiligen Klasse gehört, die rechte Grenze dagegen nicht. Für jede Klasse wird die Klassenhäufigkeit n_i, d. h. die Anzahl der Weiten, die in diese Klasse fallen, ermittelt und in die dritte Spalte der Tabelle 2.8 eingetragen. Teilt man die Klassenhäufigkeiten n_i durch die Anzahl n der Sprünge, dann ergibt sich für jede Klasse die relative Klassenhäufigkeit $h(x_i)$. Diese wird in die 4. Spalte der Tabelle 2.8 eingetragen.

Klassen	Klassenmitte x_i	Häufigkeit n_i	Rel. Häufigkeit $h(x_i) = n_i / n$	Säulenhöhe $h(x_i) / d$
[160; 165)	162,5	1	0,01667	0,00333
[165; 170)	167,5	1	0,01667	0,00333
[170; 175)	172,5	1	0,01667	0,00333
[175; 180)	177,5	2	0,03333	0,00667
[180; 185)	182,5	5	0,08333	0,01667
[185; 190)	187,5	11	0,18333	0,03667
[190; 195)	192,5	2	0,03333	0,00667
[195; 200)	197,5	4	0,06667	0,01333
[200; 205)	202,5	4	0,06667	0,01333
[205; 210)	207,5	3	0,05	0,01
[210; 215)	212,5	10	0,16667	0,03333
[215; 220)	217,5	8	0,13333	0,02667
[220; 225)	222,5	5	0,08333	0,01667
[225; 230)	227,5	2	0,03333	0,00667
[230; 235)	232,5	1	0,01667	0,00333

Tabelle 2.8 Klasseneinteilung der Sprungweiten

Man möchte nun die relativen Klassenhäufigkeiten durch Rechtecksäulen graphisch darstellen. Dabei stellt die Breite einer Säule die Klassenbreite d dar. Die Höhe der Säule wird so gewählt, dass der Flächeninhalt der jeweiligen Säule als relative Häufigkeit der Klasse interpretiert werden kann. Dazu muss die Säulenhöhe gleich $\frac{h(x_i)}{d}$ sein. Diese Werte sind in der letzten Spalte der Tabelle 2.8 eingetragen.

Bildet man jetzt den Flächeninhalt einer Säule durch die Rechnung »Breite mal Höhe«, das heißt $d \cdot \frac{h(x_i)}{d}$, dann ergibt sich, wie gewünscht, $h(x_i)$. Man bezeichnet die Rechteckhöhe auch als *Häufigkeitsdichte* $f(x_i)$.

Für die Skiflugdaten aus Tabelle 2.8 wurden diese Rechtecksäulen gezeichnet. Die sich ergebende Figur heißt das *Histogramm* der Verteilung.

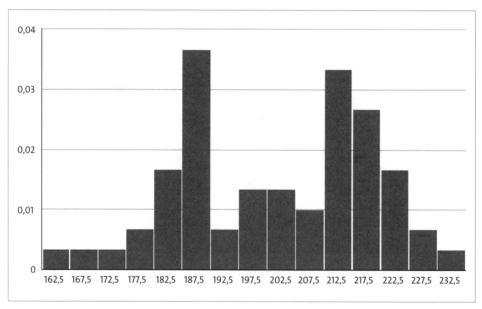

Abbildung 2.9 Histogramm Skiflug Obersdorf 4.2.2017

Das Histogramm zeigt, dass sich die Flugweiten in zwei Gruppen einteilen lassen, und zwar in Weiten zwischen 160 m und 200 m und in Weiten zwischen 200 m und 235 m. Dem entspricht auch, wie man in der Tabelle mit den ersten und zweiten Sprüngen sehen kann, das Leistungsvermögen der einzelnen Springer. Meist unterscheiden sich der erste und der zweite Sprung eines Springers nicht allzu sehr in der Weite. Die Klasseneinteilung hat es ermöglicht, festzustellen, dass die Springer zwei Leistungsgruppen zugeordnet werden können.

Hier wird zusammengefasst, was man unter der Häufigkeitsdichte versteht:

Häufigkeitsdichte

Betrachtet wird ein quantitativ-stetiges Merkmal, für das n Merkmalsausprägungen und eine Klasseneinteilung mit der konstanten Klassenbreite d vorliegen. Mit x_i ist die Klassenmitte der i-ten Klasse bezeichnet. Die Zahl der Merkmalswerte, welche in die i-te Klasse fallen, ist n_i. Mit $h(x_i) = n_i / n$ wird die relative Klassenhäufigkeit bezeichnet. Dann nennt man

$f(x_i) = \dfrac{n_i}{n \cdot d} = \dfrac{h(x_i)}{d}$ die **Häufigkeitsdichte**.

Die Häufigkeitsdichte wird als **Rechteckhöhe** in einem Histogramm dargestellt. Der Flächeninhalt des Rechtecks stellt die relative Klassenhäufigkeit dar.

Mithilfe der Häufigkeitsdichte kann man die Summe aller Rechteckflächen bestimmen. Der Flächeninhalt des i-ten Rechtecks ist gleich $f(x_i) \cdot d$, denn $f(x_i)$ ist die Rechteckhöhe und d die Breite. Die Summe aller Rechteckflächen ist dann:

$$\sum_i f(x_i) \cdot d = \sum_i \dfrac{h(x_i)}{d} \cdot d = \sum_i h(x_i) = 1$$

Dabei wurde die Eigenschaft der relativen Häufigkeiten, dass ihre Summe 1 ergibt, verwendet. Ein Histogramm besitzt also die folgenden Eigenschaften:

> **Merke: Eigenschaften eines Histogramms**
>
> Die relative Häufigkeit einer Klasse ist gleich dem Flächeninhalt des zugehörigen Rechtecks des Histogramms.
>
> Die Summe aller Rechteckflächen des Histogramms ist 1.

Wenn Sie selbst ein Histogramm erstellen müssen, dann können Sie sich am folgenden Ablaufplan orientieren.

> **Wie Sie ein Histogramm erstellen können**
>
> Ein Histogramm ist die graphische Darstellung der Häufigkeitsverteilung eines quantitativ-stetigen Merkmals durch Rechtecke. Um das Histogramm zu zeichnen, gehen Sie folgendermaßen vor:

1. Sie müssen die vorliegenden n Daten in Klassen der Breite d einteilen (ca. 5 bis 25 Klassen; oft verwendete Faustregel: Wurzel aus n Klassen). Die Klassen dürfen sich dabei nicht überschneiden.
2. Bestimmen Sie zu jeder Klasse die Klassenmitte x_i.
3. Zählen Sie für jede Klasse aus, wie viele Elemente n_i in diese Klasse fallen.
4. Ermitteln Sie die relativen Klassenhäufigkeiten h_i, d. h. teilen Sie die Zahlen n_i durch die Anzahl n aller Daten. Rechenkontrolle: Die Summe aller h_i muss 1 ergeben. (Wenn Sie mit Dezimalzahlen statt mit Brüchen rechnen, verhindern Rundungsfehler manchmal, dass sich genau 1 ergibt.)
5. Berechnen Sie die Höhe der Rechtecke, indem Sie die Zahlen h_i durch die Klassenbreite d teilen.
6. Zeichnen Sie für jede Klasse ein Rechteck mit der Breite d und der zuletzt berechneten Höhe.

Aufgabe 5: Ein Histogramm zu Blutdruckwerten erstellen

Blutdruckwerte werden durch zwei Zahlen angegeben, den systolischen und den diastolischen Blutdruck. In unbelastetem Zustand ist ein Blutdruckwert, der 120/80 mmHg nicht überschreitet, optimal. Die Tabelle 2.9 gibt den systolischen, d. h. den höheren Blutdruckwert einer Person an 50 aufeinander folgenden Tagen an.

138	122	144	134	142	131	117	127	143	138
116	119	133	148	135	141	137	120	128	137
120	119	145	144	140	128	125	133	136	137
123	129	127	138	144	126	146	121	136	143
139	126	122	133	148	132	125	127	133	153

Tabelle 2.9 Blutdruckwerte

Die Werte sind zwar als ganze Zahlen angegeben, trotzdem handelt es sich beim Blutdruck um ein stetiges Merkmal. Die Daten schwanken von 116 bis 153. Es liegen 38 verschiedene Merkmalsausprägungen vor. Führen Sie eine Klasseneinteilung mit Klassen der Breite 7 durch. Beginnen Sie bei 115, und enden Sie bei 157. Berechnen Sie für jede der Klassen die Häufigkeitsdichte, und zeichnen Sie das zugehörige Histogramm.

> **Was Sie wissen sollten**
> ▸ Sie sollten wissen, dass für quantitativ-stetige Merkmale das Histogramm als Darstellungsart geeignet ist.
> ▸ Sie sollten den Begriff der Häufigkeitsdichte kennen und wissen, wie ein Histogramm angefertigt wird.

2.5 Empirische Verteilungsfunktionen

2.5.1 Verteilungsfunktionen bei quantitativ-diskreten Merkmalen

»Alte Lehrer gehen, junge Lehrer fehlen. Durch Deutschlands Lehrerzimmer rollt die Pensionierungswelle – und der Scheitelpunkt ist noch nicht erreicht«, so konnte man es am 25. November 2010 bei SPIEGEL ONLINE lesen. Wie sieht die Altersstruktur der Lehrer mittlerweile aus? Als Beispiel soll ein Gymnasium in Rheinland-Pfalz zu Beginn des Schuljahres 2015/2016 betrachtet werden. Zu diesem Zeitpunkt unterrichteten an dieser Schule 66 Lehrer.

Die Lebensalter dieser Lehrer sind als quantitativ-diskrete Daten in Form von ganzen Zahlen in Tabelle 2.10 zusammengefasst [JAH, S. 222–223]:

31	43	45	32	54	55	47	44	56	34
35	56	29	46	59	46	48	45	59	32
29	54	41	52	60	47	64	62	48	34
60	46	39	66	59	38	50	64	56	
35	44	43	55	46	42	56	59	46	
52	39	34	63	56	55	64	48	38	
38	35	37	49	53	52	61	50	57	

Tabelle 2.10 Altersverteilung der Lehrer eines Gymnasiums

Wie lassen sich diese Daten organisieren, sodass man Antworten auf folgende Fragen bekommt:

- Wie viele Lehrer sind zwischen 55 und 60 Jahre alt?
- Wie viele Lehrer sind jünger als 40 Jahre?

Wegen der Vielzahl der auftretenden Merkmalsausprägungen ist zuerst eine Klasseneinteilung ratsam. Teilt man in Klassen der Breite 5 ein, so kann man mit den Klassen [25; 30), [30; 35), ..., [65; 70) alle Daten erfassen. Die Klassenmitten x_i, die absoluten Klassenhäufigkeiten n_i und die relativen Klassenhäufigkeiten h_i sind in Tabelle 2.11 zusammengefasst. Die letzte Spalte mit der Überschrift $F(x_i)$ wird noch genauer erläutert.

Nr.	Klassen	x_i	n_i	h_i	$F(x_i)$
1	[25; 30)	27,5	2	0,03030	0,03030
2	[30; 35)	32,5	6	0,09091	0,12121
3	[35; 40)	37,5	9	0,13636	0,25758
4	[40; 45)	42,5	6	0,09091	0,34848
5	[45; 50)	47,5	13	0,19697	0,54545
6	[50; 55)	52,5	8	0,12121	0,66667
7	[55; 60)	57,5	13	0,19697	0,86364
8	[60; 65)	62,5	8	0,12121	0,98485
9	[65; 70)	67,5	1	0,01515	1

Tabelle 2.11 Klasseneinteilung für das Alter der Lehrer

(Bedingt durch Rundungen ergibt die Summe der h_i nicht genau 1.)

Die letzte, mit $F(x_i)$ überschriebene Spalte der Tabelle 2.11 enthält die *kumulierten relativen Häufigkeiten*. Kumulieren kommt vom lateinischen *cumulus* – Haufen – und bedeutet häufen oder anhäufen. Auf die Tabelle bezogen bedeutet das Kumulieren der relativen Häufigkeiten, dass die Spalte der h_i zeilenweise aufsummiert wird und dann das (Zwischen-)Ergebnis in die Spalte rechts daneben eingetragen wird. Zur Erklärung betrachten Sie am besten Tabelle 2.12:

h_i		$F(x_i)$
$h_1 = 0{,}03030$	Summe 1. Zeile: h_1	0,03030
$h_2 = 0{,}09091$	Summe 1. und 2. Zeile: $h_1 + h_2$	0,03030 + 0,09091
$h_3 = 0{,}13636$	Summe 1. und 2. und 3. Zeile: $h_1 + h_2 + h_3$	0,03030 + 0,09091 + 0,13636
usw.		

Tabelle 2.12 Bildung der kumulierten relativen Häufigkeiten

Diesen Vorgang kann man auch durch eine Formel beschreiben:

$F(x_i) = h_1 + h_2 + \ldots + h_i$

$F(x_i)$ gibt die relative Häufigkeit aller Elemente an, die in Klasse i und in den Klassen darunter liegen. Sieht man sich Tabelle 2.11 jetzt noch einmal an, dann lassen sich Aussagen machen wie:

$F(x_3) = 25{,}7\,\%$ der Lehrer dieser Schule sind jünger als 40 Jahre.

$F(x_5) = 54{,}5\,\%$ der Lehrer dieser Schule sind jünger als 50 Jahre.

Weil die Summe aller relativen Häufigkeiten 1 ergibt, folgt aus der letzten Aussage für den Anteil der Lehrer, die *älter* als 50 Jahre sind:

$1 - F(x_5) = 0{,}455 = 45{,}5\,\%$

Die Funktion $F(x)$ ist bisher nur für die Klassenmitten x_i erklärt worden. Setzt man nun fest, dass für jeden x-Wert aus der i-ten Klasse $F(x) = F(x_i)$ gelten soll und dass für einen x-Wert links der 1. Klasse $F(x) = 0$ und für einen x-Wert rechts der größten Klasse $F(x) = 1$ gelten soll, dann hat man eine Funktion $F(x)$ definiert, die für alle reellen Zahlen x definiert ist. Diese Funktion heißt die *empirische Verteilungsfunktion* des Merkmals. Ihre Eigenschaften werden hier noch einmal zusammengefasst:

Empirische Verteilungsfunktion eines quantitativ-diskreten Merkmals

Mit $F(x)$ wird die relative Häufigkeit aller Elemente bezeichnet, deren Merkmalsausprägungen kleiner oder gleich x sind. $F(x)$ heißt die empirische Verteilungsfunktion des Merkmals.

Liegt eine Klasseneinteilung vor, dann ist $F(x) = F(x_i) = h_1 + \ldots + h_i$ wobei $h_1, h_2, \ldots$ die relativen Klassenhäufigkeiten der Klassen 1, 2, … sind.

Für alle x gilt: $0 \leq F(x) \leq 1$, d. h. die Funktionswerte von F liegen alle in einem Parallelstreifen zur x-Achse mit Breite 1.

Die graphische Darstellung der Funktion $F(x)$ liefert bei diskreten Merkmalen eine Stufenkurve. Das kann man in Abbildung 2.10 sehen. Im unteren Teil sind die relativen Häufigkeiten für die zuvor betrachtete Altersverteilung als Stabdiagramm dargestellt. Darüber befindet sich der Graph der Verteilungsfunktion. Die Stufenhöhen haben gerade die Längen der Stäbe. Wenn Sie noch einmal Tabelle 2.12 betrachten, können Sie das leicht verstehen. Durch den Pfeil in Abbildung 2.10 wird angedeutet, dass die Werte der Sprunghöhen gerade so groß sind wie die sich darunter befindenden Stäbe. Die graphische Darstellung der Verteilungsfunktion $F(x)$ nennt man die *Summenkurve*.

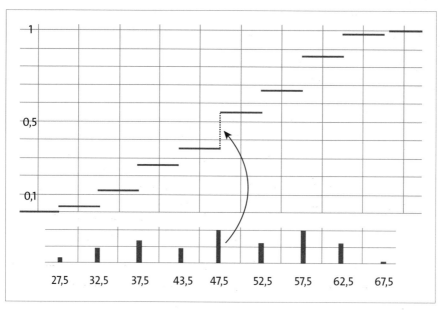

Abbildung 2.10 Häufigkeits- und Verteilungsfunktion

Beispiel 9: 100-mal würfeln

Mit einem Computer wurden 100 Würfelwürfe simuliert. Tabelle 2.13 zeigt das Ergebnis.

2	1	3	6	4	6	2	6	2	4	5	5	4	4	3	6	3	5	3	2
2	6	2	1	1	1	5	6	3	4	5	5	3	6	3	5	6	4	6	3
1	4	4	2	1	1	4	6	5	1	3	4	2	1	3	1	5	3	3	3
2	3	1	5	4	2	4	5	2	2	3	2	3	2	6	2	6	3	2	1
6	1	3	3	1	6	4	4	3	3	1	1	6	3	1	3	6	6	4	

Tabelle 2.13 Würfelwürfe

Sortiert man nach Augenzahlen, dann lassen sich deren relative Häufigkeiten berechnen und die kumulierten relativen Häufigkeiten bilden. Das ist in Tabelle 2.14 geschehen:

Augenzahl x_i	Relative Häufigkeit h_i	Kumulierte relative Häufigkeit $F(x_i)$
1	0,17	0,17
2	0,16	0,33
3	0,23	0,56
4	0,16	0,72
5	0,11	0,83
6	0,17	1

Tabelle 2.14 Relative und kumulierte relative Häufigkeiten

Abbildung 2.11 zeigt das Stabdiagramm der relativen Häufigkeiten aus Tabelle 2.14. Über dem Stabdiagramm ist die Verteilungsfunktion eingezeichnet.

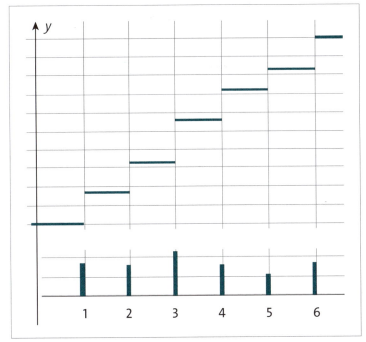

Abbildung 2.11 Relative Häufigkeiten und Verteilungsfunktion

Die Säulenhöhen der Verteilungsfunktion in Abbildung 2.11 – und damit auch die Stufenhöhen – sind etwa gleich lang. Das erwartet man auch, denn bei 100 Würfelwürfen mit einem echten Würfel sollte jede der Zahlen 1, 2, ..., 6 ungefähr gleich häufig auftreten. In der folgenden Aufgabe 6 erwartet man zunächst auch eine Gleichverteilung – es liegt aber keine vor. Warum nicht, erfahren Sie in Abschnitt 7.1.2, »Beliebige Zufallsexperimente«.

Aufgabe 6: Verteilungsfunktion und Stabdiagramm für 80 Würfe

Zwei Würfel werden 80 Mal geworfen. Jedes Mal wird die Augensumme notiert. Das Ergebnis findet man in Tabelle 2.15. Erstellen Sie das Stabdiagramm für die relativen Häufigkeiten der Augensummen und die Verteilungsfunktion.

9	8	6	8	10	4	8	7
5	8	4	9	8	10	6	12
9	10	10	11	4	5	11	8
6	7	6	9	12	11	10	6
6	7	11	11	9	5	5	9
7	7	9	8	7	6	3	8
5	7	2	5	9	8	8	2
9	6	6	11	10	11	7	6
7	7	7	9	6	4	7	5
6	7	6	11	7	7	4	5

Tabelle 2.15 Augensummen bei 80 Doppelwürfen

Was Sie wissen sollten
- Sie sollten die Bedeutung der empirischen Verteilungsfunktion kennen.
- Sie sollten wissen, wie man aus einer Datenreihe die Häufigkeitsfunktion und die Summenkurve der empirischen Verteilungsfunktion erstellen kann.

2.5.2 Verteilungsfunktionen bei quantitativ-stetigen Merkmalen

Was bedeutet dieses Schild?

Abbildung 2.12 Geschwindigkeitsbegrenzung

Antenne Niedersachsen berichtete am 18.1.2017, dass ein junger Mann aus Hamm mit 45 km/h zu schnell geblitzt wurde, weil er glaubte, dass die Geschwindigkeitsbegrenzung mit der Schneeflocke lediglich für den Winter gilt. Wer denkt, dass dieses Schild nur für winterliche Straßenverhältnisse gilt, riskiert seinen Führerschein. Die Geschwindigkeitsbegrenzung ist immer einzuhalten, egal wie die Straßenverhältnisse sind. Auch bei Kenntnis dieses Sachverhaltes halten sich Autofahrer nicht immer an die Geschwindigkeitsbegrenzung. Manche sehen altersbedingt das Schild nicht, andere fahren auf Landstraßen sowieso mindestens 100 km/h, andere hingegen fahren bewusst 20 km/h schneller als erlaubt, weil sich dann die eventuell erfolgenden Strafmaßnahmen noch im Rahmen halten.

Die nächste Tabelle gibt für diese Situation die Verteilung der Geschwindigkeit von 50 Autofahrern an. Es wurde bereits eine Klasseneinteilung mit d = 5 km/h vorgenommen. Tabelliert sind die absoluten und die relativen Klassenhäufigkeiten. Die vorliegenden Daten beschreiben ein quantitativ-stetiges Merkmal. Aus diesem Grund wird zur Darstellung ein Histogramm verwendet, wie dies in Abschnitt 2.4, »Darstellung quantitativ-stetiger Daten«, beschrieben wurde. Die Säulenhöhen dieses Histogramms werden in der vierten Spalte der Tabelle 2.16 gebildet. Schließlich enthält die letzte Spalte der Tabelle die kumulierten relativen Häufigkeiten.

Klasse	Absolute Häufigkeit	Relative Häufigkeit h_i	Säulenhöhe h_i / d	Kumulierte rel. Häufigkeit
[50; 55)	0	0	0	0
[55; 60)	2	0,04	0,008	0,04
[60; 65)	4	0,08	0,016	0,12
[65; 70)	4	0,08	0,016	0,2
[70; 75)	5	0,1	0,02	0,3
[75; 80)	12	0,24	0,048	0,54
[80; 85)	12	0,24	0,048	0,78
[85; 90)	5	0,1	0,02	0,88
[90; 95)	4	0,08	0,016	0,96
[95; 100)	2	0,04	0,008	1
[100; 105)	0	0	0	1
[105; 110)	0	0	0	1
[110; 115)	0	0	0	1

Tabelle 2.16 Klasseneinteilung für die Geschwindigkeiten von 50 Autofahrern

Im Histogramm werden die relativen Häufigkeiten durch die Flächeninhalte der Säulen dargestellt. Deshalb gibt die Verteilungsfunktion eines quantitativ-stetigen Merkmals den Flächeninhalt unter dem Histogramm bis zum Wert x an. $F(x)$ ist also die kumulierte relative Häufigkeit derjenigen Säulen, die zu den Merkmalsausprägungen gehören, die kleiner oder gleich x sind. In Abbildung 2.13 ist dies für $x = 80$ dargestellt. Der eingefärbte Flächeninhalt im Histogramm ist gleich dem Funktionswert $F(80)$.

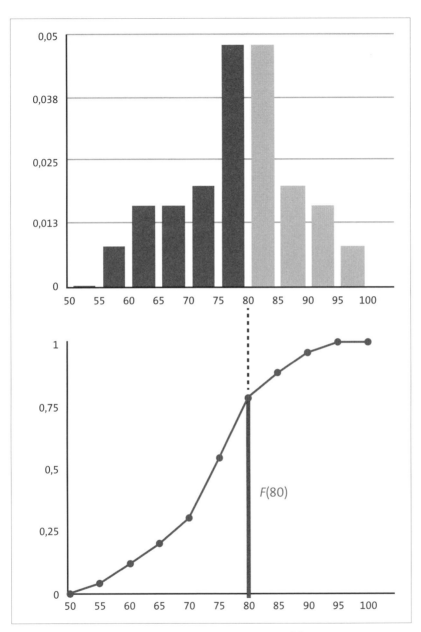

Abbildung 2.13 Histogramm und Verteilungsfunktion F(x)

Bei einem quantitativ-diskreten Merkmal war der Graph der Verteilungsfunktion eine Treppenfunktion. In der hier gegebenen Situation eines quantitativ-stetigen Merkmals nimmt der Flächeninhalt unter den Säulen des Histogramms ständig zu, wenn man sich entlang der x-Achse nach rechts bewegt. Aus diesem Grund werden die einzelnen Punkte des Graphen der Verteilungsfunktion miteinander verbunden.

Wegen der Zunahme des Flächeninhalts des Histogramms für zunehmende x-Werte ergibt sich, dass der Graph der Verteilungsfunktion monoton steigend ist. Weil der gesamte Flächeninhalt des Histogramms gleich 1 ist, folgt, dass die Funktionswerte der Verteilungsfunktion zwischen 0 und 1 liegen.

Die wichtigsten Eigenschaften der Verteilungsfunktion eines quantitativ-stetigen Merkmals werden hier zusammengefasst:

> **Merke: Verteilungsfunktion eines quantitativ-stetigen Merkmals**
>
> Man betrachtet die Häufigkeitsverteilung eines quantitativ-stetigen Merkmals, die durch ein Histogramm beschrieben wird. Dann gibt der Wert der Verteilungsfunktion $F(x)$ an der Stelle x den Flächeninhalt unter dem Histogramm bis zur Stelle x an. $F(x)$ ist monoton steigend, und es gilt: $0 \leq F(x) \leq 1$.

Aufgabe 7: Olympischer Weitsprung – Ergebnisse darstellen

Vom 5.8.2016 bis zum 21.8.2016 fanden in Rio de Janeiro die Olympischen Sommerspiele statt. In der Qualifikationsgruppe A des Weitsprungs der Frauen wurden folgende Weiten in Metern erzielt:

5,86	6,16	6,4	6,55	6,7
5,95	6,29	6,41	6,55	6,82
6,13	6,32	6,45	6,64	6,87
6,15	6,37	6,49	6,65	

Tabelle 2.17 Weitsprungergebnisse in Metern

Verwenden Sie die 6 Klassen [5,7; 5,9), [5,9; 6,1), [6,1; 6,3), [6,3; 6,5), [6,5; 6,7) und [6,7; 6,9) der Breite d = 0,2 und ermitteln Sie die relativen Klassenhäufigkeiten sowie die kumulierten relativen Klassenhäufigkeiten. Zeichnen Sie das zugehörige Histogramm und den Graphen der Verteilungsfunktion.

> **Was Sie wissen sollten**
> ▸ Sie sollten kumulierte Häufigkeiten berechnen können.
> ▸ Sie sollten wissen, wie Verteilungsfunktionen bei quantitativ-diskreten und bei quantitativ-stetigen Merkmalen erklärt sind.

2.6 Überblick zur Verwendung graphischer Darstellungsformen

Tabelle 2.18 liefert einen Überblick, welche graphischen Darstellungsarten sich für Daten bestimmter Merkmalsarten eignen.

Merkmalsart	Darstellungsform
qualitativ	Stabdiagramm
	Kreisdiagramm
ordinal	Stabdiagramm
	Summenkurve
quantitativ-diskret	Stabdiagramm
	Summenkurve
	Histogramm
quantitativ-stetig	Histogramm
	Summenkurve

Tabelle 2.18 Merkmalsarten und ihre Darstellung

2.7 Lösungen zu den Aufgaben

Aufgabe 1: Farbverteilung von Gummibärchen darstellen

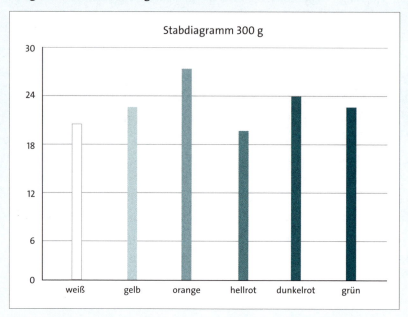

Abbildung 2.14 Stabdiagramm für die Farbverteilung der Gummibärchen

Aufgabe 2: Absolute und relative Häufigkeiten untersuchen

a) Weiß 15 %, Gelb 18 %, Grün 16 %, Hellrot 15 %, Orange 20 % und Dunkelrot 16 %

b) Es zeigt sich, dass die Summe der absoluten Häufigkeiten gleich dem Stichprobenumfang n ist. Das ist einsichtig, weil jeder Merkmalsträger durch die Merkmalsausprägungen erfasst wird. Des Weiteren ergibt die Summe der relativen Häufigkeiten 1, d. h. 100 %.

Aufgabe 3: Regeln für Summen anwenden

$$\sum_{i=1}^{n}(ax_i + by_i + c) = \sum_{i=1}^{n} ax_i + \sum_{i=1}^{n} by_i + \sum_{i=1}^{n} c = a\sum_{i=1}^{n} x_i + b\sum_{i=1}^{n} y_i + nc$$

Aufgabe 4: Mietpreise für 1-Zimmer-Wohnungen darstellen

Nachdem man die Daten aufsteigend sortiert hat, kann man die Häufigkeitstabelle erstellen. Der Umfang der Stichprobe ist $n = 20$.

Klassen	Absolute Klassen-häufigkeiten	Relative Klassen-häufigkeiten
[250; 300)	5	0,25
[300; 350)	5	0,25
[350; 400)	3	0,15
[400; 450)	2	0,1
[450; 500)	3	0,15
[500; 550)	1	0,05
[550; 600)	0	0
[600; 650)	0	0
[650; 700]	1	0,05

Tabelle 2.19 Tabellierung der Klassenhäufigkeiten

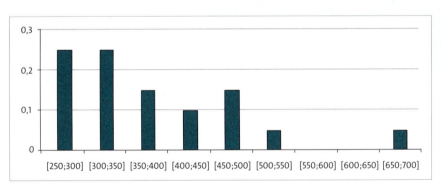

Abbildung 2.15 Relative Klassenhäufigkeiten im Säulendiagramm

Aufgabe 5: Ein Histogramm zu Blutdruckwerten erstellen

Klassen	Häufigkeit n_i	Rel. Häufigkeit h_i	Säulenhöhe h_i / d
[115; 122)	7	0,14	0,02
[122; 129)	12	0,24	0,03429

Tabelle 2.20 Werte für das Histogramm

Häufigkeitsverteilungen

Klassen	Häufigkeit n_i	Rel. Häufigkeit h_i	Säulenhöhe h_i / d
[129; 136)	9	0,18	0,02571
[136; 143)	12	0,24	0,03429
[143; 150)	9	0,18	0,02571
[150; 157)	1	0,02	0,00286

Tabelle 2.20 Werte für das Histogramm (Forts.)

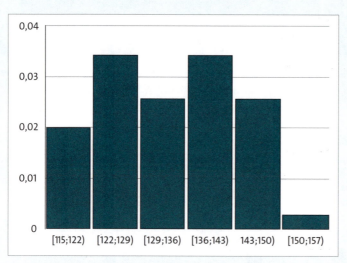

Abbildung 2.16 Histogramm des Blutdrucks

Aufgabe 6: Verteilungsfunktion und Stabdiagramm für 80 Würfe

Augensumme x_i	h_i	$F(x_i)$
2	0,025	0,025
3	0,0125	0,0375
4	0,0625	0,1
5	0,1	0,2
6	0,1625	0,3625

Tabelle 2.21 Relative Häufigkeiten und Verteilungsfunktion

Augensumme x_i	h_i	$F(x_i)$
7	0,1875	0,55
8	0,125	0,676
9	0,125	0,8
10	0,075	0,875
11	0,1	0,975
12	0,025	1

Tabelle 2.21 Relative Häufigkeiten und Verteilungsfunktion (Forts.)

In der Spalte h_i ist zu erkennen, dass von der Mitte hin zu den Rändern die Werte abfallen. Am Stabdiagramm in Abbildung 2.17 ist dies deutlich zu sehen.

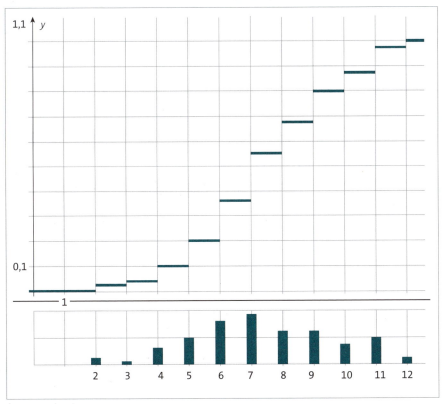

Abbildung 2.17 Relative Häufigkeiten und Verteilungsfunktion

Häufigkeitsverteilungen 63

Aufgabe 7: Olympischer Weitsprung – Ergebnisse darstellen

Klassen	Absolute Häufigkeiten	Relative Häufigkeiten	Säulenhöhen im Histogramm	Kumulierte relative Häufigkeiten
[5,7; 5,9)	1	0,05263	0,26316	0,05263
[5,9; 6,1)	1	0,05263	0,26316	0,10526
[6,1; 6,3)	4	0,21053	1,05263	0,31579
[6,3; 6,5)	6	0,31579	1,57894	0,63158
[6,5; 6,7)	4	0,21053	1,05263	0,84211
[6,7; 6,9)	3	0,15789	0,78947	1

Tabelle 2.22 Kumulierte relative Klassenhäufigkeiten

Man beachte, dass die Werte gerundet sind, sodass die Spaltensummen der relativen Häufigkeiten nicht genau 1 ergeben.

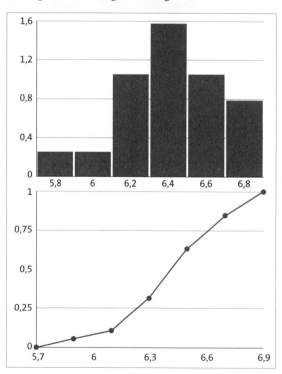

Abbildung 2.18 Histogramm und Summenkurve der Verteilungsfunktion

Kapitel 3
Lügen mit Statistik

Die graphische Darstellung von Häufigkeiten bietet vielfältige Möglichkeiten, den Betrachter zu manipulieren. Eine immer wieder verwendete optische Manipulation beruht darauf, dem Betrachter einen Flächen- oder Raumvergleich anstelle eines Längenvergleichs zu präsentieren. Außer den graphischen Darstellungen werden noch weitere Methoden präsentiert, mit denen bei Statistik gelogen werden kann.

3.1 Manipulation graphischer Darstellungen

Zum Einstieg

In der Statistik »Deutscher Wein Statistik 2014/2015« findet man Angaben über geprüfte Weinmengen nach Qualitätsstufen. Für das Anbaugebiet Pfalz sind es 1.708.000 hl, Württemberg kommt auf 862.000 hl. In der Darstellung durch ein Säulendiagramm ergibt sich damit das folgende Bild:

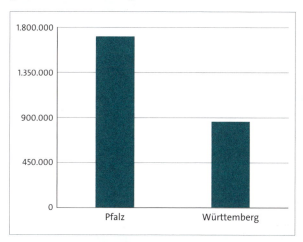

Abbildung 3.1 Qualitätswein in hl 2014/2015

Diese Darstellung ist natürlich langweilig. Der durch Medien verwöhnte Betrachter möchte lieber Weinflaschen statt Säulen sehen:

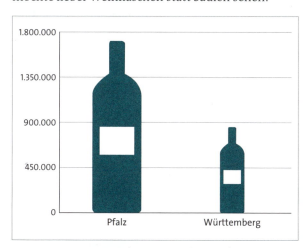

Abbildung 3.2 Piktogramm

Lügen mit Statistik

Also ersetzt man die Säulen durch Weinflaschen gleicher Höhe. Für den Betrachter ergibt sich dadurch ein ganz anderer Blickwinkel. Die Unterschiede zwischen Pfalz und Württemberg erscheinen jetzt gravierend. Das rührt daher, dass dem Betrachter ein Flächenvergleich statt des Vergleichs der Höhen aufgedrängt wird. Während das Verhältnis der Längen der Weinflaschen von Pfalz und Württemberg etwa 2:1 beträgt, so ist das wahrgenommene Verhältnis der Flächen 4:1 – zur Erläuterung: Wenn die Länge und die Breite verdoppelt werden, dann vervierfacht sich der Flächeninhalt.

Wer gezielt manipulieren möchte, der wählt eine solche Darstellung – oder besser noch eine räumliche Darstellung, welche die Unterschiede noch größer erscheinen lässt. Im Jahr 2014 betrug der Hühnerfleischkonsum in Deutschland 12,4 kg pro Person. Das ist etwa doppelt so viel wie der Konsum im Jahr 1970 betragen hatte [BOE]. Stellt man dieses Verhältnis durch ein dreidimensional wirkendes Huhn graphisch dar, dann wird optisch der Eindruck eines Verhältnisses von 8:1 erzeugt.

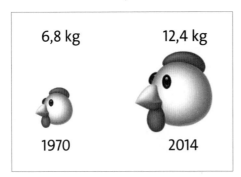

Abbildung 3.3 Hühnerfleischkonsum 1970 und 2014

Eine beliebte Methode zur Manipulation eines Diagramms ist die verkürzte y-Achse. Die folgende Graphik zeigt die erwartete Entwicklung der Schülerzahlen bis zum Schuljahr 2010/2011, wie sie in dem vom rheinland-pfälzischen Kultusministerium herausgegebenen »Elternjournal« im Januar 1993 prognostiziert wurde:

Das Diagramm ist um einen Sockel von 500.000 Schülern verkürzt, d. h. die y-Achse beginnt nicht bei 0, sondern bei 500.000. Dadurch wird der Anstieg der Schülerzahlen besonders drastisch dargestellt. Die nächste Graphik zeigt das ungekürzte Diagramm, in dem die wahre Relation des Anstiegs zu sehen ist.

Abbildung 3.4 Die Schülerzahlen steigen – drastische Darstellung

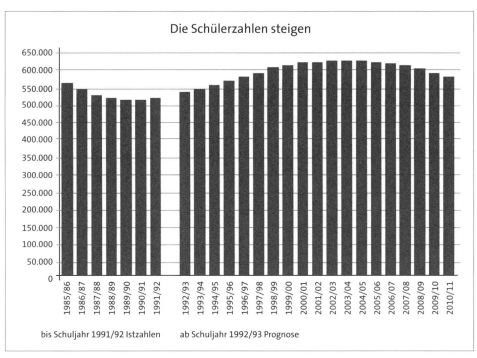

Abbildung 3.5 Die Schülerzahlen steigen – ungekürzte Darstellung

Die Verkürzung eines Diagramms ist erlaubt, wenn durch eine Unterbrechung an der y-Achse der Hinweis gegeben wird, dass abgeschnitten worden ist. Fehlt wie im betrachteten Beispiel dieser Hinweis, so handelt es sich um eine Manipulation.

3.2 Losbuden und Krankenhäuser: Das Simpson-Paradoxon

Wer Statistik verstehen will, der sollte das *Simpson-Paradoxon* kennen. Das Wissen um dieses Paradoxon ist für den Umgang mit Daten unerlässlich.

Peter und Paul verkaufen auf dem Jahrmarkt Lose. Jeder hat zwei Eimer, die Gewinne und Nieten enthalten. Wer ein Los bei Peter kaufen will, sucht sich erst einen der Eimer A oder B von Peter aus und zieht dann ein Los. Analoges gilt für einen Kauf bei Paul. (Die Anregung zu diesem Beispiel stammt aus [KRA].)

Abbildung 3.6 Losbude

Könnte man in die Eimer hineinsehen und auch erkennen, wie oft Gewinne und Nieten in den Eimern vorkommen, dann würde sich das folgende Bild ergeben:

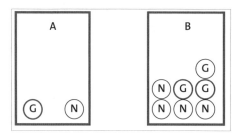

Abbildung 3.7 Die Eimer von Peter

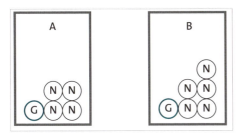

Abbildung 3.8 Die Eimer von Paul

Wüsste man als Loskäufer über die Verteilung von Gewinnen (G) und Nieten (N) Bescheid, dann würde man sowohl bei Peter als auch bei Paul aus Eimer A ziehen. Die folgende Tabelle zeigt, warum dies der Fall ist. Dazu werden für jeden Eimer die Gewinnchancen ermittelt. Diese sind für die Eimer mit der Aufschrift A größer als für die B-Eimer:

		Gewinne	Nieten	Gesamtzahl der Lose	Gewinnchance in Prozent
Peter	Eimer A	1	1	2	1/2 = 50 %
	Eimer B	3	4	7	3/7 = 42,86 %
Paul	Eimer A	1	4	5	1/5 = 20 %
	Eimer B	1	5	6	1/6 = 16,67 %

Tabelle 3.1 Gewinnchancen

Für Peter und Paul ist das Ende ihrer Schicht an der Losbude erreicht. Sie werden von Mary abgelöst. Damit Mary nicht mit 4 Eimern hantieren muss, werden kurzerhand die Eimer A zusammengeschüttet. Dasselbe erfolgt auch für die Eimer B:

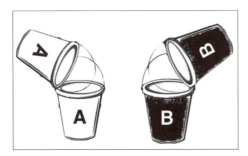

Abbildung 3.9 Zusammenschütten der Eimer

Stellen Sie sich nun vor, Sie wollten bei Mary ein Los kaufen. Aus welchem Eimer würden Sie dann ziehen, um eine möglichst große Gewinnchance zu haben?

Vor dem Zusammenschütten hatte man bei den Eimern A eine größere Gewinnchance als bei den Eimern B. Also scheint es klar zu sein, dass auch nach dem Zusammenschütten der Eimer A eine bessere Gewinnchance bietet. Aber Vorsicht! Wie es nach dem Zusammenschütten in den Eimern A und B von Mary aussieht, zeigt die nächste Abbildung:

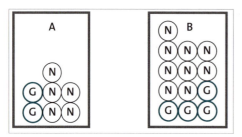

Abbildung 3.10 Eimer A und B von Mary

Eimer A bietet eine Gewinnchance von 2/7, für Eimer B ist die Gewinnchance gleich 4/13. Nun ist $2/7 \approx 0{,}286$ und $4/13 \approx 0{,}308$. Folglich ist es jetzt günstiger, aus Eimer B zu ziehen! Die nächste Abbildung zeigt eine Gesamtübersicht:

		Gewinne	Nieten	Gesamtzahl der Lose	Gewinnchance in Prozent
Peter	Eimer A	1	1	2	1/2 = 50 %
	Eimer B	3	4	7	3/7 = 42,86 %
Paul	Eimer A	1	4	5	1/5 = 20 %
	Eimer B	1	5	6	1/6 = 16,67 %
Gesamt	Eimer A	2	5	7	2/7 = 28,57 %
	Eimer B	4	9	13	4/13 = 30,77 %

Tabelle 3.2 Gewinnchancen nach dem Zusammenschütten

Wie kann man das verstehen? Rein mathematisch betrachtet ist das nicht schwer:

Aus $\dfrac{3}{7} < \dfrac{1}{2}$ und $\dfrac{1}{6} < \dfrac{1}{5}$ folgt eben *nicht* die Gültigkeit von $\dfrac{3+1}{7+6} < \dfrac{1+1}{2+5}$ bzw. $\dfrac{4}{13} < \dfrac{2}{7}$.

Vielmehr ist $\frac{4}{13} > \frac{2}{7}$ richtig.

Für ganze Zahlen a, b, c und d, für die $\frac{a}{b} < \frac{c}{d}$ und $\frac{p}{q} < \frac{r}{s}$ gilt, kann aber $\frac{a+p}{b+q} < \frac{c+r}{d+s}$ durchaus richtig sein. Man kann also weder folgern, dass diese Ungleichung gilt, noch, dass sie nicht gilt. Dementsprechend gibt es Zahlen, für die sich der Überraschungseffekt beim Zusammenschütten einstellt, aber auch Zahlen, für die er ausbleibt.

Aufgabe 1: Summenvergleich

Am nächsten Tag füllen Peter und Paul ihre Eimer wie folgt:

		Gewinne	Nieten	Gesamtzahl der Lose	Gewinnchance
Peter	Eimer A	3	7	10	3/7
	Eimer B	2	3	5	2/3
Paul	Eimer A	1	6	7	1/6
	Eimer B	1	5	6	1/5

Untersuchen Sie, indem Sie Brüche vergleichen:

a) In welchen Eimer sollte ein Kunde bei Peter greifen?
b) In welchen Eimer sollte ein Kunde bei Paul greifen?
c) Wie sieht es aus, wenn die beiden Losverkäufer wieder ihre beiden Eimer A und ihre beiden Eimer B zusammenschütten?

Auch wenn sich hier etwas mathematisch begründen lässt, so richtig verstanden hat man doch noch nicht, was hier vorgeht. Es lässt sich festhalten, dass die Bewertung der beiden Teilgruppen, die dann zu einer Gesamtgruppe zusammengeführt wurden, anders ausfällt als die Bewertung der Gesamtgruppe. Dieses Phänomen, dass nämlich das Zusammenlegen von Teilgruppen zu einer Umkehrung der Bewertung führen kann, wurde von Edward Hugh Simpson 1951 gründlich untersucht. Er war nicht der Erste, der sich mit dieser Problematik beschäftigt hat, aber schließlich wurde dieses Phänomen nach ihm benannt. Mit dem folgenden Beispiel kommt man den Ursachen für das *Simpson-Paradoxon* auf die Spur.

Beispiel 1: Heilungsraten in zwei Krankenhäusern

Stellen Sie sich vor, Sie wollten einen erkrankten Angehörigen zur Behandlung in ein Krankenhaus bringen. Nach einiger Recherche haben Sie zwei Krankenhäuser ausfindig gemacht, die sich auf die Behandlung der vorliegenden Krankheit spezialisiert haben. Sie bringen in Erfahrung, dass von 1000 in Krankenhaus A behandelten Patienten 900 geheilt entlassen werden. Die restlichen 100 Patienten versterben. In Krankenhaus B überleben 800 von 1000 Patienten, 200 versterben. Damit scheint die Angelegenheit für Sie klar zu sein. Den 90 % der Überlebenden von Krankenhaus A stehen nur 80 % Überlebende in Krankenhaus B gegenüber. Das Krankenhaus A bietet damit die besseren Überlebenschancen.

Da Sie besonders gründliche Nachforschungen anstellen, erkennen Sie, dass in Krankenhaus A überwiegend leicht erkrankte Patienten behandelt werden. In Krankenhaus B überwiegt dagegen die Behandlung der besonders schwer erkrankten Patienten.

Abbildung 3.11 Welches Krankenhaus ist besser?

In Krankenhaus A überlebten von 900 leicht erkrankten Patienten 870. In Krankenhaus B wurden 600 leicht erkrankte Patienten behandelt, von denen 590 überlebten.

Schwer erkrankte Patienten wurden in Haus A nur in 100 Fällen behandelt, von denen 30 überlebten. In Haus B wurden dagegen 400 schwer Erkrankte behandelt, von denen 210 überlebten.

Aus den genannten Zahlen kann man die relativen Häufigkeiten ermitteln, mit denen leicht erkrankte und schwer erkrankte Patienten in den beiden Krankenhäusern überleben. Die prozentualen Anteile der überlebenden Patienten sind in Tabelle 3.3 aufgelistet.

Überraschend ist, dass sowohl bei den leicht Erkrankten als auch bei den schwer Erkrankten das Krankenhaus B die besseren Heilungschancen bietet.

In der anfänglichen Gesamtbetrachtung beider Krankenhäuser wird nicht zwischen den leicht und den schwer Erkrankten unterschieden. Es werden also leicht Erkrankte, die eine gute Heilungsaussicht haben, zusammen mit schwer Erkrankten in einen Topf geworfen. Das Krankenhaus A hat zudem viele leicht Erkrankte und nur wenige schwer Erkrankte. Dies erklärt das gute Abschneiden von Krankenhaus A in der Gesamtbetrachtung. Das bedeutet schließlich, dass ein Patient bei Einlieferung in Krankenhaus B die besseren Überlebenschancen hat.

		Überlebt	Tot	Patienten	Überlebende
Leichte Erkrankung	Haus A	870	30	900	870/900 = 96,67 %
	Haus B	590	10	600	590/600 = 98,33 %
Schwere Erkrankung	Haus A	30	70	100	30/100 = 30 %
	Haus B	210	190	400	210/400 = 52,50 %
Gesamt	Haus A	900	100	1000	900/1000 = 90 %
	Haus B	800	200	1000	800/1000 = 80 %

Tabelle 3.3 Relative Häufigkeiten für Überlebende getrennt nach leichter und schwerer Erkrankung

Das letzte Beispiel hat gezeigt, dass das Simpson-Paradoxon widersprüchliche Ergebnisse aus ein und demselbem Datensatz produziert, je nachdem ob man die gesamte Population oder Teilgruppen davon betrachtet. Dabei handelt es sich eigentlich gar nicht um ein Paradoxon, denn schließlich kann man alles widerspruchsfrei auflösen, wenn man den zugrunde liegenden verborgenen Faktor findet, dessen Nichtbeachtung für die Verwirrung sorgt. Im letzten Beispiel war der verborgene Faktor die Schwere der Erkrankung.

Das im nächsten Beispiel behandelte Problem ist ein klassischer Fall des Simpson-Paradoxons. Im Jahr 1972 wurde in Großbritannien eine Studie zu Gewohnheiten und Lebenserwartung der Menschen gestartet. In diesem Rahmen wurden 1314 Frauen über einen Zeitraum von 20 Jahren beobachtet, unter ihnen Raucherinnen und Nichtraucherinnen. Nach diesen 20 Jahren wurde ermittelt, wie viele Überlebende in beiden Gruppen vorkamen [APP].

Beispiel 2: Nichtraucherinnen und Raucherinnen verschiedener Lebensalter

1972 wurden 1314 Frauen in Raucherinnen und Nichtraucherinnen eingeteilt [APP]. 20 Jahre später ergab sich, was Überlebende und Gestorbene in beiden Gruppen anging, das folgende Bild:

	Überlebt	Tot	Anzahl Frauen	Überlebende
Raucherinnen	443	139	582	443/582 = 76,12 %
Nichtraucherinnen	502	230	732	502/732 = 68,58 %

Tabelle 3.4 Überlebende Raucherinnen und Nichtraucherinnen nach 25 Jahren

Betrachtet man diese Tabelle, so liegen mit 76 % der Überlebenden die Raucherinnen klar vor den Nichtraucherinnen, denn von diesen überlebten nur 69 %. Demnach ist das Rauchen scheinbar gesund! Können Sie sich vorstellen, wie dieses offenbar unsinnige Ergebnis zustande kommt?

Der verborgene Faktor bei dieser Studie ist das Alter der Versuchspersonen. Geht man vereinfachend von nur zwei Altersgruppen (»zu Beginn der Studie zwischen 18 und 64« und »älter als 64 zu Beginn der Studie«) aus, dann erhält man die unten abgebildete Situation. In beiden Altersgruppen sind es, ganz im Gegensatz zu den zuvor betrachteten Gesamtgruppen, offenbar die Nichtraucherinnen, die die größeren Chancen haben, die nächsten 20 Jahre zu erleben.

		Überlebt	Tot	Anzahl Frauen	Überlebende
18–64 J.	Raucherinnen	436	97	533	436/533 = 81,80 %
	Nicht-raucherinnen	474	65	539	474/539 = 87,94 %
> 64 J.	Raucherinnen	7	42	49	7/49 = 14,29 %
	Nicht-raucherinnen	28	165	193	28/193 = 14,51 %

Tabelle 3.5 Unterteilung nach Altersgruppen

		Überlebt	Tot	Anzahl Frauen	Überlebende
Gesamt	Raucherinnen	443	139	582	443/582 = 76,12 %
	Nicht-raucherinnen	502	230	732	502/732 = 68,58 %

Tabelle 3.5 Unterteilung nach Altersgruppen (Forts.)

Unterteilt man in die beiden Altersgruppen, dann sind in der jüngeren Gruppe 533 von 1072 Frauen Raucherinnen, d. h. ungefähr 50 %. In der Gruppe der älteren Frauen gibt es unter 242 Frauen nur 35 Raucherinnen, das sind etwa 14 %. Salopp ausgedrückt besteht diese Gruppe hauptsächlich aus alten Nichtraucherinnen. Beim Zusammenlegen der beiden Gruppen werden demnach junge Raucherinnen mit alten Nichtraucherinnen verglichen. Es ist einleuchtend, dass die jungen Raucherinnen trotz ihres Lasters noch länger als die alten Nichtraucherinnen zu leben haben.

Aufgabe 2: Das Simpson-Paradoxon ausnutzen

Stellen Sie sich vor, dass Sie der Hersteller eines neuen Medikaments X sind, das am Markt mit dem Medikament Y konkurriert. Um die Wirksamkeit der beiden Medikamente zu prüfen, wurde bereits eine Studie an 120 Personen durchgeführt. Leider schnitt dabei Ihr Medikament nicht gut ab. Es wurde 20 Personen verabreicht und war bei nur 2 Personen, d. h. bei 10 %, wirksam. Das Medikament Y wurde 100 Personen verabreicht. Bei 20 Personen hat sich Y als wirksam erwiesen, d. h. bei 20 %. Als Kenner des Simpson-Paradoxons denken Sie sich nun einen gemeinen Plan aus. Sie wissen, dass beide Medikamente bei jungen Patienten wirksamer als in dieser Studie sind. Bei jungen Patienten wirkt Medikament X in 40 % der Fälle und Medikament Y sogar in 50 % der Fälle. Also führen Sie eine zweite Studie durch, wieder mit 120 Patienten, dieses Mal aber nur mit jungen Patienten. Sie wollen erreichen, dass nach dem Zusammenlegen der beiden Datensätze Ihr Medikament X wirksamer als das Medikament Y erscheint.

Überlegen Sie sich, wie vielen der 120 Personen Ihr Medikament verabreicht werden soll, damit Ihr Plan gelingt.

Anmerkung: Es gibt eine ganze Reihe verschiedener Lösungen.

Zum Ausprobieren können Sie auch das Tabellenblatt »*3.2 Medikament*« verwenden und Ihre vermutete Personenanzahl in die dick umrahmte Zelle eintragen. Die restlichen Zellen werden dann automatisch ausgefüllt, sodass Sie sofort sehen können, ob Sie erfolgreich waren:

		Wirksam	Unwirksam	Anzahl	Wirksam
Erste Studie	X	2	18	20	10 %
	Y	20	80	100	20 %
Junge Patienten	X				40 %
	Y				50 %
Gesamt	X				
	Y				

Tabelle 3.6 Tabelle zum Ausfüllen

3.3 Der wohlgewählte Mittelwert

Sie sind der Chef einer Firma mit 9 Angestellten. Jeder Angestellte verdient im Monat 3000 €. Wegen Ihrer besonderen Verantwortung gönnen Sie sich natürlich einen besseren Verdienst. 23000 € ist das für Sie angemessene Salär.

Sie sind daran interessiert, die Arbeitsbedingungen in Ihrer Firma möglichst gut darzustellen. Wenn es dabei um den Verdienst geht, dann könnten Sie natürlich angeben, dass jeder Ihrer Angestellten 3000 € verdient. Sie wollen aber, dass Ihre Firma besser dasteht. Aus diesem Grund berechnen Sie das mittlere Einkommen aller in der Firma beschäftigten Personen, wozu natürlich auch Sie gehören, auf folgende Weise:

(9 · 3000 € + 23000 €) / 10 = 50000 € / 10 = 5000 €

Es klingt natürlich gut, wenn Sie sagen können, dass der durchschnittliche Verdienst in ihrer Firma 5000 € beträgt. Das ist aber weit von der Wirklichkeit entfernt. Sie haben für die Berechnung das aus der Schule bekannte arithmetische Mittel verwendet. Dieses hat die Eigenschaft, dass es sehr empfindlich auf *Ausreißer* reagiert, und Ihr Gehalt ist ein solcher Ausreißer.

Das Beispiel zeigt: Das arithmetische Mittel eignet sich nicht, um die Verdienstsituation in Ihrer Firma zu beschreiben, es sei denn, Sie wollen bewusst manipulieren. Im nächsten Kapitel werden verschiedene Mittelwerte betrachtet, die für diese Situation besser geeignet sind.

3.4 Lösungen zu den Aufgaben

Aufgabe 1: Summenvergleich

a) $\frac{3}{7} < \frac{2}{3}$, denn Gleichnamigmachen liefert die Brüche $\frac{9}{21}$ und $\frac{14}{21}$. Offenbar ist $\frac{9}{21} < \frac{14}{21}$.

Also bietet bei Peter der Eimer B die besseren Gewinnchancen.

b) Es ist $\frac{1}{6} < \frac{1}{5}$, denn der Nenner des ersten Bruchs ist größer als der des zweiten Bruchs.

Damit bietet auch bei Paul der Eimer B die besseren Gewinnchancen.

c) Die Gewinnchance für Eimer A beträgt $\frac{3+1}{7+6} = \frac{4}{13}$, die für Eimer B ist $\frac{2+1}{3+5} = \frac{3}{8}$.

Um diese Brüche zu vergleichen, machen Sie sie gleichnamig mit dem Nenner 104:

$\frac{4}{13} = \frac{32}{104}$ und $\frac{3}{8} = \frac{39}{104}$

Da 32 < 39, gilt $\frac{4}{13} < \frac{3}{8}$. Auch nach dem Zusammenschütten ist es also günstiger, in Eimer B zu greifen.

Aufgabe 2: Das Simpson-Paradoxon ausnutzen

Die einfachste Möglichkeit, das Ziel zu erreichen (Idee nach [DUB]), wäre, dass alle 120 jungen Patienten das Medikament X verabreicht bekommen. Das hätte dann zur Folge, dass in der Gesamtstichprobe das Medikament X in ca. 36 % der Fälle erfolgreich ist. Medikament Y hätte dann nur noch 20 % Wirksamkeit. Dieses Vorgehen wäre jedoch zu auffällig. Um doch noch die Gesamtstatistik zu retten, reicht es allerdings aus, wenn weniger als 120 Personen Medikament X bekommen. Die folgende Abbildung zeigt, dass auch für den Fall, dass 100 Personen das Medikament X und 20 Personen das Medikament Y bekommen, die Gesamtstatistik auf der Seite von X ist:

		Wirksam	Unwirksam	Anzahl	Wirksam
Erstes Krankenhaus	X	2	18	20	10 %
	Y	20	80	100	20 %
Junge Patienten	X	40	60	100	40 %
	Y	10	10	20	50 %
Gesamt	X	42	78	120	35 %
	Y	30	90	120	25 %

Tabelle 3.7 Simpson-Paradoxon

Kapitel 4
Lagemaßzahlen

Verteilungsmaßzahlen sollen dazu dienen, Eigenschaften von Verteilungen mit quantitativem Merkmal zu erfassen. In diesem Kapitel wird dazu eine Vielzahl verschiedener Mittelwerte betrachtet, die in der Statistik Verwendung finden.

Zum Einstieg

»Ab durch die Mitte«, »der Weg zur inneren Mitte«, »China, das Land der Mitte«, »Mittelständische Unternehmer«, »Mittelschicht«, »politische Mitte«, »Mittelpunkt«, »Mittelwert« – den Begriff der »Mitte« findet man in vielen Zusammenhängen.

Von Aristoteles ist bekannt, dass er die Lehre von der »goldenen Mitte« vertrat. Er beschreibt, dass es drei Grundeinstellungen gibt, zwei fehlerhafte und eine richtige. Die beiden fehlerhaften zeichnen sich durch ein Zuwenig bzw. durch ein Zuviel aus. Die richtige Einstellung aber ist die Mitte. So sollte der richtige Weg der Erziehung in der Mitte zwischen »laissez faire« und »übermäßiger Strenge« liegen. Die Tugend der Tapferkeit liegt in der Mitte zwischen Feigheit und Wagemut. Geiz und Verschwendung haben in ihrer Mitte die Freigiebigkeit. Die Lage der goldenen Mitte zwischen solchen Extrempositionen ist natürlich nicht arithmetisch bestimmbar, sondern hängt von der jeweiligen Person ab, d. h. sie ist ein individueller Parameter.

Ganz anders, so mag man vielleicht denken, ist es in der Mathematik. Da ist der Mittelwert klar definiert: Man zählt zwei Zahlen zusammen, teilt das Ergebnis durch zwei und schon hat man den Mittelwert. Es mag erstaunen – besonders diejenigen, die an der Schule das *arithmetische Mittel* als einzigen Mittelwert kennengelernt haben –, dass der Mittelwert von Zahlen keineswegs eindeutig bestimmt ist. Es gibt nicht *den* Mittelwert, sondern eine Vielzahl gebräuchlicher Mittelwerte, die je nach Situation verwendet werden.

Benutzt man einen der Situation nicht gerecht werdenden Mittelwert, dann kann dadurch eine völlig falsche Interpretation der zugrunde liegenden Situation entstehen. Das wurde bereits in Abschnitt 3.3, »Der wohlgewählte Mittelwert«, dargestellt.

4.1 Das arithmetische Mittel

»Durchschnittliche Körpergröße«, »durchschnittliche Lebenserwartung«, »durchschnittliches Einkommen« sind alltägliche Begriffe, die sich auf die als arithmetisches Mittel bekannte Kennzahl beziehen.

Beispiel 1: Arithmetisches Mittel zweier Zahlen

Für zwei Zahlen a und b ist das arithmetische Mittel $\bar{x}$ diejenige Zahl, die zu a und b denselben Abstand hat. Das veranschaulicht Abbildung 4.1.

Abbildung 4.1 Arithmetisches Mittel zweier Zahlen

Es gilt also: $\bar{x} - a = b - \bar{x}$. Daraus folgt: $2 \cdot \bar{x} = a + b$. Die Division durch 2 liefert: $\bar{x} = \frac{a+b}{2}$.

Dieses Ergebnis zeigt, dass man das arithmetische Mittel zweier Zahlen erhält, indem man die Zahlen addiert und dann das Ergebnis durch 2 teilt. Verallgemeinert man dies auf n Zahlen, dann ergibt sich folgende Definition:

Arithmetisches Mittel

Man erhält das arithmetische Mittel $\bar{x}$ der n Zahlen $x_1, x_2, ..., x_n$ eines quantitativen Merkmals, indem man die Zahlen addiert und dann durch n teilt:

$$\bar{x} = \frac{1}{n} \sum_{i=1}^{n} x_i$$

Bemerkung

Beispiel 1 hat gezeigt, dass das arithmetische Mittel im Allgemeinen mit keiner möglichen Merkmalsausprägung übereinstimmen muss.

Beispiel 2 zeigt die Berechnung eines jährlichen Temperaturmittels:

Beispiel 2: Mittlere Temperatur

In Freiburg wurden im Jahr 2016 die folgenden mittleren monatlichen Temperaturen bestimmt [WET]:

Monat	Jan	Feb	Mär	Apr	Mai	Jun
Temperatur	4,3	5,7	5,8	9,6	14	18,1
Monat	Jul	Aug	Sep	Okt	Nov	Dez
Temperatur	20,5	19,8	17,7	9,5	5,7	0,3

Tabelle 4.1 Monatstemperaturen Freiburg

Sieht man davon ab, dass die Monate unterschiedliche Länge haben, dann kann man durch Bildung des arithmetischen Mittels den jährlichen Mittelwert der Temperatur bestimmen.

$\bar{x} = (4{,}3 + 5{,}7 + \ldots + 5{,}7 + 0{,}3)/12 = 10{,}9$

In der folgenden Aufgabe sollen Sie ein arithmetisches Mittel selbst berechnen.

Aufgabe 1: Mittlere Temperaturen in Eisenach und Freiburg

Für Eisenach ergaben sich im Jahr 2016 folgende Monatsmittelwerte der Temperatur:

Monat	Jan	Feb	Mär	Apr	Mai	Jun
Temperatur	0,5	2,9	3,7	7,5	13,3	17,1
Monat	Jul	Aug	Sep	Okt	Nov	Dez
Temperatur	18,7	17,8	17,1	8,2	3,6	1,5

Tabelle 4.2 Monatstemperaturen Eisenach

Bestimmen Sie den Jahresmittelwert. Stellen Sie die Verteilungen für Freiburg und Eisenach graphisch dar.

Das arithmetische Mittel hat eine anschauliche Komponente, die man auch als *Schwerpunkteigenschaft* bezeichnet. Dazu betrachten wir noch einmal Beispiel 1: Stellt man sich den Zahlenstrahl als Waagebalken mit zwei Massen der Größe 1 an den Stellen a und b vor, dann muss man den Balken an der Stelle $\bar{x}$ unterstützen, damit Gleichgewicht herrscht. Physikalisch kommt das in der Beziehung $\bar{x} - a = b - \bar{x}$ zum Ausdruck. Multipliziert man mit der Größe der beiden Massen, d. h. bildet man $1 \cdot (\bar{x} - a) = 1 \cdot (b - \bar{x})$, dann hat man das Hebelgesetz »Lastarm mal Last = Kraftarm mal Kraft« vor sich.

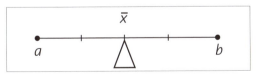

Abbildung 4.2 Arithmetisches Mittel als Schwerpunkt

Meistens schreibt man diese Eigenschaft des arithmetischen Mittels in der Form $(a - \bar{x}) + (b - \bar{x}) = 0$ auf, die man durch Umformung der letzten Gleichung gewinnt. Was hier für zwei Zahlen a und b gezeigt wurde, gilt auch allgemein:

> **Merke: Die Schwerpunkteigenschaft des arithmetischen Mittels**
> Sind $x_1, x_2, ..., x_n$ reelle Zahlen mit dem arithmetischen Mittel $\bar{x}$, dann gilt:
> $(x_1 - \bar{x}) + (x_2 - \bar{x}) + ... + (x_n - \bar{x}) = 0$.

Aufgabe 2: Die Schwerpunkteigenschaft des arithmetischen Mittels beweisen

Zeigen Sie die Gültigkeit der Aussage $(x_1 - \bar{x}) + (x_2 - \bar{x}) + ... + (x_n - \bar{x}) = 0$.

Ganz verschiedene Verteilungen können dasselbe arithmetische Mittel haben. Das zeigen die Beispiele aus Abbildung 4.3. Diese Beispiele visualisieren, dass man sich das arithmetische Mittel als Schwerpunkt einer Massenverteilung vorstellen kann. In allen Beispielen ist die Zahl 4 der Schwerpunkt und damit das arithmetische Mittel. Das sieht man in fast allen Beispielen sofort. Für die abgebildete *rechtsschiefe* Verteilung (linke untere Ecke), die aus 46 Messwerten besteht, muss man allerdings rechnen, um dies zu bestätigen:

$(8 \cdot 2 + 13 \cdot 3 + 13 \cdot 4 + 4 \cdot 5 + 3 \cdot 6 + 2 \cdot 7 + 2 \cdot 8 + 1 \cdot 9)/46 = 4$

Weil verschiedene Verteilungen dasselbe arithmetische Mittel haben können, werden weitere Parameter zur Beschreibung von Verteilungen benötigt.

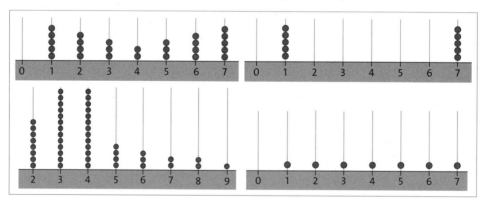

Abbildung 4.3 Verschiedene Verteilungen mit dem arithmetischen Mittel 4

In den folgenden Kapiteln wird die *Standardabweichung* eine wichtige Rolle spielen. Die Standardabweichung ist ein *Streuungsmaß*, in dem eine Summe der Art

$$f(z) = \sum_{i=1}^{n} (x_i - z)^2$$

vorkommt. Sieht man sich die Summe $f(z)$ näher an, so erkennt man, dass für jedes x_i die Differenz $x_i - z$ gebildet wird. Diese Differenzen können positiv oder negativ sein, sodass sie sich bei einer Summenbildung teilweise aufheben können. Deshalb quadriert man die Differenzen. Die sich dann ergebenden Werte sind alle positiv. Der Wert von $(x_i - z)^2$ kann deshalb als Quadrat des Abstandes von x_i zu z gedeutet werden. Somit stellt $f(z)$ die Summe der quadrierten Abstände von z zu den x_i dar. Für feste Daten x_i, $i = 1, ..., n$ kann man den Wert dieser Summe in Abhängigkeit von der Zahl z betrachten. Je nachdem, welche Zahl man für z einsetzt, ergibt sich ein anderer Summenwert. Die wichtige Erkenntnis ist, dass sich beim Einsetzen des arithmetischen Mittels der Zahlen x_i der kleinstmögliche Wert der Summe ergibt. Man nennt diese Tatsache die *Minimalitätseigenschaft* des arithmetischen Mittels. In Beispiel 3 wird diese Eigenschaft an einem konkreten Fall demonstriert.

> **Merke: Die Minimalitätseigenschaft des arithmetischen Mittels**
>
> Sind $x_1, x_2, ..., x_n$ reelle Zahlen mit dem arithmetischen Mittel $\bar{x}$, dann gilt:
>
> Die Summe $f(z) = \sum_{i=1}^{n}(x_i - z)^2$ wird minimal für $z = \bar{x}$.

Beispiel 3: Arithmetisches Mittel dreier Zahlen

$x_1 = 1, x_2 = 2, x_3 = 3$

Das arithmetische Mittel dieser Zahlen ist 2. Für die Summe $f(z)$ ergibt sich:

$(1 - z)^2 + (2 - z)^2 + (3 - z)^2 = 3z^2 - 12z + 14$

Dieser Term beschreibt eine nach oben geöffnete Parabel, die ihr Minimum an ihrem Scheitel besitzt. Den Scheitel der Parabel findet man z. B. mit den Methoden der Differentialrechnung. Dazu setzt man die 1. Ableitung gleich 0 und löst nach z auf. Die hinreichende Bedingung mit der 2. Ableitung muss nicht weiter überprüft werden, denn eine nach oben geöffnete Parabel besitzt in jedem Fall ein Minimum.

$f(z) = 3z^2 - 12z + 14$

$\frac{df}{dz} = 6z - 12 = 0$

Nach z auflösen:

$6z = 12$

$z = 2$

Die Parabel hat ihr Minimum an der Stelle $z = 2$. Dargestellt ist diese Parabel in Abbildung 4.4.

Den Daten $x_1 = 1$, $x_2 = 2$, $x_3 = 3$ sieht man auch ohne Rechnung an, dass ihr arithmetisches Mittel gleich 2 ist. Weil $\bar{x} = z = 2$ gilt, ist damit gezeigt, dass mit $\bar{x}$ die Summe $(1 - z)^2 + (2 - z)^2 + (3 - z)^2$ vom arithmetischen Mittel der Zahlen 1, 2 und 3 minimiert wird.

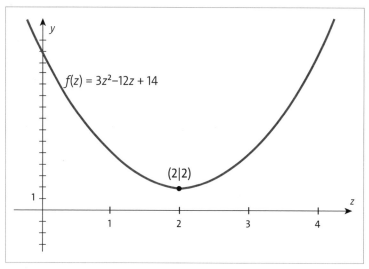

Abbildung 4.4 Graph von $3z^2 - 12z + 14 = 3(z - 2)^2 + 2$

In Abschnitt 4.1.1, »Exkurs: Beweis der Minimalitätseigenschaft«, wird gezeigt, dass die *Minimalitätseigenschaft* auch für den allgemeinen Fall gilt. Zuvor wird mit Beispiel 4 auf eine »unangenehme« Eigenschaft des arithmetischen Mittels hingewiesen.

Beispiel 4: Kochkurs für Männer

Ein Kochkurs für Männer besteht aus 5 Männern, die Kochen lernen wollen und folgende Alter haben: 18, 20, 20, 22 und 25. Wie man leicht nachrechnet, ist das arithmetische Mittel der Lebensalter der Teilnehmer gleich 21. Nun tritt dem Kochkurs ein 75-Jähriger bei, dessen Frau verstorben ist, sodass er kochen lernen muss. Dadurch ändert sich das arithmetische Mittel auf 30.

Das Beispiel zeigt, dass das arithmetische Mittel auf *Ausreißer* empfindlich reagiert. In diesem Fall sind andere Mittelwerte besser geeignet. Mittelwerte, die unempfindlich gegenüber Ausreißern sind, nennt man *robust*.

4.1.1 Exkurs: Beweis der Minimalitätseigenschaft

Der allgemeine Nachweis für die Minimalitätseigenschaft des arithmetischen Mittels verläuft nach dem Muster von Beispiel 3. Man muss sich lediglich noch einmal an die Regeln für die Verwendung des Summenzeichens aus Abschnitt 2.2, »Das Summenzeichen«, erinnern.

$$f(z) = \sum_{i=1}^{n}(x_i - z)^2 = \sum_{i=1}^{n}(x_i^2 - 2x_i z + z^2) = \sum_{i=1}^{n}x_i^2 - \sum_{i=1}^{n}2zx_i + \sum_{i=1}^{n}z^2 =$$

$$= \sum_{i=1}^{n}x_i^2 - 2z\sum_{i=1}^{n}x_i + nz^2,$$

$$\frac{df}{dz} = -2\sum_{i=1}^{n}x_i + 2nz = 0,$$

$$\sum_{i=1}^{n}x_i = nz,$$

$$z = \frac{1}{n}\sum_{i=1}^{n}x_i$$

Daran kann man ablesen, dass der Scheitel – und damit das Minimum – an der Stelle $z = \bar{x}$ liegt.

4.1.2 Das gewichtete arithmetische Mittel

In einer Badewanne befinden sich m_1 = 150 Liter Wasser der Temperatur t_1 = 50 Grad. Weil dies zum Baden zu warm ist, schüttet jemand m_2 = 5 Liter Wasser mit der Temperatur t_2 = 20 Grad dazu. Welche Mischungstemperatur t_m stellt sich ein?

Es ist klar, dass die Mischungstemperatur nicht das arithmetische Mittel der Temperaturen t_1 und t_2 ist, denn die Wassermengen sind unterschiedlich. Aus dem Physikunterricht ist bekannt, dass für die Mischungstemperatur gilt:

$$t_m = \frac{m_1 \cdot t_1 + m_2 \cdot t_2}{m_1 + m_2} = \frac{150 \cdot 50 + 5 \cdot 20}{150 + 5} \approx 49$$

Der Term für t_m ist ein Beispiel für ein *gewichtetes arithmetisches Mittel*.

Gewichtetes arithmetisches Mittel

Gegeben sind die reellen Zahlen $x_1, x_2, ..., x_n$ sowie n weitere Zahlen g_i mit den Eigenschaften $g_i \geq 0$ und $g_1 + ... + g_n > 0$. Dann heißt der Ausdruck

$$\frac{g_1 x_1 + g_2 x_2 + ... + g_n x_n}{g_1 + g_2 + ... + g_n} = \frac{\sum_{i=1}^{n} g_i x_i}{\sum_{i=1}^{n} g_i}$$

das mit den Gewichten $g_1, ..., g_n$ **gewichtete arithmetische Mittel** der Zahlen $x_1, ..., x_n$.

Die in der Definition verlangten Eigenschaften der Zahlen g_i garantieren, dass der Nenner des Bruchs von Null verschieden ist.

Beispiel 5: Durchschnittlicher Benzinpreis

Ein Autofahrer, der beruflich viel unterwegs ist, hat im letzten Monat dreimal getankt. Beim ersten Mal waren es 50 Liter für 1,14 € pro Liter, dann 30 Liter für 1,21 € pro Liter und schließlich 55 Liter für 1,19 € pro Liter. Welchen durchschnittlichen Preis pro Liter hat der Autofahrer bezahlt?

Der Gesamtpreis beträgt $50 \cdot 1{,}14 + 30 \cdot 1{,}21 + 55 \cdot 1{,}19$.

Insgesamt wurden $50 + 30 + 55$ Liter getankt. Also beträgt der durchschnittliche Literpreis gleich

$$\frac{50 \cdot 1{,}14 + 30 \cdot 1{,}21 + 55 \cdot 1{,}19}{50 + 30 + 55}.$$

Das ist aber gerade das gewichtete arithmetische Mittel mit den Gewichten $g_1 = 50$, $g_2 = 30$ und $g_3 = 55$.

Der Name »gewichtetes arithmetisches Mittel« darf nicht den Eindruck erwecken, dass es sich dabei um einen anderen Mittelwert als das arithmetische Mittel handelte. Es liegt nur eine andere Art der Berechnung vor. Beim *gewichteten* Mittel liegen die Daten als *Häufigkeitsverteilung* vor, beim arithmetischen Mittel liegen dagegen *Einzelbeobachtungen* vor. In Aufgabe 3 sollen Sie diese beiden Arten der Berechnung durchführen und zeigen, dass sich jeweils dasselbe Ergebnis einstellt.

Aufgabe 3: Mittlere Geburtsgewichte vergleichen

Im Zeitraum vom 1.2.2017 bis zum 5.2.2017 kamen im Krankenhaus Hetzelstift Neustadt drei Kinder zur Welt. Die Geburtsgewichte waren 3.690 g, 3.520 g und 4.110 g. Im Zeitraum vom 8.2.2017 bis zum 19.2.2017 gab es in demselben Krankenhaus 5 Geburten mit den Geburtsgewichten 3.080 g, 3.840 g, 2.929 g, 3.680 g und 3.730 g.

a) Bestimmen Sie für jeden der beiden Zeiträume das durchschnittliche Geburtsgewicht. Verwenden Sie dann das gewichtete arithmetische Mittel x_g, um das mittlere Geburtsgewicht aller 8 Geburten zu berechnen. Gewichten Sie dazu jeden der beiden berechneten Mittelwerte mit der Anzahl der zugehörigen Geburten.

b) Berechnen Sie das mittlere Geburtsgewicht aller 8 Geburten direkt mit dem arithmetischen Mittel aus den Einzelwerten.

Die Aufgabe zeigt, dass man das arithmetische Mittel einer Gesamtreihe (die 8 Geburten) aus den Mittelwerten von zwei Teilreihen (3 bzw. 5 Geburten) berechnen kann. Dazu muss man das gewichtete arithmetische Mittel aus den Mittelwerten der beiden Teilreihen bilden. Das gilt entsprechend auch für mehr als zwei Messreihen. Auch hier wird jedes arithmetische Mittel einer Teilreihe mit der Anzahl der Messwerte in dieser Reihe gewichtet:

Reihe Nr.	Anzahl der Messwerte	Arithmetisches Mittel
1	n_1	$\overline{x}_1$
2	n_2	$\overline{x}_2$
...	...	...
k	n_k	$\overline{x}_k$
Zusammengesetzte Reihe	$n = n_1 + n_2 + ... + n_k$	$\overline{x}$

Tabelle 4.3 Arithmetisches Mittel aus Teilreihen

Es gilt: $\overline{x} = \dfrac{n_1\overline{x}_1 + n_2\overline{x}_2 + ... + n_k\overline{x}_k}{n_1 + n_2 + ... + n_k} = \dfrac{1}{n}\sum_{i=1}^{k} n_i\overline{x}_i$

Dass man beim Bilden eines Mittelwertes aus Mittelwerten (wie gerade beschrieben) auf die Gewichtung der einzelnen Teile achten muss, zeigt die folgende wahre Begebenheit aus dem Schulalltag.

Aufgabe 4: Notendurchschnitt in zwei Schulklassen

Der Notendurchschnitt der Zeugnisnoten in Deutsch in der Klasse 6a war 2,6. In der Klasse 6b betrug er 2,8. In einem Übersichtsblatt der Schulleitung war daraufhin zu lesen, dass der Notendurchschnitt in den 6. Klassen 2,7 betragen würde. Nehmen Sie zu dieser Aussage Stellung.

Obwohl es sich bei Noten um ein Rangmerkmal handelt, ist es üblich, den »Notendurchschnitt« von Klassenarbeiten zu berechnen. Dass für Rangmerkmale die Summenbildung und damit auch, das arithmetische Mittel zu bilden, eigentlich unzulässig sind, lassen Sie hier einmal außen vor.

4.1.3 Das arithmetische Mittel klassierter Daten

Liegen Daten in Form einer Klassenverteilung vor, dann kann man deren arithmetisches Mittel nicht auf die übliche Weise berechnen. Das arithmetische Mittel der Daten kann dann nur näherungsweise bestimmt werden. Man wählt für jede Klasse deren Mitte als Repräsentant aller Werte, die in dieser Klasse liegen. Dann berechnet man das arithmetische Mittel in Form des gewichteten arithmetischen Mittels, wobei die Klassenhäufigkeiten die Gewichte sind. Beispiel 6 demonstriert die Vorgehensweise.

Beispiel 6: Bruttomonatsgehälter

In einem Betrieb sind 60 Mitarbeiter beschäftigt, deren Bruttomonatsverdienst in 4 Klassen gruppiert ist:

Klasse Nr. i	Verdienst	Anzahl n_i
1	[1.400; 1.800)	5
2	[1.800; 2.200)	18
3	[2.200; 2.600)	22
4	[2.600; 3.000)	15

Tabelle 4.4 Klasseneinteilung Verdienst

Der mittlere Verdienst kann aus folgender Tabelle näherungsweise bestimmt werden:

Klasse Nr. i	Klassenmitte	Anzahl n_i
1	1.600	5
2	2.000	18
3	2.400	22
4	2.800	15

Tabelle 4.5 Klassenmitten

$\bar{x} = (5 \cdot 1600 + 18 \cdot 2000 + 22 \cdot 2400 + 15 \cdot 2800) / 60 \approx 2313{,}3$

> **Was Sie wissen sollten**
> - Sie sollten arithmetisches und gewichtetes arithmetisches Mittel berechnen können.
> - Sie sollten wissen, dass das arithmetische Mittel empfindlich auf Ausreißer reagiert.
> - Sie sollten für klassierte Daten das arithmetische Mittel berechnen können.
> - Sie sollten die Minimalitätseigenschaft des arithmetischen Mittels kennen.
> - Sie sollten wissen, dass sich das arithmetische Mittel nur auf quantitative Daten anwenden lässt.

4.2 Der Median

4.2.1 Der Median für quantitative Daten

Sie besitzen ein Unternehmen, das entlang einer Straße 5 Geschäfte beliefert. Diese befinden sich an den Stellen $x_1 = 1$, $x_2 = 3$, $x_3 = 4$, $x_4 = 7$ und $x_5 = 9$. An welcher Stelle m würden Sie ein Lager einrichten? Diese Frage ist für Sie wichtig, denn Sie beliefern jeden Tag genau eines der Geschäfte, sodass Sie in 5 Tagen die Fahrstrecke

$2 \cdot (|m-1| + |m-3| + |m-4| + |m-7| + |m-9|)$

zurücklegen, und diese Strecke sollte natürlich möglichst klein sein (vergleiche Abbildung 4.5).

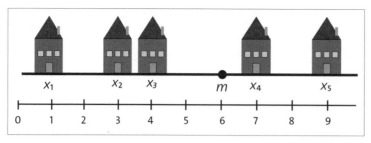

Abbildung 4.5 Minimale Abstandssumme

Der Standort m muss also so gewählt werden, dass die Summe

$f(x) = |x-1| + |x-3| + |x-4| + |x-7| + |x-9|$ beim Einsetzen von m (an den Stellen, an denen ein x steht) ihren kleinsten Wert annimmt. Die rechnerische Behandlung dieses Problems ist schwierig. Aus diesem Grund wird das Problem nur anschaulich gelöst, indem der Graph der Funktion $f(x)$ gezeichnet wird.

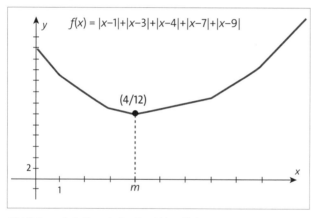

Abbildung 4.6 Graph der Funktion $f(x)$

Der Zeichnung nach nimmt die Funktion $f(x)$ für $m = 4$ ihr Minimum an, d. h. an der Stelle x_3 des mittleren Hauses der 5 Geschäfte. Auch wenn man für $x_1, ..., x_5$ andere Koordinaten auswählt, liegt das Minimum immer beim Haus in der Mitte. Das Minimum der Abstandssumme liegt immer bei dem Wert, der in der Mitte der Datenreihe liegt. Dieser Wert bekommt den Namen *Median (Zentralwert)*. Ist, wie hier, eine Datenreihe aufsteigend geordnet, dann liegen jeweils links und rechts vom Median 50 % der Daten.

Im vorliegenden Beispiel war die Anzahl der Daten durch $n = 5$ gegeben. Deshalb gab es genau einen Wert in der Mitte. Das ist bei einer geraden Anzahl von Daten aber nicht der Fall. Aus diesem Grund betrachten wir das Problem der minimalen Abstandssumme jetzt für die Zahl $n = 6$. Die Geschäfte sollen sich dabei an den Stellen $x_1 = 1$, $x_2 = 3$, $x_3 = 4$, $x_4 = 5$, $x_5 = 7$ und $x_6 = 9$ befinden.

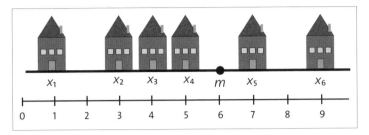

Abbildung 4.7 Minimale Abstandssumme

Gesucht ist die Stelle m, für die

$$g(x) = |x-1| + |x-3| + |x-4| + |x-5| + |x-7| + |x-9|$$

minimal wird. Wieder bedient man sich zur Lösung dieses Problems einer Zeichnung.

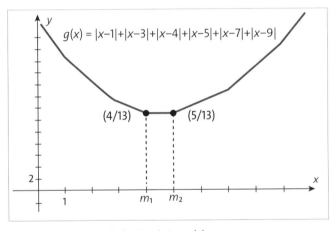

Abbildung 4.8 Graph der Funktion $g(x)$

Es zeigt sich, dass die Abstandssumme für $m_1 = 4$ und für $m_2 = 5$ minimal wird. Das gilt auch für alle Werte zwischen m_1 und m_2. Es gibt in diesem Fall keinen einzelnen Zentralwert, sondern ein zentrales Intervall. Um den Median eindeutig definieren zu können, wählt man den Mittelpunkt dieses Intervalls als Median.

Bei der Festlegung des Medians als Mittelpunkt des Intervalls $[m_1; m_2]$ kann es sich ergeben, dass der Median ein Wert ist, der nicht als Merkmalsausprägung auftritt. Aus diesem Grund wird manchmal die Festlegung getroffen, dass der Median gleich m_1 oder m_2 sein soll. Um Eindeutigkeit herzustellen, wird hier die zuvor getroffene Festlegung als Intervallmittelpunkt bevorzugt.

Median – Anschauliche Interpretation

Der Median einer geordneten Liste von quantitativen Merkmalsausprägungen ist eine Zahl, welche die Liste in zwei gleich große Anteile spaltet. Oberhalb und unterhalb des Medians liegen gleich viele Listenelemente.

> **Wie Sie den Median bestimmen können**
> 1. Um den Median von n reellen Zahlen zu bestimmen, ordnen Sie diese Zahlen aufsteigend.
> 2. Ist n ungerade, dann ist der Median das mittlere Element der geordneten Liste.
> 3. Ist n gerade, dann gibt es zwei mittlere Elemente. In diesem Fall ist der Median das arithmetische Mittel dieser beiden Elemente.

In den meisten Büchern wird die Bildung des Median formal beschrieben. Dazu beachte man Folgendes: Die geordnete Liste wird mit $x_1, ..., x_n$ bezeichnet. Wenn n ungerade ist, dann steht das mittlere Element an der Position $\frac{n+1}{2}$. Der Median ist dann $x_{\frac{n+1}{2}}$. Wenn n gerade ist, dann stehen die beiden mittleren Elemente an den Positionen $\frac{n}{2}$ und $\frac{n}{2}+1$ der Liste. Der Median ist dann $\frac{x_{n/2} + x_{n/2+1}}{2}$. Weil 50 % der Werte kleiner oder gleich dem Median sind, bezeichnet man den Median mit $x_{0,5}$.

> **Merke: Der Median**
> Betrachtet wird eine Menge von Daten, die ein quantitatives Merkmal beschreiben. Mit $x_1, ..., x_n$ wird die der Größe nach geordnete Liste dieser Daten bezeichnet. Dann ist der Median der Daten gleich
> $$x_{0,5} = \begin{cases} x_{\frac{n+1}{2}} & \text{falls } n \text{ ungerade ist} \\ \frac{x_{n/2} + x_{n/2+1}}{2} & \text{falls } n \text{ gerade ist} \end{cases}$$

Beispiel 7: Median aus drei Zahlen

$x_1 = 1, x_2 = 4, x_3 = 5$. Es ist $n = 3$, also ungerade. $\frac{n+1}{2} = \frac{4}{2} = 2$. Also ist x_2 der Median.

$x_{0,5} = x_2 = 4$.

Beispiel 8: Median aus vier Zahlen

$x_1 = 1, x_2 = 3, x_3 = 4, x_4 = 5$.

Es ist $n = 4$, also gerade.

$$\frac{x_{n/2} + x_{n/2+1}}{2} = \frac{x_2 + x_3}{2} = \frac{3+4}{2} = 3{,}5 = x_{0,5}.$$

Die in der Definition des Median auftretenden Bedingungen »n ist ungerade« und »n ist gerade« könnten durch »$\frac{n}{2}$ ist keine ganze Zahl« und »$\frac{n}{2}$ ist eine ganze Zahl« ersetzt werden. Statt $\frac{n+1}{2}$ könnte man auch $\left[\frac{n}{2}\right] + 1$ schreiben, wobei die eckigen Klammern bedeuten, dass der Nachkommateil von $\frac{n}{2}$ abgeschnitten wird (weniger drastisch ausgedrückt: $\left[\frac{n}{2}\right]$ ist die größte ganze Zahl, die kleiner oder gleich $\frac{n}{2}$ ist). Die hier als Alternative aufgeführten Bedingungen werden bei der Definition der p-Quantile in Abschnitt 4.3, »Quantile und Boxplots«, verwendet.

Die in den beiden Eingangsbeispielen betrachtete Minimalitätseigenschaft des Medians ist allgemein gültig:

> **Merke: Die Minimalitätseigenschaft des Medians**
>
> Sind $x_1, x_2, \ldots, x_n$ reelle Zahlen mit dem Median $x_{0,5}$, dann gilt:
>
> Die Summe $f(z) = \sum_{i=1}^{n} |x_i - z|$ wird minimal für $z = x_{0,5}$

Mit den beiden nächsten Aufgaben können Sie den Umgang mit dem Median üben.

Aufgabe 5: Den Median von 10 Monatseinkommen bestimmen

Das monatliche Bruttoeinkommen von 10 Personen wurde festgestellt. Es ergaben sich folgende Euro-Werte: 2.741, 1.576, 1.477, 2.910, 2.112, 1.530, 5.730, 1.976, 2.342 und 3.790. Bestimmen Sie den Median und das arithmetische Mittel der Datenreihe.

Aufgabe 6: Den Median von 5 Zahlen bestimmen

Bestimmen Sie den Median der Zahlen 14, 36, 13, 18, 22, 31 und 24.

Beim arithmetischen Mittel ist es möglich, aus den arithmetischen Mitteln von Teilreihen das arithmetische Mittel der Gesamtreihe zu berechnen. Das gilt, wie man sich leicht klar macht, für den Median nicht.

4.2.2 Der Median für Rangmerkmale

Auch für Rangmerkmale lässt sich der Median bestimmen. Die Merkmalsausprägungen eines Rangmerkmals lassen sich in Form einer geordneten Liste angeben, deshalb kann man nach einem zentralen Element der Liste suchen. Es gibt aber Unterschiede zum Median bei quantitativen Daten.

Stellen Sie sich vor, Sie sind Briefträger und müssen Briefe in einer Straße austragen. Natürlich haben Sie die Briefe zunächst nach Hausnummern sortiert. Das funktioniert, weil die Hausnummer ein Rangmerkmal ist. Die in Ihrer Tasche befindlichen Briefe tragen die Hausnummern

1, 1, 4, 4, 4, 4, 5, 6, 8, 8, 8, 11, 18 und 22,

d. h. Sie müssen zwei Briefe im Haus mit der Nummer 1 einwerfen, 5 Briefe im Haus Nummer 4 usw. Insgesamt sind es $n = 15$ Briefe. Vor welchem Haus befinden Sie sich, wenn Sie die Hälfte der Briefe ausgetragen haben?

Weil die Anzahl der Elemente der Liste ungerade ist, gibt es ein zentrales Element. Dies ist das Element $x_{(n+1)/2} = x_8 = 5$. Für ungerade Elementanzahlen gibt es beim Median für Rangmerkmale keinen Unterschied zum Median für quantitative Daten. Das ändert sich aber, wenn n gerade ist. Dazu betrachten wir die um ein Element verkürzte Liste der Briefe, d. h. eine Liste mit $n = 14$ Briefen:

1, 1, 4, 4, 4, **4, 5**, 6, 8, 8, 8, 11, 18

Es gibt jetzt die beiden zentralen Elemente 4 und 5. Im Fall der quantitativen Daten wurde in diesem Fall das arithmetische Mittel gebildet. Für Rangskalen lässt sich aber das arithmetische Mittel nicht verwenden. Ein Haus mit der Nummer 4,5 existiert nicht. Für ein gerades n ist daher entweder $x_{n/2}$ oder $x_{n/2+1}$ der Median, d. h. der Median ist in diesem Fall nicht eindeutig definiert.

> **Was Sie wissen sollten**
> ▸ Sie sollten wissen, dass man den Median für Rangdaten oder quantitative Daten bestimmen kann.
> ▸ Sie sollten wissen, wie man den Median einer Datenreihe bestimmen kann.
> ▸ Sie sollten wissen, dass der Median robust gegenüber Ausreißern ist.
> ▸ Sie sollten die Minimalitätseigenschaft des Medians kennen.

4.3 Quantile und Boxplots

Quantile legen fest, welcher Teil einer Datenmenge unterhalb oder oberhalb einer bestimmten Grenze liegt. Der im letzten Abschnitt behandelte Median ist ein spezielles Quantil. Er unterteilt die Datenmenge in zwei gleich große Bereiche. Es liegen also $p = 0{,}5 = 50\,\%$ der beobachteten Merkmalsausprägungen unterhalb und 50 % oberhalb des Medians. Der Median ist das 0,5-Quantil. Entsprechend wird festgelegt, was das *p-Quantil* bedeutet.

---
p-Quantil

Das *p*-Quantil x_p ist eine Zahl, welche eine der Größe nach geordnete Menge von Datenpunkten in zwei Teile spaltet. Links vom *p*-Quantil liegt der Anteil p der Daten, die kleiner oder gleich x_p sind. Rechts von x_p liegt der Rest der Daten, die größer oder gleich x_p sind, d. h. der Anteil $1 - p$.

In Abschnitt 4.2 wurde für den Median eine Rechenvorschrift angegeben. Dieselbe Vorschrift kann man auch zur Berechnung des *p*-Quantils verwenden, wenn man die in Abschnitt 4.2 angegebenen Hinweise beachtet.

> **Berechnung des *p*-Quantils**
> Es ist $x_1, \ldots, x_n$ eine der Größe nach geordnete Liste von quantitativen Merkmalsausprägungen und p eine reelle Zahl zwischen 0 und 1. Dann ist das *p*-Quantil dieser Liste gleich
> $$x_p = \begin{cases} x_{[n \cdot p]+1} & \text{falls } n \cdot p \text{ nicht ganzzahlig ist.} \\ \dfrac{x_{np} + x_{np+1}}{2} & \text{falls } n \cdot p \text{ ganzzahlig ist.} \end{cases}$$

> Dabei bedeuten die eckigen Klammern um *np*, dass auf die nächstkleinere ganze Zahl abgerundet wird.

In den Beispielen 9 und 10 wird die Berechnung eines 0,75-Quantils vorgeführt. Danach sollen Sie selbst ein Quantil berechnen.

Beispiel 9: Olympischer Weitsprung – Frauen

Bei den Olympischen Spielen 2016 in Rio de Janeiro gab es im Weitsprungfinale der Frauen folgende Weiten:

6,58	6,61	6,63	6,69	6,74	6,79	6,81	6,95	7,08	7,15	7,17

Tabelle 4.6 Weitsprung Frauen

Gesucht ist das 0,75-Quantil.

- Es ist $n = 11$.
- $n \cdot p = 11 \cdot 0{,}75 = 8{,}25$
- Da $n \cdot p$ nicht ganzzahlig ist, berechnet man $[n \cdot p] + 1 = [8{,}25] + 1 = 8 + 1 = 9$.
- Also ist $x_{0{,}75} = x_{[n \cdot p]+1} = x_9 = 7{,}08$.

Beispiel 10: Olympischer Weitsprung – Männer

Bei den Olympischen Spielen 2016 in Rio de Janeiro gab es im Weitsprungfinale der Männer folgende Weiten:

7,82	7,86	7,87	7,97	8,05	8,06	8,1	8,17	8,25	8,3	8,37	8,38

Tabelle 4.7 Weitsprung Männer

Gesucht ist das 0,75-Quantil.

- Es ist $n = 12$.
- $n \cdot p = 12 \cdot 0{,}75 = 9$; Da $n \cdot p$ ganzzahlig ist, berechnet man:

  $(x_{np} + x_{np+1})/2 = (x_9 + x_{10})/2 = (8{,}25 + 8{,}3)/2 = 8{,}28$

Aufgabe 7: Quantil berechnen

Berechnen Sie das 0,25-Quantil mit den Daten aus Beispiel 9 zum Finale der Frauen im Weitsprung.

Eine weitere Bezeichnung für Quantile ist *Perzentile*. Bei dieser Bezeichnung gibt man p in Prozent an, d. h. das 0,3-Quantil ist das 30. Perzentil. Quantile, welche das obere bzw. untere Viertel der Daten abschneiden, heißen *Quartile* (lat. Quartus: der Vierte). *Dezile* geben p in Zehntelwerten an. Das 0,2-Quantil ist das 2. Dezil. Quantile können Sie mit dem Tabellenblatt »*4.3 Quantile*« einfach berechnen. In Tabelle 4.8 sind übliche Quantile aufgeführt. Die Bezeichnungen in der 2. Spalte haben dieselbe Bedeutung.

Besondere Quantile	
0-Quantil	0. Quartil oder Minimum
0,25-Quantil	1. Quartil
0,5-Quantil	2. Quartil oder Median
0,75-Quantil	3. Quartil
1-Quantil	4. Quartil oder Maximum
0,1-Quantil	1. Dezil
...	...
0,9-Quantil	9. Dezil

Tabelle 4.8 Quantile

Die fünf Quartile werden für eine graphische Darstellungsart, den *Boxplot* (Kastendiagramm oder auch Box-Whisker-Plot), genutzt. Boxplots werden als erste Sichtung für die Verteilung von Daten verwendet. Mit einem Boxplot erhält man einen Eindruck, in welchem Bereich die Daten liegen und wie sie sich über diesen Bereich verteilen.

> **Um einen Boxplot zu zeichnen, gehen Sie wie folgt vor**
> 1. Sortieren Sie die Daten aufsteigend.
> 2. Berechnen Sie die fünf Quartile der Datenreihe.
> 3. Zeichnen Sie einen Kasten, der sich vom 1. Quartil bis zum 3. Quartil erstreckt.

4. Zeichnet Sie auf Höhe des Medians (2. Quartil) eine waagrechte Linie in den Kasten.
5. Zeichnen Sie die »Antennen« (Whiskers) ein, die vom Ende des Kastens nach unten bis zum Minimum (0. Quartil) und nach oben bis zum Maximum (4. Quartil) reichen.

Verwendet man die Weitsprungdaten aus Beispiel 9, dann erhält man den Boxplot aus Abbildung 4.9.

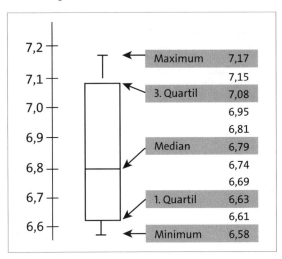

Abbildung 4.9 Boxplot

Interpretation eines Boxplots

An der Gesamtlänge des Boxplots kann man die *Spannweite* der Daten ablesen. (Die Spannweite ist ein Streuungsmaß, vergleiche Abschnitt 5.1, »Spannweite und Quartilsabstand«.)

In der Box liegen stets 50 % der Werte, unabhängig davon, wie die Verteilung der Werte aussieht. Die Größe der Box beschreibt deshalb nicht die Anzahl der Werte, sondern deren Streuung. Je kleiner die Box ist, desto dichter liegen die Werte beieinander.

Unterhalb der Box liegen 25 % der Daten.

Unterhalb und über dem Median befinden sich jeweils 50 % der Daten.

Oberhalb der Box findet man 25 % der Werte.

Aufgabe 8: Einen Boxplot für die Weitsprungdaten anfertigen

In Tabelle 4.9 sind für die Daten aus Beispiel 9 und aus Beispiel 10 jeweils die 5 Quartile angegeben. Fertigen Sie für beide Verteilungen einen Boxplot an, und vergleichen Sie die Plots. (Mit dem Tabellenblatt »*4.3 Boxplot*« können Sie für einfache Fälle Boxplots anfertigen.)

	Frauen	Männer
Minimum	6,58	7,82
1. Quartil	6,63	7,92
Median	6,79	8,08
3. Quartil	7,08	8,27
Maximum	7,17	8,38

Tabelle 4.9 Daten für den Boxplot

Die bisher betrachteten Beispiele waren geeignet, um den Aufbau eines Boxplots zu verstehen. In der Praxis verwendet man keine Boxplots, wenn die vorliegende Stichprobe so klein ist wie in den hier betrachteten Beispielen. Dann reicht schon ein Ausreißer in den Daten aus, damit sich die Form des Boxplots völlig verändert. Außerdem wurde bisher eine vereinfachte Form des Boxplots betrachtet, in der die Antennen von der Box bis zum Minimum und zum Maximum der Werte verlaufen. Für eine erweiterte Form des Boxplots bestimmt man zunächst die »Ausreißer« im Datensatz. Ausreißer sind Werte, die mehr als das 1,5-fache der Boxhöhe vom 3. Quartil nach oben und vom 1. Quartil nach unten abweichen. Das heißt ein Wert x ist ein Ausreißer, wenn gilt:

$x > x_{0,75} + 1{,}5(x_{0,75} - x_{0,25})$ oder

$x < x_{0,25} - 1{,}5(x_{0,75} - x_{0,25})$.

Die Ausreißer werden im Boxplot durch einen Punkt gekennzeichnet. Um die Länge der Antennen festzulegen, lässt man aus dem Datensatz die Ausreißer weg und bestimmt aus dieser bereinigten Liste das Minimum und das Maximum der Liste. Dadurch können die Antennen höchstens das 1,5-fache der Boxhöhe haben. Bei der Berechnung des 1. und des 3. Quartils werden die Ausreißer jedoch mitverwendet. Dies erklärt sich fast von selbst, denn erst *nach* der Berechnung dieser beiden Quartile stellt sich heraus, ob ein Wert ein Ausreißer ist oder nicht. In Beispiel 11 wird eine entsprechende Berechnung durchgeführt.

Beispiel 11: Ausreißer

Betrachtet werden die schon sortierten Daten

| 15 | 25,75 | 28,29 | 32,79 | 33,03 | 33,16 | 35 | 35,52 | 39 | 47 |

Tabelle 4.10 Sortierte Daten

Daraus ergibt sich $x_{0,25} = 28,29$ und $x_{0,75} = 35,52$.

$x_{0,75} + 1,5(x_{0,75} - x_{0,25}) = 46,37$

$x_{0,25} - 1,5(x_{0,75} - x_{0,25}) = 17,44$

Also sind $x = 15$ und $x = 47$ Ausreißer. Das liefert den Boxplot der Abbildung 4.10.

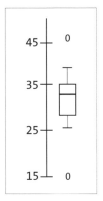

Abbildung 4.10 Boxplot mit Ausreißern

> **So können Sie vorgehen, um einen Boxplot unter Berücksichtigung von Ausreißern zu erstellen**
>
> 1. Sortieren Sie die Daten in einer Liste aufsteigend.
> 2. Berechnen Sie 1. Quartil ($x_{0,25}$), Median ($x_{0,5}$) und 3. Quartil ($x_{0,75}$).
> 3. Zeichnen Sie einen Kasten, der sich vom 1. Quartil bis zum 3. Quartil erstreckt.
> 4. Zeichnen Sie auf Höhe des Medians (2. Quartil) eine waagerechte Linie in den Kasten.

5. Untersuchen Sie, ob es Ausreißer gibt, d. h. Werte, für die gilt:
   $x > x_{0,75} + 1{,}5(x_{0,75} - x_{0,25})$ oder $x < x_{0,25} - 1{,}5(x_{0,75} - x_{0,25})$.
6. Falls es Ausreißer gibt, so kennzeichnen Sie diese durch einen Punkt in der Zeichenebene.
7. Streichen Sie die Ausreißer aus der zuvor aufgestellten Datenliste.
8. Bestimmen Sie Minimum und Maximum der Datenliste.
9. Zeichnen Sie die »Antennen« (Whiskers) ein, die vom Ende des Kastens nach unten bis zum Minimum (0. Quartil) und nach oben bis zum Maximum (4. Quartil) reichen.

Was Sie wissen sollten

▶ Sie sollten wissen, was ein *p*-Quantil ist.
▶ Sie sollten die Bedeutung der Quartile kennen.
▶ Sie sollten einen Boxplot zeichnen und interpretieren können.

4.4 Der Modalwert

Der *Modalwert* (Modus) ist ein Lageparameter, der für alle Merkmalsarten definiert ist. Für qualitative Merkmale stellt er die einzig mögliche Lagemaßzahl dar. Er gibt diejenige Merkmalsausprägung an, die am häufigsten auftritt. In einem Säulendiagramm gehört zum Modalwert die längste Säule. In Beispiel 12 wird die Bestimmung des Modalwerts gezeigt.

Beispiel 12: Konsumausgaben in verschiedenen Bereichen

Im Jahr 2014 verteilten sich die privaten Konsumausgaben in Deutschland auf folgende Sektoren: Bekleidung und Schuhe (5 %), Freizeit, Unterhaltung und Kultur (10 %), Nahrungsmittel, Getränke und Tabakwaren (14 %), Verkehr (14 %), Wohnen, Energie und Wohnungsinstandhaltung (36 %) und Sonstige (22 %) [STA16, S. 171]. »Wohnen« ist der Wert, der im Histogramm der Abbildung 4.11 die längste Säule hat. Das heißt, »Wohnen« ist der Modalwert.

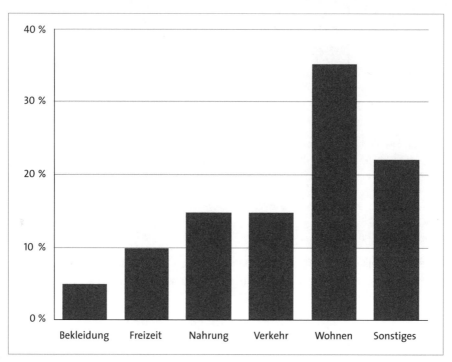

Abbildung 4.11 Private Konsumausgaben 2014

Modalwert

Ist $x_1, x_2, ..., x_n$ eine Reihe von Daten eines beliebigen Merkmals, dann heißt diejenige Merkmalsausprägung, die am **häufigsten** vorkommt, der **Modalwert**.

Liegen die Daten in Form eines Histogramms vor, dann bezeichnet man die Klasse mit der **größten Häufigkeitsdichte** als die **modale Klasse**.

Nicht immer gibt es genau einen Modalwert. Das zeigt folgende Beispiel.

Beispiel 13: Bimodale Verteilung von Körpergrößen

In einer Gruppe von 55 Personen ergab sich eine Verteilung der Körpergrößen (in cm), wie sie in Abbildung 4.12 dargestellt ist:

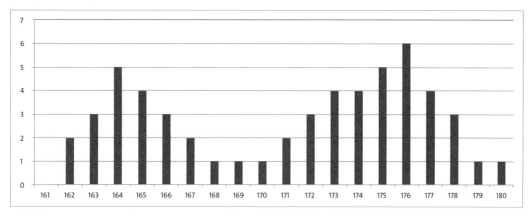

Abbildung 4.12 Bimodale Verteilung

Diese Verteilung weist zwei etwa gleich große Peaks auf. Verteilungen mit dieser Form nennt man *bimodal*.

Aufgabe 9: Bimodale Verteilung erklären

Versuchen Sie zu erklären, warum die Verteilung der Körpergrößen im obigen Beispiel zwei Gipfel aufweist.

> **Was Sie wissen sollten**
> Sie sollten die Bedeutung des Modalwertes kennen.

4.5 Arithmetisches Mittel, Median und Modalwert im Vergleich

In welchen Situationen lassen sich die bisher betrachteten Lagemaßzahlen verwenden, und welche Vorteile besitzen sie? Die Tabelle zeigt, für welche Art von Merkmalen sich die einzelnen Lagemaßzahlen verwenden lassen. Der Modalwert kann für jedes Merkmal verwendet werden, das arithmetische Mittel kommt nur bei quantitativen Merkmalen zum Einsatz.

Merkmal	Mögliche Lagemaßzahlen
Nominales Merkmal	Modalwert
Ordinales Merkmal	Modalwert, Median
Quantitatives Merkmal	Modalwert, Median, arith. Mittel

Tabelle 4.11 Lagemaßzahlen

Für die Berechnung des arithmetischen Mittels werden alle vorliegenden Daten verwendet, sodass im arithmetischen Mittel viel Information über die Datenreihe steckt. Einschränkungen in der Interpretation ergeben sich dagegen, wenn in den Daten Ausreißer vorkommen. Das arithmetische Mittel ist Grundlage bei der Berechnung der im nächsten Kapitel behandelten Streuungsmaßzahlen *Varianz* und *Standardabweichung*. Auch in der schließenden Statistik kommt dem arithmetischen Mittel bei Schätzungen eine große Bedeutung zu. Situationen, in denen bei quantitativen Daten das arithmetische Mittel nicht verwendet werden darf, werden in Abschnitt 4.6, »Das geometrische Mittel«, und in Abschnitt 4.7, »Das harmonische Mittel«, aufgezeigt.

Für arithmetisches Mittel, Median und Modalwert gibt es Faustregeln, die in Abhängigkeit von der Form der Verteilung die Lage dieser Mittelwerte beschreiben. Ist die Verteilung *symmetrisch*, dann liegen diese drei Mittelwerte zusammen. Verteilungen, die nicht symmetrisch sind, heißen *schief*. Bei einer *rechtsschiefen* Verteilung laufen die Werte weiter nach rechts aus als nach links, bei einer *linksschiefen* Verteilung ist es umgekehrt.

Weil die Werte einer rechtsschiefen Verteilung nach rechts auslaufen, liegt auch das arithmetische Mittel auf der rechten Seite. Das arithmetische Mittel ist in diesem Fall größer als der Median, und dieser ist größer als der Modalwert. Bei einer linksschiefen Verteilung kehren sich diese Größenordnungen um. Zu beachten ist, dass es außer diesen dargestellten Verteilungen auch Verteilungen mit anderen Formen gibt (vergleiche z. B. Abbildung 4.12).

> **Was Sie wissen sollten**
> Sie sollten die Lage von arithmetischem Mittel, Median und Modalwert bei Verteilungen unterschiedlicher Schiefe kennen.

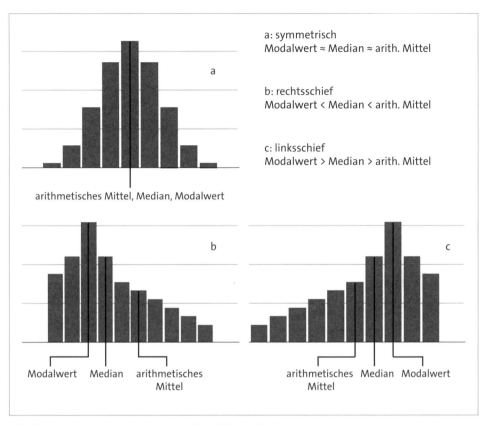

Abbildung 4.13 Verteilungen unterschiedlicher Schiefe

4.6 Das geometrische Mittel

Eine Firma hat im letzten Jahr ihren Umsatz verdoppelt, dieses Jahr war der Umsatz sogar achtmal so groß wie im Jahr zuvor. Wie groß ist die durchschnittliche Steigerung des Umsatzes in den beiden letzten Jahren?

Im dritten Jahr ist der Umsatz 16 Mal so groß wie im 1. Jahr. Um das durchschnittliche Wachstum in den beiden Jahren zu bestimmen, eignet sich das arithmetische Mittel nicht; es würde $(2 + 8)/2 = 5$ liefern. Ein Faktor 5 in beiden Jahren würde aber auf 25 und nicht auf 16 führen. Zumindest wurde jetzt aber klar, dass man eine Zahl sucht, die mit sich selbst multipliziert 16 ergibt. Das ist ohne Zweifel die Zahl 4, d. h. die Wurzel aus 16:

$4 = \sqrt{2 \cdot 8}$

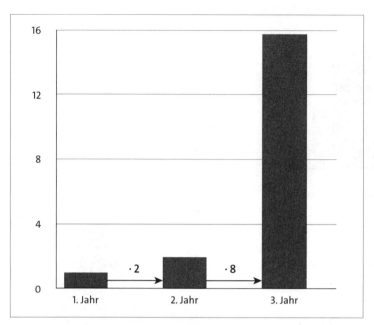

Abbildung 4.14 Umsatzsteigerung in drei Jahren

Der auf diese Weise gebildete Mittelwert heißt das *geometrische Mittel* der Zahlen 2 und 8. Man kann sich das geometrische Mittel einfach veranschaulichen: Ein Rechteck mit den Seiten 2 und 8 soll in ein flächengleiches Quadrat umgewandelt werden. Dann müssen die Längen der Quadratseiten gleich der Wurzel aus 16 sein, denn 16 ist der Flächeninhalt des Quadrats, und die Seitenlänge eines Quadrats ist gleich der Wurzel aus dem Flächeninhalt.

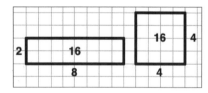

Abbildung 4.15 Rechteck und flächengleiches Quadrat

Wenn man einen Quader mit den Seiten 2, 3 und 4 in einen flächengleichen Würfel umwandeln will, dann muss man die Würfelseite gleich $\sqrt[3]{2 \cdot 3 \cdot 4} = \sqrt[3]{24}$ wählen. Verallgemeinert man diese Situation auf beliebig viele Zahlen, dann ergibt sich folgende Definition:

Geometrisches Mittel

Sind $x_1, x_2, ..., x_n$ reelle Zahlen mit der Eigenschaft $x_i \geq 0$, $i = 1, 2, ..., n$, dann heißt $\overline{x}_g = \sqrt[n]{x_1 \cdot x_2 \cdot ... \cdot x_n}$ das **geometrische Mittel** dieser Zahlen.

Beispiel 14: Geometrisches Mittel dreier Zahlen

Das geometrische Mittel der Zahlen 2, 3 und 5 ist $\sqrt[3]{2 \cdot 3 \cdot 5} = \sqrt[3]{30} \approx 3{,}1$.

Dem geometrischen Mittel begegnet man im Alltag häufig. Ein Paradebeispiel sind von Banken angebotene Sparpläne, bei denen sich der Zinssatz von Jahr zu Jahr ändert. Für den Sparer ist es dabei interessant, festzustellen, wie groß der durchschnittliche Zinssatz über die gesamte Laufzeit ist. Angenommen eine Bank bietet einen Sparplan über zwei Jahre an. Im 1. Jahr beträgt der Zinssatz $p_1 = 1\,\%$, im 2. Jahr ist er $p_2 = 2\,\%$. Wie groß ist der durchschnittliche Zinssatz?

Das Kapital wächst im 1. Jahr auf das 1,01-fache, im 2. Jahr auf das 1,02-fache. Analog zum Beispiel mit der Umsatzsteigerung (siehe Abbildung 4.14) ergibt sich als durchschnittlicher Wachstumsfaktor $\sqrt{1{,}01 \cdot 1{,}02} \approx 1{,}0149$, d. h. der durchschnittliche Zinssatz ist 1,49 % – und nicht etwa 1,5 % (wie man bei flüchtigem Hinsehen glauben mag).

> **Was Sie wissen sollten**
> - Sie sollten das geometrische Mittel kennen.
> - Sie sollten wissen, dass sich das geometrische Mittel nur für nichtnegative reelle Zahlen verwenden lässt.
> - Sie sollten wissen, dass man das geometrische Mittel zur Berechnung durchschnittlicher Wachstumsraten verwendet.

4.7 Das harmonische Mittel

Ein Rennfahrer soll zwei Runden auf einer Rennstrecke fahren. Die erste Runde fährt er mit einer Geschwindigkeit von $v_1 = 50$ km/h. Wie schnell muss er die zweite Runde fahren, damit sich für beide eine Durchschnittsgeschwindigkeit von 80 km/h ergibt?

Abbildung 4.16 Rennwagen

Die meisten Menschen, die mit diesem Problem konfrontiert werden, glauben, dass der Rennfahrer dies mühelos erledigen kann. Eine häufige Antwort lautet, dass der Rennfahrer die zweite Runde mit 110 km/h fahren muss, denn (50 km/h + 110 km/h)/2 = 80 km/h. Dabei wird außer Acht gelassen, dass für die erste Runde mehr Zeit benötigt wurde als für die zweite Runde. Aus diesem Grund kann man das arithmetische Mittel nicht verwenden. Kein vernünftiger Mensch würde sagen, dass sich nach einer Stunde Fahrt mit 60 km/h und einer Minute Fahrt mit 40 km/h eine Durchschnittgeschwindigkeit von 50 km/h ergibt.

Für Probleme dieser Art bestimmt man den gesamten gefahrenen Weg und teilt diesen durch die dafür benötigte Zeit. Das ist dann die Durchschnittsgeschwindigkeit.

Für das Beispiel des Rennfahrers sind beide Wege gleich lang. Bezeichnet man eine Rundenlänge mit s, dann ist die Gesamtstrecke gleich $2s$. Die Zeit für die 1. Runde ist $t_1 = s/v_1$. Die Zeit für die 2. Runde ist $t_2 = s/v_2$, wobei v_2 gesucht ist. Die gesamte Zeit ist damit gleich $t_1 + t_2 = s/v_1 + s/v_2$. Die Durchschnittsgeschwindigkeit v ist dann:

$$v = \frac{2s}{\frac{s}{v_1} + \frac{s}{v_2}} = \frac{2}{\frac{1}{v_1} + \frac{1}{v_2}}$$

Diese Formel liefert die Durchschnittsgeschwindigkeit, wenn eine Strecke zuerst mit der Geschwindigkeit v_1 und dann dieselbe Strecke mit der Geschwindigkeit v_2 durchfahren wurde. Wie lang diese Strecke ist, spielt dabei keine Rolle, denn in dem Term für v kürzt sich die Streckenlänge s heraus. Für das Problem des Rennfahrers ergibt sich:

$$80 \text{ km/h} = \frac{2}{\frac{1}{50 \text{ km/h}} + \frac{1}{v_2}}$$

Löst man diese Gleichung nach v_2 auf, dann erhält man $v_2 = 200$ km/h.

Interessant wird das Problem, wenn man fordert, dass die Durchschnittsgeschwindigkeit für beide Runden 100 km/h betragen soll. Für diesen Fall lautet die Gleichung zur Bestimmung von v_2:

$$100 \text{ km/h} = \frac{2}{\frac{1}{50 \text{ km/h}} + \frac{1}{v_2}}.$$

Multiplikation mit dem Nenner des Bruchs führt auf die Gleichung

$2 + 100/v_2 = 2$.

Um diese Gleichung zu erfüllen, müsste $100/v_2$ gleich 0 sein, was offenbar nicht möglich ist. Deshalb ist es für den Rennfahrer unmöglich, eine Durchschnittsgeschwindigkeit von 100 km/h für beide Runden zu erreichen. Das ist erstaunlich. Woran liegt das?

Löst man die Gleichung $v = \frac{2}{\frac{1}{50 \text{ km/h}} + \frac{1}{v_2}}$ nach v_2 auf, dann ergibt sich $v_2 = \frac{50 \text{ km/h} \cdot v}{100 \text{ km/h} - v}$

mit $v = 100$ km/h als Asymptote.

An der graphischen Darstellung dieses Zusammenhangs kann man erkennen, dass für $v = 100$ km/h die Geschwindigkeit v_2 unendlich groß sein müsste.

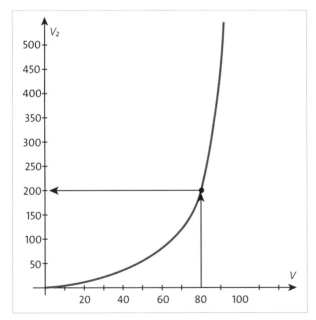

Abbildung 4.17 Geschwindigkeit für die 2. Runde in Abhängigkeit von der Durchschnittsgeschwindigkeit

Die Durchschnittsgeschwindigkeit $v = \dfrac{2}{\frac{1}{v_1} + \frac{1}{v_2}}$ aus den einzelnen Geschwindigkeiten v_1 und v_2 nennt man das *harmonische Mittel* aus v_1 und v_2. Verallgemeinerung auf eine beliebige Anzahl von Zahlen führt zu folgender Definition:

Harmonisches Mittel

Es seien $x_1, x_2, \ldots, x_n$ reelle Zahlen, die alle größer als null sind. Dann heißt

$$\bar{x}_H = \dfrac{n}{\dfrac{1}{x_1} + \dfrac{1}{x_2} + \ldots + \dfrac{1}{x_n}} = \dfrac{n}{\sum_{i=1}^{n} \dfrac{1}{x_i}}$$

das **harmonische Mittel** dieser Zahlen.

Es folgen zwei Beispiele zur Berechnung des harmonischen Mittels.

Beispiel 15: Harmonisches Mittel dreier Zahlen

Das harmonische Mittel der Zahlen 1, 2 und 3 ist gleich $\dfrac{3}{\frac{1}{1} + \frac{1}{2} + \frac{1}{3}} \approx 1{,}64$.

Beispiel 16: Heizölpreise

Die Abbildung zeigt die Heizölpreise in Deutschland von 2012 bis 2017 in Cent pro Liter [HEI].

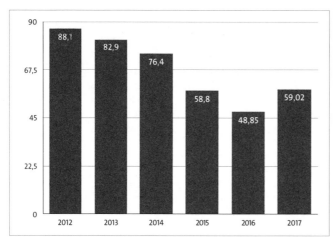

Abbildung 4.18 Heizölpreise in Deutschland

Das Beispiel geht auf [FER, S. 63] zurück.

Ein Hausbesitzer kauft in diesem Zeitraum Heizöl für seine Heizung.

Wie groß ist der durchschnittliche Literpreis von 2012 bis 2017, wenn

a) jedes Jahr die gleiche Menge Heizöl gekauft wird?

b) jedes Jahr derselbe Geldbetrag für Heizöl ausgegeben wird?

Zu a)

Hier kann man das arithmetische Mittel verwenden:

$(88{,}1 + 82{,}9 + 76{,}4 + 58{,}8 + 48{,}85 + 59{,}02)/6 = 69{,}01$

Zu b)

Da unterschiedliche Mengen mit demselben Geldbetrag gekauft werden, verwendet man das harmonische Mittel:

$$\frac{6}{\frac{1}{88{,}1} + \frac{1}{82{,}9} + \frac{1}{76{,}4} + \frac{1}{58{,}8} + \frac{1}{48{,}85} + \frac{1}{59{,}02}} \approx 65{,}99$$

> **Was Sie wissen sollten**
> - Sie sollten das harmonische Mittel kennen.
> - Sie sollten wissen, dass sich das harmonische Mittel nur für positive reelle Zahlen verwenden lässt.
> - Sie sollten wissen, dass man das harmonische Mittel zur Mittelung von Geschwindigkeiten, die auf gleichen Wegstrecken gefahren wurden, oder auch zur Mittelung von Preisen, die sich auf dieselbe Geldmenge beziehen, benutzen kann.

4.8 Überblick zur Verwendung der Lagemaßzahlen

Abbildung 4.19 zeigt, welche Lageparameter bei vorgegebener Art der Daten verwendet werden können. Dabei ist zu beachten, dass sich Maßzahlen, die für ein niedriges Skalenniveau geeignet sind, auch für alle höheren Skalenniveaus verwenden lassen. So kann z. B. der Modalwert auch für Ordinalskalen und Kardinalskalen verwendet werden. Das Skalenniveau nimmt in der Abbildung von links nach rechts zu.

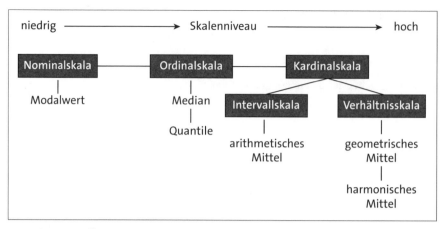

Abbildung 4.19 Überblick Lagemaßzahlen

4.9 Lösungen zu den Aufgaben

Aufgabe 1: Mittlere Temperaturen in Eisenach und Freiburg

$\bar{x} = (0{,}5 + 2{,}9 + \ldots + 3{,}6 + 1{,}5)/12 = 9{,}3$

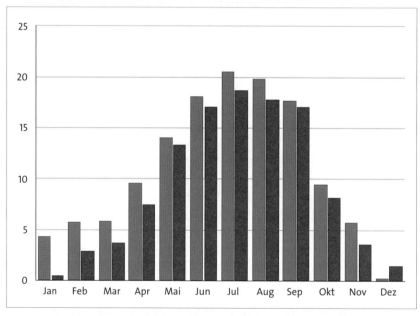

Abbildung 4.20 Monatliche Temperatur, Freiburg (grau), Eisenach (grün)

Aufgabe 2: Die Schwerpunkteigenschaft des arithmetischen Mittels beweisen

$\overline{x} = \dfrac{x_1 + \dots + x_n}{n}; n \cdot \overline{x} = x_1 + \dots + x_n$

Schreibt man die linke Seite als Summe aus n Summanden $\overline{x}$ und ordnet dann um, dann ergibt sich die gewünschte Aussage:

$\overline{x} + \dots + \overline{x} = x_1 + \dots + x_n; 0 = x_1 - \overline{x} + \dots + x_n - \overline{x}$

Aufgabe: 3: Arithmetisches Mittel dreier Zahlen

a) $\overline{x_1} = (3690 + 3520 + 4110) / 3 \approx 3773{,}3$

$\overline{x_2} = (3080 + 3840 + 2929 + 3680 + 3730) / 5 \approx 3451{,}8$

$\overline{x_g} = (3 \cdot 3773{,}3 + 5 \cdot 3451{,}8) / 8 \approx 3572{,}4$

b) $\overline{x_g} = (3690 + 3520 + 4110 + 3080 + 3840 + 2929 + 3680 + 3730) / 8$
$\approx 3572{,}4$

Aufgabe 4: Notendurchschnitt in zwei Schulklassen

Offenbar hat die Schulleitung das arithmetische Mittel der beiden Notendurchschnitte gebildet. Das ist aber nur dann vernünftig, wenn beide Klassen aus gleich vielen Schülern bestehen. Ansonsten sind die beiden Durchschnittsnoten mit den Schülerzahlen der beiden Klassen zu gewichten. Alternativ könnte man den Mittelwert auch aus den Einzelnoten aller Schüler berechnen (vergleichen Sie dazu Aufgabe 3).

Aufgabe 5: Den Median von 10 Monatseinkommen bestimmen

Die geordnete Zahlenreihe ist:

1477, 1530, 1576, 1976, 2112, 2342, 2741, 2910, 3790, 5730

Da n gerade ist, ist der Median das arithmetische Mittel der Elemente $x_5 = 2112$ und $x_6 = 2342$: $x_{0,5} = (2112 + 2342)/2 = 2227$.

Für das arithmetische Mittel ergibt sich: $\overline{x} = 2618{,}4$

Die Aufgabe zeigt, dass der Median – im Gegensatz zum arithmetischen Mittel – robust gegenüber Ausreißern ist. Diese Eigenschaft des Medians kann man leicht verstehen. Dazu denkt man sich in der Datenreihe der Bruttoeinkommen von Teil a) den letzten Wert durch das Bruttoeinkommen des reichsten Menschen der Erde ersetzt, d. h. durch einenm totalen Ausreißer. Dadurch ändert sich der Median aber nicht. Er wird nach wie vor genau so berechnet wie oben beschrieben.

Aufgabe 6: Den Median von 5 Zahlen bestimmen

Sortieren der Zahlenreihe ergibt: 13, 14, 18, 22, 24, 31, 36

Da die Anzahl der Daten ungerade ist, gibt es ein zentrales Element. Dies ist hier die 22. Also ist der Median gleich 22.

Aufgabe 7: Quantil berechnen

Es ist $n = 11$.

$n \cdot p = 11 \cdot 0{,}25 = 2{,}75$

Da $n \cdot p$ nicht ganzzahlig ist, berechnet man $[n \cdot p] + 1 = [2{,}75] + 1 = 2 + 1 = 3$.

Also ist $x_{0{,}25} = x_{[n \cdot p] + 1} = x_3 = 6{,}63$.

Aufgabe 8: Einen Boxplot für die Weitsprungdaten anfertigen

In der Zeichnung wird der Unterschied zwischen den Leistungen der beiden Gruppen deutlich. Außerdem ist zu sehen, dass der Boxplot der Männer symmetrisch ist. Das bedeutet, dass auch die Verteilung der Daten eine Symmetrie zur Mitte aufweist. Bei den Frauen liegt der Median im unteren Teil des Kastens. Folglich ist die Verteilung der Daten rechtsschief (vergleiche Abschnitt 4.5, »Arithmetisches Mittel, Median und Modalwert im Vergleich«).

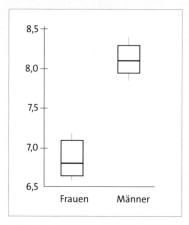

Abbildung 4.21 Vergleich Weitsprung: Frauen und Männer

Aufgabe 9: Bimodale Verteilung erklären

Die Personengruppe bestand aus 30 Männern und 25 Frauen. Die mittlere Körpergröße ist bei Frauen geringer als bei Männern, d. h. es handelt sich hier um zwei sich gegenseitig überlappende Verteilungen.

Kapitel 5
Streuungs- maßzahlen

Die im letzten Kapitel betrachteten Lagemaßzahlen können nur eine Seite der Daten darstellen, die man als »Lage« oder »Mitte« bezeichnen könnte. Wie eng Merkmalsausprägungen beieinander liegen, wird durch Streuungsmaßzahlen beschrieben, von denen einige der wichtigsten in diesem Kapitel behandelt werden.

Zum Einstieg

Von Amos Tversky und Wirtschaftsnobelpreisträger Daniel Kahneman [TVE] stammt das folgende Beispiel:

In einer Stadt gibt es zwei Krankenhäuser, ein großes und ein kleines. In dem großen Krankenhaus kommen jeden Tag etwa 45 Kinder zur Welt, in dem kleinen Krankenhaus etwa 15. Bekanntlich sind ca. 50 % der Geburten Jungen. Natürlich schwankt der tatsächliche Prozentsatz der Knabengeburten von Tag zu Tag, mal ist er höher, mal niedriger als 50 %. Für die Dauer eines Jahres registriert nun jedes der beiden Krankenhäuser die Tage, an denen mehr als 60 % der Geburten Jungen sind.

Nach Präsentation dieser Informationen wurde 95 Personen folgende Frage gestellt: Was glauben Sie, in welchem der Krankenhäuser eine größere Anzahl von Tagen mit mehr als 60 % Knabengeburten registriert wird?

Es wurden drei mögliche Antworten angeboten. Neben jeder der Möglichkeiten zeigt die folgende Tabelle, wie viele der Personen diese auswählten.

Antwort	Anzahl der Testpersonen
»Im großen Krankenhaus«	21
»Im kleinen Krankenhaus«	21
»In beiden Krankenhäusern etwa gleich«	53

Tabelle 5.1 Ergebnisse der Befragung

Die meisten Personen glaubten also, dass die Wahrscheinlichkeit, mehr als 60 % Knabengeburten zu erhalten, in beiden Krankenhäusern gleich ist. Dies scheint aus dem Wissen zu folgen, dass die Wahrscheinlichkeiten bezüglich des Geschlechts bei einer Geburt 50:50 sind. Beide Ereignisse, die Zahl der registrierten Tage im kleinen und die Zahl der registrierten Tage im großen Krankenhaus, werden durch dieselbe Statistik beschrieben und werden deshalb als gleich repräsentativ für die gesamte Population angesehen.

Um eine erste Antwort auf dieses Problem geben zu können, simuliert man die Situation. Geburten kann man mit einem Zufallsgenerator simulieren, der Zahlen liefert, die zu 50 % gleich 1 und zu 50 % gleich 0 sind. Ein Tag in dem kleinen Krankenhaus wird dann durch eine Kette aus 15 Nullen oder Einsen dargestellt. Interpretiert man eine Eins als Geburt eines Knaben, dann erhält man die Zahl der Knabengeburten durch Summierung der 15 Ziffern. Führt man für beide Krankenhäuser eine Simulation für 365 Tage durch und stellt die relativen Häufigkeiten der Knabengeburten geeignet klassiert dar, dann ergeben sich Bilder wie das folgende:

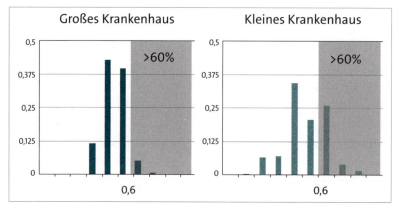

Abbildung 5.1 Vergleich beider Krankenhäuser – Anteil der Jungengeburten

Bei solchen Simulationen zeigt sich, dass im kleinen Krankenhaus deutlich mehr Tage mit mehr als 60 % Knabengeburten als im großen Krankenhaus auftreten. Außerdem ist zu erkennen, dass die Säulen im Diagramm des großen Krankenhauses auf einen engeren Bereich konzentriert sind. Anders ausgedrückt kann man sagen, dass die Daten für das kleine Krankenhaus eine größere Streuung aufweisen, als die im großen Krankenhaus. Dass die Streuung vom Umfang der *Stichprobe* abhängig ist, widerspricht offenbar unserer Intuition, wie die anfangs präsentierten Umfragewerte zeigen. (Die Theorie zeigt, dass die Streuung umgekehrt proportional zur Wurzel aus dem Stichprobenumfang ist. Wenn man die Streuung halbieren will, dann muss man den Stichprobenumfang vervierfachen. Näheres dazu finden Sie in Abschnitt 9.2, »Eine Punktschätzung für den Erwartungswert«).

Um das Ausmaß der Streuung zu beschreiben, verwendet man *Streuungsmaßzahlen*. Streuungsmaßzahlen müssen die Eigenschaft haben, dass sie ihren Wert bei einer Verschiebung der Verteilung längs der x-Achse nicht ändern, denn bei einer Verschiebung ändern sich die Abstände zwischen den Daten nicht.

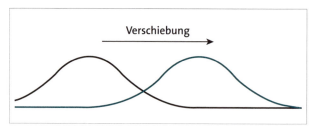

Abbildung 5.2 Verschiebungsinvarianz der Streuungsmaßzahlen

Die Streuungsmaßzahlen verwenden Abstände, d. h. Differenzen von Werten. Aus diesem Grund müssen die Daten Intervallskalenniveau haben, also quantitative Merkmale beschreiben (vergleiche Abschnitt 1.2.3). Dies wird in den nächsten Abschnitten vorausgesetzt. Alle behandelten Streuungsmaßzahlen lassen sich mit dem Tabellenblatt »*5. Streuungsmaßzahlen*« berechnen.

5.1 Spannweite und Quartilsabstand

In der Tabelle kann man den Temperaturverlauf für München am 12.3.2017 sehen:

03:00	06:00	09:00	12:00	15:00	18:00	21:00	00:00
−1 °C	0 °C	3 °C	9 °C	13 °C	12 °C	8 °C	4 °C

Tabelle 5.2 Temperaturdaten

Sortiert man die Temperaturen aufsteigend, dann erhält man

−1 °C, 0 °C, 3 °C, 4 °C, 8 °C, 9 °C, 12 °C und 13 °C.

Die minimale Temperatur betrug −1 °C, die maximale 13 °C. Dem entspricht eine Temperaturdifferenz von 13 °C − (−1 °C) = 14 °C. Man nennt diese Differenz aus maximalem und minimalem Wert die *Spannweite* der Daten.

Spannweite

Ist $x_1, x_2, ..., x_n$ eine aufsteigend sortierte Folge reeller Zahlen, dann versteht man unter der **Spannweite** die Differenz $x_n - x_1$.

Im Temperaturbeispiel war die Spannweite ein sinnvoller Wert. Man muss aber beachten, dass die Spannweite nur zwei Werte der Daten berücksichtigt und deshalb wenig Information über die Datenreihe beinhaltet. Die Spannweite ist zudem sehr anfällig gegenüber Ausreißern, was nicht erwünscht ist. Aus diesem Grund ist es sinnvoll, zusätzlich die Mitte des Datensatzes zu betrachten. Das geschieht mit dem Quartilsabstand.

Der *mittlere Quartilsabstand* ist die Differenz zwischen dem dritten und dem ersten Quartil, d. h. zwischen dem 0,75-Quantil und dem 0,25-Quantil (Abschnitt 4.3, »Quantile und Boxplots«). Zwischen diesen beiden Werten befinden sich die zentralen 50 % der Daten. In den Quartilsabstand gehen also die »äußeren« Daten nicht ein. Deshalb ist der

Quartilsabstand ein robustes Maß der Streuung, d. h. er wird nicht von eventuellen Ausreißern beeinflusst.

Quartilsabstand

Ist $x_1, x_2, ..., x_n$ eine Reihe von Daten mit den Quartilen $x_{0,25}$ und $x_{0,75}$, dann versteht man unter dem **Quartilsabstand** die Differenz $x_{0,75} - x_{0,25}$.

Beispiel 1: Körpergewicht von Fußballnationalspielern

Die Tabelle zeigt für jeden Fußballnationalspieler von 2014 sein Gewicht in kg an.

Manuel	Neuer	93	Thomas	Müller	74
Kevin	Großkreutz	72	Julian	Draxler	74
Matthias	Ginter	85	Erik	Durm	73
Benedikt	Höwedes	80	Philipp	Lahm	65
Mats	Hummels	90	Per	Mertesacker	90
Sami	Khedira	81	Toni	Kroos	78
Bastian	Schweinsteiger	79	Mario	Götze	64
Mesut	Özil	70	Jerome	Boateng	90
André	Schürrle	74	Shkodran	Mustafi	73
Lukas	Podolski	83	Roman	Weidenfeller	85
Miroslav	Klose	74	Christoph	Kramer	82
Ron-Robert	Zieler	83			

Tabelle 5.3 Körpergewichtsdaten

Sortiert man die Daten aufsteigend, dann lassen sich Minimum und Maximum sowie das erste und dritte Quartil angeben. Die sortierten Gewichte sind:

64, 65, 70, 72, 73, 73, 74, 74, 74, 74, 78,79, 80, 81, 82, 83, 83 85, 85, 90, 90, 90, 93

Damit ergeben sich die folgenden Werte:

Minimum: 64; Maximum: 93; 1. Quartil: 73; 3. Quartil: 85 (zur Bestimmung der Quartile beachte man Abschnitt 4.3, »Quantile und Boxplots«).

Aus diesen Werten folgen Spannweite und mittlerer Quartilsabstand:

Spannweite: 93 – 64 = 29; Mittlerer Quartilsabstand: 85 – 73 = 12.

Der Boxplot in Abbildung 5.3 veranschaulicht beide Streuungsmaße.

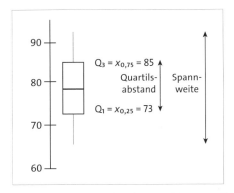

Abbildung 5.3 Boxplot der Gewichtsverteilung

Die Spannweite und der Quartilsabstand beruhen beide auf dem Abstand zweier Ranggrößen, bei der Spannweite sind dies Minimum und Maximum, beim Quartilsabstand sind es das erste und dritte Quartil. Es gibt verschiedene Konstruktionsmöglichkeiten für Streuungsmaßzahlen. In Abschnitt 5.2, »Mittelwertabweichung, Medianabweichung, Varianz und Standardabweichung«, werden Streuungsmaße betrachtet, welche die Abstände der Merkmalsausprägungen von einer Lagemaßzahl verwenden.

5.2 Mittelwertabweichung, Medianabweichung, Varianz und Standardabweichung

Sucht man nach einem Streuungsmaß, an dem alle Merkmalsausprägungen beteiligt sind, dann scheint auf den ersten Blick die mittlere Summe aller Abstände der Merkmalsausprägungen vom arithmetischen Mittel $\bar{x}$ ein geeignetes Streuungsmaß zu sein.

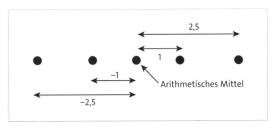

Abbildung 5.4 Abweichungen vom arithmetischen Mittel

In Abschnitt 4.1, »Das arithmetische Mittel«, wurde gezeigt, dass die Summe der Abweichungen vom arithmetischen Mittel den Wert 0 hat. Das heißt, dass die links vom arithmetischen Mittel gelegenen Summanden $x_i - \bar{x}$ sich mit den rechts vom arithmetischen Mittel gelegenen Summanden $x_i - \bar{x}$ gerade zu null addieren:

$(x_1 - \bar{x}) + (x_2 - \bar{x}) + \ldots + (x_n - \bar{x}) = 0$.

Also ist $\frac{1}{n} \sum_{i=0}^{n} (x - \bar{x})$ kein geeignetes Streuungsmaß, denn unabhängig von den Werten der Merkmalsausprägungen hat diese Größe immer den Wert 0. Ein Streuungsmaß erhält man dagegen, wenn man statt der Differenzen $x_i - \bar{x}$ deren Beträge aufsummiert. Teilt man diese Summe noch durch den Stichprobenumfang, dann erhält man die *durchschnittliche Mittelwertabweichung*. Mit ihr lassen sich Datenreihen von unterschiedlichem Umfang vergleichen.

Durchschnittliche Mittelwertabweichung

Sind $x_1, x_2, \ldots, x_n$ reelle Zahlen mit dem arithmetischen Mittel $\bar{x}$, dann heißt $d_{\bar{x}} = \frac{1}{n} \sum_{i=1}^{n} |x_i - \bar{x}|$ die **durchschnittliche Mittelwertabweichung**.

Bei der durchschnittlichen Mittelwertabweichung wird das arithmetische Mittel als Lagemaßzahl verwendet. Ersetzt man dieses durch den Median, dann ergibt sich die *durchschnittliche Medianabweichung*.

Durchschnittliche Medianabweichung

Sind $x_1, x_2, \ldots, x_n$ reelle Zahlen mit dem Median $x_{0,5}$, dann heißt $d_{x_{0,5}} = \frac{1}{n} \sum_{i=1}^{n} |x_i - x_{0,5}|$ die **durchschnittliche Medianabweichung**.

Beispiel 2: Übernachtungszahlen für das Hambacher Schloss

Das Hambacher Schloss, die Wiege der Demokratie, ist Teil der Ferienregion Deutsche Weinstraße. Die Übernachtungszahlen in Neustadt an der Weinstraße zeigen, wie gut sich diese Region in den letzten Jahren entwickelt hat [TKS].

Jahr	2011	2012	2013	2014	2015
Übernachtungen	223.600	227.700	224.400	219.300	232.100

Tabelle 5.4 Übernachtungszahlen

Abbildung 5.5 Hambacher Schloss, Neustadt an der Weinstraße

In der folgenden Tabelle 5.2 sind diese Daten aufsteigend sortiert und für die Berechnung der durchschnittlichen Mittelwertabweichung aufbereitet:

Sortierte Daten x_i	219.300	223.600	224.400	227.700	232.100
$|x_i - \bar{x}|$	6.120	1.820	1.020	2.280	6.680

Tabelle 5.5 Sortierte Daten und ihre Abweichung vom arithmetischen Mittel 225.420

Damit ergibt sich die durchschnittliche Mittelwertabweichung:

(6120 + 1820 + 1020 + 2280 + 6680)/5 = 3584

Entsprechend erhält man die durchschnittliche Medianabweichung:

Streuungsmaßzahlen

Sortierte Daten x_i	219.300	223.600	224.400	227.700	232.100
$\|x_i - x_{0,5}\|$	5.100	800	0	3.300	7.700

Tabelle 5.6 Abweichung vom Median 224.400

Die durchschnittliche Medianabweichung ist:

(5100 + 800 + 0 + 3300 + 7700)/5 = 3380

Die Mittelwertabweichung und die Medianabweichung sind beide vom Typ

$$\frac{1}{n}\sum_{i=1}^{n} |x_i - z|,$$

wobei z eine Lagemaßzahl ist. Aus Abschnitt 4.2, »Der Median«, ist bekannt, dass der Median $x_{0,5}$ der Zahlen $x_1, x_2, ..., x_n$ die Summe

$$f(z) = \sum_{i=1}^{n} |x_i - z|$$

minimiert, d. h. wenn man für $z = x_{0,5}$ einsetzt, so ergibt sich der kleinstmögliche Wert. Aus diesem Grund minimiert der Median auch die durch n geteilte Summe. Von allen Maßzahlen des Typs

$$\frac{1}{n}\sum_{i=1}^{n} |x_i - z|$$

ist deshalb die Medianabweichung die kleinste. Die Medianabweichung ist also auch immer kleiner als die Mittelwertabweichung. Das arithmetische Mittel besitzt eine entsprechende Eigenschaft, die in Abschnitt 4.1 betrachtet wurde. Sind $x_1, x_2, ..., x_n$ reelle Zahlen, die das arithmetische Mittel $\bar{x}$ besitzen, dann ist die Summe

$$f(z) = \sum_{i=1}^{n} (x_i - z)^2$$

minimal, wenn man für $z = \bar{x}$ setzt. Das arithmetische Mittel minimiert also quadratische Abweichungen von einem Wert. Teilt man auch hier durch n, d. h. bildet man die mittlere quadratische Abweichung, dann erhält man als Streuungsmaß die *empirische Varianz* s^2. Die empirische Varianz und die mit ihr verknüpfte *Standardabweichung* sind die bedeutendsten Streuungsmaßzahlen.

Empirische Varianz und empirische Standardabweichung (Version I)

Sind die reellen Zahlen $x_1, x_2, ..., x_n$ Realisierungen eines bestimmten Merkmals aus der Grundgesamtheit und ist $\bar{x}$ das arithmetische Mittel dieses Merkmals in der Grundgesamtheit, dann heißt

$s^2 = \dfrac{1}{n}\sum_{i=1}^{n}(x_i - \bar{x})^2$ die **empirische Varianz** dieser Datenreihe.

Die Wurzel aus der empirischen Varianz

$$s = \sqrt{s^2} = \sqrt{\dfrac{1}{n}\sum_{i=1}^{n}(x_i - \bar{x})^2}$$

heißt die **empirische Standardabweichung** der Datenreihe.

Soll die empirische Varianz verwendet werden, um aus einer Stichprobe die später benötigte theoretische Varianz (vergleiche Abschnitt 7.10) zu schätzen, dann verwendet man eine etwas andere Definition der empirischen Varianz, die für dieses Vorhaben vorteilhafter ist (vergleiche Abschnitt 9.2). Diese ist:

Empirische Varianz und empirische Standardabweichung (Version II)

Sind $x_1, x_2, ..., x_n$ reelle Zahlen mit dem arithmetischen Mittel $\bar{x}$, dann heißt

$s^2 = \dfrac{1}{n-1}\sum_{i=1}^{n}(x_i - \bar{x})^2$ die **empirische Varianz** dieser Datenreihe.

Die Wurzel aus der empirischen Varianz

$$s = \sqrt{s^2} = \sqrt{\dfrac{1}{n-1}\sum_{i=1}^{n}(x_i - \bar{x})^2}$$

heißt die **empirische Standardabweichung** der Datenreihe.

Beide Versionen unterscheiden sich nur in den Faktoren $1/n$ bzw. $1/(n-1)$. Version I wird verwendet, wenn das arithmetische Mittel in der Grundgesamtheit bekannt ist. Wird das arithmetische Mittel dagegen aus der Messreihe $x_1, x_2, ..., x_n$ ermittelt, dann verwendet man Version II. Version II wird im Weiteren hier benutzt werden.

Beispiel 3 zeigt, wie man die Varianz einer Datenreihe berechnen kann:

Beispiel 3: Bedienzeiten am Bankschalter

An einem Bankschalter wird gemessen, wie lange es dauert, bis ein Kunde bedient wird. In der Tabelle sind die Bedienzeiten für 5 Kunden in der Einheit Sekunden angegeben. Gesucht sind Varianz und Standardabweichung der Datenreihe.

Kunde Nr. i	1	2	3	4	5
Bedienzeit x_i in Sekunden	185	130	212	248	90

Tabelle 5.7 Bedienzeiten für Kunden

Es handelt sich um 5 Kunden. Also gilt: $n = 5$.

In der Formel für die Varianz steht das arithmetische Mittel der Daten. Dieses wird zuerst bestimmt:

$$\bar{x} = \frac{1}{n}\sum_{i=1}^{n} x_i = \frac{1}{5}(185 + 130 + 212 + 248 + 90) = 173$$

Jetzt verwendet man die Formel für die Varianz:

$$s^2 = \frac{1}{n-1}\sum_{i=1}^{n}(x_i - \bar{x})^2 =$$

$$= \frac{1}{4}((185-173)^2 + (130-173)^2 + (212-173)^2 + (248-173)^2 + (90-173)^2) = 4007$$

Die Standardabweichung erhält man durch Wurzelziehen:

$$s = \sqrt{4007} = 63{,}3009$$

Es kann sein, dass die Daten in Form einer Häufigkeitsverteilung vorliegen oder dass die relativen Häufigkeiten der Daten gegeben sind. Für diese Fälle folgt unmittelbar aus der Formel für die Varianz, wie man dann vorgeht:

Hat man für die x_i eine Häufigkeitsverteilung vorliegen, d. h. kommen die Werte $x_1, x_2, ..., x_k$ mit den absoluten Häufigkeiten $n_1, n_2, ..., n_k$ vor, dann berechnet sich die Varianz zu

$$s^2 = \frac{1}{n-1}\sum_{i=1}^{k} n_i(x_i - \bar{x})^2.$$

Sind die relativen Häufigkeiten $h_i = \frac{n_i}{n}$ der x_i gegeben, dann berechnet man die Varianz

durch $s^2 = \frac{1}{n-1}\sum_{i=1}^{k} n \cdot h_i(x_i - \bar{x})^2 = \frac{n}{n-1}\sum_{i=1}^{k} h_i(x_i - \bar{x})^2.$

Die beiden gerade beschriebenen Verfahren zur Berechnung der Varianz sollen Sie in den folgenden beiden Aufgaben anwenden.

Aufgabe 1: Varianz und Standardabweichung berechnen – Rosinenbrötchen

Eine Reihe von Rosinenbrötchen wurde darauf untersucht, wie viele Rosinen in dem jeweils untersuchten Brötchen enthalten waren. Es ergab sich folgende Häufigkeitsverteilung:

Anzahl x_i der Rosinen	0	1	2	3	4
Anzahl n_i der Brötchen mit x_i Rosinen	1	2	5	6	6

Tabelle 5.8 Häufigkeitsverteilung der Rosinen

Berechnen Sie Varianz und Standardabweichung der Daten x_i.

Aufgabe 2: Varianz und Standardabweichung berechnen – Haushaltsgrößen

Für die Haushaltsgröße der Privathaushalte in Deutschland ergaben sich im Jahr 2015 folgende Werte [STA16]:

Anzahl x_i der Personen	1	2	3	4	5
Relative Häufigkeit	0,41	0,34	0,12	0,09	0,03

Tabelle 5.9 Haushaltsgrößen im Jahr 2015

Berechnen Sie Varianz und Standardabweichung der Daten x_i.

Die vorliegende Formel für die Varianz ist zum Rechnen umständlich zu gebrauchen. Formt man diese um, dann ergibt sich eine einfacher zu verwendende Formel. Die folgende Rechnung liefert diese Formel. In der linken Spalte steht die Rechnung, in der rechten Spalte findet sich jeweils ein Kommentar, der die Umformungen zur nächsten Zeile erläutert.

$$s^2 = \frac{1}{n-1} \sum_{i=1}^{n}(x_i - \bar{x})^2 = \quad\quad \text{Die Klammer wird aufgelöst.}$$

Tabelle 5.10 Einzelschritte der Umformung

$= \dfrac{1}{n-1}\sum_{i=1}^{n}(x_i^2 - 2x_i\bar{x} + \bar{x}^2) =$	Die Regel $\sum_i (a_i + b_i) = \sum_i a_i + \sum_i b_i$ wird verwendet.
$= \dfrac{1}{n-1}\left(\sum_{i=1}^{n}(x_i^2 - 2x_i\bar{x}) + \sum_{i=1}^{n}\bar{x}^2\right) =$	$\bar{x}^2$ ist eine Konstante für die Summierung, sodass die 2. Summe gleich $n \cdot \bar{x}^2$ ist.
$= \dfrac{1}{n-1}\left(\sum_{i=1}^{n}(x_i^2 - 2x_i\bar{x}) + n\bar{x}^2\right) =$	Die zuvor verwendete Regel wird auf die 1. Summe angewendet. Außerdem werden die für die Summierung konstanten Faktoren $2\bar{x}$ vor das Summenzeichen gezogen.
$= \dfrac{1}{n-1}\left(\sum_{i=1}^{n}x_i^2 - 2\bar{x}\sum_{i=1}^{n}x_i + n\bar{x}^2\right) =$	Der Faktor $n \cdot \dfrac{1}{n}$ hat den Wert 1, sodass er am Term nichts ändert.
$= \dfrac{1}{n-1}\left(\sum_{i=1}^{n}x_i^2 - 2\bar{x}n\dfrac{1}{n}\sum_{i=1}^{n}x_i + n\bar{x}^2\right) =$	$\dfrac{1}{n}\sum_{i=1}^{n}x_i$ ist gleich $\bar{x}$.
$= \dfrac{1}{n-1}\left(\sum_{i=1}^{n}x_i^2 - 2\bar{x}n\bar{x} + n\bar{x}^2\right) =$	Zusammenfassen der beiden letzten Summanden.
$= \dfrac{1}{n-1}\left(\sum_{i=1}^{n}x_i^2 - n\bar{x}^2\right)$	

Tabelle 5.10 Einzelschritte der Umformung (Forts.)

Merke: Eine einfache Formel für die Varianz und Standardabweichung

$$s^2 = \dfrac{1}{n-1}\left(\sum_{i=1}^{n}x_i^2 - n\bar{x}^2\right)$$

$$s = \sqrt{\dfrac{1}{n-1}\left(\sum_{i=1}^{n}x_i^2 - n\bar{x}^2\right)}$$

Liegt eine Häufigkeitsverteilung vor, dann ergibt sich entsprechend:

$$s^2 = \dfrac{1}{n-1}\left(\sum_{i=1}^{k}n_i x_i^2 - n\bar{x}^2\right) \text{ und } s = \sqrt{\dfrac{1}{n-1}\left(\sum_{i=1}^{k}n_i x_i^2 - n\bar{x}^2\right)}$$

In Beispiel 4 wird diese Methode verwendet.

Liegen die Daten in klassierter Form vor, dann kann man diese Formel auch verwenden. Die x_i stellen dann die Klassenmitten dar. In Beispiel 5 wird dies gezeigt.

Beispiel 4: Bruttoverdienst von Angestellten

Ein Betrieb beschäftigt 15 Angestellte. In der Tabelle sind deren Bruttoeinkünfte sowie die Häufigkeiten, mit denen diese Einkommen vorkommen, angegeben:

Häufigkeit	5	3	4	3
Bruttoverdienst in €	2900	3250	3600	4100

Tabelle 5.11 Bruttoverdienste

Es wird die Standardabweichung des Verdienstes gesucht. Verwendet wird die Formel:

$$s^2 = \frac{1}{n-1}\left(\sum_{i=1}^{k} n_i x_i^2 - n\bar{x}^2\right)$$

Einzelschritte der Rechnung:

$5 \cdot 2900^2 + 3 \cdot 3250^2 + 4 \cdot 3600^2 + 3 \cdot 4100^2 = 176007500$

$\bar{x} = (5 \cdot 2900 + 3 \cdot 3250 + 4 \cdot 3600 + 3 \cdot 4100)/15 = 3396{,}67$

$\bar{x}^2 = 11537344{,}4$

$n \cdot \bar{x}^2 = 173060166{,}7$

$s^2 = \frac{1}{15-1}(176007500 - 173060166{,}7) = 210524; \ s = 458{,}8.$

Beispiel 5: Standardabweichung für klassierten Daten

Würden die Daten aus Beispiel 4 in klassierter Form mit der Klassenbreite 1000 vorliegen, dann könnte man die Standardabweichung nur näherungsweise berechnen. Als Information liegt jetzt nur die folgende Tabelle vor:

Klasse	[2000; 3000)	[3000; 4000)	[4000; 5000)
Häufigkeit	5	7	3

Tabelle 5.12 Daten in klassierter Form

Die Klassenmitten sind 2.500, 3.500 und 4.500:

$5 \cdot 2.500^2 + 7 \cdot 3.500^2 + 3 \cdot 4.500^2 = 177.750.000$

$\bar{x} = (5 \cdot 2500 + 7 \cdot 3500 + 3 \cdot 4500) / 15 = 3366{,}7$

$\bar{x}^2 = 11334444{,}4$

$n \cdot \bar{x}^2 = 170016666{,}7$

$s^2 = \dfrac{1}{15-1}(177750000 - 170016666{,}7) = 552381; \; s = 743{,}2$

Eine weitere Variante zur Berechnung der Varianz ergibt sich, wenn man in der Formel $s^2 = \dfrac{1}{n-1}\left(\sum_{i=1}^{n} x_i^2 - n\bar{x}^2\right)$ den Stichprobenumfang n ausklammert. Dann erhält man folgende Formel für die Varianz:

$$s^2 = \dfrac{n}{n-1}\left(\dfrac{1}{n}\sum_{i=1}^{n} x_i^2 - \bar{x}^2\right)$$

Diese Formel kann man sich auch leicht merken, wenn man die folgende sprachliche Formulierung beachtet:

> **So können Sie die Varianz einfach berechnen:**
> 1. Bilden Sie das arithmetische Mittel der Quadrate der Daten.
> 2. Berechnen Sie das Quadrat des arithmetischen Mittels der Daten.
> 3. Subtrahieren Sie diese beiden Zahlen voneinander.
> 4. Multiplizieren Sie das Ergebnis mit $\dfrac{n}{n-1}$.

Die zuletzt besprochene Berechnungmethode wird in Beispiel 6 vorgeführt:

Beispiel 6: Januar-Temparaturen für zwei Orte

An zwei verschiedenen Orten wurde an 4 Januartagen die Temperatur gemessen. Man vergleiche die Temperaturen an beiden Orten.

Ort 1	3,7 °C	4,2 °C	4,1 °C	4 °C
Ort 2	6 °C	7 °C	2 °C	1 °C

Tabelle 5.13 Temperaturen an zwei Orten

Für beide Orte sind das arithmetische Mittel sowie die Standardabweichung der Temperaturen gesucht. Bei der Berechnung der Standardabweichung wird die letzte Formel verwendet. Damit die Darstellung übersichtlich bleibt, habe ich in den folgenden Rechnungen auf die Einheiten verzichtet.

▶ Ort 1:

i	1	2	3	4			
x_i	3,7	4,2	4,1	4	$\sum x_i = 16$	$\bar{x} = 4$	$\bar{x}^2 = 16$
x_i^2	13,69	17,64	16,81	16	$\sum x_i^2 = 64,14$	$\frac{1}{4}\sum x_i^2 = 16,035$	

Tabelle 5.14 Berechnung für Ort 1

$$s^2 = \frac{n}{n-1}\left(\frac{1}{n}\sum_{i=1}^{n} x_i^2 - \bar{x}^2\right) = \frac{4}{4-1}(16{,}035 - 16) = 0{,}0467$$

$s = 0{,}2160$

▶ Ort 2:

i	1	2	3	4			
x_i	1	2	6	7	$\sum x_i = 16$	$\bar{x} = 4$	$\bar{x}^2 = 16$
x_i^2	1	4	36	49	$\sum x_i^2 = 90$	$\frac{1}{4}\sum x_i^2 = 22{,}5$	

Tabelle 5.15 Berechnung für Ort 2

$$s^2 = \frac{n}{n-1}\left(\frac{1}{n}\sum_{i=1}^{n} x_i^2 - \bar{x}^2\right) = \frac{4}{4-1}(22{,}5 - 16) = 8{,}667$$

$s = 2{,}94$

Die mittleren Temperaturen sind für beide Orte gleich. Die Streuung der Temperaturen um den Mittelwert ist im 2. Ort größer.

> **Was Sie wissen sollten**
> ▶ Sie sollten die verschiedenen Streuungsmaßzahlen kennen.
> ▶ Sie sollten Varianz und Standardabweichung berechnen können.

5.3 Lösungen zu den Aufgaben

Aufgabe 1: Varianz und Standardabweichung berechnen – Rosinenbrötchen

Es wurden $n = 20$ Brötchen untersucht. Das arithmetische Mittel ergibt sich dann zu:

$$\bar{x} = \frac{1}{20} \cdot (1 \cdot 0 + 2 \cdot 1 + 5 \cdot 2 + 6 \cdot 3 + 6 \cdot 4) = 2{,}7$$

Für die Varianz gilt:

$$s^2 = \frac{1}{n-1} \sum_{i=1}^{k} n_i (x_i - \bar{x})^2 =$$

$$= \frac{1}{19} \cdot (1 \cdot (0 - 2{,}7)^2 + 2 \cdot (1 - 2{,}7)^2 + 5 \cdot (2 - 2{,}7)^2 + 6 \cdot (3 - 2{,}7)^2 + 6 \cdot (4 - 2{,}7)^2) \approx 1{,}38$$

Die Standardabweichung ist dann: $s \approx \sqrt{1{,}38} \approx 1{,}17$

Aufgabe 2: Varianz und Standardabweichung berechnen – Haushaltsgrößen

Arithmetisches Mittel:

$$\bar{x} = \sum_{i=1}^{n} h_i \cdot x_i = 0{,}41 \cdot 1 + 0{,}34 \cdot 2 + 0{,}12 \cdot 3 + 0{,}09 \cdot 4 + 0{,}03 \cdot 5 = 1{,}96$$

Varianz:

$$s^2 = \frac{n}{n-1} \sum_{i=1}^{k} h_i (x_i - \bar{x})^2 =$$

$$= \frac{5}{4} \cdot (0{,}41 \cdot (1 - 1{,}96)^2 + 0{,}34 \cdot (2 - 1{,}96)^2 + 0{,}12 \cdot (3 - 1{,}96)^2$$
$$+ 0{,}09 \cdot (4 - 1{,}96)^2 + 0{,}03 \cdot (5 - 1{,}96)^2) \approx 1{,}45$$

Standardabweichung: $s \approx \sqrt{1{,}45} \approx 1{,}2$

Kapitel 6
Mehrdimensionale Merkmale

In diesem Kapitel werden Methoden betrachtet, mit denen man Zusammenhänge zwischen zwei Merkmalen erkennen und messen kann. Dazu benötigt man die Transformation und die Standardisierung von Daten.

6.1 Transformationen von Daten

Zum Einstieg

1724 stellte der deutsche Physiker Daniel Gabriel Fahrenheit (1686–1736) eine Temperaturskala vor, die heute nach ihm benannt ist. Als Nullpunkt legte er die tiefste Temperatur fest, die er mit einer Kältemischung erzeugen konnte (–17,8 °C). Auf seiner Skala, die heute noch in den USA verwendet wird, liegt der Gefrierpunkt von Wasser bei 32 °F und der Siedepunkt von Wasser bei 212 °F. Gegenüber der Celsiusskala ist die Fahrenheitskala verschoben und gestreckt.

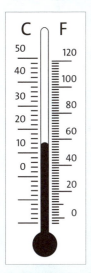

Abbildung 6.1 Celsius- und Fahrenheitskalen

Beschreiben lässt sich dies durch die lineare Transformation

$T_F = 1,8 \cdot T_C + 32$.

In dieser Formel ist T_F die Temperatur in Grad Fahrenheit und T_C die Temperatur in Grad Celsius.

Wie im Beispiel der Temperaturumrechnung kommt es häufig vor, dass für die Daten x_i der Bezugspunkt und die Maßeinheit verändert werden, sodass die Daten y_i entstehen. Es interessiert dabei die Frage, wie sich bei diesem Vorgang die Lagemaßzahlen und die Streuungsmaßzahlen verändern. Das wird im Folgenden beantwortet. Dabei erfolgt allerdings die Beschränkung, dass nur eine lineare Transformation der Daten betrachtet wird.

Mehrdimensionale Merkmale

Lineare Transformation

Man nennt eine Transformation **linear**, wenn sie sich, wie im Temperaturbeispiel, durch eine Gleichung der Form $y_i = a \cdot x_i + b$ beschreiben lässt.

Unter dieser Voraussetzung wird untersucht, wie sich das arithmetische Mittel, die Varianz und die Standardabweichung beim Transformationsvorgang verändern.

Es wird ein quantitatives Merkmal betrachtet, für das die Datenreihe $x_1, x_2, ..., x_n$ vorliegt. Das arithmetische Mittel dieser Daten ist $\bar{x}$, die Varianz ist s_x^2, die Standardabweichung ist s_x. Diese Daten werden jetzt der linearen Transformation $y_i = a \cdot x_i + b$ unterzogen. Wie groß sind das arithmetische Mittel, die Varianz und die Standardabweichung der Datenreihe $y_1, y_2, ..., y_n$?

Zuerst wird das arithmetische Mittel der y_i berechnet:

$$\bar{y} = \frac{1}{n}\sum_{i=1}^{n} y_i = \frac{1}{n}\sum_{i=1}^{n}(a \cdot x_i + b) = a \cdot \frac{1}{n}\sum_{i=1}^{n} x_i + \frac{1}{n} \cdot n \cdot b = a \cdot \bar{x} + b$$

Es folgt die Berechnung der Varianz der y_i:

$$s_y^2 = \frac{1}{n-1}\sum_{i=1}^{n}(y_i - \bar{y})^2 = \frac{1}{n-1}\sum_{i=1}^{n}((a \cdot x_i + b) - (a \cdot \bar{x} + b))^2 = \frac{1}{n-1}\sum_{i=1}^{n}(a(x_i - \bar{x}))^2$$

$$= a^2 \frac{1}{n-1}\sum_{i=1}^{n}(x_i - \bar{x})^2 = a^2 s_x^2$$

Daraus ergibt sich für die Standardabweichung:

$$s_y = \sqrt{s_y^2} = \sqrt{a^2 s_x^2} = |a| s_x$$

Diese Ergebnisse werden hier zusammengefasst:

Merke: Lineare Transformation von Daten

Unterwirft man die Daten $x_1, x_2, ..., x_n$ der linearen Transformation $y_i = a \cdot x_i + b$, dann bestehen zwischen den Maßzahlen der x_i und den Maßzahlen der y_i folgende Beziehungen:

Arithmetische Mittel: $\quad \bar{y} = a\bar{x} + b$

Varianzen: $\quad s_y^2 = a^2 \cdot s_x^2$

Standardabweichungen: $s_y = |a| s_x$

Aufgabe 1: Mittlere Temparaturen in Grad Celsius und Grad Fahrenheit

In der Tabelle findet man für die ersten 5 Augusttage des Jahres 2017 die Temperaturen in Oldenburg (in Grad Celsius), jeweils um 12 Uhr [OLD]:

1. August	2. August	3. August	4. August	5. August
24 °C	21 °C	23,3 °C	19,5 °C	18,1 °C

Tabelle 6.1 Temperaturen in Oldenburg

a) Berechnen Sie das arithmetische Mittel der Temperaturen.
b) Berechnen Sie das arithmetische Mittel der Temperaturen in Grad Fahrenheit. Dabei sollen Sie die beiden folgenden Methoden verwenden:

Sie können alle Temperaturen mit der Formel $T_F = 1{,}8\, T_C + 32$ in Grad Fahrenheit umrechnen und dann das arithmetische Mittel bilden.

Sie können den Zusammenhang zwischen dem arithmetischen Mittel der Temperaturen in °C und dem arithmetischen Mittel der transformierten Daten verwenden.

> **Was Sie wissen sollten**
> ▶ Sie sollten wissen, was man unter einer linearen Transformation von Daten versteht.
> ▶ Sie sollten wissen, wie sich arithmetisches Mittel, Varianz und Standardabweichung bei einer linearen Transformation verändern.

6.2 Standardisierung von Daten

Der ADAC gibt Listen mit spritsparenden Autos heraus. In diesen Listen stehen der Spritverbrauch in Litern und die Leistung der Autos in kW. Für Modelle der oberen Mittelklasse mit Ottomotor liefert der ADAC die Angaben aus Tabelle 6.2.

Marke/Modell	Verbrauch in Liter auf 100 km	Leistung in kW
Lexus GS 300h	4,4	164
Skoda Superb 1.4	4,8	110

Tabelle 6.2 Verbrauch und Leistung ausgewählter Autos

Marke/Modell	Verbrauch in Liter auf 100 km	Leistung in kW
Lexus RX 450h	5,2	230
Audi A6 1.8	5,7	140
Mercedes E 200	6,0	135
BMW 528i	6,1	180
Infiniti Q70	6,2	268
Volvo S90	6,5	187
Porsche 718	6,9	220
Mercedes CLS 400	7,3	245

Tabelle 6.2 Verbrauch und Leistung ausgewählter Autos (Forts.)

Wie kann man diese Autos bezüglich des Benzinverbrauchs und der Leistung vergleichen? Der Mercedes CLS hat den höchsten Verbrauch und die höchste Leistung, aber ist die Leistung in demselben Maß größer wie dies der Verbrauch ist? Was bedeutet überhaupt groß? Ohne einen Bezugspunkt ergibt »groß« keinen Sinn. Aus diesem Grund wählt man das arithmetische Mittel der Daten als Bezugspunkt. »Groß« bedeutet dann »größer als der Mittelwert«. Die »Größe« selbst bedeutet damit die Differenz zum Mittelwert.

Nun haben Abweichungen vom Mittelwert umso mehr Bedeutung, je kleiner die Streuung der Daten ist. Wenn die Standardabweichung einen kleinen Wert besitzt, dann gruppieren sich die Daten eng um den Mittelwert, und dann ist eine gegebene Abweichung vom Mittelwert bedeutsamer, als wenn die Standardabweichung einen großen Wert besitzt. Um dies zu berücksichtigen, misst man die Abweichungen vom Mittelwert als Vielfaches der jeweiligen Standardabweichung. Dies geschieht rechnerisch dadurch, dass man die Differenz der Merkmalsausprägung vom Mittelwert durch die Standardabweichung teilt. Wenn man dies durchführt, dann wird bei einer großen Standardabweichung eine Abweichung vom Mittelwert weniger bedeutsam als bei einer kleinen Standardabweichung.

Den Vorgang,

▶ die Differenz zum arithmetischen Mittel zu bilden und dann

▶ die Differenz durch die Standardabweichung zu teilen,

nennt man *standardisieren*. Die sich beim Standardisieren ergebenden Werte nennt man auch *z-Werte*. Bezeichnet man das arithmetische Mittel der Daten mit $\bar{x}$ und die Standardabweichung mit s, so wird das Standardisieren durch die Formel $z_i = \frac{x_i - \bar{x}}{s}$ beschrieben. Wegen der Division durch s kürzen sich die Einheiten heraus, sodass die z-Werte dimensionslos sind. Das ermöglicht den Vergleich verschiedener Merkmale.

> **Merke: Standardisieren von Daten**
>
> $x_1, x_2, ..., x_n$ sind Merkmalsausprägungen eines quantitativen Merkmals mit dem arithmetischen Mittel $\bar{x}$ und der Standardabweichung s. Durch die lineare Transformation
>
> $$z = \frac{x - \bar{x}}{s}$$
>
> erhält man die Datenreihe $z_1, z_2, ..., z_n$. Diese Datenreihe heißt die standardisierte Datenreihe. Den Vorgang der Standardisierung nennt man auch *z-Transformation*.

Im folgenden Beispiel wird der z-Wert vom Verbrauch des Porsche 718 bestimmt. Sie sollen dann entsprechend in Aufgabe 2 den z-Wert der Leistung dieses Autos berechnen.

Beispiel 1: Mittlerer Verbrauch

Aus Tabelle 6.2 bestimmen Sie das arithmetische Mittel des Verbrauchs der 10 Automobile:

$$\bar{x} = \frac{4{,}4 + 4{,}8 + 5{,}2 + 5{,}7 + 6{,}0 + 6{,}1 + 6{,}2 + 6{,}5 + 6{,}9 + 7{,}3}{10} = 5{,}91$$

Mit $s = \sqrt{\frac{1}{n-1}\left(\sum_{i=1}^{n} x_i^2 - n\bar{x}^2\right)}$ berechnen Sie die Standardabweichung:

$$\sum_{i=1}^{10} x_i^2 = 4{,}4^2 + 4{,}8^2 + 5{,}2^2 + 5{,}7^2 + 6{,}0^2 + 6{,}1^2 + 6{,}2^2 + 6{,}5^2 + 6{,}9^2 + 7{,}3^2 = 356{,}73$$

$$n \cdot \bar{x}^2 = 10 \cdot 5{,}91^2 = 349{,}281$$

$$s = \sqrt{\frac{1}{10-1} \cdot (356{,}73 - 349{,}281)} \approx 0{,}91.$$

Für die 6,9 Liter Verbrauch des Porsche 718 erhält man damit als z-Wert:

$$z = \frac{6{,}9 - 5{,}91}{0{,}91} \approx 1{,}09.$$

Aufgabe 2: z-Wert berechnen

Berechnen Sie für den Porsche 718 den z-Wert der Leistung.

In der Tabelle sind der standardisierte Verbrauch und die standardisierte Leistung aller 10 Automobile berechnet worden, die jetzt interpretiert werden können.

Marke/Modell	Standardisierter Verbrauch	Standardisierte Leistung
Lexus GS 300h	−1,6598	−0,4602
Skoda Superb 1.4	−1,2201	−1,5
Lexus RX 450h	−0,7804	0,8106
Audi A6 1.8	−0,2308	−0,9223
Mercedes E 200	0,0989	−1,01856
BMW 528i	0,2088	−0,1521
Infiniti Q70	0,3188	1,5423
Volvo S90	0,6485	−0,0173
Porsche 718	1,0882	0,6181
Mercedes CLS 400	1,5279	1,0995

Tabelle 6.3 z-Werte von Verbrauch und Leistung

Beispiel 2: Zusammenhang zwischen Verbrauch und Leistung

Der BMW 528i liegt 0,2 Standardabweichungen über dem durchschnittlichen Verbrauch aller 10 Autos, aber 0,15 Standardabweichungen unter der durchschnittlichen Leistung. Der Lexus RX 450h liegt beim Verbrauch 0,78 Standardabweichungen unter dem Mittelwert, dagegen aber 0,8 Standardabweichungen über der durchschnittlichen Leistung. Der Lexus ist damit ein Fahrzeug das wenig Energieeinsatz pro Leistung hat.

Die Standardisierung ganzer Datenreihen ist rechnerisch mühsam. Sie können diesen Vorgang mit dem Tabellenblatt »*6.2 Standardisierung*« durchführen.

In Abbildung 6.2 ist die Datenreihe für den Verbrauch als Säulendiagramm dargestellt. Außerdem ist das arithmetische Mittel eingezeichnet.

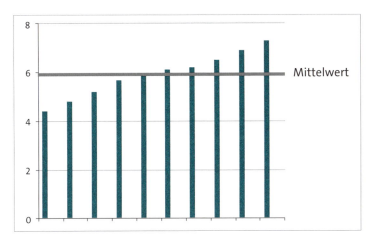

Abbildung 6.2 Verbrauch

Abbildung 6.3 zeigt die standardisierte Datenreihe des Verbrauchs in Form eines Säulendiagramms. Auch hier ist das arithmetische Mittel der Daten eingezeichnet.

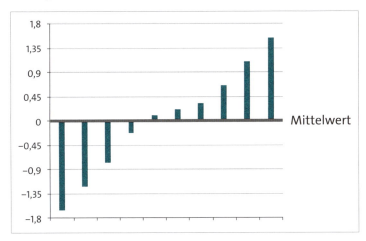

Abbildung 6.3 Standardisierter Verbrauch

Es fällt auf, dass das arithmetische Mittel der standardisierten Datenreihe den Wert 0 hat. Das ist natürlich kein Zufall. Der Vorgang der Standardisierung stellt eine lineare Transformation der Daten dar (Abschnitt 6.1, »Transformationen von Daten«). Das sieht man mit folgender Umformung:

$$z_i = \frac{x_i - \overline{x}}{s} = \frac{1}{s}x_i - \frac{\overline{x}}{s}$$

Mehrdimensionale Merkmale

Diese Formel zeigt, dass eine lineare Transformation der Form $z_i = a \cdot x_i + b$ vorliegt, wobei $a = \frac{1}{s}$ und $b = \frac{\bar{x}}{s}$ gilt. Mit den Ergebnissen aus Abschnitt 6.1 ergeben sich das arithmetische Mittel und die Standardabweichung der transformierten Daten dann zu:

Arithmetisches Mittel: $\bar{z} = a\bar{x} + b = \frac{1}{s}\bar{x} - \frac{\bar{x}}{s} = 0$

Standardabweichung: $s_z = |a|\,s = \frac{1}{s}s = 1$

Die Betragstriche um $\frac{1}{s}$ konnten weggelassen werden, weil s immer größer oder gleich 0 ist. Also ist das arithmetische Mittel standardisierter Daten stets 0, die Standardabweichung ist immer 1.

> **Merke: Arithmetisches Mittel und Standardabweichung standardisierter Daten**
> Für die **standardisierte Datenreihe** gilt: Das arithmetische Mittel ist 0, die Standardabweichung ist 1. Durch Standardisierung kann man mehrere Merkmale miteinander vergleichen.

Aus standardisierten Daten lassen sich sehr anschauliche Diagramme erstellen. In Abbildung 6.4 sehen Sie ein Streudiagramm mit den standardisierten Werten für »Verbrauch« und »Leistung« der 10 Autos.

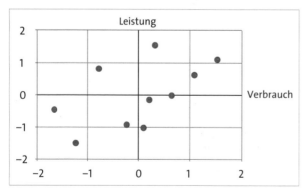

Abbildung 6.4 Standardisierte Darstellung

Die beiden arithmetischen Mittelwerte der standardisierten Werte fallen in dieser Darstellung mit dem Ursprung (0|0) zusammen. Die Einheiten auf den Achsen sind 1 und damit gleich den Standardabweichungen der standardisierten Daten. In diesem Bild findet man den Lexus RX 0,78 Standardabweichungen unter dem Mittelwert des Verbrauchs und 0,81 Standardabweichungen über dem Mittelwert der Leistung. Jetzt »sieht« man, dass mit dem unterdurchschnittlichen Verbrauch eine überdurchschnittliche Leistung erzielt wird.

Aufgabe 3: Zusammenhang zwischen Verbrauch und Leistung im Diagramm

In dieser Aufgabe geht es darum, dass Sie Diagramme standardisierter Daten verstehen und interpretieren können.

Finden Sie in Abbildung 6.3 den Infiniti Q70, und interpretieren Sie den Zusammenhang zwischen Verbrauch und Leistung für dieses Auto.

Aufgabe 4 liefert eine Eigenschaft standardisierter Datenreihen, die später noch benötigt wird.

Aufgabe 4: Summe der z-Werte in standardisierten Datenreihen

Zeigen Sie: Ist $z_1, z_2, ..., z_n$ eine standardisierte Datenreihe, dann gilt $\sum_{i=1}^{n} z_i^2 = n - 1$.

> **Was Sie wissen sollten**
> ▸ Sie sollten Daten standardisieren können.
> ▸ Sie sollten das arithmetische Mittel und die Standardabweichung standardisierter Daten kennen.
> ▸ Sie sollten verstehen, dass durch Standardisierung der Vergleich verschiedener Merkmale möglich wird.
> ▸ Sie sollten standardisierte Darstellungen interpretieren können.

6.3 Korrelation

In Abschnitt 5.1, »Spannweite und Quartilsabstand«, wurde das Gewicht der deutschen Fußballnationalspieler aus dem Jahr 2014 betrachtet. Diese Werte wurden hier noch um die Körpergröße der Spieler ergänzt:

	Größe x_i in m	Gewicht y_i in kg		Größe x_i in m	Gewicht y_i in kg
Neuer	1,93	93	Müller	1,86	74
Großkreutz	1,86	72	Draxler	1,85	74
Ginter	1,88	85	Durm	1,83	73
Höwedes	1,87	80	Lahm	1,7	65
Hummels	1,92	90	Mertesacker	1,98	90
Khedira	1,89	81	Kroos	1,82	78
Schweinsteiger	1,83	79	Götze	1,71	64
Özil	1,81	70	Boateng	1,92	90
Schürrle	1,84	74	Mustafi	1,84	73
Podolski	1,82	83	Weidenfeller	1,88	85
Klose	1,82	74	Kramer	1,9	82
Zieler	1,88	83			

Tabelle 6.4 Größe und Gewicht deutscher Nationalspieler

Wie in Abschnitt 6.2, »Standardisierung von Daten«, soll eine standardisierte Darstellung beider Merkmale angefertigt werden. Dazu berechnet man zuerst die arithmetischen Mittel und die Standardabweichungen beider Merkmale. Dabei ergeben sich die folgenden Werte:

Arithmetisches Mittel der Größe: $\bar{x} = 1{,}85$

Standardabweichung der Größe: $s_x = 0{,}06$

Arithmetisches Mittel des Gewichts: $\bar{y} = 78{,}78$

Standardabweichung des Gewichts: $s_y = 7{,}98$

Mithilfe dieser Maßzahlen werden dann die Datenreihen standardisiert.

Standardisierte Werte der x_i: $x_i^* = \dfrac{x_i - 1{,}85}{0{,}06}$

Standardisierte Werte der y_i: $y_i^* = \dfrac{y_i - 78{,}78}{7{,}98}$

Setzt man in diese Formeln die Werte für x_i und y_i aus Tabelle 6.4 ein, dann erhält man die standardisierten Datenreihen in Tabelle 6.5:

	Größe x_i^*	Gewicht y_i^*		Größe x_i^*	Gewicht y_i^*
Neuer	1,21	1,78	Müller	0,10	−0,60
Großkreutz	0,10	−0,85	Draxler	−0,06	−0,60
Ginter	0,41	0,78	Durm	−0,38	−0,72
Höwedes	0,26	0,15	Lahm	−2,44	−1,73
Hummels	1,05	1,41	Mertesacker	2,00	1,41
Khedira	0,57	0,28	Kroos	−0,54	−0,10
Schweinsteiger	−0,38	0,03	Götze	−2,28	−1,85
Özil	−0,70	−1,10	Boateng	1,05	1,41
Schürrle	−0,22	−0,60	Mustafi	−0,22	−0,72
Podolski	−0,54	0,53	Weidenfeller	0,41	0,78
Klose	−0,54	−0,60	Kramer	0,73	0,40
Zieler	0,41	0,53			

Tabelle 6.5 Standardisierte Größen und Gewichte

Zeichnet man mit den standardisierten Datenreihen ein Streudiagramm, dann fällt auf, dass fast alle Punkte in den mit I und III bezeichneten Quadranten liegen. (Die Quadranten sind die Bereiche zwischen den Achsen. Ihre römische Nummerierung ist in Abbildung 6.5 ersichtlich.)

Punkte, die im I. Quadranten liegen, gehören zu Spielern mit überdurchschnittlicher Größe und überdurchschnittlichem Gewicht. Punkte im III. Quadranten gehören zu Spielern, die unterdurchschnittlich klein und unterdurchschnittlich schwer sind. Der eine Spieler, der im II. Quadranten sichtbar ist, besitzt eine unterdurchschnittliche Größe, aber ein über dem Durchschnitt liegendes Gewicht (wer ist es?). Schließlich findet man noch zwei Spieler im IV. Quadranten, die überdurchschnittliche Größe, aber unterdurchschnittliches Gewicht besitzen.

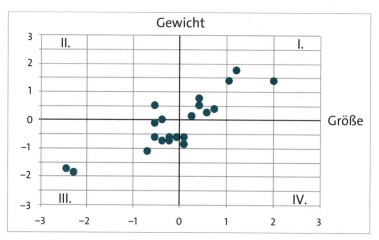

Abbildung 6.5 Streudiagramm der standardisierten Werte von Größe und Gewicht deutscher Fußballnationalspieler von 2014

Wenn, wie hier, viele Punkte in den Quadranten I und III liegen, dann zeigen die beiden Merkmale einen positiven »Gleichklang«, d. h. wenn sich das eine Merkmal vergrößert, dann tut dies auch das andere Merkmal, und umgekehrt. Man sagt, dass die Merkmale eine *positive Korrelation* besitzen. Würden die Punkte hauptsächlich in den Quadranten II und IV liegen, dann hätte man eine *negative Korrelation*, d. h. wenn die eine Variable vergrößert wird, dann verkleinert sich die andere Variable. Sind die Punkte gleichmäßig über die Quadranten verteilt, dann kann man keinen linearen Zusammenhang zwischen den Variablen feststellen. In Abbildung 6.6, Abbildung 6.7 und Abbildung 6.8 sind Beispiele für die eben genannten Fälle gezeigt.

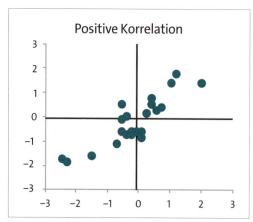

Abbildung 6.6 Positive Korrelation

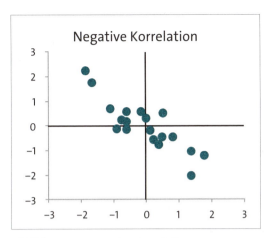

Abbildung 6.7 Negative Korrelation

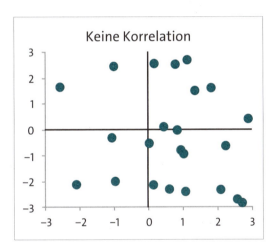

Abbildung 6.8 Keine Korrelation

Natürlich will man die Stärke einer Korrelation quantitativ erfassen können. Zunächst könnte man denken, dass vielleicht die Anzahl der Punkte, welche in den einzelnen Quadranten liegen, ein geeignetes Maß sein könnte. Dabei würde man aber außer Acht lassen, dass die Lage der Punkte innerhalb der Quadranten weitere Informationen liefern kann. Betrachtet man die Punkte P und Q in Abbildung 6.9, so gehört P zu einem Wertepaar für das die x-Koordinate ebenso groß ist wie die y-Koordinate, d. h. zwischen beiden Variablen besteht eine optimale Übereinstimmung.

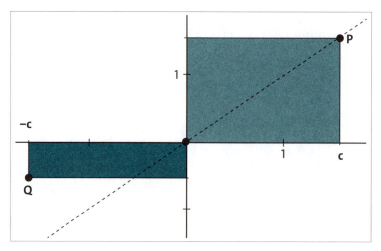

Abbildung 6.9 Rechteckinhalte als Maß für die Korrelation

Dies drückt sich dadurch aus, dass der Flächeninhalt des eingezeichneten Rechtecks, in diesem Fall eines Quadrats, maximal ist. Im Fall des Punktes Q, der einen (betragsmäßig) ebenso großen x-Wert wie der Punkt P hat, ist der Zusammenhang zwischen den beiden Variablen weniger gut. Dies drückt sich in dem kleineren Flächeninhalt des Rechtecks aus.

Jeder Punkt P($x^*|y^*$) der standardisierten Datenreihen erzeugt ein Rechteck mit dem Flächeninhalt $x^* \cdot y^*$. Dabei sind die Flächeninhalte $x^* \cdot y^*$ orientiert, d. h. mit einem positiven oder negativen Vorzeichen versehen. Liegt der Punkt P($x^*|y^*$) im I. Quadranten, dann sind x^* und y^* positiv, sodass auch deren Produkt positiv ist. Ein positives Produkt ergibt sich auch, wenn der Punkt im III. Quadranten liegt. In diesem Fall sind beide Koordinaten negativ, sodass deren Produkt ein positiver Wert ist. Punkte, die im II. oder IV. Quadranten liegen, liefern dagegen ein negatives Vorzeichen für den Flächeninhalt des zugehörigen Rechtecks.

Als Maß für die Korrelation eignet sich der mittlere Flächeninhalt aller Rechtecke. Wie schon bei der Definition der Varianz in Abschnitt 5.2, »Mittelwertabweichung, Medianabweichung, Varianz und Standardabweichung«, teilt man auch bei der Mittelwertbildung nicht durch die Zahl n der Rechtecke, sondern durch $n-1$. Der sich damit ergebende Mittelwert heißt der *Korrelationskoeffizient nach Bravais und Pearson*.

Korrelationskoeffizient nach Bravais und Pearson

$x_1, x_2, ..., x_n$ und $y_1, y_2, ..., y_n$ seien reelle Zahlen. Mit $x_1^*, x_2^*, ..., x_n^*$ und $y_1^*, y_2^*, ..., y_n^*$ werden die zugehörigen standardisierten Datenreihen bezeichnet. Dann heißt $r_{xy} = \frac{1}{n-1} \sum_{i=1}^{n} x_i^* \cdot y_i^*$ der Bravais-Pearson-Korrelationskoeffizient.

Welche Werte kann der Korrelationskoeffizient annehmen, und wie lassen sich diese im Hinblick auf den Zusammenhang der Datenreihen interpretieren? Die folgende Überlegung findet man in [RIE, S. 23].

Für alle x_i^* und y_i^* gilt: $\sum_{i=1}^{n}(x_i^* - y_i^*)^2 \geq 0$.

Quadriert man die Klammer aus und verwendet die Rechenregeln für Summenzeichen (Abschnitt 2.2, »Das Summenzeichen«), dann folgt:

$$\sum_{i=1}^{n}(x_i^*)^2 - 2\sum_{i=1}^{n}(x_i^* y_i^*) + \sum_{i=1}^{n}(y_i^*)^2 \geq 0$$

Multiplikation mit $1/(n-1)$ führt zu:

$$\frac{1}{n-1}\sum_{i=1}^{n}(x_i^*)^2 - 2\frac{1}{n-1}\sum_{i=1}^{n}(x_i^* y_i^*) + \frac{1}{n-1}\sum_{i=1}^{n}(y_i^*)^2 \geq 0$$

In Aufgabe 4 aus Abschnitt 6.2, »Standardisierung von Daten«, wurde gezeigt, dass

$$\sum_{i=1}^{n} z_i^2 = n - 1$$

gilt, wenn die z_i standardisiert sind. Da im vorliegenden Fall die mit »*« versehenen Daten standardisiert sind, kann man diese Beziehung verwenden. Man sieht dann, dass der erste und der dritte Summand den Wert 1 haben. Außerdem steht in der Mitte der Korrelationskoeffizient r_{xy}, sodass sich ergibt:

$1 - 2r_{xy} + 1 \geq 0$

$2 \geq 2r_{xy}$

$1 \geq r_{xy}$.

Der Korrelationskoeffizient kann also nur Werte annehmen, die kleiner oder gleich 1 sind. Führt man nun dieselbe Rechnung durch, startet aber mit dem Ausdruck

$\sum_{i=1}^{n}(x_i^* + y_i^*)^2 \geq 0$, dann ergibt sich $-1 \leq r_{xy}$, d. h. der Korrelationskoeffizient kann nicht kleiner als -1 sein. Beide Aussagen zusammen liefern den Wertebereich für r_{xy}.

> **Merke: Wertebereich**
>
> Der Korrelationskoeffizient r_{xy} kann nur Werte aus dem Intervall $[-1; 1]$ annehmen:
> $-1 \leq r_{xy} \leq 1$

Welche Bedeutung kann man den Werten des Korrelationskoeffizienten zuschreiben, d. h. wie lassen sich seine Werte für den Zusammenhang zwischen den Datenreihen interpretieren?

Zuvor wurde bereits festgestellt, dass ein optimaler positiver Zusammenhang zwischen den beiden Merkmalen besteht, wenn alle Punkte $(x^*|y^*)$ auf der Winkelhalbierenden des Koordinatensystems liegen, was gleichbedeutend damit ist, dass $x_i^* = y_i^*$ für $i = 1, ..., n$. Daraus folgt $(x_i^* - y_i^*)^2 = 0$ für $i = 1, ..., n$ und $\sum_{i=1}^{n}(x_i^* - y_i^*)^2 = 0$.

Führt man jetzt die Rechnung, mit der man den Wertebereich von r_{xy} bestimmt hatte, noch einmal durch, allerdings diesmal mit dem »=«-Zeichen statt des »≥«-Zeichens, dann folgt $r_{xy} = 1$, d. h. der Korrelationskoeffizient hat den Wert $+1$, wenn $x_i^* = y_i^*$ gilt für $i = 1, ..., n$. Weil man die Rechenschritte umkehren kann, gilt auch: Wenn r_{xy} den Wert 1 hat, dann ist $x_i^* = y_i^*$ für $i = 1, ..., n$.

Zusammengefasst kann man auch schreiben:

$r_{xy} = 1 \Leftrightarrow x_i^* = y_i^*, \ i = 1, ..., n$

Entsprechend gilt dann auch:

$r_{xy} = -1 \Leftrightarrow x_i^* = -y_i^*, \ i = 1, ..., n$

Damit ist die Bedeutung der Werte $+1$ und -1 des Korrelationskoeffizienten für die standardisierten Datenreihen bekannt. Es bleibt aber noch zu klären, was dies für die ursprünglichen Datenreihen $x_1, ..., x_n$ und $y_1, ..., y_n$ bedeutet. Das wird mit der nächsten Rechnung bestimmt:

$r_{xy} = 1$ bzw. $x_i^* = y_i^*$ ist gleichbedeutend mit $\dfrac{x_i - \overline{x}}{s_x} = \dfrac{y_i - \overline{y}}{s_y}$.

Löst man diese Beziehung nach y_i auf, dann ergibt sich:

$$y_i = \frac{x_i - \overline{x}}{s_x} \cdot s_y + \overline{y}$$

$$y_i = \frac{s_y}{s_x} x_i + (\overline{y} - \frac{s_y}{s_x}\overline{x})$$

Das heißt, dass alle Punkte $(x_i|y_i)$ auf einer Geraden mit der positiven Steigung $\frac{s_y}{s_x}$ liegen (positiv, weil die Standardabweichungen positiv sind).

Gilt umgekehrt, dass alle Punkte $(x_i|y_i)$ auf einer Geraden $y = a \cdot x + b$ mit einer positiven Steigung a liegen, so ist

$$y_i^* = \frac{y_i - \overline{y}}{s_y} = \frac{ax_i + b - \overline{y}}{s_y}.$$

Nun gilt $\overline{y} = a\overline{x} + b$ und $s_y = a \cdot s_x$ (man vergleiche dazu Abschnitt 6.1, »Transformationen von Daten«, und beachte dass $a > 0$ gilt). Setzt man dies ein, dann ergibt sich:

$$y_i^* = \frac{ax_i + b - (a\overline{x} + b)}{as_x} = \frac{x_i - \overline{x}}{s_x} = x_i^*$$

Daraus folgt, dass r_{xy} den Wert 1 hat. Damit ist gezeigt:

▶ Wenn der Korrelationskoeffizient r_{xy} den Wert 1 hat, so liegen alle Punkte $(x_i|y_i)$ auf einer Geraden mit positiver Steigung.
▶ Liegen alle Punkte $(x_i|y_i)$ auf einer Geraden mit positiver Steigung, dann hat der Korrelationskoeffizient r_{xy} den Wert 1.

Ganz entsprechend kann man zeigen:

▶ Wenn der Korrelationskoeffizient r_{xy} den Wert –1 hat, so liegen alle Punkte $(x_i|y_i)$ auf einer Geraden mit negativer Steigung.
▶ Liegen alle Punkte $(x_i|y_i)$ auf einer Geraden mit negativer Steigung, dann hat der Korrelationskoeffizient r_{xy} den Wert –1.

Die letzten Überlegungen haben ergeben, dass der Korrelationskoeffizient die Stärke des *linearen* Zusammenhangs zwischen den Datenreihen angibt.

Merke: Eigenschaften des Korrelationskoeffizienten

Der Korrelationskoeffizient r_{xy} kann nur Werte aus dem Intervall [–1; 1] annehmen: $-1 \leq r_{xy} \leq 1$.

Je mehr sich r_{xy} dem Wert 1 oder dem Wert –1 nähert, desto ausgeprägter ist ein linearer Zusammenhang zwischen den Datenreihen $x_1, x_2, ..., x_n$ und $y_1, y_2, ..., y_n$.

> Ist $r_{xy} = 1$ oder $r_{xy} = -1$, dann liegt ein exakter linearer Zusammenhang zwischen den Datenreihen vor.
>
> Das Vorzeichen des Korrelationskoeffizienten gibt die Richtung des Zusammenhangs an. »+« gehört zu einer positiven Korrelation, »−« zu einer negativen Korrelation.
>
> Gilt $0{,}3 < |r_{xy}| < 0{,}7$, so spricht man von einem schwachen linearen Zusammenhang.
>
> Gilt $|r_{xy}| > 0{,}7$, so spricht man von einem starken linearen Zusammenhang.
>
> Gilt $r_{xy} \approx 0$, so liegt kein linearer Zusammenhang vor.

In Abbildung 6.10, Abbildung 6.11 und Abbildung 6.12 sehen Sie Punktwolken sowie die Werte des zugehörigen Korrelationskoeffizienten, der die Stärke des linearen Zusammenhangs angibt.

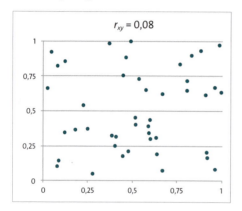

Abbildung 6.10 Kein linearer Zusammenhang

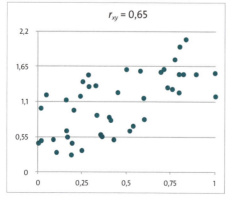

Abbildung 6.11 Schwacher linearer Zusammenhang

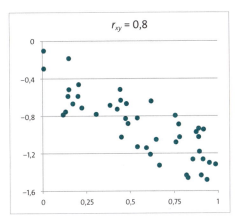

Abbildung 6.12 Starker linearer Zusammenhang

Ersetzt man beim Errechnen des Korrelationskoeffizienten r_{xy} die standardisierten Werte durch die ursprünglichen Daten, d. h. setzt man für x_i^* den Ausdruck $\frac{x_i - \bar{x}}{s_x}$ und für y_i^* den Wert $\frac{y_i - \bar{y}}{s_y}$ ein, dann erhält man:

$$r_{xy} = \frac{1}{n-1}\sum_{i=1}^{n} x_i^* \cdot y_i^* = \frac{1}{n-1}\sum_{i=1}^{n} \frac{x_i - \bar{x}}{s_x} \cdot \frac{y_i - \bar{y}}{s_y} = \frac{\frac{1}{n-1}\sum_{i=1}^{n}(x_i - \bar{x})(y_i - \bar{y})}{s_x s_y}$$

Der im Zähler dieses Bruchs stehende Term, der den Zusammenhang der nichtstandardisierten Merkmale misst, nennt man die *Kovarianz*.

Kovarianz zweier Datenreihen

Sind $x_1, x_2, ..., x_n$ und $y_1, y_2, ..., y_n$ zwei Reihen reeller Zahlen mit den arithmetischen Mitteln $\bar{x}$ und $\bar{y}$, dann heißt $s_{xy} = \frac{1}{n-1}\sum_{i=1}^{n}(x_i - \bar{x})(y_i - \bar{y})$ die **Kovarianz** der beiden Datenreihen. Mithilfe der Kovarianz schreibt sich der Korrelationskoeffizient als $r_{xy} = \frac{s_{xy}}{s_x s_y}$.

Will man die Kovarianz oder auch einen Korrelationskoeffizienten berechnen, dann ist es rechnerisch günstig, den Ausdruck für die Kovarianz zuerst umzuformen. Das geschieht in den nächsten Zeilen. Dabei werden die Regeln für den Umgang mit Summenzeichen aus Abschnitt 2.2 angewendet.

Mehrdimensionale Merkmale

$$s_{xy} = \frac{1}{n-1}\sum_{i=1}^{n}(x_i - \overline{x})(y_i - \overline{y}) =$$

$$= \frac{1}{n-1}\left(\sum_{i=1}^{n} x_i y_i - \overline{y}\sum_{i=1}^{n} x_i - \overline{x}\sum_{i=1}^{n} y_i + \sum_{i=1}^{n} \overline{x}\,\overline{y}\right) =$$

$$= \frac{1}{n-1}\left(\sum_{i=1}^{n} x_i y_i - n\overline{y}\left(\frac{1}{n}\sum_{i=1}^{n} x_i\right) - n\overline{x}\left(\frac{1}{n}\sum_{i=1}^{n} y_i\right) + n\overline{x}\,\overline{y}\right) =$$

$$= \frac{1}{n-1}\left(\sum_{i=1}^{n} x_i y_i - n\overline{x}\,\overline{y} - n\overline{x}\,\overline{y} + n\overline{x}\,\overline{y}\right) =$$

$$= \frac{1}{n-1}\left(\sum_{i=1}^{n} x_i y_i - n\overline{x}\,\overline{y}\right) = \frac{n}{n-1}\left(\frac{1}{n}\sum_{i=1}^{n} x_i y_i - \overline{x}\,\overline{y}\right)$$

Als Resultat dieser Rechnung hat man eine neue Formel für die Kovarianz gewonnen:

$$s_{xy} = \frac{n}{n-1}\left(\frac{1}{n}\sum_{i=1}^{n} x_i y_i - \overline{x}\,\overline{y}\right)$$

Beschreibt man diese Formel mit Worten, so erhält man ein »Rezept« zur Berechnung der Kovarianz:

> **So berechnen Sie die Kovarianz S_{xy}**
> 1. Bilden Sie das arithmetische Mittel der Produkte der Datenpaare.
> 2. Subtrahieren Sie davon das Produkt der arithmetischen Mittel.
> 3. Multiplizieren Sie dieses Ergebnis mit $\frac{n}{n-1}$.

Wegen des Zusammenhangs $r_{xy} = \frac{s_{xy}}{s_x s_y}$ zwischen Kovarianz und Korrelationskoeffizient

ergibt sich auch ein »Rezept« zur Berechnung des Korrelationskoeffizienten:

> **So berechnen Sie den Korrelationskoeffizienten r_{xy}**
> 1. Berechnen Sie die Kovarianz der beiden Datenreihen.
> 2. Berechnen Sie die Standardabweichungen s_x und s_y der Datenreihen.
> 3. Teilen Sie die Kovarianz s_{xy} durch das Produkt der Standardabweichungen.

In Beispiel 3 wird mit den gerade betrachteten Methoden untersucht, ob zwischen den Werten zweier Aktien während eines bestimmten Zeitraums eine positive Korrelation bestand.

Beispiel 3: Aktienkurse zweier Unternehmen

Im Zeitraum Anfang November bis Anfang Dezember 2016 sind für 5 Tage die Kurse der Aktien von Siemens und BASF erhoben worden:

Tag	4.11.16	10.11.16	18.11.16	28.11.16	12.12.16
Siemens x_i	100	108,3	106,61	106,05	115,95
BASF y_i	77,05	80,88	80,4	78,68	86,04

Tabelle 6.6 Börsenkurse

Zunächst wird eine graphische Repräsentation der Daten durchgeführt. Dazu werden die beiden Datenreihen standardisiert.

Arithmetisches Mittel der x_i: $\bar{x} \approx 107{,}38$.

Standardabweichung der x_i: $s_x \approx 5{,}73$.

Arithmetisches Mittel der y_i: $\bar{y} \approx 80{,}61$.

Standardabweichung der y_i: $s_y \approx 3{,}39$.

Mithilfe dieser Maßzahlen werden dann die Datenreihen standardisiert.

Standardisierte Werte der x_i: $x_i^* \approx \dfrac{x_i - 107{,}38}{5{,}73}$.

Standardisierte Werte der y_i: $y_i^* \approx \dfrac{y_i - 80{,}61}{3{,}39}$.

Setzt man in diese Formeln die Werte für x_i und y_i aus Tabelle 6.6 ein, dann erhält man die standardisierten Datenreihen der Tabelle 6.7:

Tag	4.11.16	10.11.16	18.11.16	28.11.16	12.12.16
Siemens x_i^*	−1,289	0,160	−0,135	−0,233	1,497
BASF y_i^*	−1,049	0,079	−0,062	−0,569	1,601

Tabelle 6.7 Standardisierte Börsenkurse

Abbildung 6.13 zeigt die graphische Darstellung der Tabelle 6.7. Man sieht eine positive Korrelation.

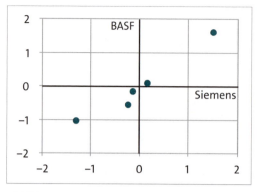

Abbildung 6.13 Standardisierte Börsenkurse

Diese Korrelation soll jetzt zahlenmäßig erfasst werden. Um die dazu nötigen Formeln verwenden zu können, stellt man ein Rechenschema für die vorkommenden Summen auf:

i	x_i	y_i	x_i^2	y_i^2	$x_i \cdot y_i$
1	100	77,05	10.000	5.936,70	7.705
2	108,3	80,88	11.728,89	6.541,57	8.759,3
3	106,61	80,4	11.365,69	6.406,40	8.533,06
4	106,05	78,68	11.246,60	6.190,54	8.344,01
5	115,95	86,04	13.444,40	7.402,88	9.976,34
Summen	536,91	402,69	57.785,59	32.478,10	43.317,72

Tabelle 6.8 Rechenschema

Die Summen der beiden ersten Spalten liefern die arithmetischen Mittel:

$$\bar{x} = \frac{1}{5}\sum_{i=1}^{5} x_i = \frac{1}{5} \cdot 536{,}91 \approx 107{,}38 \text{ und}$$

$$\bar{y} = \frac{1}{5}\sum_{i=1}^{5} y_i = \frac{1}{5} \cdot 402{,}69 \approx 80{,}54.$$

Zur Bestimmung der Standardabweichungen verwendet man die vereinfachte Formel aus Abschnitt 5.2, »Mittelwertabweichung, Medianabweichung, Varianz und Standardabweichung«, sowie die Summen der 4. und 5. Spalte des Rechenschemas.

$$s_x = \sqrt{\frac{n}{n-1}\left(\frac{1}{n}\sum_{i=1}^{n} x_i^2 - \bar{x}^2\right)} = \sqrt{\frac{5}{4}\left(\frac{1}{5} \cdot 57785{,}59 - 107{,}38^2\right)} \approx 5{,}8$$

$$s_y = \sqrt{\frac{n}{n-1}\left(\frac{1}{n}\sum_{i=1}^{n} y_i^2 - \bar{y}^2\right)} = \sqrt{\frac{5}{4}\left(\frac{1}{5} \cdot 32478{,}1 - 80{,}54^2\right)} \approx 3{,}3$$

Zur Bestimmung der Kovarianz wird die Summe der 6. Spalte des Rechenschemas verwendet:

$$s_{xy} = \frac{n}{n-1}\left(\frac{1}{n}\sum_{i=1}^{n} x_i y_i - \bar{x}\bar{y}\right) = \frac{5}{4}\left(\frac{1}{5} \cdot 43317{,}72 - 107{,}38 \cdot 80{,}54\right) \approx 18{,}9$$

Aus den ermittelten Werten kann jetzt der Korrelationskoeffizient gebildet werden:

$$\frac{s_{xy}}{s_x s_y} \approx \frac{18{,}9}{5{,}8 \cdot 3{,}3} \approx 0{,}98$$

Es zeigt sich, dass dieser beinahe gleich 1 ist, d. h. es liegt eine starke positive Korrelation vor.

Das Beispiel zeigt, dass die Berechnung eines Korrelationskoeffizienten mühsam ist. Bequemer geht es mit dem Tabellenblatt »*6.3 Korrelationskoeffizient*«.

Der Korrelationskoeffizient misst, wie stark ein möglicher linearer Zusammen zwischen den Datenreihen ist. Andere Zusammenhänge werden nicht erfasst. Das zeigt das folgende Beispiel.

Beispiel 4: Korrelationskoeffizient für zwei Datenreihen

Betrachtet werden die folgenden Datenreihen:

x_i	−1	−0,8	−0,6	−0,4	−0,2	0	0,2	0,4	0,6	0,8	1
y_i	1	0,64	0,36	0,16	0,04	0	0,04	0,16	0,36	0,64	1

Tabelle 6.9 Nichtlinearer Zusammenhang

Berechnet man für diese Datenreihen den Korrelationskoeffizienten, dann ergibt sich $r_{xy} = 0{,}0098$, d. h. es liegt kein Zusammenhang, besser gesagt kein *linearer* Zusammenhang vor. Natürlich haben Sie längst gesehen, dass die Daten einen quadratischen Zusammenhang beschreiben. Das wird auch in Abbildung 6.14 deutlich. Mit dem Korrelationskoeffizienten können also nur Aussagen über lineare Zusammenhänge gemacht werden!

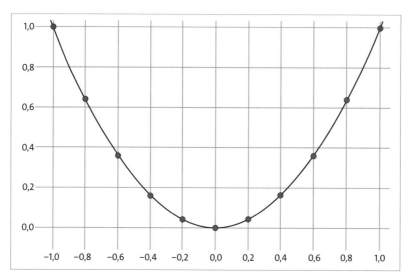

Abbildung 6.14 Nichtlinearer Zusammenhang mit Korrelationskoeffizient 0

Wurde ein linearer Zusammenhang zwischen zwei Datenreihen festgestellt, dann bedeutet dies nicht, dass die durch die Daten beschriebenen Merkmale auch kausal miteinander zusammenhängen und sich gegenseitig verursachen. Das klassische und viel zitierte Beispiel sind Statistiken aus Schweden und aus Niedersachsen, in denen eine hohe Korrelation zwischen der Größe der Storchpopulationen und den Geburtenraten festgestellt wurde. Bringen also doch Störche die Kinder? Als Erklärung für den linearen Zusammenhang wird der Grad der Industrialisierung angegeben, eine dritte Variable, welche auf die Storchpopulation und die Geburtenrate gleichermaßen wirkt. Es korreliert auch die Anzahl der Feuerwehrleute an einem Brandort mit der Größe des Brandschadens. In diesem Fall ist die Größe des Brandes die Variable, welche die beiden anderen Variablen steuert. Die Anzahl der McDonalds-Standorte in Deutschland korreliert mit der Zahl der Patienten in Krankenhäusern. Hier wird noch eine Erklärung gesucht.

Die Beispiele zeigen, dass mit Korrelationen keine Kausalität nachgewiesen werden kann. Andererseits kann man aber einen vermuteten kausalen und linearen Zusammenhang zwischen zwei Variablen ausschließen, wenn sich ein Korrelationskoeffizient in der Nähe von null befindet.

Was Sie wissen sollten
- Sie sollten den Korrelationskoeffizienten nach Bravais und Pearson kennen und wissen, dass mit diesem die Stärke eines linearen Zusammenhangs gemessen werden kann.
- Sie sollten verschiedene Werte des Korrelationskoeffizienten interpretieren können.
- Sie sollten den Korrelationskoeffizienten berechnen können.
- Sie sollten wissen, dass nichtlineare Zusammenhänge vom Korrelationskoeffizienten nicht erfasst werden.
- Sie sollten wissen, dass eine vorliegende lineare Korrelation keinen Schluss auf ein etwa vorhandene Kausalität zulässt.

6.4 Lineare Regression

Die Zahl der Getöteten im Straßenverkehr auf deutschen Straßen hatte im Jahr 1970 einen Höchststand von 21.332 Toten. Seitdem hat sich die Zahl der Getöteten bei Verkehrsunfällen ständig verringert. Abbildung 6.15 zeigt den Verlauf vom Jahr 1961 bis zum Jahr 2015 [VER, S. 53–54].

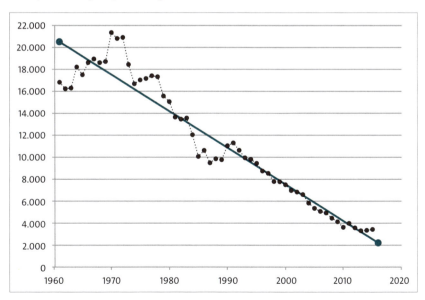

Abbildung 6.15 Zeitreihe der deutschen Verkehrstoten von 1961 bis 2015

Wenn man mit einem Computer aus den Daten den Korrelationskoeffizienten berechnen lässt, dann ergibt sich r_{xy} = 0,95, d. h. ein starker linearer Zusammenhang. Natürlich möchte man jetzt auch eine Aussage über die Form des Zusammenhangs machen und diejenige Gerade angeben, welche den Zusammenhang zwischen »Jahr« und »Anzahl der Verkehrstoten« möglichst gut beschreibt. Für die Abbildung wurde diese sogenannte *Regressionsgerade* eingezeichnet. Sie gibt die Anzahl der Getöteten in Abhängigkeit von der Zeit an. Die Zeit beeinflusst diese Anzahl, weil in ihr verschiedene Sicherheitsmaßnahmen in den Automobilen getroffen wurden und Regeln wie z. B. Richtgeschwindigkeit, Gurtanlegepflicht und 0,5-Promille-Grenze eingeführt wurden. Aus diesem Grund möchte man mit den *x*-Werten der Geraden (Jahre) die Anzahl der Getöteten (*y*-Werte) voraussagen können.

Auf welche Weise kann man die Regressionsgerade ermitteln? Gefragt ist hier nicht ein gutes Augenmaß, sondern eine Rechenmethode. Zuerst muss natürlich geklärt werden, was es heißt, dass eine Gerade den Zusammenhang möglichst gut beschreibt. Es ist naheliegend, die Abstände der Datenpunkte von der Geraden als Maß für die Übereinstimmung zu wählen. Je kleiner die Summe dieser Abstände ist, desto besser sollte die Übereinstimmung der Punktewolke mit der Geraden sein. Dabei versteht man unter dem Abstand eines Punktes zu der Geraden üblicherweise die Länge des Lotes vom Punkt auf die Gerade, d. h. den senkrechten Abstand.

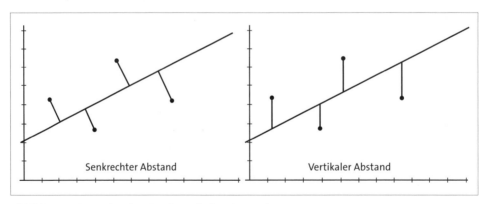

Abbildung 6.16 Senkrechter und vertikaler Abstand

Rechnerisch einfacher zu handhaben ist dagegen der vertikale Abstand der Punkte von der Geraden, vergleiche Abbildung 6.16. Der vertikale Abstand besitzt auch den Vorteil, dass er die Differenz zwischen dem beobachteten *y*-Wert (dem des Punktes) und dem durch die Gerade gebildeten Schätzwert angibt, und auf diese Differenz kommt es ja gerade an. Die Summe aller vertikalen Abstände könnte deshalb eine Größe sein, mit der man messen kann, wie gut die Gerade die Punkte approximiert, also annähert. Dabei übersieht man aber, dass die Abstände positiv oder negativ sein können, je nachdem ob die Punkte oberhalb oder unterhalb der Geraden liegen. Somit würden sich Abstände mit unterschiedlichen Vorzeichen gegenseitig aufheben. Um das zu verhindern, wählt man nicht den vertikalen Abstand, sondern dessen Quadrat. Die Summe der Quadrate der vertikalen Abstände ist also eine brauchbare Größe zur Beurteilung der Güte der eingepassten Geraden. Die Gerade ist dabei umso besser geeignet, je kleiner die Summe der Quadrate der vertikalen Abstände ist. Dieses Konzept geht auf Carl Friedrich Gauß zurück und heißt die »*Methode der kleinsten Quadrate*«. Abbildung 6.17 veranschaulicht die Situation für drei Datenpunkte. Zu jedem Punkt ist das Quadrat über dem vertikalen Abstandes zur Geraden gezeichnet. Um die Gerade optimal zu wählen, muss diese so angeordnet werden, dass die Summe der Flächeninhalte der eingezeichneten Quadrate möglichst klein wird.

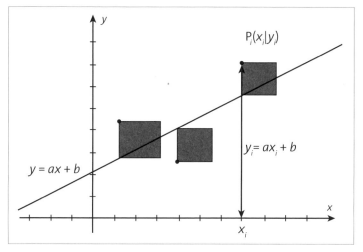

Abbildung 6.17 Methode der kleinsten Quadrate

Bezeichnet man die Gerade mit $y = a \cdot x + b$, dann ist der vertikale Abstand des Punktes $P(x_i|y_i)$ von dieser Geraden gleich $y_i - (a \cdot x_i + b)$. Die Summe der Quadrate der vertikalen Abstände ist deshalb gleich

$$f(a, b) = \sum_{i=1}^{n} (y_i - (a \cdot x_i + b))^2.$$

> **Merke: Methode der kleinsten Quadrate und lineare Regression**
> Um für n Punkte $P_1(x_1|y_1), ..., P_n(x_n|y_n)$ eine Gerade $y = a \cdot x + b$ zu finden, welche sich den Punkten möglichst gut anpasst, wählt man a und b so, dass die Summe der Quadrate

der vertikalen Abstände zwischen den Punkten und der Geraden minimal wird. Rechnerisch bedeutet dies, das Minimum der Funktion

$$f(a,b) = \sum_{i=1}^{n}(y_i - (a \cdot x_i + b))^2$$

zu bestimmen.

Der Ausdruck $f(a, b)$ ist eine Funktion der beiden Veränderlichen a und b, welche die Gerade beschreiben. Die Aufgabe besteht also darin, das Minimum einer Funktion zweier Veränderlicher zu suchen. Für dieses Problem verwendet man oft Methoden der Analysis, die meist nicht zum Repertoire des Mathematikunterrichts der Schule gehören. Aus diesem Grund wird hier ein Vorgehen gewählt, das mit der Schulmathematik verträglich ist. Dieses Verfahren wird in Beispiel 5 für $n = 3$ Punkte erklärt, kann dann aber auf eine beliebige Anzahl von Punkten verallgemeinert werden.

Beispiel 5: Methode der kleinsten Quadrate mit drei Datenpunkten

Betrachtet werden die Datenreihen $x_1 = 1$, $x_2 = 2$, $x_3 = 3$ und $y_1 = 1$, $y_2 = 1$, $y_3 = 2$. Die zugehörigen Punkte sind in Abbildung 6.18 zu sehen. Eingezeichnet ist zudem eine beliebige Gerade mit der Gleichung $y = a \cdot x + b$.

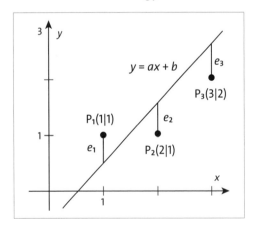

Abbildung 6.18 Beispiel zur Methode der kleinsten Quadrate

Die vertikalen Abstände der Punkte P_1, P_2 und P_3 zu der Geraden sind

$e_1 = y_1 - (a \cdot x_1 + b) = 1 - a - b$; $e_2 = y_2 - (a \cdot x_2 + b) = 1 - 2 \cdot a - b$;
$e_3 = y_3 - (a \cdot x_3 + b) = 2 - 3 \cdot a - b$.

Die Summe der Quadrate der vertikalen Abstände ist damit

$e_1^2 + e_2^2 + e_3^2 = (1-a-b)^2 + (1-2 \cdot a - b)^2 + (2 - 3 \cdot a - b)^2 = f(a,b)$.

Löst man die Klammern auf und fasst zusammen, dann ergibt sich

$f(a,b) = 3 \cdot b^2 - 8 \cdot b + 12 \cdot a \cdot b + 14 \cdot a^2 - 18 \cdot a + 6$.

Setzt man für a einen festen Wert ein, dann ergibt sich eine Funktion, die von b abhängt. Für jeden festen Wert von a stellt $f(a,b)$ eine nach oben geöffnete Parabel dar. Setzt man z. B. für a den Wert 0 ein, dann ergibt sich

$f(0,b) = 3 \cdot b^2 - 8 \cdot b + 6$.

Für $a = 1$ hat man

$f(1,b) = 3 \cdot b^2 + 4 \cdot b + 2$.

Usw.

In Abbildung 6.15 sieht man die Graphen von $f(a,b)$ für $a = -1$, 0, 1 und 2. Die Minima dieser Parabeln sind jeweils durch einen Punkt gekennzeichnet. Die Zeichnung legt die Vermutung nahe, dass diese Minima auf einer weiteren Parabel liegen, deren Graph gestrichelt eingezeichnet ist.

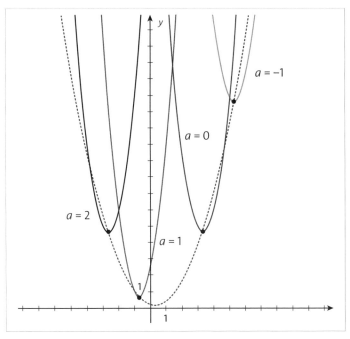

Abbildung 6.19 Graphen von f(a, b) für verschiedene feste Werte von a

Wenn es gelingt, von allen Minima das kleinste zu finden, dann hat man auch das Minimum von $f(a, b)$ gefunden.

Dazu betrachtet man zunächst $f(a, b)$ für einen festen Wert von a und sucht das Minimum. Das lässt sich auf dem üblichen Weg über die 1. Ableitung ermitteln:

$$\frac{d}{db}f(a,b) = \frac{d}{db}(3b^2 - 8b + 12ab + 14a^2 - 18a + 6) = 6b - 8 + 12a$$

Um das Minimum zu bestimmen, setzt man die 1. Ableitung gleich 0 und löst nach der Variablen b auf: $6b - 8 + 12a = 0$; $b = -2a + \frac{4}{3}$.

Die hinreichende Bedingung für das Minimum bei der 2. Ableitung muss man nicht überprüfen, weil sicher ist, dass die nach oben geöffnete Parabel ein Minimum besitzt. Damit hat man das Minimum M der Parabel, die zu dem festen Wert a gehört, gefunden:

$$M\left(-2a + \frac{4}{3} \mid f\left(a, -2a + \frac{4}{3}\right)\right)$$

Setzt man in diese Darstellung verschiedene Werte für a ein, dann erhält man die Minima der Kurvenschar, von denen einige in Abbildung 6.19 eingezeichnet wurden. Aus den Koordinaten des allgemeinen Minimums M kann man die Funktionsvorschrift für die Kurve, auf der die Minima liegen, finden.

Dazu berechnet man erst einmal $f\left(a, -2a + \frac{4}{3}\right)$, indem man $b = -2a + \frac{4}{3}$ in die Vorschrift für $f(a, b)$ einsetzt. Nach einiger Rechnerei ergibt sich

$$f\left(a, -2a + \frac{4}{3}\right) = 2a^2 - 2a + \frac{2}{3}.$$

Die Kurve, auf der die Minima liegen, ist $m(a) = 2a^2 - 2a + \frac{2}{3}$ und damit, wie bereits vermutet, eine Parabel. Um deren Minimum zu bestimmen, differenziert man nach a und setzt das Ergebnis gleich 0:

$4a - 2 = 0$; $a = \frac{1}{2}$

Setzt man dies in $b = -2a + \frac{4}{3}$ ein, dann erhält man $b = -1 + \frac{4}{3} = \frac{1}{3}$.

Folglich ist der Punkt $P\left(\dfrac{1}{2}\;\middle|\;\dfrac{1}{3}\right)$ das gesuchte Minimum der Funktion $f(a, b)$. Die gesuchte Regressionsgerade hat damit die Gleichung $y = \dfrac{1}{2}x + \dfrac{1}{3}$.

In Abbildung 6.20 sind die Datenpunkte und diese Gerade eingezeichnet.

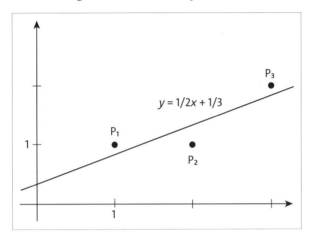

Abbildung 6.20 Regressionsgerade für das Beispiel 5

Sind die beiden Datenreihen $x_1, x_2, ..., x_n$ und $y_1, y_2, ..., y_n$ gegeben und sucht man in diesem allgemeinen Fall die Regressionsgerade, dann kann man genauso wie im Beispiel vorgehen. Die Rechnung ist ziemlich ermüdend und trägt nicht weiter zum Verständnis bei, sodass hier nur das Ergebnis angegeben wird. Wer damit nicht zufrieden ist, findet die durchgeführte Rechnung z. B. in [BUE, S. 115–116].

> **Merke: Die Regressionsgerade**
>
> $x_1, x_2, ..., x_n$ und $y_1, y_2, ..., y_n$ sind zwei Reihen reeller Zahlen mit den arithmetischen Mitteln $\bar{x}$ und $\bar{y}$, der Varianz der x-Datenreihe s_x^2 und der Kovarianz s_{xy}. Dann ergibt sich mit der Methode der kleinsten Quadrate die Regressionsgerade $y = ax + b$ mit $a = \dfrac{s_{xy}}{s_x^2}$
>
> und $b = \bar{y} - \dfrac{s_{xy}}{s_x^2}\bar{x}$.

Mit dem Tabellenblatt »*6.4 Regressionsgerade*« können Sie eine Regressionsgerade berechnen lassen.

Beachten Sie, dass die Formeln für a und b nicht symmetrisch bezüglich der Datenreihen x und y sind. So wird zur Berechnung nur die Varianz der Datenreihe x verwendet. Aus diesem Grund gibt es zu den zwei Datensätzen auch zwei Regressionsgeraden. Welche Regressionsgerade man auswählt, hängt davon ab, welche Daten prognostiziert werden sollen. In der obigen Definition sind das die Daten y_i.

In Aufgabe 5 sollen Sie die Formeln für die Regressionsgerade verwenden und zeigen, dass sich damit die in Beispiel 5 mühsam berechnete Gerade ergibt.

Aufgabe 5: Regressionsgerade bestimmen

Verwenden Sie die Datenreihen $x_1 = 1$, $x_2 = 2$, $x_3 = 3$ und $y_1 = 1$, $y_2 = 1$, $y_3 = 2$ aus Beispiel 5 zur Methode der kleinsten Quadrate, und bestimmen Sie die Regressionsgerade mithilfe der angegebenen Formeln für a und b.

Was Sie wissen sollten

- Sie sollten wissen, was man unter der Methode der kleinsten Quadrate versteht.
- Sie sollten für zwei Datenreihen die Regressionsgerade berechnen können.

6.5 Lösungen zu den Aufgaben

Aufgabe 1: Mittlere Temparaturen in Grad Celsius und Grad Fahrenheit

$\bar{x} = (24 + 21 + 23{,}3 + 19{,}5 + 18{,}1) / 5 = 21{,}18$

Es gibt zwei Möglichkeiten zur Berechnung. Sie können alle Temperaturen mit der Formel $T_F = 1{,}8 \cdot T_C + 32$ in Grad Fahrenheit umrechnen und dann das arithmetische Mittel bilden:

$\bar{y} = (75{,}2 + 69{,}8 + 73{,}94 + 67{,}1 + 64{,}58) / 5 = 70{,}124$

Einfacher ist es, wenn Sie den Zusammenhang zwischen dem arithmetischen Mittel und dem arithmetischen Mittel der transformierten Daten verwenden:

$\bar{y} = 1{,}8 \cdot \bar{x} + 32 = 1{,}8 \cdot 21{,}18 + 32 = 70{,}124$

Aufgabe 2: z-Wert berechnen

Das arithmetische Mittel der Leistungen ist

$(164 + 110 + 230 + 140 + 135 + 180 + 268 + 187 + 220 + 245)/10 = 187{,}9$.

Die Standardabweichung der Leistungen erhält man mit der Formel

$$s = \sqrt{\frac{1}{n-1}\left(\sum_{i=1}^{n} x_i^2 - n\bar{x}^2\right)}$$

Es ergibt sich $s = 51{,}9$.

Weil die Leistung 220 kW beträgt, folgt für den z-Wert:

$z = (220 - 187{,}9)/51{,}9 = 0{,}618$

Aufgabe 3: Zusammenhang zwischen Verbrauch und Leistung im Diagramm

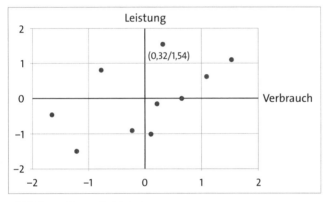

Abbildung 6.21 Infiniti Q70

Der zum Infiniti Q70 gehörende Punkt ist durch die Angabe seiner Koordinaten gekennzeichnet. Die Lage des Punktes zeigt, dass der Verbrauch dieses Autos nur gering über dem Durchschnitt aller Autos liegt, mit diesem Verbrauch aber die größte Leistung von allen erzielt wird.

Aufgabe 4: Summe der z-Werte in standardisierten Datenreihen

Die Formel für die Varianz ist

$$s^2 = \frac{1}{n-1}\sum_{i=1}^{n}(z_i - \bar{z})^2$$

Weil die Datenreihe standardisiert ist, hat die Standardabweichung den Wert 1. Daraus folgt, dass auch die Varianz den Wert 1 hat. Das arithmetische Mittel der z_i ist 0. Setzt man all dies in die Formel für die Varianz $s^2 = 1$ und $\bar{z} = 0$ ein, dann ergibt sich:

$$1 = \frac{1}{n-1}\sum_{i=1}^{n}(z_i - 0)^2 = \frac{1}{n-1}\sum_{i=1}^{n}z_i^2$$

Die Multiplikation mit (n–1) liefert die Behauptung.

Aufgabe 5: Regressionsgerade bestimmen

$$\bar{x} = \frac{1+2+3}{3} = 2;\ \bar{y} = \frac{1+1+2}{3} = 1{,}33$$

$$s_x^2 = \frac{n}{n-1}\left(\frac{1}{n}\sum_{i=1}^{n}x_i^2 - \bar{x}^2\right) = \frac{3}{2}\left(\frac{1}{3}(1^2 + 2^2 + 3^2) - 2^2\right) = 1$$

$$s_{xy} = \frac{n}{n-1}\left(\frac{1}{n}\sum_{i=1}^{n}x_i y_i - \bar{x}\bar{y}\right) = \frac{3}{2}\left(\frac{1}{3}(1\cdot 1 + 2\cdot 1 + 3\cdot 2) - 2\cdot 1{,}33\right) = 0{,}5$$

$$a = \frac{s_{xy}}{s_x^2} = \frac{0{,}5}{1} = 0{,}5$$

$$b = \bar{y} - \frac{s_{xy}}{s_x^2}\bar{x} = 1{,}33 - 0{,}5 \cdot 2 = 0{,}33$$

TEIL II
Wahrscheinlichkeitsrechnung

Kapitel 7
Grundlagen der Wahrscheinlichkeitsrechnung

In diesem Kapitel erfolgt eine anschauliche Einführung von Wahrscheinlichkeiten und Zufallsexperimenten. Kombinatorische Grundlagen helfen bei der Berechnung von Wahrscheinlichkeiten. Es werden diskrete und stetige Zufallsvariablen sowie deren Erwartungswerte und Varianzen betrachtet.

7.1 Zufallsexperimente und Wahrscheinlichkeiten

Zum Einstieg

Sie und ein weiterer Schiffbrüchiger sind auf einer einsamen Insel gestrandet. Durch ein Glücksspiel soll entschieden werden, wer die letzte Banane bekommt.

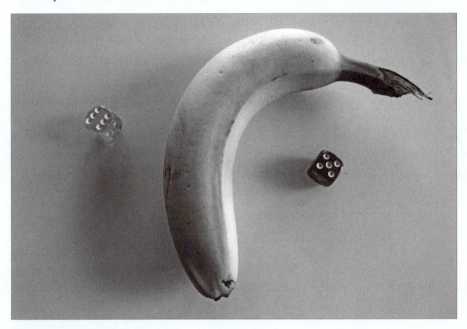

Abbildung 7.1 Die letzte Banane

Es wird ein Wurf mit zwei fairen Würfeln durchgeführt (Würfel gehören zur Grundausstattung für einsame Inseln). Ist die größte Augenzahl 1, 2, 3 oder 4, dann gewinnt Spieler 1. Ist die größte Augenzahl 5 oder 6, dann gewinnt Spieler 2. In Tabelle 7.1 sehen Sie zwei Beispiele für diese Spielregel.

Augenzahlen	Ergebnis
4 und 2	Spieler 1 gewinnt
1 und 5	Spieler 2 gewinnt

Tabelle 7.1 Beispiel zu den Spielregeln

Das hier betrachtete Spiel stellt ein *Zufallsexperiment* dar. Ein Zufallsexperiment hat verschiedene mögliche Ausgänge, die eindeutig festgelegt sind. Welcher dieser Ausgänge bei Durchführung des Experimentes eintritt, ist nicht vorauszusehen. Man sagt, dass der Ausgang des Experimentes zufällig ist. Damit ist ein Zufallsexperiment deutlich von einem Experiment aus der Physik zu unterscheiden. Ein physikalisches Experiment dient der Bestätigung einer Theorie und liefert bei mehrmaliger Wiederholung, ein bis auf Messfehler gleiches Resultat.

Im Spiel um die letzte Banane können Sie sich aussuchen, ob Sie lieber Spieler 1 oder lieber Spieler 2 sein wollen. Was glauben Sie, welcher Spieler die größeren Chancen hat?

Um diese Frage zu beantworten, könnten Sie zwei Würfel nehmen und das Spiel sehr oft durchführen. Dabei würden Sie zählen, wie oft jeweils Spieler 1 und Spieler 2 gewonnen haben. Einfacher ist es, den Computer 1000 Spiele durchführen zu lassen. Sie können das mit dem Tabellenblatt »*7.1 Simulation Banane*« selbst durchführen lassen. Dabei zeigt sich ein Vorteil für Spieler 2. Abbildung 7.2 zeigt das Ergebnis einer solchen Simulation. In diesem Beispiel gewinnt Spieler 2 in 55,8 % aller Fälle. Deshalb sieht es so aus, als ob Spieler 2 die deutlich besseren Chancen hat. Warum ist das so?

	A	B	C	D	E	F	G
1	Nr	Würfel 1	Würfel 2	Maximum	Gewinner	Anteil der Siege (in Prozent)	
2	1000 Simulationen					für Spieler 1	für Spieler 2
3	1	5	6	6	2	42,5	57,5
4	2	4	4	4	1		
5	3	3	4	4	1		
6	4	1	2	2	1		
7	5	3	1	3	1		
8	6	3	5	5	2		
9	7	3	6	6	2		
10	8	4	6	6	2		

Abbildung 7.2 Simulation von 1.000 Doppelwürfen

In Tabelle 7.2 ist für jedes Ergebnis, das sich beim Wurf mit zwei Würfeln ergeben kann, eingetragen, wer nach den Regeln des Spiels gewinnt (Spieler 1 oder Spieler 2).

	1 ⚀	2 ⚁	3 ⚂	4 ⚃	5 ⚄	6 ⚅
1 ⚀	1	1	1	1	2	2
2 ⚁	1	1	1	1	2	2
3 ⚂	1	1	1	1	2	2
4 ⚃	1	1	1	1	2	2
5 ⚄	2	2	2	2	2	2
6 ⚅	2	2	2	2	2	2

Tabelle 7.2 Gewinnmatrix

Von den 36 Ergebnissen, die es für den Wurf mit zwei Würfeln gibt, führen 20 Möglichkeiten zum Sieg von Spieler 2, aber nur 16 Möglichkeiten zum Sieg von Spieler 1. Das erklärt den Vorteil von Spieler 2. Zahlenmäßig lassen sich die Gewinnchancen durch $\frac{16}{36} \approx 0{,}44 = 44\,\%$ für Spieler 1 und $\frac{20}{36} \approx 0{,}56 = 56\,\%$ für Spieler 2 angeben.

Diese Zahlen stehen in guter Übereinstimmung mit der zuvor gezeigten Simulation von 1000 Spielen. Die Zahlen 0,44 und 0,56 nennt man auch die *Wahrscheinlichkeiten* dafür, dass Spieler 1 bzw. Spieler 2 gewinnen. Dabei ist anzumerken, dass diese Zahlen nicht bedeuten, dass bei einer weiteren Durchführung von 1000 Experimenten wieder 440 bzw. 560 gewonnen werden.

In der Wahrscheinlichkeitsrechnung geht es hauptsächlich darum, wie in verschiedenen Situationen solche Wahrscheinlichkeiten bestimmten Ereignissen zugeordnet werden können. Dies soll am Beispiel der letzten Banane präzisiert werden.

Tabelle 7.3 zeigt alle 36 möglichen Ausgänge des Zufallsexperiments »Wurf mit zwei Würfeln«.

Diese Menge nennt man auch den *Ergebnisraum* Ω des Zufallsexperimentes. Jedes Element dieser Menge heißt ein *Ergebnis*. Da jedes der 36 Ergebnisse dieselbe Chance hat einzutreten, ordnet man jedem Ergebnis als Wahrscheinlichkeit die Zahl $\frac{1}{36}$ zu.

Im nächsten Abschnitt werden Zufallsexperimente betrachtet, für die jedes mögliche Ergebnis die gleiche Chance hat einzutreten.

(1; 1)	(1; 2)	(1; 3)	(1; 4)	(1; 5)	(1; 6)
(2; 1)	(2; 2)	(2; 3)	(2; 4)	(2; 5)	(2; 6)
(3; 1)	(3; 2)	(3; 3)	(3; 4)	(3; 5)	(3; 6)
(4; 1)	(4; 2)	(4; 3)	(4; 4)	(4; 5)	(4; 6)
(5; 1)	(5; 2)	(5; 3)	(5; 4)	(5; 5)	(5; 6)
(6; 1)	(6; 2)	(6; 3)	(6; 4)	(6; 5)	(6; 6)

Tabelle 7.3 Ergebnisraum Doppelwurf

7.1.1 Laplace-Experimente

Ein Zufallsexperiment, bei dem jedes Ergebnis gleich wahrscheinlich ist, nennt man auch ein *Laplace-Experiment* (nach Pierre-Simon Laplace, 1749–1827, einem Mitbegründer der Wahrscheinlichkeitsrechnung). Besteht der Ergebnisraum eines Laplace-Experimentes aus n Elementen, so hat jedes dieser Ergebnisse die Wahrscheinlichkeit $\frac{1}{n}$.

> **Merke: Wahrscheinlichkeit für ein Ergebnis in einem Laplace-Experiment**
> Wird ein Laplace-Experiment durch die Menge $\Omega = \{\omega_1, \omega_2, ..., \omega_n\}$ der möglichen Ergebnisse beschrieben, dann besitzt jedes Ergebnis ω_i die Wahrscheinlichkeit $p_i = \frac{1}{n}$.

Die folgenden Beispiele geben verschiedene Situationen an, die mit dem Begriff Laplace-Experiment beschrieben werden können.

Beispiel 1: Ein Würfel

Wurf mit einem Würfel: $\Omega = \{1, 2, 3, 4, 5, 6\}$, $p_i = \frac{1}{6}$

Beispiel 2: Eine Münze

Wurf mit einer Münze: $\Omega = \{\text{Wappen, Zahl}\}$, $p_i = \frac{1}{2}$

Beispiel 3: Roulette

Roulettespiel: $\Omega = \{0, 1, 2, ..., 36\}$, $p_i = \dfrac{1}{37}$

Noch einmal zurück zum Spiel um die letzte Banane: Die Menge aller Ergebnisse, bei denen Spieler 1 in diesem Spiel gewinnt, wird mit A bezeichnet. A ist eine Teilmenge des Ergebnisraums Ω. Teilmengen des Ergebnisraums bekommen die Bezeichnung *Ereignis*. Das Ereignis A steht dafür, dass Spieler 1 gewinnt. In Beispiel 4 ist die Menge A ausgeschrieben:

Beispiel 4: Ereignis »Spieler 1 gewinnt«

Das Ereignis »Spieler 1 gewinnt« wird als Menge aufnotiert:

A ={(1; 1), (1; 2), (1; 3), (1; 4), (2; 1), (2; 2), (2; 3), (2; 4), (3; 1), (3; 2), (3; 3), (3; 4), (4; 1), (4; 2), (4; 3), (4; 4)}

Beispiel 5: Ereignis »gerade Augenzahl«

Betrachtet wird der Wurf mit einem Würfel, d. h. $\Omega = \{1, 2, ..., 6\}$. Das Ereignis »Die Augenzahl ist gerade« wird durch die Teilmenge A = {2, 4, 6} von Ω beschrieben.

Ereignis

Unter einem Ereignis versteht man eine **Teilmenge des Ergebnisraums**.

Handelt es sich bei einem Zufallsexperiment um ein Laplace-Experiment, dann kann man einem Ereignis A auf einfache Weise seine Wahrscheinlichkeit zuordnen. Man muss dazu nur zählen, aus wie vielen Ergebnissen A besteht. In Beispiel 4 bilden 16 Ergebnisse das Ereignis A. In Beispiel 5 bilden 3 Ergebnisse das Ereignis. Diese Ergebnisse nennt man für das Eintreten des Ereignisses A *günstig*. Die Wahrscheinlichkeit für Ereignis A erhält man dann, indem man die Anzahl der für A günstigen Ergebnisse durch die Anzahl aller Ergebnisse teilt. Die Wahrscheinlichkeit für Ereignis A bezeichnet man mit P(A). Das P kommt vom englischen Wort »probability« (Wahrscheinlichkeit).

> **Merke: Die Wahrscheinlichkeit für ein Ereignis A in einem Laplace-Experiment ist:**
>
> $P(A) = \dfrac{\text{Anzahl der für } A \text{ günstigen Ergebnisse}}{\text{Anzahl aller Ergebnisse}}$

Der Bruch, mit dem sich P(A) berechnen lässt, zeigt, dass es darauf ankommt, dass man Anzahlen bestimmen kann. In Abschnitt 7.3, »Die Produktregel«, Abschnitt 7.4, »Geordnete Stichproben«, und Abschnitt 7.5, »Ungeordnete Stichproben«, werden einfache Methoden betrachtet, mit denen man dies durchführen kann.

In den beiden folgenden Beispielen werden einfache Beispiele für Laplace-Experimente betrachtet. Zu einem Ereignis wird jeweils dessen Wahrscheinlichkeit nach der zuvor beschriebenen Methode bestimmt.

Beispiel 6: Ereignis »kleiner fünf«

Beim Wurf mit einem Würfel ist A das Ereignis »Die geworfene Zahl ist echt kleiner als 5«.

$$\Omega = \{1, 2, ..., 6\}, p_i = \frac{1}{6}, A = \{1, 2, 3, 4\}, P(A) = \frac{4}{6} = \frac{2}{3}$$

Beispiel 7: Ereignis »1 oder 3«

Beim Roulettespiel ist A das Ereignis »Die Kugel landet in Feld 1 oder 3«.

$$\Omega = \{0, 1, 2, ..., 36\}, p_i = \frac{1}{37}, A = \{1, 3\}, P(A) = \frac{2}{37}$$

Es folgen drei Aufgaben, in denen Sie die Wahrscheinlichkeiten der angegebenen Ereignisse bestimmen sollen.

Aufgabe 1: Wahrscheinlichkeit für ein As berechnen

Aus einem Skatblatt von 32 Karten wird eine Karte gezogen. Wie groß ist die Wahrscheinlichkeit, dass ein As gezogen wird? Wie groß ist die Wahrscheinlichkeit, dass ein rotes As gezogen wird?

Aufgabe 2: Wahrscheinlichkeiten bei zwei Würfeln berechnen

Ein Würfel wird zweimal geworfen. Bestimmen Sie die Wahrscheinlichkeit der Ereignisse

a) A: »Die Augenzahlen sind verschieden.«

b) B: »Die Summe der Augenzahlen ist größer als 5.«

c) C: »Das Produkt der Augenzahlen ist größer als 6.«

d) D: »Augenzahl 3 tritt in mindestens einem Wurf auf.«

e) E: »Es fällt ein Pasch.«

Tabelle 7.3 mit den aufgelisteten 36 verschiedenen Ergebnissen eines Doppelwurfs mit einem Würfel hilft Ihnen, die Wahrscheinlichkeiten anzugeben.

Aufgabe 3: Wahrscheinlichkeiten zu drei Münzwürfen berechnen

Eine Münze wird dreimal geworfen. Wie groß ist die Wahrscheinlichkeit der Ereignisse?

a) F: »Es erscheinen genau drei Wappen.«

b) G: »Es erscheint mindestens ein Wappen.«

7.1.2 Beliebige Zufallsexperimente

Sie bekommen auf dem Jahrmarkt folgendes Spiel angeboten. Ihr Einsatz beträgt 2 €. Dann wird das Glücksrad der Abbildung 7.3 gedreht. Bleibt der Zeiger auf 0 € stehen, so bekommen Sie nichts. Steht der Zeiger auf dem Sektor mit den 2 €, so bekommen Sie als Gewinn 2 €, d. h. gerade Ihren Einsatz zurück. Wenn Sie das Glück haben, dass der Zeiger auf dem Sektor mit der Inschrift 10 € stehen bleibt, dann erhalten Sie 10 €.

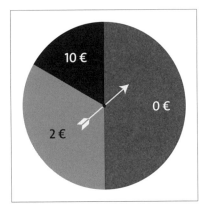

Abbildung 7.3 Glücksrad

Der 0-€-Sektor hat die Fläche des halben Glücksrades, der 2-€-Sektor umfasst ein Drittel und der 10-€-Sektor ein Sechstel der Glücksradfläche.

Glauben Sie, dass dieses Spiel Ihnen eine faire Gewinnchance bietet, d. h. sind die Wahrscheinlichkeiten für Gewinn und Verlust gleich groß?

Der Ergebnisraum für dieses Zufallsexperiment ist Ω = {0, 2, 10}. Wegen der unterschiedlichen Größe der einzelnen Sektoren des Glücksrades ist es offensichtlich, dass kein Laplace-Experiment vorliegt. Welche Wahrscheinlichkeiten soll man den einzelnen Ergebnissen zuordnen?

Ist F der Flächeninhalt des Glücksrades, dann sind die Flächeninhalte der Sektoren $\frac{1}{2} \cdot F$, $\frac{1}{3} \cdot F$ und $\frac{1}{6} \cdot F$.

Es ist einsichtig, dass die Gewinnwahrscheinlichkeiten proportional zur Größe der einzelnen Sektoren sind, denn je größer ein Sektor ist, desto wahrscheinlicher ist es, dass der Zeiger auf ihm stehen bleibt. Damit ergibt sich die folgende Zuordnung zwischen Ergebnissen und Wahrscheinlichkeiten:

Ergebnis	0	2	10
Flächeninhalt	$\frac{1}{2} \cdot F$	$\frac{1}{3} \cdot F$	$\frac{1}{6} \cdot F$
Wahrscheinlichkeit	$\frac{1}{2}$	$\frac{1}{3}$	$\frac{1}{6}$

Tabelle 7.4 Glücksrad

Mit welcher Wahrscheinlichkeit verlieren Sie bei dem Spiel kein Geld? Diese Frage ist gleichbedeutend mit der Frage nach der Wahrscheinlichkeit, dass der Zeiger auf einem der beiden Sektoren 2 € oder 10 € stehenbleibt.

Die Wahrscheinlichkeit dafür ist deshalb proportional zur Summe dieser beiden Flächeninhalte. Deshalb erhält man die Wahrscheinlichkeit für das Ereignis A = {2 €, 10 €} zu $P(A) = \frac{1}{3} + \frac{1}{6} = \frac{1}{2}$. Wie man sieht, sind die Wahrscheinlichkeiten zu gewinnen und zu verlieren gleich.

Allerdings ist das Spiel nicht fair, denn der durchschnittlich bei einem Gewinn ausgezahlte Betrag überwiegt den Verlust im Fall des Verlierens. Falls Sie dieses Spiel angeboten bekommen, dann sollten Sie also möglichst oft spielen. Wie man den durchschnittlichen Gewinn pro Spiel in einer langen Serie von Spielen berechnen kann erfahren Sie in Abschnitt 7.9, »Erwartungswerte«.

Damit hat sich gezeigt, dass man zur Berechnung der Wahrscheinlichkeit eines Ereignisses A auf folgende Weise vorgehen kann. Man addiert alle Wahrscheinlichkeiten, die zu den Ergebnissen gehören, die in A liegen. Im vorliegenden Fall waren dies die Ergebnisse 2 € und 10 €. In Beispiel 8 wird diese Methode auf eine andere Situation angewendet.

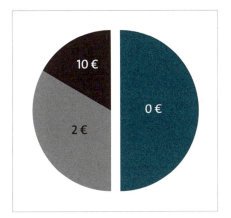

Abbildung 7.4 Zusammenfassen von Anteilen

Beispiel 8: Ziehen einer Kugel

Die Kugeln im Behälter werden gemischt. Dann wird eine Kugel gezogen.

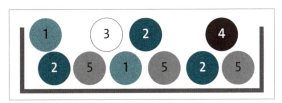

Abbildung 7.5 Urne

Der Ergebnisraum dieses Zufallsexperimentes ist $\Omega = \{1, 2, 3, 4, 5\}$. Da im Behälter die Kugeln, die zu den einzelnen Zahlen gehören, unterschiedlich oft vorkommen, liegt kein Laplace-Experiment vor. Die Wahrscheinlichkeiten, die zu den Ergebnissen gehören, stehen in Tabelle 7.5.

Ergebnis	1	2	3	4	5
Wahrscheinlichkeit	$\frac{2}{10} = 0{,}2$	$\frac{3}{10} = 0{,}3$	$\frac{1}{10} = 0{,}1$	$\frac{1}{10} = 0{,}1$	$\frac{3}{10} = 0{,}3$

Tabelle 7.5 Wahrscheinlichkeiten Urne

Als Kontrolle kann man alle Wahrscheinlichkeiten aufaddieren. Dies muss natürlich 100 % = 1 liefern.

Grundlagen der Wahrscheinlichkeitsrechnung

A bezeichne das Ereignis, dass eine Kugel mit einer durch 2 teilbaren Zahl gezogen wird: $A = \{2, 4\}$. Es ist $P(A) = 0,3 + 0,1 = 0,4 = 40\,\%$

Mit B wird das Ereignis, dass keine 5 gezogen wird, bezeichnet:

$B = \{1, 2, 3, 4\}$. Es ist $P(B) = 0,2 + 0,3 + 0,1 + 0,1 = 0,7 = 70\,\%$

Die letzte Wahrscheinlichkeit hätte man auch einfacher bestimmen können. Man betrachtet dazu das Ereignis C, dass eine 5 gezogen wird: $C = \{5\}$. Es ist $P(C) = 0,3$. C stellt das Gegenteil des Ereignisses B dar. Man sagt auch, dass C das *Gegenereignis* von B ist, und schreibt: $C = \overline{B}$. Das Gegenereignis $\overline{B}$ von B enthält also alle Ergebnisse, die nicht zu B gehören. Die Wahrscheinlichkeiten von Ereignis und Gegenereignis müssen zusammen 100 % liefern. Also kann man $P(B)$ berechnen durch:

$P(B) = 100\,\% - P(\overline{B}) = 1 - 0,3 = 0,7$

In Aufgabe 4 sollen Sie, wie eben, eine Wahrscheinlichkeit über das Gegenereignis bestimmen.

Aufgabe 4: Gegenereignis verwenden

Betrachtet wird ein zweimaliger Münzwurf. Wie groß ist die Wahrscheinlichkeit für Ereignis A: »Es erscheint mindestens einmal Zahl«? Verwenden Sie zur Berechnung das Gegenereignis.

> **Merke**
>
> Ein Zufallsexperiment wird beschrieben durch die Menge $\Omega = \{\omega_1, \omega_2, ..., \omega_n\}$ der möglichen Ergebnisse des Experiments sowie durch Zahlen $p_i > 0$, die jedem Ergebnis ω_i seine Wahrscheinlichkeit zuordnen. Dabei sind die Zahlen $p_1, ..., p_n$ so beschaffen, dass gilt:
>
> $p_1 + ... + p_n = 1$
>
> Jede Teilmenge A von Ω heißt ein Ereignis. Man erhält die Wahrscheinlichkeit $P(A)$ für das Eintreten eines Ereignisses A, indem man die Wahrscheinlichkeiten der Ergebnisse, aus denen sich A zusammensetzt, addiert.
>
> Die Wahrscheinlichkeit für das Gegenereignis von A ist gleich
>
> $P(\overline{A}) = 1 - P(A)$.
>
> Beachten Sie, dass die Laplace-Experimente einen Spezialfall dieser Zusammenfassung darstellen.

Aufgabe 5: Wahrscheinlichkeiten im Säulendiagramm darstellen

Betrachtet wird die Augensumme beim Wurf mit zwei Würfeln, d. h.

$\Omega = \{2, 3, 4, 5, 6, 7, 8, 9, 10, 11, 12\}$.

Bestimmen Sie zu jedem Ergebnis dessen Wahrscheinlichkeit.

a) Stellen Sie diese Wahrscheinlichkeiten in einem Säulendiagramm dar.
b) Mit welcher Wahrscheinlichkeit ist die Augensumme echt kleiner als 11?

In Abschnitt 7.1.3 werden Ihnen einige Regeln für Wahrscheinlichkeiten vorgestellt, die Ihnen im weiteren Verlauf hilfreich sein werden.

7.1.3 Regeln für Wahrscheinlichkeiten

Im Folgenden werden Eigenschaften von Wahrscheinlichkeiten und Regeln für den Umgang mit Wahrscheinlichkeiten angegeben und anschaulich motiviert.

Regel 1

Die Wahrscheinlichkeit eines Ereignisses A ist eine Zahl, die zwischen 0 und 1 liegt: $0 \leq P(A) \leq 1$. Das ist einsichtig, denn $P(A)$ ist die Summe der Wahrscheinlichkeiten p_i der Ergebnisse, die in A enthalten sind. Die Zahlen p_i sind alle positiv und ergeben aufsummiert 1.

Regel 2

Betrachtet werden zwei Ereignisse A und B, bei denen A eine echte Teilmenge von B ist, d. h. alle Elemente von A sind auch in B enthalten und B besitzt noch weitere Elemente. (Das ist eine Situation wie beim Linda-Problem in Abschnitt 1.2.1).

Die Wahrscheinlichkeit $P(A)$ ist dann kleiner als die Wahrscheinlichkeit $P(B)$. Da B außer den Elementen von A noch weitere Ergebnisse enthält, muss auch die Summe der Wahrscheinlichkeiten aller Ergebnisse von B größer sein als die von A. Formal aufgeschrieben heißt dies: $A \subset B \Rightarrow P(A) < P(B)$.

Regel 3, das »Oder-Ergebnis«

Ist $A = \{1, 2, 3\}$ und $B = \{2, 3, 4, 5\}$, dann ist $C = A \cup B = \{1, 2, 3, 4, 5\}$. Interpretiert man die Mengen als Ereignisse, z. B. bei einem Würfelwurf, dann kann man folgende Bedeutungen damit verbinden:

A: »Eine Zahl kleiner als 4 wird gewürfelt.«

B: »Eine Zahl größer als 1 und kleiner als 6 wird gewürfelt.«

C: »Eine von 6 verschiedene Zahl wird gewürfelt.«

Man sagt, dass $C = A \cup B$ das *Oder-Ereignis* von *A* und *B* ist, denn $C = A \cup B$ tritt gerade dann ein, wenn mindestens eines der Ereignisse *A* oder *B* eintritt, d. h. wenn *A* oder *B* oder beide gleichzeitig eintreten.

Regel 4, das »Und-Ereignis«

Ist $A = \{1, 2, 3\}$ und $B = \{2, 3, 4, 5\}$, dann ist $D = A \cap B = \{2,3\}$. Interpretiert man die Mengen wieder als Ereignisse, z. B. bei einem Würfelwurf, dann kann man folgende Bedeutungen damit verbinden:

A: »Eine Zahl kleiner als 4 wird gewürfelt.«

B: »Eine Zahl größer als 1 und kleiner als 6 wird gewürfelt.«

D: »Eine Zahl größer als 1 und kleiner als 4 wird gewürfelt.«

$D = A \cap B$ heißt das *Und-Ereignis* von *A* und *B*. Dieses tritt dann ein, wenn *A* und *B* gleichzeitig eintreten.

Regel 5, das »Unmögliche Ereignis«

Wenn *A* und *B* kein Element gemeinsam haben, dann ist $A \cap B$ die leere Menge, die man mit {} bezeichnet.

Interpretiert man die leere Menge als ein Ereignis, dann hat man es mit dem »*Unmöglichen Ereignis*« zu tun, das folgerichtig die Wahrscheinlichkeit 0 hat: $P(\{\}) = 0$. Gilt für die Ereignisse *A* und *B*, dass $A \cap B = \{\}$, dann nennt man die Ereignisse *A* und *B* *disjunkt*.

Regel 6, das »Sichere Ereignis«

Das Gegenereignis zum unmöglichen Ereignis ist das »*Sichere Ereignis*«, das gleich der Menge Ω ist. Die Wahrscheinlichkeit für das sichere Ereignis ist 1, denn $P(\Omega) = 1 - P(\{\}) = 1 - 0 = 1$.

Mit den Begriffen »Und-Ereignis« und »Oder-Ereignis« kann man die folgende Regel formulieren.

Regel 7

Sind *A* und *B* zwei Ereignisse, die keine Ergebnisse gemeinsam enthalten, d. h. disjunkt sind, dann gilt: $P(A \cup B) = P(A) + P(B)$.

Das kann man durch ein Beispiel verstehen. Es wird ein einfacher Würfelwurf betrachtet. Das Ereignis A soll eintreten, wenn die Augenzahl gleich 1 oder 2 ist. Das Ereignis B tritt ein, wenn die Augenzahl gleich 4 oder größer ist.

$\Omega = \{1, 2, 3, 4, 5, 6\}$, $A = \{1, 2\}$, $B = \{4, 5, 6\}$.

Es ist $P(A) = 2/6$ und $P(B) = 3/6$, d. h. $P(A) + P(B) = 5/6$.

Jetzt wird $A \cup B$ betrachtet: $A \cup B = \{1, 2, 4, 5, 6\}$ und $P(A \cup B) = 5/6$, d. h. $P(A \cup B) = P(A) + P(B)$.

Man kann diese Eigenschaft auch folgendermaßen aufschreiben:

$A \cap B = \{\} \Rightarrow P(A \cup B) = P(A) + P(B)$.

Diese Eigenschaft wird später noch häufig benötigt.

> **Was Sie wissen sollten**
> ▶ Sie sollten wissen, dass ein Zufallsexperiment durch einen Ergebnisraum beschrieben wird.
> ▶ Sie sollten wissen, was ein Ereignis ist.
> ▶ Sie sollten Ereignissen Wahrscheinlichkeiten zuordnen können.
> ▶ Sie sollten wissen, welche grundlegenden Regeln für Wahrscheinlichkeiten gelten.
> ▶ Sie sollten die Begriffe »Gegenereignis«, »Und-Ereignis«, »Oder-Ereignis«, »Unmögliches Ereignis« und »Sicheres Ereignis« kennen.

7.2 Das Empirische Gesetz der großen Zahlen

Sie sind in einer Spielbank und beobachten, dass 16 Mal hintereinander die Kugel auf »Rot« fällt. Würden Sie daraufhin gezielt auf »Schwarz« setzen, nach dem Motto, dass sich nach dieser Serie die Wahrscheinlichkeit für »Schwarz« vergrößert hat?

Im Roman »Der Spieler«, der 1866 erschien, schildert Fjodor Dostojewski eine solche Situation:

Man könnte ja zum Beispiel glauben, dass nach sechzehnmal Rot nun beim siebzehnten Male sicher Schwarz kommen werde. Auf diese Farbe stürzen sich daher die Neulinge scharenweis, verdoppeln und verdreifachen ihre Einsätze und verlieren in schrecklicher Weise. Ich machte es anders. Als ich bemerkte, dass Rot siebenmal hintereinander gekommen war, hielt ich in sonderbarem Eigensinn mich absichtlich gerade an diese Farbe. Ich bin überzeugt, dass das zunächst die Wirkung eines gewissen Ehrgeizes war; ich wollte die Zu-

schauer durch meine sinnlosen Wagestücke in Staunen versetzen. Dann aber (es war eine seltsame Empfindung, deren ich mich deutlich erinnere) ergriff mich auf einmal wirklich, ohne jede weitere Reizung von seiten des Ehrgeizes, ein gewaltiger Wagemut. Vielleicht wird die Seele, die so viele Empfindungen durchmacht, von diesen nicht gesättigt, sondern nur gereizt und verlangt nach neuen, immer stärkeren und stärkeren Empfindungen bis zur vollständigen Erschöpfung. Und (ich lüge wirklich nicht) wenn es nach dem Spielreglement gestattet wäre, fünfzigtausend Gulden mit einem Male zu setzen, so hätte ich sie sicherlich gesetzt. Als die Umstehenden mich fortdauernd auf Rot setzen sahen, riefen sie, das sei sinnlos; Rot sei schon vierzehnmal gekommen! [DOS, Kapitel 14]

Abbildung 7.6 Roulettespiel

Eine Sache, von der Dostojewski nicht wissen konnte, ist eine Begebenheit, die sich am 18. August 1913 im Spielcasino von Monte Carlo ereignet hatte. Die Kugel landete dort 26 Mal hintereinander auf »Schwarz«. Dabei spielten sich bemerkenswerte Szenen ab. Nachdem etwa 15 Mal »Schwarz« erschienen war, begannen die Spieler, wie wild auf »Rot« zu setzen, denn sie glaubten, dass es jetzt höchste Zeit wird, dass »Rot« kommt. Als Resultat der »Schwarz-Serie« hatten die Spieler alles Geld verspielt, bis dann doch endlich »Rot« erschien. Wie kommen solche Fehleinschätzungen zustande?

Beim Roulette ändert sich die Wahrscheinlichkeit für das Auftreten einer bestimmten Farbe von Spiel zu Spiel nicht, egal welche Farben in den Spielen zuvor aufgetreten sind. Das ist ganz anders als in den folgenden beiden Situationen, die aus dem Alltag bekannt sind:

- In einer Serie von Schlechtwettertagen nimmt von Tag zu Tag die Wahrscheinlichkeit zu, dass das Wetter besser wird. Dies folgt aus der Tatsache, dass atlantische Tiefs aufgrund physikalischer Gesetzmäßigkeiten eine typische Dauer haben.
- Steht man an einer Bahnschranke und sieht die Wagen eines sehr langen Güterzuges vor sich vorbeifahren, dann nimmt von Wagen zu Wagen die Wahrscheinlichkeit zu, dass dies der letzte Wagen des Zuges ist, denn Züge können nicht beliebig lang sein.

Alltagserfahrungen wie die beiden zuletzt erwähnten machen wir ständig. Durch sie werden wir geprägt. Zufallsgeräten wie einem Roulettekessel oder einer Trommel zur Ziehung der Lottozahlen begegnen wir im Alltag nicht. Aus diesem Grund erwarten wir auch beim Roulette, dass nach einer Serie von »Rot« die Wahrscheinlichkeit zunimmt, dass im nächsten Spiel »Schwarz« kommt. Unsere intuitive Vorprägung ist so stark, dass sich die Erwartung des baldigen Farbwechsels selbst dann einstellt, wenn man es besser weiß, weil man sich mit Statistik und Wahrscheinlichkeitsrechnung beschäftigt hat. Lernende der Stochastik versuchen bisweilen sogar, mathematische Argumente ins Spiel zu bringen, indem sie argumentieren, dass wegen der Gültigkeit des Gesetzes der großen Zahlen nach einer Serie von »Rot« ein Ausgleich durch »Schwarz« erfolgen muss.

Das Gesetz der großen Zahlen, von dem hier die Rede ist, wird genauer als *Empirisches Gesetz der großen Zahlen* bezeichnet. Damit ist die Aussage gemeint, dass sich die relative Häufigkeit eines Ereignisses nach einer großen Anzahl von Versuchen stabilisiert. Dies kann man am besten selbst erleben, wenn man z. B. 500 Roulettespiele simuliert und dabei die relative Häufigkeit für »Rot« tabelliert und graphisch darstellt. Das geschieht in Beispiel 9.

Beispiel 9: Schwarz und Rot

Es werden 500 Roulettespiele simuliert und dabei beobachtet, wie sich die relativen Häufigkeiten entwickeln. Der Einfachheit halber wird das Auftreten von »Zero« nicht beachtet, d. h. die Eintretenswahrscheinlichkeiten für »Rot« und »Schwarz« sind jeweils gleich 0,5. Ein typischer Verlauf der relativen Häufigkeiten ist in Abbildung 7.7 festgehalten.

Es zeigt sich, dass nach anfänglichen Schwankungen die relativen Häufigkeiten für »Rot« dem Wert 0,5 zustreben. Das ist aber nicht mit einem Grenzwert aus der Analysis zu vergleichen. Es gibt immer wieder Fluktuationen, wie sie bei einem klassischen Grenzwert nicht auftreten.

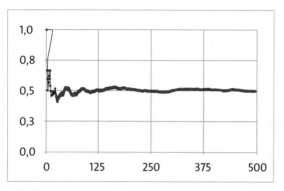

Abbildung 7.7 Entwicklung der relativen Häufigkeit für »Rot« in 500 Simulationen

Die absoluten Häufigkeiten verhalten sich dagegen ganz anders. Für das Roulettespiel könnte man glauben, dass sich die absolute Häufigkeit von »Rot« dem Wert $\frac{\text{Anzahl d. Spiele}}{2}$ annähert. Das wäre gleichbedeutend damit, dass sich der Wert $\frac{\text{Anzahl d. Spiele}}{2} - \text{Absolute Häufigkeiten für Rot}$ an null annähern müsste. Dies findet aber nicht statt, wie die folgende Darstellung zeigt.

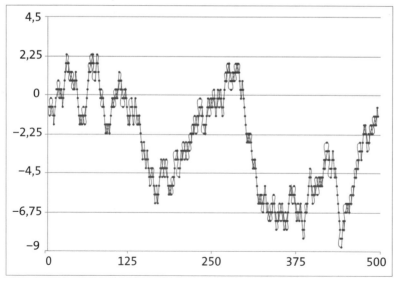

Abbildung 7.8 500 Simulationen zeigen keine Annährung an null

188 Grundlagen der Wahrscheinlichkeitsrechnung

Mit dem Tabellenblatt »*7.2 Empirisches Gesetz*« kann man solche Simulationen durchführen.

Damit sind die Fehleinschätzungen beim Roulettespiel gedeutet. Die Spieler erwarten fälschlicherweise eine Stabilisierung der absoluten Häufigkeiten. Sie meinen, dass in einer längeren Reihe von Spielen »Rot« und »Schwarz« gleich oft auftreten müssten. Das ist aber nicht der Fall.

> **Merke: Empirisches Gesetz der großen Zahlen**
> Führt man ein Zufallsexperiment oft durch und registriert das Eintreten eines damit verbundenen Ereignisses, dann stabilisiert sich die relative Häufigkeit für dieses Ereignis. Eine entsprechende Aussage gilt nicht für die absoluten Häufigkeiten.

An dieser Stelle soll ausdrücklich darauf hingewiesen werden, dass Sie relative Häufigkeiten und Wahrscheinlichkeiten nicht gleichsetzen dürfen. Die relative Häufigkeit ist eine empirisch ermittelte Größe. Bei den Wahrscheinlichkeiten handelt es sich dagegen um mathematische Objekte, die in der Wahrscheinlichkeitsrechnung über Axiome definiert werden. Wenn Sie sich dafür näher interessieren, können Sie im Internet nach den Stichwörtern »Kolmogorow« und »Axiomensystem« suchen.

Bei praktischen Anwendungen der Wahrscheinlichkeitsrechnung kommt dem Begriff der relativen Häufigkeit und der Stabilisierung der relativen Häufigkeit eine große Bedeutung zu. Will man wissen, ob sich ein bestimmtes mathematisches Modell auf eine konkrete Situation in der Wirklichkeit auch anwenden lässt, so kann dies mit der relativen Häufigkeit überprüft werden. Das ist in diesem Buch z. B. in Abschnitt 7.1, »Zufallsexperimente und Wahrscheinlichkeiten«, geschehen. Dort wurden für das Spiel um die letzte Banane 1000 Doppelwürfe mit einem Würfel simuliert. Die Simulation lieferte 55,8 % Gewinn für Spieler 2.

Die mathematische Analyse des Spiels führte auf $\frac{20}{36} \approx 56\%$. Daraus kann man ruhigen Gewissens schließen, dass die Simulation und die mathematische Theorie gut übereinstimmen.

> **Was Sie wissen sollten**
> ▶ Sie sollten wissen, dass sich in einer langen Versuchsreihe die relativen Häufigkeiten eines Ereignisses stabilisieren.
> ▶ Sie sollten wissen, dass für die absoluten Häufigkeiten kein empirisches Gesetz der großen Zahlen gilt.
> ▶ Sie sollten wissen, dass relative Häufigkeiten keine Wahrscheinlichkeiten sind.

7.3 Die Produktregel

Sie besuchen heute zum Mittagessen ein kleines Restaurant. Die Auswahl auf der Speisekarte erscheint Ihnen nicht gerade üppig, aber die Bedienung erwähnt, dass Sie zwischen 12 verschiedenen Menüs, jeweils aus Vorspeise, Hauptgericht und Nachtisch bestehend, auswählen können.

```
                    Menü

                1. Tagessuppe
                  2. Salat


                 3. Bratwurst
               4. Schweinebraten
                5. Zanderfilet


                   6. Eis
                 7. Kuchen
```

Abbildung 7.9 Speisekarte

Sie entscheiden sich schließlich für Salat, Bratwurst und Kuchen. Während Sie auf das Essen warten, kritzeln Sie auf Ihrer Serviette herum, um zu verstehen, wieso es 12 Menüs geben soll. Kurz bevor Ihnen die Bratwurst serviert wird, haben Sie die Lösung entdeckt, und zwar mit dem Baumdiagramm, das Sie in Abbildung 7.10 sehen.

In der ersten Stufe gibt es zwei Entscheidungsmöglichkeiten, Suppe oder Salat, gekennzeichnet durch die Kreise mit den Zahlen 1 und 2 (die Nummern auf der Speisekarte). Egal für welche der beiden Vorspeisen man sich entschieden hat, das Hauptgericht muss aus den Punkten 3: Bratwurst, 4: Schweinebraten oder 5: Zanderfilet bestehen. Abbildung 7.10 macht deutlich, dass es 2 mal 3 mögliche Zusammenstellungen für Vorspeise und Hauptgericht gibt.

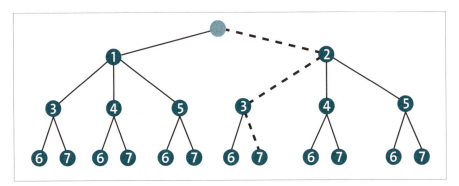

Abbildung 7.10 Die 12 möglichen Menüs

Für den Nachtisch gibt es 2 Möglichkeiten, was die Anzahl der Menüs auf 2 mal 3 mal 2, d. h. auf genau 12 Möglichkeiten festschreibt. Der im Diagramm gestrichelte Pfad gehört zu Ihrem Menü (Salat/Bratwurst/Kuchen).

Aufgabe 6: Ergebnisraum für vier Münzwürfe untersuchen

Eine Münze wird viermal geworfen. Bei jedem Wurf gibt es die Möglichkeiten Wappen (W) oder Zahl (Z).

Abbildung 7.11 Vierfacher Münzwurf

Der Ergebnisraum für dieses Zufallsexperiment hat die folgende Form:

Ω = {(W; W; W; W), (W; W; W; Z), (W; W; Z; Z) , ..., (Z; Z; Z; Z)}. Aus wie vielen Elementen besteht der Ergebnisraum dieses Zufallsexperimentes?

Für Probleme ähnlicher Art ist es nicht nötig, dass Sie jedes Mal ein Baumdiagramm zeichnen. Es genügt völlig, wenn Sie sich klar machen, aus wie vielen Elementen die einzelnen Stufen bestehen. Dann können Sie die Produktregel anwenden, um die Gesamtanzahl der Möglichkeiten zu bestimmen:

> **Merke: Produktregel**
>
> Ein Experiment bestehe aus k Stufen. Die einzelnen Stufen haben $n_1, n_2, ..., n_k$ Elemente. Dann hat das gesamte Experiment $n_1 \cdot n_2 \cdot ... \cdot n_k$ mögliche Ausgänge.

Mit der Produktregel können Sie die folgende Aufgabe lösen.

Aufgabe 7: Anzahl möglicher Autokennzeichen bestimmen

Die Autonummern einer bestimmten Stadt bestehen alle aus genau zwei Buchstaben gefolgt von einer Zahl mit maximal 4 Ziffern. Wie viele solcher Autonummern gibt es? (Als Buchstaben sind nur die 26 »normalen« Zeichen des Alphabets erlaubt, d. h. keine Umlaute usw.)

> **Was Sie wissen sollten**
>
> Sie sollten die Produktregel kennen und anwenden können.

7.4 Geordnete Stichproben

Eine wichtige Anwendung der Produktregel findet sich im Bereich der *geordneten Stichproben*. Wählt man aus einer Grundmenge von n Elementen k Elemente so aus, dass die Reihenfolge dabei eine Rolle spielt, so erhält man eine geordnete Stichprobe. Die Beispiele 10 und 11 sollen Ihnen dazu dienen, den Unterschied zwischen geordneten und ungeordneten Stichproben zu erkennen.

Beispiel 10: Zifferschloss

Ein Zifferschloss zum Sichern eines Koffers besteht aus drei Zahlenringen. Jeder Ring trägt die Ziffern 0 bis 9. Eine mögliche Einstellung ist z. B. durch 3 auf dem 1. Ring, 0 auf dem 2. Ring und 5 auf dem 3. Ring gegeben. Aus der Grundmenge {0, 1, 2, 3, 4, 5, 6, 7, 8, 9} wurden bei dieser Einstellung die Elemente 3, 0 und 5 ausgewählt, symbolisiert durch (3; 0; 5).

Abbildung 7.12 Kofferschloss

Es ist einsichtig, dass die Reihenfolge der ausgewählten Zahlen eine Rolle spielt. Mit der Einstellung (3; 0; 5) öffnet sich das Schloss, nicht aber mit der Einstellung (5; 0; 3), obwohl dieselben Zahlen verwendet wurden. Es handelt sich um eine *geordnete Stichprobe*.

Beispiel 11: 3-köpfiger Verwaltungsbeirat

Auf einer Versammlung von 30 Wohnungseigentümern sollen 3 Personen in den Verwaltungsbeirat gewählt werden. Es werden Herr Maier, Frau Müller und Frau Schulz gewählt, symbolisiert durch {Maier, Müller, Schulz}. Hier hat man es mit einer *ungeordneten Stichprobe* zu tun, denn die Reihenfolge spielt in diesem Beispiel keine Rolle: {Maier, Müller, Schulz} = {Schulz, Maier, Müller}. Ungeordnete Stichproben werden in Abschnitt 7.5 behandelt.

Geordnete Stichproben mit und ohne Zurücklegen

Wird aus einer Grundmenge eine feste Anzahl an Elementen so ausgewählt, dass die Reihenfolge eine Rolle spielt, spricht man von einer geordneten Stichprobe.

Wird dabei jeder Wert **höchstens einmal** ausgewählt, handelt es sich um eine geordnete Stichprobe **ohne Zurücklegen**. Dies entspricht dem mehrmaligen Ziehen von markierten Kugeln aus einer Urne, ohne die gezogenen Kugeln zwischendurch zurückzulegen.

Kann jeder Wert dabei auch **mehrmals** ausgewählt werden, spricht man von einer geordneten Stichprobe **mit Zurücklegen**.

Lernen Sie diese Stichproben in den nächsten beiden Abschnitten näher kennen.

7.4.1 Geordnete Stichproben mit Zurücklegen

Man zieht aus der Urne der Abbildung 7.13 eine Kugel, schreibt ihre Nummer auf und legt sie wieder zurück. Dies führt man insgesamt dreimal durch. Mögliche Ergebnisse dieses dreistufigen Versuchs sind z. B. (4; 1; 1) oder (1; 3; 2). Da es auf jeder der drei Stufen fünf verschiedene Möglichkeiten gibt, kann man mit der Produktregel die Anzahl aller möglichen Ausgänge bestimmen: $5 \cdot 5 \cdot 5 = 5^3 = 125$.

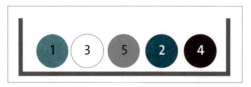

Abbildung 7.13 Urne

Die Zahl der Ausgänge auf den einzelnen Stufen ist immer gleich, denn die gezogenen Kugeln werden wieder zurückgelegt. Dieselbe Situation liegt im zuvor betrachteten Beispiel des Zahlenschlosses vor. Das Schloss kann auf $10 \cdot 10 \cdot 10 = 10^3 = 1000$ unterschiedliche Weisen eingestellt werden. An diesen beiden Beispielen können Sie die folgende Merkregel erkennen:

> **Merke: Anzahl der möglichen geordneten Stichproben mit Zurücklegen**
>
> In einer Urne befinden sich n unterscheidbare Kugeln, unterscheidbar z. B. durch die aufgedruckten Nummern 1, 2, ..., n.
>
> Zieht man aus dieser Urne k-mal mit Zurücklegen, dann gibt es n^k verschiedene mögliche Ausgänge.

Beispiel 12 zeigt eine Anwendung dieser Regel.

Beispiel 12: 10-mal würfeln

Es wird zehnmal mit einem Würfel geworfen. Dann hat das Gesamtexperiment $6^{10} = 60.466.176$ verschiedene Ausgänge, denn man kann einen Würfel als eine Urne deuten, in der die Zahlen 1 bis 6 liegen.

Die Situation in Aufgabe 8 können Sie als Anzahl der möglichen geordneten Stichproben mit Zurücklegen deuten.

Aufgabe 8: Codewörter

Die Ersetzung einer Bedeutung durch ein Codewort heißt *Codierung* dieser Bedeutung. Die Vorschrift, nach der die Codierung erfolgt, heißt *Code*. Ein Codewort wird aus den Buchstaben des Alphabets des Codes aufgebaut.

Das Alphabet des sogenannten Binärcodes besteht aus den Symbolen 0 und 1, d. h. dieses Alphabet hat nur zwei Buchstaben. Alle Codewörter der Länge 1 sind »0« und »1«. Alle Wörter der Länge 2 lauten »00«, »01«, »10« und »11«, d. h. es gibt vier Wörter der Länge 2.

a) Wie viele Codewörter der Länge n gibt es?
b) Die Buchstaben des deutschen Alphabets sollen binär codiert werden. Die benutzten Codewörter sollen alle aus gleich vielen Buchstaben bestehen. Wie viele Buchstaben pro Codewort sind nötig?

Aufgabe 9 verbindet die Berechnung von Wahrscheinlichkeiten mit der Ermittlung von Anzahlen.

Aufgabe 9: Mastermind

Bei dem Spiel Mastermind steckt ein Spieler in 4 nebeneinanderliegende Löcher eine beliebige Reihenfolge von farbigen Stiften und versucht damit die Farbkombination zu erraten, die ein zweiter Spieler verdeckt gesteckt hat. Zur Auswahl stehen 8 Farben, die auch mehrfach benutzt werden können. Wie groß ist die Wahrscheinlichkeit, dass der Spieler beim ersten Versuch die Farbkombination errät?

Abbildung 7.14 Erster Zug bei Mastermind

7.4.2 Geordnete Stichproben ohne Zurücklegen

Aus der Urne der Abbildung 7.13 wird dreimal gezogen. Die jeweils gezogene Kugel wird nicht zurückgelegt. Wie viele verschiedene Ausgänge sind möglich?

Wie zuvor gibt es auf der ersten Stufe 5 Möglichkeiten. Da die gezogene Kugel nicht zurückgelegt wird, gibt es auf der zweiten Stufe nur noch 4 Möglichkeiten und auf der dritten Stufe nur noch 3 Möglichkeiten. Die Produktregel liefert dann die Gesamtanzahl von $5 \cdot 4 \cdot 3 = 60$ Möglichkeiten.

> **Merke: Anzahl der möglichen geordneten Stichproben ohne Zurücklegen**
>
> In einer Urne befinden sich n unterscheidbare Kugeln. Zieht man aus dieser Urne k-mal ohne Zurücklegen, dann gibt es
>
> $n \cdot (n-1) \cdot (n-2) \cdot \ldots \cdot (n-k+1)$ verschiedene mögliche Ausgänge.

Im folgenden Beispiel wird diese Formel angewendet.

Beispiel 13: Wettlauf mit 8 Teilnehmern

Bei einem 100-Meter-Lauf treten 8 Athleten an. Wie viele verschiedene Platzierungen für die Plätze »Gold«, »Silber« und »Bronze« sind denkbar?

Es handelt sich hier um »Ziehen ohne Zurücklegen«, denn ein Läufer kann nicht zugleich Gold und Bronze gewinnen. Also gibt es $8 \cdot 7 \cdot 6 = 336$ verschiedene Möglichkeiten.

In Aufgabe 10 werden geordnete Stichproben mit Zurücklegen und solche ohne Zurücklegen kombiniert.

Aufgabe 10: Fünf Zufallsziffern

Aus einer Tabelle mit Zufallsziffern (Ziffern 0, 1, ..., 9) werden 5 Ziffern ausgewählt.

a) Wie viele verschiedene Möglichkeiten gibt es dafür?
b) Wie groß sind die Wahrscheinlichkeiten dafür, dass man die Zahlen 22222 oder 12345 erhält?
c) Wie groß ist die Wahrscheinlichkeit, dass bei 5 zufällig ausgewählten Ziffern alle voneinander verschieden sind?

Ein wichtiger Spezialfall des Ziehens ohne Zurücklegen ist der Fall $n = k$, d. h. im Bild der Urne mit n Kugeln wird die Situation betrachtet, dass alle Kugeln gezogen werden. Der nächste Abschnitt behandelt diesen wichtigen Sonderfall.

7.4.3 Permutationen

Die folgende Geschichte ist frei nach Fritz Müller-Partenkirchen [PAR] erzählt:

Meine Tochter musste einen Aufsatz mit dem Thema »Wie ich mir mein Leben denke« schreiben. Darin schrieb sie:

»Erst mache ich die Schule fertig, dann kriege ich ein Bübchen, dann ein Mädchen, und dann heirate ich.«

Als sie den Aufsatz zurückbekam, stand am Rand mit roter Tinte »Reihenfolge«.

»Aha«, dachte sie, »der Bub vorher, das ist der Lehrerin nicht recht«, und verbesserte:

»Erst mache ich die Schule fertig, dann kriege ich ein Mädchen, dann ein Bübchen, und dann heirate ich.«

»Reihenfolge!!« stand diesmal mit zwei Ausrufezeichen am Heftrand.

Daraufhin verbesserte sie:

»Erst kriege ich ein Mädchen, dann mache ich die Schule fertig, dann kriege ich ein Bübchen, und dann heirate ich.«

Diesmal schmiss ihr die Lehrerin das Heft hin und sagte, dass es unglaublich sei.

Daraufhin setzte meine Tochter das Bübchen vor die Schule. Die Lehrerin schrie wutentbrannt auf.

Meine Tochter setzte dann die Heirat vor die Schule. Als Resultat schlug ihr die Lehrerin das Heft um die Ohren.

Verweint kam die Tochter zu ihrem Vater, um zu fragen, wie viele andere Möglichkeiten es denn noch gibt.

Ich schrieb auf:

(Bübchen; Heirat; Mädchen; Schule), (Heirat; Mädchen; Schule; Bübchen), (Mädchen; Schule; Bübchen; Heirat), (Schule; Bübchen; Heirat; Mädchen) usw.

Nach einiger Zeit hörte ich mit dem Schreiben auf und zog mein altes Schulbuch zu Rate. »Ich habe nicht alle Reihenfolgen aufgeschrieben, sondern etwas gerechnet«, antworte ich. »Die Frage ist hier, wie viele geordnete Stichproben ohne Zurücklegen es gibt, wenn $n = 4$ und $k = 4$ gilt. Verwendet man dafür die Formel für die Anzahl der geordneten Stichpro-

ben ohne Zurücklegen, dann ergibt sich: $4 \cdot 3 \cdot 2 \cdot 1 = 24$ Möglichkeiten, und diese können auch alle im Leben vorkommen.«

In dieser Geschichte kommt der Spezialfall $n = k$ bei geordneten Stichproben ohne Zurücklegen vor. Die geordneten Stichproben sind in diesem Fall die möglichen Reihenfolgen, in die man die n Elemente bringen kann. Jede solche Reihenfolge nennt man eine *Permutation* der n Elemente. Nach der Formel für die Anzahl der geordneten Stichproben aus n Elementen ohne Zurücklegen folgt für die Anzahl der möglichen Permutationen:

$$n(n-1)(n-2) \cdot \ldots \cdot (n-k+1) = n(n-1)(n-2) \cdot \ldots \cdot (n-n+1) = n(n-1)(n-2) \cdot \ldots \cdot 1$$

Für die Anzahl der Permutationen aus n Elementen ist das Symbol $n!$ (sprich: *n-Fakultät*) gebräuchlich.

> **Merke: Permutationen aus n Elementen**
>
> Jede mögliche Reihenfolge, in die man n Elemente bringen kann, nennt man eine Permutation dieser Elemente. Die Anzahl aller möglichen Permutationen ist gleich $n! = 1 \cdot 2 \cdot \ldots \cdot (n-1) \cdot n$.

In Beispiel 14 und Aufgabe 11 werden Situationen behandelt, die mit Permutationen beschrieben werden können.

Beispiel 14: Drei Kinder in einer Reihe

Frau Schulze will ihre drei Kinder für eine Gruppenaufnahme in einer Reihe anordnen. Auf wie viele Arten ist dies möglich?

Es gibt $3! = 3 \cdot 2 \cdot 1 = 6$ verschiedene Möglichkeiten. Im Einzelnen sind dies: (1; 2; 3), (1; 3; 2), (2; 1; 3), (2; 3; 1), (3; 1; 2) und (3; 2; 1).

Aufgabe 11: 5 Wartende in einer Schlange

Am Schalter des Einwohnermeldeamtes stellen sich 5 Personen an. Wie groß ist die Wahrscheinlichkeit, dass diese Personen in alphabetischer Reihenfolge anstehen?

Fakultäten werden mit zunehmendem n rasch sehr groß, wie Tabelle 7.6 zeigt. Für das Rechnen mit Fakultäten ist es zweckmäßig, $0! = 1$ zu setzen.

Beim Rechnen mit Fakultäten verwendet man oft eine Näherungsformel, die von James Stirling (schottischer Mathematiker, 1692–1770) stammt: $n! \approx \left(\dfrac{n}{e}\right)^n \sqrt{2\pi n}$.

(e steht in dieser Formel für die Euler'sche Zahl, die näherungsweise gleich 2,71828 ist.) Für theoretische Zwecke ist diese Formel von großer Bedeutung. Die *Stirling-Formel* liefert auch für kleine Werte von n eine erstaunlich gute Näherung. In Tabelle 7.6 sind die Fakultäten für einige Werte von n angegeben. Beachten Sie das starke Anwachsen der Werte von n!, wenn sich n vergrößert.

n	n!	Näherung nach Stirling
1	1	0,92
2	2	1,92
3	6	5,84
4	24	23,51
5	120	118,02
6	720	710,08
7	5.040	4.980,40
8	40.320	39.902,40
9	362.880	359.536,87
10	3.628.800	3.598.695,62
15	1.307.674.368.000	1.300.430.722.199,47
20	2.432.902.008.176.640.000	2.422.786.846.761.140.000,00
25	15.511.210.043.331.000.000.000.000	15.459.594.834.691.200.000.000.000,00

Tabelle 7.6 Fakultäten

Verwendet man das Fakultätszeichen, dann kann man die Formel für die Anzahl der geordneten Stichproben ohne Zurücklegen einfacher schreiben:

$$n \cdot (n-1) \cdot (n-2) \cdot \ldots \cdot (n-k+1) = \dfrac{n!}{(n-s)!}.$$

In Beispiel 15 wird diese Methode verwendet.

Beispiel 15: 6 Hotelgäste auf 10 Zimmer verteilen

Auf wie viele Arten kann man 6 Hotelgäste in 10 freien Einzelzimmern unterbringen? Es handelt sich bei diesem Problem um ein sechsstufiges Experiment vom Typ »Ziehen ohne Zurücklegen«. Also gilt:

$$10 \cdot 9 \cdot 8 \cdot 7 \cdot 6 \cdot 5 = \frac{10!}{(10-6)!} = \frac{10!}{4!} = \frac{3628800}{24} = 151200$$

> **Was Sie wissen sollten**
> - Sie sollten den Unterschied zwischen geordneten und ungeordneten Stichproben kennen.
> - Sie sollten die Formeln für die Anzahl der möglichen Ergebnisse beim Ziehen mit und beim Ziehen ohne Zurücklegen für den Fall geordneter Stichproben kennen.
> - Sie sollten wissen, was Permutationen sind und wie man deren Anzahl bestimmt.

7.5 Ungeordnete Stichproben

Bei ungeordneten Stichproben spielt die Reihenfolge der ausgewählten Elemente keine Rolle. Wie schon bei geordneten Stichproben unterscheidet man zwischen »Ziehen ohne Zurücklegen« und »Ziehen mit Zurücklegen«.

7.5.1 Ungeordnete Stichproben ohne Zurücklegen

Lotto ist ein Spiel, das gesellschaftlich akzeptiert wird. Niemand wird vom Spiel ausgeschlossen, da die Einsätze gering und die Spielregeln leicht zu verstehen sind. Viele Menschen spielen Lotto, obwohl die Gewinnchancen gering sind. Offenbar weichen die subjektiv wahrgenommenen Gewinnchancen von den tatsächlichen Chancen stark ab. Auf einem Schild, das vor einer Lottoannahmestelle steht und das Sie in Abbildung 7.15 sehen, ist die Gewinnwahrscheinlichkeit

1 : 139.838.160

für 6 Richtige plus Superzahl angegeben.

- Wie kommt diese Zahl zustande?
- Wie kann man sich diese Gewinnwahrscheinlichkeit veranschaulichen, um eine Vorstellung für das Eintreten von 6 Richtigen mit Superzahl zu bekommen?

Abbildung 7.15 Gewinnwahrscheinlichkeit im Lotto

Eine naheliegende erste Überlegung wird wie folgt aussehen: In der Lottotrommel befinden sich 49 Kugeln. Für das Ziehen der 1. Kugel gibt es also 49 Möglichkeiten. Danach befinden sich 48 Kugeln in der Trommel. Für die zweite Kugel gibt es deshalb 48 Möglichkeiten. Usw. Die Produktregel liefert dann $49 \cdot 48 \cdot 47 \cdot 46 \cdot 45 \cdot 44 = 10.068.347.520$ mögliche Ziehungen.

Diese Überlegung lässt eine entscheidende Tatsache außer Acht. Das soll an einem Beispiel verdeutlicht werden.

Am Samstag, dem 3.12.2016, lieferte die Ziehung der Reihe nach die Kugeln 16, 47, 48, 39, 43 und 5. Wie üblich wurden die Kugeln nach der Ziehung aufsteigend sortiert, sodass als Ergebnis für diesen Spieltag 5, 16, 39, 43, 47, 48 angegeben wurde. Nun hätten die gezogenen Kugeln auch in der Reihenfolge 39, 47, 5, 16, 43 und 48 zu demselben Ziehungsergebnis geführt. Genauer gesagt liefert jede Permutation der Zahlen 5, 16, 39, 43, 47, 48 dasselbe Ziehungsergebnis. Insgesamt gibt es damit $6! = 720$ Permutationen, die alle zu demselben Ziehungsergebnis führen.

Die Menge der zuvor berechneten 10.068.347.520 Ziehungen zerfällt damit in Teilmengen, die alle aus 720 Elementen bestehen. Jede Teilmenge steht für ein Ziehungsergebnis beim Lotto. Insgesamt gibt es also

$$\frac{10068347520}{720} = 13983816 \text{ verschiedene Ziehungsergebnisse, oder anders ausgedrückt:}$$

Es gibt 13.983.816 Stichproben vom Umfang 6 wenn man aus 49 Elementen ohne Berücksichtigung der Reihenfolge und ohne Zurücklegen auswählt.

Vor der Verallgemeinerung dieses Ergebnisses wird eine neue Schreibweise eingeführt:

$$\frac{10068347520}{720} = \frac{49 \cdot 48 \cdot 47 \cdot 46 \cdot 45 \cdot 44}{6!} =$$
$$\frac{49 \cdot 48 \cdot 47 \cdot 46 \cdot 45 \cdot 44 \cdot 43!}{6! \cdot 43!} = \frac{49!}{6!(49-6)!} = \binom{49}{6}$$

Das Symbol $\binom{49}{6}$ heißt *Binomialkoeffizient* und wird als »49 über 6« gelesen.

> **Merke: Anzahl der möglichen ungeordneten Stichproben ohne Zurücklegen**
>
> In einer Urne befinden sich n verschiedene Kugeln. Werden k Kugeln ohne Zurücklegen und ohne Berücksichtigung der Reihenfolge ausgewählt, dann gibt es dafür
>
> $$\binom{n}{k} = \frac{n!}{k!(n-k)!}$$
>
> verschiedene Möglichkeiten.

In Beispiel 16 sehen Sie, wie man einen Binomialkoeffizienten per Hand berechnen kann.

Beispiel 16: 7 über 3 – 3 aus 7

Berechnung eines Binomialkoeffizienten:

$$\binom{7}{3} = \frac{7!}{3!(7-3)!} = \frac{7!}{3!\,4!} = \frac{7 \cdot 6 \cdot 5}{1 \cdot 2 \cdot 3} = 35$$

Den in Beispiel 16 berechneten Binomialkoeffizienten kann man z. B. wie folgt deuten:

Es gibt 35 Möglichkeiten, aus einer Menge von 7 Elementen eine Teilmenge von 3 Elementen zu bilden.

Die Anzahl der ungeordneten Stichproben ohne Zurücklegen vom Umfang 3 aus 7 Elementen ist 35.

Es gibt 35 verschiedene Möglichkeiten, aus 7 Personen ein Gremium von 3 Personen auszuwählen.

Schreibt man die Binomialkoeffizienten wie in Abbildung 7.16 auf, dann lassen sich an diesem Schema wichtige Eigenschaften der Binomialkoeffizienten erkennen.

$$\begin{array}{c}
\binom{0}{0} \\
\binom{1}{0} \quad \binom{1}{1} \\
\binom{2}{0} \quad \binom{2}{1} \quad \binom{2}{2} \\
\binom{3}{0} \quad \binom{3}{1} \quad \binom{3}{2} \quad \binom{3}{3} \\
\binom{4}{0} \quad \binom{4}{1} \quad \binom{4}{2} \quad \binom{4}{3} \quad \binom{4}{4}
\end{array}$$

Abbildung 7.16 Binomialkoeffizienten

Das Schema besteht aus Zeilen (von oben nach unten) und Spalten (von links nach rechts). Dabei nummeriert man die Zeilen und Spalten, jeweils bei 0 beginnend, durch. So steht z. B. der Binomialkoeffizient $\binom{3}{2}$ in der Zeile 3 und Spalte 2 des Schemas. Die obere Zahl des Binomialkoeffizienten gibt damit die Nummer der Zeile, die untere Zahl die Nummer der Spalte an, in der der Binomialkoeffizient steht. $\binom{n}{k}$ steht in der Zeile n und in der Spalte k.

Ersetzt man die Binomialkoeffizienten in Abbildung 7.16 durch ihre Zahlenwerte, dann ergibt sich ein bekanntes Schema. Die Berechnung dieser Binomialkoeffizienten (unter Beachtung von 0! = 1) liefert das folgende Schema, das als Pascal'sches Dreieck bekannt ist:

$$\begin{array}{c}
1 \\
1 \quad 1 \\
1 \quad 2 \quad 1 \\
1 \quad 3 \quad 3 \quad 1 \\
1 \quad 4 \quad 6 \quad 4 \quad 1
\end{array}$$

Abbildung 7.17 Pascal'sches Dreieck

Die Zahlen im Pascal'schen Dreieck sind also Binomialkoeffizienten. Aus den Eigenschaften des Pascal'schen Dreiecks lassen sich Folgerungen über Binomialkoeffizienten ableiten.

Grundlagen der Wahrscheinlichkeitsrechnung

1. Das Pascal'sche Dreieck ist spiegelsymmetrisch zur Mittelachse. Deshalb muss für Binomialkoeffizienten gelten: $\binom{n}{k} = \binom{n}{n-k}$.

   Diese Eigenschaft folgt auch aus der zuvor betrachteten Interpretation von $\binom{n}{k}$ als Anzahl der Möglichkeiten, aus n Elementen k Stück auszuwählen.

   Umgekehrt sind die k ausgewählten Elemente eindeutig durch die (n–k) nicht gewählten Elemente bestimmt.

2. Im Pascal'schen Dreieck liefert die Summe von zwei nebeneinander stehenden Zahlen die Zahl, die in der Mitte darunter steht. Deshalb muss für Binomialkoeffizienten gelten: $\binom{n-1}{k-1} + \binom{n-1}{k} = \binom{n}{k}$.

Mit den sich anschließenden Aufgaben können Sie den Umgang mit Binomialkoeffizienten trainieren.

Aufgabe 12: Binomialkoeffizienten umformen

Weisen Sie durch Rechnung nach, dass gilt:

a) $\binom{n}{k} = \binom{n}{n-k}$

b) $\binom{n-1}{k-1} + \binom{n-1}{k} = \binom{n}{k}$

Aufgabe 13: Anzahl der möglichen Isomere berechnen

Ein bestimmter Kohlenwasserstoff besteht aus einer Kette von 8 C-Atomen. In der Kohlenstoffkette sollen 3 Doppelbindungen und 4 Einfachbindungen auftreten. Ein mögliches Beispiel:

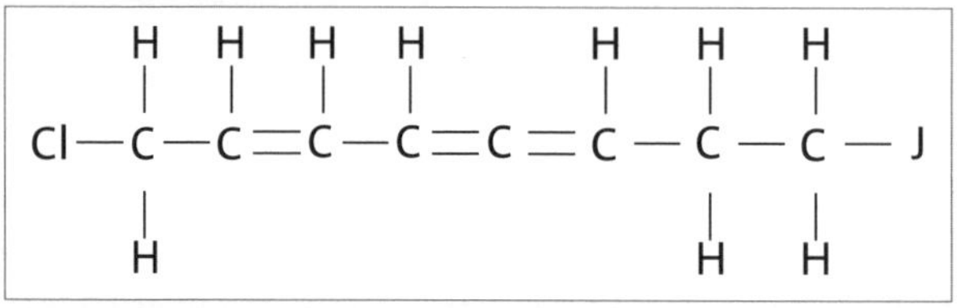

$$Cl-CH_2-CH=CH-CH=CH=CH-CH_2-CH_2-J$$

Abbildung 7.18 Isomer

Wie viele Isomere, bei denen die C-Atome in einer Reihe liegen, lassen sich bilden? (Isomere sind chemische Verbindungen der gleichen Summenformel mit unterschiedlicher chemischer Struktur.)

Aufgabe 14: Kürzeste Wege

Die Abbildung zeigt einen Ausschnitt des Straßensystems in der »Quadratestadt« Mannheim. Eingezeichnet ist ein kürzester Weg von A nach B.

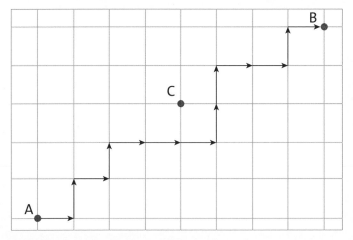

Abbildung 7.19 Stadtplan von Mannheim

a) Wie viele kürzeste Wege gibt es von A nach B?
b) Wie viele kürzeste Wege gibt es von A nach B, wenn Punkt C auf dem Weg liegen muss?

Zu Beginn dieses Abschnitts wurden zwei Fragen gestellt:
▶ Wie kommt die Zahl 139.838.160 als Anzahl der Möglichkeiten im Lottospiel mit Superzahl zustande?
▶ Wie kann man sich diese Gewinnwahrscheinlichkeit veranschaulichen, um eine Vorstellung für das Eintreten von 6 Richtigen mit Superzahl zu bekommen?

Die erste Frage kann nun leicht beantwortet werden. Die Zahl der möglichen Lottospiele ist 49 über 6, d. h. gleich 13.983.816.

Für die Superzahl gibt es die 10 Möglichkeiten 0, 1, ..., 9. Mit der Produktregel ergibt sich als Gesamtzahl *aller* Spiele unter Berücksichtigung der Superzahl:

$$\binom{49}{6} \cdot 10 = 13983816 \cdot 10 = 139838160.$$

Zur Veranschaulichung der Gewinnchance betrachtet man eine Fahrt mit dem Auto von Berlin nach Rennes in der Bretagne, deren Fahrzeit vom Routenplaner mit 14¼ Stunden angegeben wird und die 1.390 km, d. h. 139.000.000 cm lang ist.

Stellt man sich vor, dass irgendwo am Straßenrand ein Pfahl der Breite 1 cm aufgestellt wurde und dass man während der Fahrt irgendwann eine 1-Cent-Münze aus dem Seitenfenster des Autos wirft, dann ist die Chance, den Pfahl zu treffen, ebenso groß wie die zuvor angegebene Gewinnwahrscheinlichkeit.

Die Gewinnchancen für 6 Richtige sind gering, aber vielleicht ist man bescheiden und auch mit 5 Richtigen zufrieden. Wie groß sind die Wahrscheinlichkeiten für 0, 1, 2, 3, 4 oder 5 Richtige?

Wie groß ist die Wahrscheinlichkeit für k Richtige, $k = 0, ..., 6$?

Aus den 6 gezogenen Zahlen k Stück auszuwählen, gibt es $\binom{6}{k}$ Möglichkeiten. Die restlichen $(6-k)$ getippten Zahlen müssen aus den $49 - 6 = 43$ nicht gezogenen Kugeln stammen. Dafür gibt es $\binom{43}{6-k}$ Möglichkeiten. Also ist $\dfrac{\binom{6}{k}\binom{43}{6-k}}{\binom{49}{6}}$ die Wahrscheinlichkeit dafür, dass man k Richtige bekommt.

Diese Wahrscheinlichkeiten sind in der nächsten Tabelle aufgelistet. Dabei zeigt sich, dass die Chancen für mehr als 3 Richtige sehr klein sind.

k	Wahrscheinlichkeit für k Richtige
0	0,43596
1	0,41302
2	0,13238
3	0,01765
4	0,00097

Tabelle 7.7 Wahrscheinlichkeit für k Richtige

k	Wahrscheinlichkeit für k Richtige
5	0,000018
6	0,00000007

Tabelle 7.7 Wahrscheinlichkeit für k Richtige (Forts.)

Um ein Gefühl für die Größenordnungen dieser Wahrscheinlichkeiten zu bekommen, können Sie mit den Tabellenblättern »*7.5.1 Lotto1*«, »*7.5.1 Lotto2*« und »*7.5.1 Lotto3*« Lottospiele durchführen.

7.5.2 Ungeordnete Stichproben mit Zurücklegen

In Kleinasien waren im 2. und 3. Jahrhundert n. Chr. Astragal-Orakel mit vorgefertigten Sprüchen weit verbreitet. Ein Astragal ist ein Knöchel (siehe Abbildung 7.20), der bei Paarhufern in der Hinterfußwurzel sitzt. Geschlachteten Schafen, Ziegen oder Kälbern wurde dieser Knöchel entnommen und als Würfel verwendet. Ein Astragal ähnelt einem Quader, dessen schmale Seitenflächen abgerundet sind, sodass er nur auf den übrigen 4 Flächen zum Liegen kommen kann. Diese nicht gleich großen Flächen sind mit den Ziffern 1, 3, 4 und 6 beschriftet. Mit der üblichen Beschriftung haben bei einem Astragalwurf 3 und 4 jeweils ungefähr 40 % Auftretenswahrscheinlichkeit, 1 und 6 jeweils 10 % [NOL, S. 8 f.].

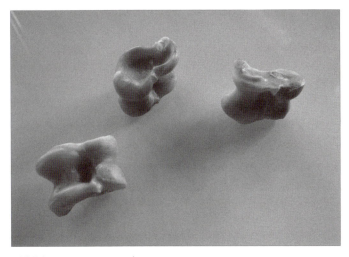

Abbildung 7.20 Astragale

Wer mit 5 Astragalen 1, 1, 1, 6 und 6 geworfen hatte (die Reihenfolge der Augenzahlen war unwichtig), dem wurde die folgende erfreuliche Weissagung zuteil:

»*Gehe mit Mut diesen Weg, den zu gehen im Sinne es drängt dich.*

Alles wird geben Dir trefflich die Gottheit. Du tust, was

Du möchtest.

Zeus, aus der Höhe donnernd, wird Retter bei allem Dir

werden.«

Wie der Historiker Johannes Nollé glaubt, waren die Bürger des römischen Kaiserreichs auf Orakelsprüche erpicht und haben diese als Entscheidungshilfe für Probleme des täglichen Lebens wahrgenommen. An zentralen Plätzen der Städte und Siedlungen in Kleinasien konnten diese Orakel befragt werden. Die Orakelsprüche waren auf Holztafeln aufgeschrieben oder auch in massive Steinquader eingemeißelt und hatten an fast allen Standorten denselben Wortlaut. Nollé ist es in jahrelanger Arbeit gelungen, sämtliche 56 Orakelsprüche zu rekonstruieren, vor allem deshalb, weil in Südkleinasien die Orakelsprüche auf die vier Seiten von monolithen Pfeilern gemeißelt waren, auf denen sie weniger vergänglich als auf den sonst verwendeten Holztafeln waren [NOL, S. 25 f.].

Wie Nollé beschreibt, hatten die Orakelsprüche ein erzieherisches Ziel. Die Menschen sollten auf das segensreiche Wirken der Götter vertrauen und so zu einem furchtlosen, aber besonnenen Handeln geführt werden [NOL, S. 190 f.].

Wieso waren es gerade 56 Orakelsprüche?

Der Wurf von 5 Astragalen ist gleichbedeutend damit, dass $k = 5$ Kugeln in $n = 4$ Urnen gelegt werden. Eine Urne wird mit zwei Strichen gekennzeichnet, eine Kugel durch einen Stern. /**/ steht damit für eine Urne, die zwei Kugeln enthält, / / stellt eine leere Urne dar. Der zuvor erwähnte Astragalwurf 1, 1, 1, 6, 6 hat in diesem Bild die Darstellung /***/ / /**/.

Die $n = 4$ Urnen sind durch $n + 1 = 5$ Striche dargestellt, die 5 Bälle durch $k = 5$ Sterne, sodass man eine Kette von $n + 1 + k = 10$ Symbolen vorliegen hat. Wie viele solcher Ketten, von denen /***/ / /**/ eine spezielle ist, gibt es?

Jede dieser Ketten beginnt mit eine Strich und hört mit einem Strich auf, sodass nur die Reihenfolge von $n + 1 + k - 2 = n + k - 1 = 8$ Elementen entscheidend ist. Die Reihenfolge ist festgelegt, wenn bekannt ist, an welchen k Stellen sich ein Stern befindet.

Diese k Stellen auszuwählen, gibt es $\binom{n+k-1}{k} = \binom{8}{5} = 56$ Möglichkeiten.

> **Merke: Anzahl der möglichen ungeordneten Stichproben mit Zurücklegen**
>
> Man kann k ununterscheidbare Kugeln auf $\binom{n+k-1}{k}$ verschiedene Arten in n Urnen legen.

Beispiel 17: Domino

Domino ist ein Legespiel mit rechteckigen Spielsteinen. Diese sind in zwei Felder geteilt, auf denen alle möglichen Kombinationen von Augenzahlen dargestellt werden.

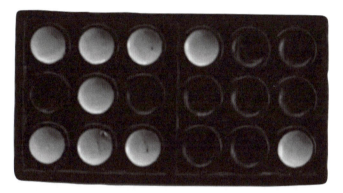

Abbildung 7.21 Dominostein

Die Abbildung zeigt einen Spielstein aus einem Doppel-9er-Spiel, d. h. in jedem der beiden Felder können sich 0, 1, 2, …, 8 oder 9 Punkte befinden. Es gibt auch Doppel-6er-, Doppel-12er-, Doppel-5er- und Doppel-18er-Dominosets.

Wie viele Spielsteine hat ein Doppel-9er-Dominospiel, wenn jeder Stein nur einmal vorkommt?

In der zuvor betrachteten Urne-Kugel Modellvorstellung hat man es mit $n = 10$ Urnen zu tun, in die zwei Bälle gelegt werden. Also gibt es

$\binom{10+2-1}{2} = \binom{11}{2} = 55$ Möglichkeiten. Ein Doppel-9er-Dominospiel besteht also aus 55 verschiedenen Spielsteinen.

In den nächsten beiden Aufgaben können Sie die Formel für die Anzahl der möglichen ungeordneten Stichproben mit Zurücklegen anwenden.

Aufgabe 15: Kniffel

Beim Würfelspiel »Kniffel« werden 5 Würfel geworfen. Wie viele verschiedene Würfelbilder gibt es? Man beachte, dass 2, 2, 3, 6, 4 dieselbe Kombination wie 6, 4, 2, 3, 2 darstellt, d. h. die Reihenfolge der Würfel spielt keine Rolle.

Aufgabe 16: Das Gummibärchen-Orakel

Drei weiße, zwei orangefarbene Bärchen

UNRUHE, INTUITION, GEISTIGE KRAFT

Abbildung 7.22 Gummibärchen-Orakel auf dem iPhone

Aus einer Tüte mit Gummibärchen werden 5 Gummibärchen gezogen mit Zurücklegen. In der Tüte befinden sich Gummibärchen der Farben Rot, Gelb, Weiß, Grün und Orange. Zu jeder gezogenen Farbkombination gibt es einen Orakelspruch. Dieses Orakel gibt es auch als App für iPhone und iPad.

Wie viele verschiedene Orakelsprüche gibt es?

> **So können Sie vorgehen, um die verschiedenen Anzahlen an Möglichkeiten beim Bilden einer Stichprobe zu bestimmen.**
> 1. Bestimmen Sie zuerst, wie groß die Anzahl n der Elemente ist, aus denen gezogen wird.
> 2. Bestimmen Sie die Anzahl der Elemente k, die gezogen werden.
> 3. Entscheiden Sie, ob eine geordnete oder eine ungeordnete Stichprobe vorliegt.
> 4. Entscheiden Sie, ob Ziehen mit oder ohne Zurücklegen stattfindet.
> 5. Wählen Sie dann den zutreffenden Fall aus Tabelle 7.8 aus.

	Geordnete Stichproben	Ungeordnete Stichproben
Mit Zurücklegen	n^k	$\binom{n+k-1}{k}$
Ohne Zurücklegen	$n \cdot (n-1) \cdot \ldots \cdot (n-k+1)$ Spezialfall $n = k$: $n!$ Permutationen	$\binom{n}{k}$

Tabelle 7.8 Übersicht: Geordnete und ungeordnete Stichproben

> **Was Sie wissen sollten**
> - Sie sollten wissen, was ein Binomialkoeffizient angibt und wie man ihn berechnet.
> - Sie sollten die wichtigsten Eigenschaften von Binomialkoeffizienten kennen.
> - Sie sollten die Formeln für die Anzahl der möglichen Ergebnisse beim Ziehen mit und beim Ziehen ohne Zurücklegen für den Fall ungeordneter Stichproben kennen.

7.6 Die Pfadregeln

Viele stochastische Experimente kann man in einzelne Stufen zerlegen. Das hat den Vorteil, dass man die Wahrscheinlichkeiten für die einzelnen Stufen einfach berechnen kann. Die Wahrscheinlichkeit für das Gesamtexperiment kann dann unter Verwendung der sogenannten Pfadregeln aus den Einzelwahrscheinlichkeiten zusammengesetzt werden.

Abbildung 7.23 Trainierte Maus

Grundlagen der Wahrscheinlichkeitsrechnung

7.6.1 Die 1. Pfadregel

In Experimenten zum Lernverhalten von Mäusen werden diese trainiert, bestimmte Wege in einem Labyrinth aus Gängen zu durchlaufen. Lerneffekte werden sichtbar, wenn man das Verhalten von trainierten Mäusen mit dem von untrainierten Mäusen vergleicht.

Wie verhalten sich untrainierte Mäuse, wenn sie in das Labyrinth der Abbildung 7.24 gesetzt werden?

An der Stelle S wird eine große Anzahl N an Mäusen in das Labyrinth geschickt. Wenn sich die Mäuse zufällig verhalten, d. h. wenn an jeder Weggabelung jeder Weg die gleiche Wahrscheinlichkeit besitzt, dann wird etwa die Hälfte von ihnen an der Stelle A ankommen.

Von diesem Anteil kommt dann etwa ein Drittel, d. h. $\frac{1}{3} \cdot \left(\frac{1}{2} \cdot N\right)$ an der Stelle B an.

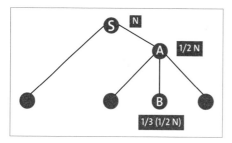

Abbildung 7.24 Mäuselabyrinth

Dies zeigt, dass es sinnvoll ist, die Wahrscheinlichkeit dafür, dass eine Maus den Pfad S–A–B wählt, durch $\frac{1}{2} \cdot \frac{1}{3}$ festzulegen, wobei $\frac{1}{2}$ und $\frac{1}{3}$ die Wahrscheinlichkeiten sind, mit denen eine Maus die Wege S–A und A–B nimmt.

Diese Wahrscheinlichkeiten sind in Abbildung 7.25 an den Pfad geschrieben worden.

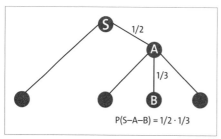

Abbildung 7.25 Motivation der 1. Pfadregel

Man sieht, dass die Wahrscheinlichkeit für den gesamten Pfad das Produkt der Wahrscheinlichkeiten der beiden Einzelpfade ist. Dieses Beispiel verallgemeinert man zur 1. Pfadregel:

> **Merke: 1. Pfadregel**
> Die Wahrscheinlichkeit eines Pfades ist gleich dem Produkt aller Wahrscheinlichkeiten längs des Pfades.

Beispiel 18 ist ein Spezialfall des sogenannten Sammelbilderproblems.

Beispiel 18: Sammelbilder mit 5 Motiven

Im Rahmen einer Werbeaktion legt eine Firma jeder ihrer Haselnussschnitten ein Sammelbild bei. Insgesamt gibt es 5 verschiedene Sammelbilder. Wer die 5 Motive aufgeklebt an die Firma schickt, bekommt einen Preis. Mit welcher Wahrscheinlichkeit hat man beim Kauf von 5 Haselnussschnitten auch alle 5 verschiedenen Sammelbilder?

Die Abbildung zeigt einen Pfad, bei dem die in den Kreisen stehenden Zahlen die Zahl der bereits vorhandenen verschiedenen Sammelbilder angeben.

Abbildung 7.26 Sammelbildproblem

Startpunkt ist die Zahl 0, d. h. es ist kein Bild vorhanden. Nach der 1. Ziehung ist mit Sicherheit, d. h. mit Wahrscheinlichkeit 1 ein Bild vorhanden. Man befindet sich jetzt im Zustand 1. In 4 von 5 Fällen liefert die nächste Ziehung ein noch nicht vorhandenes Bild, d. h. mit der Wahrscheinlichkeit 4/5 gelangt man in Zustand 2. Mit der Wahrscheinlichkeit 1/5 bleibt man in Zustand 1 und kann das Ziel von 5 verschiedenen Bildern bei 5 Ziehungen nicht mehr erreichen. Mit der 1. Pfadregel ergibt sich die Wahrscheinlichkeit für 5 verschiedene Bilder nach 5 Ziehungen zu:

$$1 \cdot \frac{4}{5} \cdot \frac{3}{5} \cdot \frac{2}{5} \cdot \frac{1}{5} \approx 0{,}0384 \approx 3{,}8\,\%.$$

Die sich anschließenden Aufgaben sind Übungen zur 1. Pfadregel.

Aufgabe 17: Nur gerade Augenzahlen

Es wird mit 6 Würfeln geworfen. Mit welcher Wahrscheinlichkeit bekommt man lauter gerade Zahlen?

Aufgabe 18: Ein Wort aus Bauklötzen

Ein Kind sitzt vor dem Baukasten der Abbildung 7.27, in dem sich Bauklötze mit Buchstabenaufschriften befinden. Das Kind holt 4 Bauklötze aus dem Kasten und legt diese nebeneinander. Mit welcher Wahrscheinlichkeit ergibt sich das Wort AFFE?

Abbildung 7.27 Baukasten

Aufgabe 19: Zwei zu null beim Tennis

Um ein Tennismatch zu gewinnen, muss einer der beiden Spieler zwei Sätze gewonnen haben, d. h. das Match ist beendet, wenn einer der folgenden Spielstände erreicht ist: 2:0, 2:1, 1:2 oder 0:2. In den ersten beiden Fällen gewinnt Spieler A, in den letzten beiden gewinnt Spieler B. Alle möglichen Abläufe von Satzgewinnen werden in Abbildung 7.28 dargestellt:

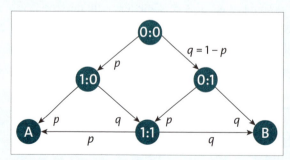

Abbildung 7.28 Tennismatch über 2 Gewinnsätze

Aus vorangegangenen Begegnungen beider Spieler kann man abschätzen, dass Spieler A mit einer Wahrscheinlichkeit von $p = 55\,\%$ einen Satz gegen Spieler B gewinnt. Entsprechend gewinnt dann Spieler B einen Satz gegen Spieler A mit einer Wahrscheinlichkeit von $q = 1 - p = 45\,\%$. Wie hoch ist die Wahrscheinlichkeit, dass Spieler A mit 2:0 gewinnt?

7.6.2 Die 2. Pfadregel

Im Jahr 2014 hatten in Deutschland 36,3 % aller Familien mit minderjährigen Kindern genau zwei Kinder [STA15]. Wie groß ist die Wahrscheinlichkeit, dass in einer Familie mit genau zwei Kindern ein Mädchen und ein Junge leben?

Die vorschnelle Antwort lautet $\frac{1}{3}$, denn es gibt Familien mit zwei Mädchen, Familien mit zwei Jungen und Familien mit Kindern unterschiedlichen Geschlechts.

Eine genauere Analyse zeigt aber, dass dies nicht richtig sein kann. Nach Abschnitt 7.4.1 handelt es sich um geordnete Stichproben mit Zurücklegen, und davon gibt es $2^2 = 4$ Stück. In 2 von 4 möglichen Fällen ((M/J) und (J/M)) gibt es je ein Mädchen und einen Jungen in einer Familie.

Also beträgt die Wahrscheinlichkeit $\frac{2}{4} = \frac{1}{2}$.

Man kann die Situation auch als ein zweistufiges Zufallsexperiment betrachten. Ein zweistufiges Zufallsexperiment besteht aus zwei Zufallsexperimenten, die nacheinander durchgeführt werden. Im vorliegenden Fall beschreibt die erste Stufe die Geburt des älteren Kindes, die zweite Stufe die des jüngeren Kindes. Abbildung 7.29 zeigt alle Möglichkeiten, die dabei auftreten können.

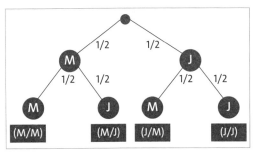

Abbildung 7.29 Verteilung der Geschlechter in einer Familie mit 2 Kindern

Verwendet man jetzt die 1. Pfadregel, dann erhält man sowohl für den Pfad M–J als auch für den Pfad J–M die Wahrscheinlichkeit $\frac{1}{2} \cdot \frac{1}{2} = \frac{1}{4}$.

Beide Pfade bilden das Ereignis »Familie mit Kindern verschiedenen Geschlechts«. Um auf die Wahrscheinlichkeit für dieses Ereignis zu kommen, muss man offenbar die Wahrscheinlichkeiten der beiden Pfade addieren. Verallgemeinert man dies, so ergibt sich die 2. Pfadregel.

> **Merke: 2. Pfadregel**
> Man erhält die Wahrscheinlichkeit eines Ereignisses, das sich aus verschiedenen Pfaden zusammensetzt, indem man die Wahrscheinlichkeiten der einzelnen Pfade addiert.

In Beispiel 19 bekommen Sie die Anwendung der 2. Pfadregel erklärt. Die sich anschließenden Aufgaben dienen zu Ihrer Übung.

Beispiel 19: Tennismatch mit zwei Gewinnsätzen

Es wird noch einmal ein Tennismatch über 2 Gewinnsätze betrachtet. Mit welcher Wahrscheinlichkeit gewinnt Spieler A (vergleiche Abbildung 7.28)?

Die Pfade, die zu einem Gewinn von Spieler A führen, sind:

(0:0 – 1:0 – 2:0); (0:0 – 1:0 – 1:1 – 2:1); (0:0 – 0:1 – 1:1 – 2:1). Das Ereignis »A gewinnt« tritt bei den Spielständen 2:0 und 2:1 auf.

Die angegebenen Pfade haben die Wahrscheinlichkeiten

p^2, $p \cdot (1-p) \cdot p) = p^2(1-p)$ und $(1-p) \cdot p \cdot p = p^2 \cdot (1-p)$. Mit der 2. Pfadregel ergibt sich daraus durch Addition die Gewinnwahrscheinlichkeit für den Gewinn von Spieler A zu $G(p) = p^2 + 2p^2 \cdot (1-p)$. Nimmt man einmal an, dass Spieler A mit einer Wahrscheinlichkeit von $p = 0{,}55$ einen Satz gegen Spieler B gewinnt, dann ergibt sich beim Einsetzen dieses Wertes in $G(p)$: $G(0{,}55) = 0{,}55^2 + 2 \cdot 0{,}55^2(1-0{,}55) \approx 0{,}575$. Wie man sieht, hat Spieler A über zwei Gewinnsätze eine höhere Wahrscheinlichkeit zu gewinnen als über einen Satz. Das Reglement unterstützt demnach den stärkeren Spieler.

Aufgabe 20: Tennismatch mit drei Gewinnsätzen

Während bei einem »normalen« Tennismatch über zwei Gewinnsätze gespielt wird (siehe letztes Beispiel), wird bei Grand-Slam-Turnieren (Australian Open, French Open,

Wimbledon und US Open) und bei Davis-Cup-Begegnungen bei Männern über drei Gewinnsätze gespielt. Ein Match ist bei einem der folgenden Spielstände beendet: 3:0, 3:1, 3:2, 2:3, 1:3 oder 0:3. Spieler A gewinnt mit einer Wahrscheinlichkeit von p einen Satz gegen Spieler B. In Abbildung 7.30 kann man alle möglichen Spielverläufe verfolgen:

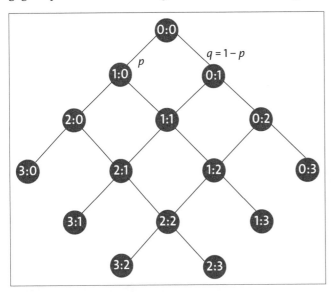

Abbildung 7.30 Dreisatzmatch

Zeigen Sie, dass Spieler A mit der Wahrscheinlichkeit $6p^5 - 15p^4 + 10p^3$ das Match gewinnt.

Aufgabe 21: Freiwürfe beim Basketball

Wird beim Basketballspiel ein Spieler beim Korbwurf gefoult, so erhält er zwei Freiwürfe zugesprochen. Ein bestimmter Spieler trifft beim ersten Freiwurf in 80 % aller Fälle. War der erste Wurf erfolgreich, so trifft dieser Spieler auch beim zweiten Wurf mit derselben Wahrscheinlichkeit. Geht der erste Wurf jedoch daneben, so erzielt der jetzt leicht verunsicherte Spieler nur noch mit einer Wahrscheinlichkeit von 70 % einen Treffer beim zweiten Wurf.

Berechnen Sie die Wahrscheinlichkeit für folgende Ereignisse:

a) Der Schütze erzielt genau einen Treffer.
b) Der Schütze erzielt mindestens einen Treffer.

Aufgabe 22: Schlüssel in der Nacht

Nach längeren Besuch eines Weinfestes versucht ein Zecher, das Schloss seiner Haustür zu öffnen. In der dunklen Nacht kann er den richtigen der 10 Schlüssel seines Schlüsselbundes nicht erkennen. Er wählt deshalb zufällig einen Schlüssel aus. Passt dieser nicht, so zieht er ihn aus dem Schloss, wobei die Schlüssel wieder durcheinander geraten und er von vorne beginnen muss.

a) Mit welcher Wahrscheinlichkeit öffnet sich die Tür genau beim 5. Versuch?

b) Mit welcher Wahrscheinlichkeit werden mehr als 3 Versuche benötigt?

Aufgabe 23: Pfandflaschenrückgabe

Eine Pfandflasche wird nach dem Verkauf mit einer Wahrscheinlichkeit von p zurückgegeben. Wie groß ist die Wahrscheinlichkeit, dass die Flasche genau k-mal zurückgegeben wird (und dann nicht mehr)?

> **Was Sie wissen sollten**
> ▶ Sie sollten die beiden Pfadregeln kennen.
> ▶ Sie sollten die Pfadregeln anwenden können.

7.7 Bedingte Wahrscheinlichkeiten

Nach vielen Jahren begegnen Sie einer alten Freundin auf dem Jahrmarkt. »Ich bin inzwischen stolze Mutter zweier lieber Kinder«, erzählt ihnen die Freundin, »dort in den Boxautos siehst du die beiden.« Sie erkennen zweifelsohne, dass es sich bei dem einen Kind um einen Jungen handelt. Leider können Sie das Gesicht des anderen Kindes nicht sehen, und an der Frisur lässt sich heutzutage nicht immer ein Unterschied zwischen Mädchen und Junge feststellen. Mit welcher Wahrscheinlichkeit ist das andere Kind auch ein Junge?

Es liegt nahe, dafür zu plädieren, dass das andere Kind mit 50 % Wahrscheinlichkeit ein Junge ist. Mädchen- und Jungengeburten sind gleichhäufig (was nur annähernd stimmt), und das Geschlecht des einen Kindes hat nichts mit dem des anderen zu tun. Falls Sie auch so denken, dann liegen Sie hier falsch!

Für eine Familie mit zwei Kindern besteht die Grundgesamtheit für die Verteilung der Geschlechter aus 4 Elementen:

Ω = {(Mädchen; Mädchen), (Mädchen; Junge), (Junge; Mädchen), (Junge; Junge)}

Abbildung 7.31 Boxautos

Dabei bedeutet das zuerst aufgeführte Kind das jeweils ältere Kind. Die Fälle (Mädchen; Junge) und (Junge; Mädchen) sind demnach als verschieden zu sehen, und das ist in der Praxis auch so. Die Struktur einer Familie mit einem Mädchen als älterem Kind ist von der Struktur einer Familie mit einem Jungen als älterem Kind verschieden. Auch bei einem zweimaligen Münzwurf ist es für jeden selbstverständlich, die 4 Ergebnisse (Wappen; Wappen), (Wappen; Zahl), (Zahl; Wappen) und (Zahl; Zahl) zu unterscheiden.

Die Information, dass eines der Kinder ein Junge ist, *verändert* die Grundgesamtheit: Das Element (Mädchen; Mädchen) scheidet aus. Folglich ist nach dieser Information die Grundgesamtheit gleich

Ω' = {(Mädchen; Junge), (Junge; Mädchen), (Junge; Junge)}.

In nur einem dieser drei Fälle ist auch das andere Kind ein Junge. Also ist die gesuchte Wahrscheinlichkeit gleich $\frac{1}{3}$.

In der geschilderten Situation hing die Wahrscheinlichkeit des Ereignisses A: »Das andere Kind ist ein Junge.« von dem eingetretenen Ereignis B: »Ein Kind ist ein Junge.« ab. Statt $P(A)$ schreibt man in diesem Fall $P(A|B)$. Man nennt eine solche Wahrscheinlichkeit eine *bedingte Wahrscheinlichkeit* und sagt: Die Wahrscheinlichkeit von A unter der Bedingung B.

Wäre bekannt gewesen, dass der Junge in dem Boxauto das *ältere* Kind ist, dann würde die Situation wieder ganz anders aussehen. Diese Information führt auf die Grundgesamtheit $\Omega'' = \{$(Junge; Mädchen), (Junge; Junge)$\}$.

Die Wahrscheinlichkeit, dass auch das andere Kind ein Junge ist, wäre dann $\frac{1}{2}$.

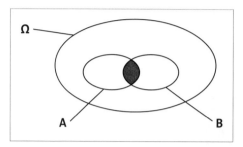

Abbildung 7.32 Zusammenhang $P(A|B)$, $P(A \cap B)$ und $P(B)$

Bedingte Wahrscheinlichkeiten kommen häufig vor. So hängt z. B. die Frage nach der Wahrscheinlichkeit, dass ein bestimmtes elektronisches Bauteil noch 1000 Stunden seinen Dienst versieht, davon ab, wie viele Stunden es schon verwendet wurde. Missverständnisse treten oft auf, wenn bedingte Wahrscheinlichkeiten mit »normalen« Wahrscheinlichkeiten verwechselt werden. Dazu gibt es eine kleine Geschichte, die aus dem Buch »Das Spiel« von Nobelpreisträger Manfred Eigen und Ruthild Winkler stammt.

Ein Mann will zum ersten Mal eine Flugreise antreten. Er ist wegen der Bombendrohungen, die in letzter Zeit erfolgt sind, sehr ängstlich. Deshalb ruft er aus Vorsicht bei seiner Versicherung an, um sich nach dem Risiko der Flugreise zu erkundigen.

Er erhält die Auskunft, dass die Wahrscheinlichkeit für eine Bombe an Bord nur etwa $\frac{1}{100000}$ beträgt. Selbst dieses Risiko erscheint ihm zu hoch, sodass er den Versicherungsagenten nach der Wahrscheinlichkeit für zwei Bomben an Bord fragt.

Dieser antwortet korrekt mit $\frac{1}{100000} \cdot \frac{1}{100000} = \frac{1}{10000000000}$.

Einige Tage später las der Versicherungsagent in der Zeitung, dass man bei der Gepäckkontrolle am Flughafen im Koffer eines Passagiers eine Bombe gefunden hatte. Dieser Passagier habe vor dem Untersuchungsrichter beteuert, seine Bombe lediglich zur Verminderung des Risikos mitgeführt zu haben.

Was läuft in dieser Geschichte falsch? Wenn der Passagier seine Bombe an Bord mitnimmt, dann besteht die Vorinformation, dass sich eine Bombe an Bord befindet. Die Wahrscheinlichkeit, dass sich *dann* zwei Bomben an Bord befinden, ist die bedingte Wahrscheinlichkeit P(Zwei Bomben an Bord|Eine Bombe befindet sich an Bord). Diese Wahrscheinlichkeit ist dann natürlich gleich 1/100.000.

Um mit bedingten Wahrscheinlichkeiten rechnen zu können, ist es notwendig, zu wissen, wie die Zahlen $P(A)$, $P(B)$ und $P(A|B)$ zusammenhängen. Für den Fall, dass Ω ein Laplace-Experiment beschreibt, kann man sich diesen Zusammenhang leicht klar machen. Das geschieht an folgendem Beispiel:

Eine Population besteht aus N Personen. In der Population befinden sich Männer, Frauen, Farbenblinde und Nichtfarbenblinde. Eine Person wird zufällig ausgewählt. Es werden die Ereignisse A: »Die Person ist farbenblind.« und B: »Die Person ist männlich.« betrachtet. Gesucht ist die Wahrscheinlichkeit $P(A|B)$, d. h. die Wahrscheinlichkeit dafür, dass die Person farbenblind ist, wenn man weiß, dass es sich um einen Mann handelt.

Die Menge, welche das Ereignis A beschreibt, bestehe aus n_A Elementen. Die Menge, die zum Ereignis B gehört, bestehe aus n_B Elementen. Dann gilt:

$$P(A) = \frac{n_A}{N} \text{ und } P(B) = \frac{n_B}{N}.$$

Das Ereignis $A|B$ besteht aus den Elementen von A, die auch in B liegen. Das sind gerade die Elemente der Schnittmenge. In der Schnittmenge von A und B liegen $n_{A \cap B}$ Elemente. Die Wahrscheinlichkeit, dass ein Element von B in der Schnittmenge $A \cap B$ liegt, ist dann $\frac{n_{A \cap B}}{n_B}$. Diese Wahrscheinlichkeit ist gerade gleich $P(A|B)$. Damit ergibt sich (nach Erweitern mit n) der gesuchte Zusammenhang:

$$P(A|B) = \frac{n_{A \cap B}}{n_B} = \frac{\frac{n_{A \cap B}}{n}}{\frac{n_B}{n}} = \frac{P(A \cap B)}{P(B)}$$

Dieser am Beispiel eines Laplace-Experimentes abgeleitete Zusammenhang zwischen $P(A|B)$, $P(A \cap B)$ und $P(B)$ motiviert die folgende allgemeine Definition:

Bedingte Wahrscheinlichkeit

Mit $P(A|B)$ wird die Wahrscheinlichkeit bezeichnet, dass A eintritt, wenn man weiß, dass B eingetreten ist. Man erhält $P(A|B)$ zu $P(A|B) = \dfrac{P(A \cap B)}{P(B)}$.

Die Formel für die bedingte Wahrscheinlichkeit wird häufig in dieser Form benutzt:

$P(A \cap B) = P(A|B) \cdot P(B)$

In Beispiel 20 bekommen Sie eine typische Anwendung für bedingte Wahrscheinlichkeiten vorgeführt.

Beispiel 20: Raucher und Nichtraucher

Nach dem Statistischen Jahrbuch von 2015 [STA15] verteilen sich weibliche und männliche Raucher bzw. Raucherinnen (älter als 15 Jahre) auf folgende Weise:

	Weiblich	Männlich	Summe
Raucher	5.834.000	7.809.000	13.643.000
Nichtraucher	22.903.000	19.147.000	42.050.000
Summe	28.737.000	26.956.000	55.693.000

Tabelle 7.9 Raucherinnen und Raucher

Eine Person wird zufällig ausgewählt. Mit welcher Wahrscheinlichkeit raucht diese Person, wenn bekannt ist, dass sie weiblich ist?

Man betrachtet die Ereignisse A: »Die Person raucht.« und B: »Die Person ist weiblich.«.

Die Anzahl weiblicher Personen ist 28.737.000. Damit erhält man $P(B)$ zu:

$P(B) = \dfrac{28\,737\,000}{55\,693\,000} \approx 0{,}516$

Die weiblichen Raucher bilden das Ereignis $P(A \cap B)$,

d. h. $P(A \cap B) = \dfrac{5\,834\,000}{55\,693\,000} \approx 0{,}105$.

Verwendet man jetzt die Formel für $P(A|B)$, dann ergibt sich:

$$P(A|B) = \frac{P(A \cap B)}{P(B)} \approx \frac{0{,}105}{0{,}516} \approx 0{,}203 = 20{,}3\%$$

$P(A|B)$ und $P(B|A)$ sind verschiedene Wahrscheinlichkeiten, denn einmal geht man davon aus, dass das Ereignis B stattgefunden hat, im zweiten Fall setzt man das Ereignis A voraus. Die Wahrscheinlichkeiten $P(A|B)$ und $P(B|A)$ hängen aber auf einfache Art und Weise zusammen. Das ergibt sich aus folgenden zwei Zeilen:

1. Aus $P(A|B) = \dfrac{P(A \cap B)}{P(B)}$ folgt: $P(A \cap B) = P(A|B)P(B)$

2. $P(A|B) = \dfrac{P(B \cap A)}{P(A)} = \dfrac{P(A \cap B)}{P(A)}$

Setzt man jetzt 1 in 2 ein, dann ergibt sich:

> **Merke: Zusammenhang zwischen $P(A|B)$ und $P(B|A)$**
>
> $P(B|A) = \dfrac{P(A|B)P(B)}{P(A)}$

In Aufgabe 24 sollen Sie die letzte Formel verwenden.

Aufgabe 24: Raucherin

Berechnen Sie mit den Daten aus Beispiel 20 die Wahrscheinlichkeit dafür, dass eine Person weiblich ist, wenn bekannt ist, dass sie raucht.

Das nächste Beispiel zeigt die Anwendung bedingter Wahrscheinlichkeiten in der Versicherungsmathematik.

Beispiel 21: Lebensversicherung

Beim Abschluss einer Lebensversicherung ist das Eintrittsalter eine entscheidende Größe. Das Alter der versicherten Person geht in die Kalkulation des Versicherungsbeitrags ein. Wenn z. B. eine 30jährige Person eine Versicherung abschließt, die im Alter von 60 Jahren ausgezahlt werden soll, so ist die Frage wichtig, mit welcher Wahrscheinlichkeit die jetzt 30jährige Person überhaupt das Alter von 60 Jahren erlebt. Solche Fragen lassen sich mit Sterbetafeln beantworten. Die hier abgebildete Sterbetafel (Tabelle

7.10) gilt für männliche Personen in Deutschland. Die Daten stammen vom Statistischen Bundesamt und sind in dem Tabellenblatt »7.7 Sterbetafel männlich« hinterlegt.

In dieser Sterbetafel sind zu jedem Alter x zwischen 1 und 100 die Zahlen $L(x)$ tabelliert, die angeben, wie viele von 100.000 männlichen Neugeborenen mindestens x Jahre alt werden.

So erreichen von 100.000 männlichen Neugeborenen mindestens 99.275 Personen das Alter von 20 Jahren. 60 Jahre und älter werden 89.637 Personen, 90 Jahre und älter werden nur noch 16.352 Personen.

Dies lässt sich auch mit Wahrscheinlichkeiten ausdrücken. Bezeichnet man mit T das Sterbealter einer männlichen Person, dann gilt:

$$P(T \geq 20) = \frac{99275}{100000} = 0{,}99275 = 99{,}275\%$$

$$P(T \geq 60) = \frac{89637}{100000} = 0{,}89637 = 89{,}637\%$$

$$P(T \geq 90) = \frac{16352}{100000} = 0{,}16352 = 16{,}352\%$$

x	$L(x)$	x	$L(x)$	x	$L(x)$	x	$L(x)$
0	100.000	25	99.000	50	95.730	75	67.034
1	99.624	26	98.944	51	95.351	76	64.568
2	99.595	27	98.887	52	94.927	77	61.906
3	99.576	28	98.828	53	94.454	78	59.043
4	99.562	29	98.767	54	93.931	79	55.984
5	99.550	30	98.704	55	93.355	80	52.740
6	99.539	31	98.638	56	92.726	81	49.330
7	99.530	32	98.570	57	92.041	82	45.776

Tabelle 7.10 Sterbetafel 2010/2012 (Quelle: Statistisches Bundesamt)

x	L(x)	x	L(x)	x	L(x)	x	L(x)
8	99.520	33	98.499	58	91.299	83	42.105
9	99.511	34	98.425	59	90.498	84	38.347
10	99.502	35	98.347	60	89.637	85	34.537
11	99.493	36	98.264	61	88.711	86	30.715
12	99.483	37	98.176	62	87.717	87	26.928
13	99.473	38	98.081	63	86.651	88	23.232
14	99.461	39	97.978	64	85.510	89	19.686
15	99.448	40	97.866	65	84.292	90	16.352
16	99.430	41	97.742	66	82.994	91	13.287
17	99.406	42	97.604	67	81.615	92	10.539
18	99.370	43	97.452	68	80.155	93	8.145
19	99.326	44	97.282	69	78.611	94	6.123
20	99.275	45	97.092	70	76.977	95	4.471
21	99.221	46	96.879	71	75.245	96	3.169
22	99.165	47	96.640	72	73.403	97	2.180
23	99.110	48	96.371	73	71.434	98	1.456
24	99.055	49	96.069	74	69.318	99	945

Tabelle 7.10 Sterbetafel 2010/2012 (Quelle: Statistisches Bundesamt) (Forts.)

Für den 30jährigen Versicherungsnehmer ist nun interessant, wie groß die Wahrscheinlichkeit ist, dass er mindestens 60 Jahre alt wird. Das kann nicht unmittelbar aus der Tabelle abgelesen werden, denn die dort angegebenen Zahlen beziehen sich auf Neugeborene, und nicht auf 30jährige Personen. Die gesuchte Wahrscheinlichkeit ist eine *bedingte Wahrscheinlichkeit*, denn sie wird unter der Vorbedingung des momentanen Alters berechnet: $P(T \geq 60 | T \geq 30)$

$$P(T \geq 60 | T \geq 30) = \frac{P(\{T \geq 60\} \cap \{T \geq 30\})}{P(\{T \geq 30\})} = \frac{P(\{T \geq 60\})}{P(\{T \geq 30\})} =$$

$$= \frac{\frac{89637}{100000}}{\frac{98704}{100000}} = \frac{89637}{98704} \approx 0{,}908 = 90{,}8\%$$

In dieser Rechnung wurde benutzt, dass das Und-Ereignis »Lebensalter mindestens 60 und Lebensalter mindestens 30« gleich dem Ereignis »Lebensalter mindestens 60« ist.

Verwenden Sie die angegebene Sterbetafel, um die Aufgaben 25 und 26 zu bearbeiten.

Aufgabe 25: 80-jähriger Mann

Mit welcher Wahrscheinlichkeit wird eine männliche Person mindestens 80 Jahre alt?

Aufgabe 26: Tabelle erstellen

Tabellieren Sie die Wahrscheinlichkeiten dafür, dass ein x Jahre alter Mann mindestens 80 Jahre alt wird, für x = 0, 20, 40, 60, 80.

Hinweis: Sie können das Tabellenblatt »*7.7 Aufgabe 26*« verwenden, in der sich die Daten der Sterbetafel befinden.

7.7.1 Satz von der totalen Wahrscheinlichkeit

Ein Autohersteller lässt einen seiner Autotypen in zwei verschiedenen Werken bauen. In Werk I werden 60 % dieses Fahrzeugs gefertigt, in Werk II der Rest. Der Autohersteller gibt 2 Jahre Garantie auf diesen Fahrzeugtyp. An 7 % der Autos aus Werk I müssen Garantieschäden behoben werden. Von den Fahrzeugen, die in Werk II gebaut werden, weisen 3 % einen Schaden auf. Wie groß ist die Wahrscheinlichkeit, dass ein Fahrzeug dieses Autotyps einen Garantieschaden hat?

Folgende Ereignisse werden betrachtet:

A: »Das Auto ist schadhaft.«

H_1: »Das Auto wurde in Werk I gebaut.«

H_2: »Das Auto wurde in Werk II gebaut.«

Aus den Angaben lassen sich folgende Wahrscheinlichkeiten ablesen:

$P(H_1) = 60\,\% = 0{,}6$

$P(H_2) = 40\,\% = 0{,}4$

$P(A|H_1) = 7\,\% = 0{,}07.\ P(A|H_2) = 3\,\% = 0{,}03$

Gesucht ist $P(A)$. Die Abbildung zeigt den Zusammenhang zwischen den Ereignissen:

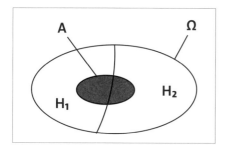

Abbildung 7.33 Zerlegung von Ω

Zu beachten ist, dass die Ereignisse H_1 und H_2 disjunkt sind (vergleiche Regel 5 aus Abschnitt 7.1.3, »Regeln für Wahrscheinlichkeiten«), d. h. es gilt $H_1 \cap H_2 = \{\}$.

Außerdem ist die Vereinigung von H_1 und H_2 der ganze Ergebnisraum, d. h. es gilt $H_1 \cup H_2 = \Omega$.

Es werden nun die Teile von A betrachtet, die zu H_1 bzw. H_2 gehören. Das sind die Mengen $A \cap H_1$ und $A \cap H_2$. Weil diese beiden Mengen disjunkt sind, gilt:

$P(A) = P(A \cap H_1) + P(A \cap H_2)$

Verwendet man jetzt die Formel für die bedingte Wahrscheinlichkeit, so erhält man:

$P(A) = P(A|H_1)P(H_1) + P(A|H_2)P(H_2)$

Setzt man die Zahlenwerte ein, dann ergibt sich:

$P(A) = 0{,}07 \cdot 0{,}6 + 0{,}03 \cdot 0{,}4 = 0{,}054 = 5{,}4\,\%$

Die Gleichung $P(A) = P(A|H_1)P(H_1) + P(A|H_2)P(H_2)$ ist ein Spezialfall des »Satzes von der totalen Wahrscheinlichkeit«. Der Unterschied zur betrachteten Situation besteht darin, dass statt zweier Ereignisse H_1 und H_2 jetzt n Ereignisse betrachtet werden. Diese müssen wieder paarweise disjunkt sein, und ihre Vereinigungsmenge muss ganz Ω ergeben.

> **Merke: Satz von der totalen Wahrscheinlichkeit**
>
> Wenn die Ereignisse H_i, $i = 1, ..., n$ paarweise disjunkt sind und ihre Vereinigungsmenge gleich Ω ist, dann gilt für jedes Ereignis A:
>
> $$P(A) = \sum_{i=1}^{n} P(A|H_i)P(H_i)$$
>
> Die Mengen H_i, $i = 1, ..., n$ nennt man eine *totale Ereignisdisjunktion*.

Wenden Sie jetzt den Satz von der totalen Wahrscheinlichkeit an, um Aufgabe 27 bearbeiten zu können.

Aufgabe 27: Erkrankungswahrscheinlichkeit

Das Robert-Koch-Institut veröffentlichte 2015, dass das Risiko einer in Deutschland geborenen männlichen Person, irgendwann im Leben an Lungenkrebs zu erkranken, 6,7 % beträgt. Die entsprechende Zahl für Frauen ist 2,8 %. Nach dem Datenreport 2016 des Statistischen Bundesamts leben in Deutschland 39.835.000 Männer und 41.362.000 Frauen. Wie groß ist die Wahrscheinlichkeit für eine Person beliebigen Geschlechts, an Lungenkrebs zu erkranken?

7.7.2 Der Satz von Bayes

Immer wieder gibt es Meldungen, dass Personen, die auf Aids getestet wurden, fälschlicherweise als Träger der Krankheit eingestuft werden. Für Gesunde, die irrtümlich in die Gruppe der Erkrankten eingeordnet werden, kann das dramatische Folgen haben. Sie werden mit aggressiven Medikamenten behandelt, die ihre Gesundheit ruinieren, und sie leiden an der Prognose, todkrank zu sein. Zum Glück sind neuere Test so zuverlässig, dass diese Situation nur äußerst selten eintritt. Die Zuverlässigkeit, mit der ein Gesunder nicht als krank eingestuft wird, bezeichnet man als die *Spezifität* des Tests. Mit einer Vierfeldertafel kann man die Situation genau beschreiben:

	Krankheit liegt vor	Krankheit liegt nicht vor	
Test positiv	Richtig positiv Anzahl: a	Falsch positiv Anzahl: b	Test-Positive: $a+b$
Test negativ	Falsch negativ Anzahl: c	Richtig negativ Anzahl: d	Test-Negative: $c+d$
	Erkrankte: $a+c$	Gesunde: $b+d$	Untersuchte: $a+b+c+d$

Tabelle 7.11 Vierfeldertafel

(»Test positiv« bedeutet, dass der Test das Vorhandensein der Krankheit anzeigt.)

Unter der *diagnostischen Spezifität s* eines medizinischen Tests versteht man die Sicherheit, mit der man getestete gesunde Personen von der Erkrankung ausschließt, d. h. den Anteil $\frac{d}{b+d}$ der richtig negativ diagnostizierten innerhalb der Gesunden.

Mit bedingten Wahrscheinlichkeiten kann man die Spezifität s als $P(-|G)$ schreiben, wobei »–« für das Ereignis »Der Test ist negativ.« steht. Entsprechend steht »G« für das Ereignis »Die Person ist gesund.«.

Für Menschen, die ein positives Testergebnis erhalten, ist es wichtig, abschätzen zu können, mit welcher Wahrscheinlichkeit die Krankheit auch tatsächlich vorliegt, d. h. sie interessiert die bedingte Wahrscheinlichkeit $P(K|+)$. Dabei bezeichnet »K« das Ereignis »Die Person ist krank.«. Entsprechend steht »+« für das Ereignis »Der Test ist positiv.«. Um die Frage nach der Wahrscheinlichkeit, dass eine positiv getestete Person auch wirklich krank ist, beantworten zu können, müssen neben der Spezifität noch weitere Kenngrößen betrachtet werden.

Die *Sensitivität r* ist die bedingte Wahrscheinlichkeit, dass ein Erkrankter vom Test als krank eingestuft wird: $r = P(+|K)$.

Eine dritte, für die Aussagekraft eines Tests entscheidende Größe, ist die Wahrscheinlichkeit p, mit der die untersuchten Personen krank sind. Diese Wahrscheinlichkeit nennt man auch die *Prävalenz*. Die Prävalenz hängt von der Gruppe der untersuchten Personen ab.

Als Beispiel wird hier der gebräuchliche HIV-Test ELISA betrachtet. Für diesen Test ist die Spezifität $s = 99{,}9\,\%$ und die Sensitivität ist $r = 99{,}8\,\%$. Wegen dieser hohen Wahrscheinlichkeiten glauben viele Menschen, dass auch die Wahrscheinlichkeit $P(K|+)$ für eine Erkrankung, wenn der Test positiv ausfällt, von dieser Größenordnung ist. Die Überraschung ist groß, wenn dann für die in Deutschland geschätzte Prävalenz $p = 0{,}0001$ der Wert von $P(K|+)$ berechnet wird. Dazu verwendet man die Formel aus Abschnitt 7.7, »Bedingte Wahrscheinlichkeiten«, die einen Zusammenhang zwischen $P(K|+)$ und $P(+|K)$ liefert:

$$P(K|+) = \frac{P(+|K)P(K)}{P(+)}$$

Da eine Person entweder krank oder gesund ist, bilden K und G eine totale Ereignisdisjunktion. Die Wahrscheinlichkeit $P(+)$ kann man deshalb mit dem Satz der totalen Wahrscheinlichkeit ausdrücken:

$$P(+) = P(+|K)P(K) + P(+|G)P(G)$$

Setzt man dies ein, dann ergibt sich:

$$P(K|+) = \frac{P(+|K)P(K)}{P(+|K)P(K) + P(+|G)P(G)} = \frac{r \cdot p}{r \cdot p + (1-s)(1-p)} \approx 0{,}047 \approx 5\,\%$$

Für einen positiv getesteten Patienten besteht deshalb zunächst kein Grund zur Panik. Nach Untersuchungen von Gerd Gigerenzer [GIG] vermitteln Aids-Berater und Ärzte in dieser Situation oft ein falsches Bild, weil sie zum Teil $P(K|+)$ und $P(+|K)$ verwechseln und deshalb glauben, dass $P(K|+)$ in der Größenordnung von 99 % läge.

Das Bild ändert sich natürlich, wenn man eine andere Bezugsgruppe von Patienten betrachtet. Nach dem Bericht von UNAIDS [JOI], dem Aids-Bekämpfungsprogramm der Vereinigten Nationen, rechnet man in einzelnen afrikanischen Staaten (Swasiland, Botsuana, Lesotho) mit einer Prävalenz von 25 %. Der Wert von $P(K|+)$ ist dann 99,4 %, und damit für eine positiv getestete Person ein Grund zur Besorgnis.

Die zuletzt verwendete Formel für $P(K|+)$ ist ein Spezialfall des Satzes von Bayes:

Merke: Satz von Bayes
Stellen die Ereignisse $H_1, ..., H_n$ eine Zerlegung von Ω dar (d. h. die Ereignisse sind paarweise disjunkt und ihre Vereinigungsmenge ist Ω) und ist A ein beliebiges Ereignis, dann gilt:

$$P(H_i|A) = \frac{P(A|H_i)P(H_i)}{\sum_{i=1}^{n} P(A|H_i)P(H_i)}, \quad i = 1,...,n$$

Für den Satz von Bayes bietet sich die folgende Interpretation an: Die im Satz auftretenden Ereignisse $H_1, ..., H_n$ können als konkurrierende Hypothesen betrachtet werden. Da diese Ereignisse eine Zerlegung des Wahrscheinlichkeitsraumes bilden, kann nur eine dieser Hypothesen richtig sein. Vor der Durchführung des Zufallsexperimentes sind die Wahrscheinlichkeiten für diese Hypothesen durch $P(H_1), ..., P(H_n)$ gegeben. Man nennt diese Wahrscheinlichkeiten *A-priori-Wahrscheinlichkeiten*, weil sie aufgrund von Vorwissen gewonnen wurden.

Bei der Durchführung des Zufallsexperimentes tritt nun das Ereignis A ein. Diese Beobachtung ändert dann die Wahrscheinlichkeit der Hypothesen $H_1, ..., H_n$ in $P(H_1|A), ..., P(H_n|A)$. Diese Wahrscheinlichkeiten nennt man *A-posteriori-Wahrscheinlichkeiten*, weil sie nach der Durchführung des Zufallsexperimentes gewonnen wurden. Aus diesen Wahrscheinlichkeiten kann nun geschlossen werden, welche der Hypothesen $H_1, ..., H_n$ zutrifft. Betrachten Sie dazu Beispiel 22.

Beispiel 22: Bauteile zuordnen

Eine Firma bietet elektronische Bauteile 1. und 2. Wahl an. Lieferungen von Bauteilen 1. Wahl enthalten 5 % Ausschuss, in Lieferungen von Bauteilen 2. Wahl sind 15 % Ausschuss.

Versehentlich wurde eine Kiste mit Bauteilen nicht ausgezeichnet, sodass unklar ist, ob sie zur 1. oder 2. Wahl gehört. Um dies festzustellen, werden 10 Bauteile (zufällig) ausgewählt und überprüft. Drei dieser Bauteile erweisen sich dabei als defekt. Die Kiste enthält 1.000 Bauteile. Handelt es sich eher um Bauteile 1. oder 2. Wahl?

Die zu überprüfenden Hypothesen lauten:

H_1: »Die Bauteile sind 1. Wahl mit einem Ausschussanteil von $p_1 = 0{,}05$.«

H_2: »Die Bauteile sind 2. Wahl mit einem Ausschussanteil von $p_2 = 0{,}15$.«

Vor Überprüfung der Bauteile beträgt die Wahrscheinlichkeit für H_1 und H_2 jeweils 0,5: $P(H_1) = P(H_2) = 0{,}5$ (A-priori-Wahrscheinlichkeit).

Es wurde das Ereignis A: »3 von 10 Bauteilen sind defekt.« beobachtet. Damit lassen sich die Wahrscheinlichkeiten $P(A|H_1)$ und $P(A|H_2)$ berechnen. Zuerst wird angenommen, dass $p_1 = 0{,}05$ der Ausschussanteil ist. Man erwartet dann, dass sich $1000 \cdot p_1$ defekte und $1000 \cdot (1-p_1)$ nicht defekte Teile in der Kiste befinden.

Unter diesen Annahmen ist die Zahl der Möglichkeiten, 3 defekte Teile auszuwählen, gleich $\binom{0{,}05 \cdot 1000}{3}$.

Die Zahl der Möglichkeiten, 7 nicht defekte Teile auszuwählen, ist dann gleich $\binom{(1-0{,}05) \cdot 1000}{7}$.

Die Zahl der Möglichkeiten, 10 Teile aus 1.000 auszuwählen, ist gegeben durch $\binom{1000}{10}$.

Wendet man jetzt die Produktregel an und beachtet, dass man es mit einem Laplace-Experiment zu tun hat, dann lässt sich $P(A|H_1)$ angeben:

$$P(A|H_1) = \frac{\binom{0{,}05 \cdot 1000}{3}\binom{(1-0{,}05) \cdot 1000}{7}}{\binom{1000}{10}} \approx 0{,}01$$

Entsprechend erhält man $P(A|H_2)$:

$$P(A|H_2) = \frac{\binom{0{,}15 \cdot 1000}{3}\binom{(1-0{,}15) \cdot 1000}{7}}{\binom{1000}{10}} \approx 0{,}13$$

Die A-posteriori-Wahrscheinlichkeiten erhält man jetzt mit dem Satz von Bayes:

$$P(H_1|A) = \frac{P(A|H_1)P(H_1)}{P(A|H_1)P(H_1) + P(A|H_2)P(H_2)} = \frac{0{,}01 \cdot 0{,}5}{0{,}01 \cdot 0{,}5 + 0{,}13 \cdot 0{,}5} \approx 0{,}071 \approx 7{,}1\,\%$$

$$P(H_2|A) = \frac{P(A|H_2)P(H_2)}{P(A|H_1)P(H_1) + P(A|H_2)P(H_2)} = \frac{0{,}13 \cdot 0{,}5}{0{,}01 \cdot 0{,}5 + 0{,}13 \cdot 0{,}5} \approx 0{,}928 \approx 93\,\%$$

Mit einer Wahrscheinlichkeit von etwa 7,1 % handelt es sich um Bauteile 1. Wahl. Mit einer Wahrscheinlichkeit von etwa 93 % handelt es sich um Bauteile 2. Wahl. Weil die 2. Wahrscheinlichkeit deutlich größer als die 1. Wahrscheinlichkeit ist, wird Hypothese H_2 angenommen.

7.7.3 Unabhängige Ereignisse

Die letzten Abschnitte haben gezeigt, wie Ereignisse andere Ereignisse beeinflussen können. Beeinflussen sich zwei Ereignisse dagegen nicht, dann spricht man von *unabhängigen Ereignissen*.

Wirft man eine Münze zweimal hintereinander, dann beeinflusst das Ergebnis des 1. Wurfs den 2. Wurf nicht. Ist A das Ereignis »Zahl beim 1. Wurf« und ist B das Ereignis »Zahl beim 2. Wurf«, dann gilt deshalb: $P(B|A) = P(B)$.

Ist $P(A) \neq 0$, dann kann man die Formel $P(B|A) = \dfrac{P(A \cap B)}{P(A)}$ verwenden. Setzt man $P(B|A) = P(B)$ in diese Formel ein, dann erhält man $P(B) = \dfrac{P(A \cap B)}{P(A)}$ bzw. $P(A \cap B) = P(A)P(B)$. Diese Formel lässt sich zur Definition unabhängiger Ereignisse verwenden.

Unabhängige Ereignisse

Zwei Ereignisse A und B heißen **unabhängig**, wenn gilt:

$P(A \cap B) = P(A)P(B)$

Beispiel 23: Unabhängigkeit von Würfel-Ereignissen

Zwei Würfel werden nacheinander geworfen. Dieses Zufallsexperiment wird durch $\Omega = \{(1; 1), ..., (6; 6)\}$ beschrieben. Es werden nun die Ereignisse A und B betrachtet, die gegeben sind durch:

A: »1 beim 1. Wurf.«

B: »6 beim 2. Wurf.«

Schreibt man diese Ereignisse in Mengendarstellung auf, dann ergibt sich

$A = \{(1; 1), (1; 2), ..., (1; 6)\}$ und $B = \{(1; 6), (2; 6), ..., (6; 6)\}$. Daraus erhält man die Schnittmenge $A \cap B = \{1; 6\}$.

Weil ein Laplace-Experiment vorliegt, ergeben sich die Wahrscheinlichkeiten für A, B und $P(A \cap B)$ zu $P(A) = \dfrac{6}{36} = \dfrac{1}{6}$, $P(B) = \dfrac{6}{36} = \dfrac{1}{6}$ und $P(A \cap B) = \dfrac{1}{36}$.

Offenbar ist die Bedingung $P(A \cap B) = P(A)P(B)$ erfüllt. Also sind die Ereignisse A und B unabhängig.

Aufgabe 28: Unabhängigkeit von Ereignissen untersuchen

Ein Würfel wird geworfen. Sind die Ereignisse A und B unabhängig?

A: »Die Augenzahl ist gerade.«

B: »Die Augenzahl ist eine Primzahl.«

Ein wichtiger Spezialfall der unabhängigen Ereignisse ist die wiederholte unabhängige Durchführung eines Zufallsexperimentes. Solche Ketten von Zufallsexperimenten werden Ihnen in Abschnitt 8.3, »Die Binomialverteilung«, begegnen.

> **Was Sie wissen sollten**
> - Sie sollten bedingte Wahrscheinlichkeiten berechnen können.
> - Sie sollten wissen, wann man Ereignisse unabhängig nennt.
> - Sie sollten den Satz von der totalen Wahrscheinlichkeit kennen.
> - Sie sollten den Satz von Bayes kennen.

7.8 Zufallsvariablen

In Abschnitt 7.1 wurden Zufallsexperimente durch Angabe eines Ergebnisraums Ω beschrieben. So wird z. B. ein Wurf mit zwei Würfeln durch einen Ergebnisraum mit 36 Elementen beschrieben: $\Omega = \{(1;1), (1;2), ..., (6;6)\}$.

Interessiert man sich bei diesem Zufallsexperiment nur für das Maximum der beiden gewürfelten Zahlen, so kann man jedem der in Ω auftretenden Paare eine Zahl von 1 bis 6 zuordnen, z. B. $(3;2) \rightarrow 3$ oder $(1;4) \rightarrow 4$. Man hat es dann mit einer Zuordnung zu tun, die jedem Element des Ergebnisraums eine Zahl zuordnet.

Bekannt sind solche Zuordnungen aus der Analysis. Dort wird jeder reellen Zahl eines Definitionsbereichs eine reelle Zahl zugeordnet. Diese Zuordnung nennt man dann eine *Funktion*. Bezeichnet man beispielsweise die Quadratfunktion mit f, dann kann man schreiben:

$f(2) = 4$ oder $f(5) = 25$ bzw.

$f(x) = x^2$ für alle reellen Zahlen x

Eine Funktion, die auf einem Ergebnisraum definiert ist, nennt man eine *Zufallsvariable*. (Diese Bezeichnung ist leicht verwirrend. Besser wäre *Zufallsfunktion*, weil eine Zuordnung beschrieben wird, aber der Begriff Zufallsvariable hat sich eingebürgert.)

Zufallsvariable

Wird jedem Element ω eines Ergebnisraums Ω eine reelle Zahl zugeordnet, so heißt diese Funktion eine **Zufallsvariable**. (Gebräuchlich ist auch »Zufallsgröße« oder »stochastische Variable«.)

Zufallsvariablen werden üblicherweise mit den Großbuchstaben *X*, *Y*, *Z* bezeichnet. Bezeichnet man die Zufallsvariable, die einem Würfeldoppelwurf das Maximum der Ergebnisse zuordnet, mit *X*, dann hat man:

$X : \Omega \to \{1,2,3,4,5,6\}$ mit $X((1; 1)) = 1, X((1; 2)) = 2, ..., X((6; 5)) = 6, X((6; 6)) = 6$

Die sich anschließenden Beispiele werden Sie mit dem Begriff der Zufallsvariablen vertraut machen.

Beispiel 24: Sechser mit zwei Würfeln

Peter würfelt einmal mit zwei Würfeln. Für jede 6, die er würfelt, bekommt er von Paul einen Euro. Zeigt keiner der Würfel eine 6, dann muss Peter einen Euro an Paul bezahlen. Interessiert man sich für den Gewinn von Peter, dann können nur die Zahlen 1, –1 und 2 (falls auf beiden Würfeln eine 6 steht) auftreten. Für die Zufallsvariable *X*, welche den Gewinn von Peter angibt, gilt:

$X((1; 6)) = X((2; 6)) = X((3; 6)) = X((4; 6)) = X((5; 6)) =$
$= X((6; 1)) = X((6; 2)) = X((6; 3)) = X((6; 4)) = X((6; 5)) = 1;$

$X((6; 6)) = 2;$

Für alle anderen Paare $(i; j)$ gilt: $X((i; j)) = -1$

Beispiel 25: Geschlechter zweier Geschwister

Betrachtet werden alle Familien mit zwei Kindern, d. h.

$\Omega = \{(J; M), (J; J), (M; J), (M; M)\}$ (Die erste Komponente eines jeden Paars bezeichnet das ältere der beiden Kinder.) Die Zufallsvariable *X* soll die Zahl der Jungen in der Familie angeben, d. h. mögliche Werte von *X* sind 0, 1 oder 2. Es gilt:

$X((M; M)) = 0, X((J; M)) = X((M; J)) = 1, X((J; J)) = 2$

Beispiel 26: Zufallsgröße für den einfachen Münzwurf

Betrachtet wird ein einfacher Münzwurf. Ω = {Wappen, Zahl}. Dann kann man eine Zufallsgröße X erklären durch: X(Wappen) = 1 und X(Zahl) = 0.

Zufallsvariablen kann man in zwei Klassen einteilen, in *diskrete Zufallsvariablen* und *stetige Zufallsvariablen*. (Vergleichen Sie dazu auch den Abschnitt 1.2.3, »Klassifikation von Merkmalen«).

Beispiel 27: Druchfehler

Die Zahl der Druckfehler in diesem Buch ist eine *Zufallsvariable*, die nur endlich viele Werte annehmen kann und die deshalb diskret ist.

Beispiel 28: Hotline-Anrufe

Die Zahl der Telefonanrufe, die bei einer Hotline innerhalb einer Stunde eingehen, wird durch eine diskrete Zufallsgröße beschrieben.

Beispiel 29: Anrufzeitpunkt

Der Zeitpunkt des ersten Anrufs bei einer Hotline innerhalb einer bestimmten Stunde wird nicht durch eine *diskrete Zufallsvariable* beschrieben. Der Zeitpunkt ist eine Zahl aus einem Intervall reeller Zahlen. Dasselbe gilt auch für Größen wie Länge oder Gewicht. In diesen Fällen spricht man von stetigen Zufallsvariablen.

Diskrete Zufallsvariable

Eine Zufallsvariable heißt **diskret**, wenn sie nur **endlich viele** oder **abzählbar viele** Werte annehmen kann.

(Dabei bedeutet abzählbar, dass man die Werte mit den natürlichen Zahlen durchnummerieren kann. Vergleichen Sie dazu den Abschnitt 1.2.3.)

Im nächsten Abschnitt werden Ihnen diskrete Zufallsvariablen begegnen, die nur endlich viele Werte annehmen können. Diskrete Zufallsvariablen, die abzählbar unendlich viele Werte annehmen, finden Sie in Abschnitt 7.8.2. Schließlich werden in Abschnitt 7.8.4 stetige Zufallsvariablen betrachtet.

7.8.1 Diskrete Zufallsvariablen mit endlich vielen Werten

Wenn Sie ihr Finanzamt betrügen oder eine Statistik fälschen wollen, dann sollten Sie zuvor unbedingt diesen Abschnitt lesen. Es geht hier um ein Phänomen, auf das Simon Newcomb (1835–1909), Mathematiker und Astronom, zuerst hingewiesen hat. Newcomb benutzte für seine Berechnungen eine Logarithmentafel. Vor dem Aufkommen der Computer war die Logarithmentafel ein unverzichtbares Hilfsmittel fürs Rechnen. In Logarithmentafeln sind die Logarithmen der natürlichen Zahlen aufgelistet. Dabei sind die natürlichen Zahlen in aufsteigender Form notiert, d. h. von kleinen zu großen Zahlen geordnet.

Newcomb fiel auf, dass die vorderen Seiten seiner Logarithmentafel stärker abgegriffen waren als die weiter hinten liegenden. Er kam zu dem Schluss, dass mehr Berechnungen mit Zahlen, die mit kleinen Ziffern wie 1 und 2 beginnen, durchgeführt wurden. Seine Untersuchungen führten ihn zu dem Schluss, dass der Prozentsatz der Zahlen, die mit der Ziffer x (x = 1, 2, ..., 9) beginnen, durch $\log_{10}(1 + 1/x)$ gegeben ist, wobei $\log_{10}$ für den Zehnerlogarithmus steht, den man heute auf jedem wissenschaftlichen Taschenrechner findet [NEW, S. 39–40].

Newcombs Ergebnis geriet in Vergessenheit, bis 1938 Frank Benford dieselbe Entdeckung machte. Benford sammelte ein riesiges Datenmaterial über Basketballstatistiken, Flächen von Seen, Hausnummern von Personen usw. Er kam zu dem Ergebnis, dass diese Zahlen sich so verhielten, wie Newcomb es angegeben hatte. Diese Erscheinung heißt seitdem das *Benford-Gesetz* [BEN].

> **Das Benford-Gesetz in heutiger Notation**
> Ist X die Zufallsvariable, welche die erste Ziffer einer Zahl angibt, dann gilt:
> $P(X = x) = \log_{10}(1 + 1/x)$, x = 1, ..., 9

Wie an diesem Gesetz zu sehen ist, interessiert man sich nicht nur für die Werte, die eine Zufallsvariable annehmen kann, sondern natürlich auch für die Wahrscheinlichkeiten, mit denen die Zufallsvariable diese Werte annimmt.

Schreibt man die Wahrscheinlichkeiten für jeden Wert, den eine Zufallsvariable X annehmen kann, auf, dann nennt man diese Zuordnung die *Wahrscheinlichkeitsfunktion* der Zufallsvariablen X.

Wahrscheinlichkeitsfunktion

Sind x_i die Werte, die eine diskrete Zufallsvariable X annimmt, dann heißt das Schema

x_i	x_1	x_2	...	x_k	...
$P(X = x_i)$	$P(X = x_1)$	$P(X = x_2)$	...	$P(X = x_k)$	...

die **Wahrscheinlichkeitsfunktion** von X. Dabei gilt:

$$\sum_i P(X = x_i) = 1$$

(In dieser Schreibweise wurde nur der Summationsindex angegeben, womit gemeint ist, dass über alle möglichen Werte von i summiert wird. Vergleichen Sie dazu auch den Abschnitt 2.2, »Das Summenzeichen«.)

Die Bemerkung $\sum_i P(X = x_i) = 1$ ist einsichtig, denn in der Zuordnung sind alle x_i Werte aufgeführt, die X annehmen kann. Verwendet man einen Taschenrechner, um die Werte der Wahrscheinlichkeitsfunktion für das Benford-Gesetz zu berechnen, dann ergeben sich folgende Näherungswerte:

x_i	$P(X = x_i) = \log_{10}(1 + 1/x_i)$
1	0,301
2	0,176
3	0,125
4	0,097
5	0,079
6	0,067
7	0,058
8	0,051
9	0,046

Tabelle 7.12 Wahrscheinlichkeitsfunktion für das Benford-Gesetz

Wahrscheinlichkeitsfunktionen werden graphisch meist durch ein Stabdiagramm dargestellt. Die nächste Abbildung zeigt die graphische Darstellung der Wahrscheinlichkeitsfunktion für die Zufallsvariable X des Benford-Gesetzes.

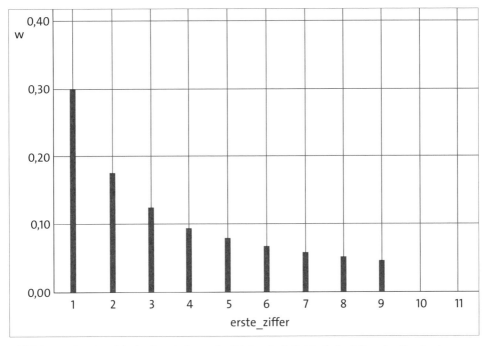

Abbildung 7.34 Graphische Darstellung der Wahrscheinlichkeitsfunktion des Benford-Gesetzes

Was hat dies alles mit dem Finanzamt und gefälschten Statistiken zu tun? Mark Nigrini, Professor für Buchhaltungswesen in Texas, hat den »Digital Analyser« geschrieben, ein Programm, das Datensätze daraufhin überprüft, ob sie dem Benford-Gesetz gehorchen. Für »echte« Zahlen gilt das Gesetz, bei gefälschten Zahlen treten Abweichungen auf, weil der Fälscher das Benford-Gesetz nicht berücksichtigt. Wirtschaftsprüfer und Finanzbehörden setzen diese Software ein und haben damit viele Bilanzfälscher und Steuerhinterzieher aufspüren können.

Lesen Sie die beiden nächsten Beispiele, bevor Sie selbst in den sich anschließenden Aufgaben Wahrscheinlichkeitsfunktionen aufstellen.

Beispiel 30: Maximum zweier Augenzahlen

Es wird die Zufallsvariable X betrachtet, die beim Würfelwurf mit zwei Würfeln das Maximum der beiden gewürfelten Zahlen angibt. Für jedes mögliche Paar (1. Würfel; 2. Würfel) ist in der Tabelle das Maximum angegeben.

	1	2	3	4	5	6
1	1	2	3	4	5	6
2	2	2	3	4	5	6
3	3	3	3	4	5	6
4	4	4	4	4	5	6
5	5	5	5	5	5	6
6	6	6	6	6	6	6

Tabelle 7.13 Maximum beim zweifachen Würfelwurf

Der Tabelle kann man durch Abzählen entnehmen, dass $P(X=1) = \frac{1}{36}$ und $P(X=3) = \frac{5}{36}$ gilt. Führt man dies für jeden Wert, den X annehmen kann, durch, dann ergibt sich die Wahrscheinlichkeitsfunktion der Zufallsvariablen X:

x_i	1	2	3	4	5	6
$P(X = x_i)$	$\frac{1}{36}$	$\frac{3}{36}$	$\frac{5}{36}$	$\frac{7}{36}$	$\frac{9}{36}$	$\frac{11}{36}$

Tabelle 7.14 Wahrscheinlichkeitsfunktion für das Maximum beim zweifachen Würfelwurf

An dieser Tabelle kann man durch Addition der 2. Zeile überprüfen, dass die Summe der Wahrscheinlichkeiten 1 ergibt.

Abbildung 7.35 zeigt das Stabdiagramm der Wahrscheinlichkeitsfunktion der Zufallsvariablen »Maximum beim zweifachen Würfelwurf«:

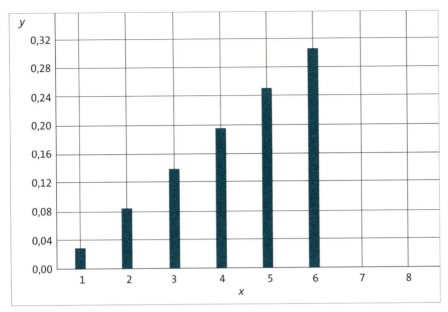

Abbildung 7.35 Wahrscheinlichkeitsfunktion des Maximums beim Wurf mit zwei Würfeln

Beispiel 31: Faires Glücksspiel

Peter spielt dreimal ein faires Glücksspiel gegen Paul. Pro Spiel beträgt der Einsatz einen Euro. Mit X wird der Gesamtgewinn von Peter bezeichnet. Wie sieht die Wahrscheinlichkeitsfunktion von X aus?

Jedes der drei Spiele hat aus der Sicht von Peter das Ergebnis 1 (Gewinn von einem Euro) oder –1 (Verlust von einem Euro). Ein Beispiel für einen Ablauf von 3 Spielen ist (–1; 1; 1), d. h. Verlust im ersten Spiel, dann Gewinn in den Spielen 2 und 3. Insgesamt gibt es $2^3 = 8$ verschiedene Möglichkeiten für drei Spiele (vergleiche Abschnitt 7.4.1, »Geordnete Stichproben mit Zurücklegen«). Dies sind im Einzelnen:

Ablauf der 3 Spiele	Gewinn von Peter
(1; 1; 1)	3
(–1; 1; 1)	1
(1; –1; 1)	1
(1; 1; –1)	1

Tabelle 7.15 Alle Möglichkeiten im dreifachen Glücksspiel

Ablauf der 3 Spiele	Gewinn von Peter
(−1; −1; 1)	−1
(−1; 1; −1)	−1
(1; −1; −1)	−1
(−1; −1; −1)	−3

Tabelle 7.15 Alle Möglichkeiten im dreifachen Glücksspiel (Forts.)

Daraus erhält man durch Abzählen die Wahrscheinlichkeitsfunktion der Zufallsvariablen Gesamtgewinn:

Gewinn k	−3	−1	1	3
$P(X = k)$	$\frac{1}{8}$	$\frac{3}{8}$	$\frac{3}{8}$	$\frac{1}{8}$

Tabelle 7.16 Wahrscheinlichkeitsfunktion für den Gesamtgewinn

Das Stabdiagramm dieser Wahrscheinlichkeitsfunktion sehen Sie in Abbildung 7.36.

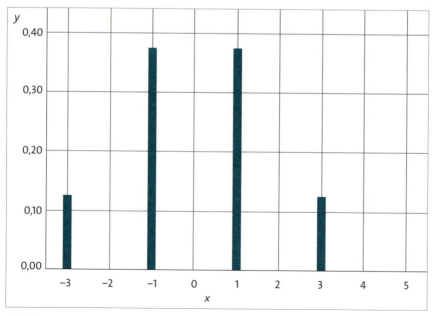

Abbildung 7.36 Stabdiagramm für die Wahrscheinlichkeitsfunktion des Gewinns

Nach den letzen Beispielen sind Sie ausreichend dafür trainiert, die Aufgaben 29 bis 32 zu lösen.

Aufgabe 29: Anzahl der Sechsen auf drei Würfeln

Ein Würfel wird dreimal hintereinander geworfen. X gebe die Anzahl der geworfenen Sechsen an. Stellen Sie die Wahrscheinlichkeitsfunktion für X auf. Als Hilfestellung sehen Sie in Abbildung 7.37 ein Diagramm, in welchem alle Möglichkeiten für das Auftreten von Sechsen in einem dreimaligen Würfelwurf aufgezeichnet sind.

Die Bezeichnungen »6« und »≠ 6« stehen für »Der Würfel zeigt eine Sechs.« und »Der Würfel zeigt keine Sechs.«.

Teilpfade nach links haben die Wahrscheinlichkeit $\frac{1}{6}$, Teilpfade nach rechts haben die Wahrscheinlichkeit $\frac{5}{6}$.

Am Ende der acht möglichen Pfade steht jeweils der Wert, den X angenommen hat, wenn dieser Pfad durchlaufen wurde. Die Werte, die X annehmen kann, sind 0, 1, 2 und 3.

Verwenden Sie die Pfadregeln zur Berechnung der Wahrscheinlichkeitsfunktion von X.

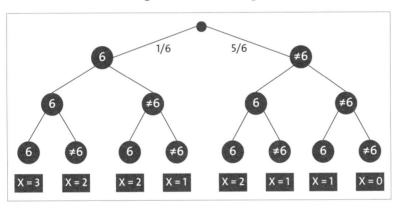

Abbildung 7.37 Dreifacher Würfelwurf

Aufgabe 30: Wahrscheinlichkeitsfunktion beim Ziehen mit Zurücklegen

In einer Urne befinden sich drei weiße Kugeln und eine schwarze Kugel. Es wird eine Kugel gezogen und deren Farbe festgestellt. Die Kugel wird dann wieder zurückgelegt. Dieser Vorgang wird einmal wiederholt. X bezeichne die Anzahl der gezogenen weißen Kugeln. Schreiben Sie die Wahrscheinlichkeitsfunktion auf.

Als Hilfestellung erhalten Sie das Baumdiagramm in Abbildung 7.38. Verwenden Sie die Pfadregeln.

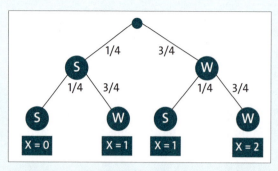

Abbildung 7.38 Baumdiagramm zu Aufgabe 30

Aufgabe 31: Wahrscheinlichkeitsfunktion beim Ziehen ohne Zurücklegen

Es wird wie in Aufgabe 30 vorgegangen, die erste gezogene Kugel wird aber nicht mehr zurückgelegt. Wie lautet dann die Wahrscheinlichkeitsfunktion? Zeichnen Sie zuerst ein Baumdiagramm.

Aufgabe 32: Personenzahl in einem Haushalt

Im Jahr 2014 verteilten sich in Deutschland die Privathaushalte in folgender Form nach Haushaltsgröße [STA15]:

Zahl der Personen	1	2	3	4	5 und mehr
Anteil	41 %	34 %	12 %	9 %	4 %

Tabelle 7.17 Haushaltsgröße deutscher Privathaushalte

Nun wird zufällig ein Haushalt ausgewählt. Die Zufallsvariable X gebe die Zahl der Personen in diesem Haushalt an.

a) Mit welcher Wahrscheinlichkeit leben in dem Haushalt nicht mehr als 2 Personen?

b) Mit welcher Wahrscheinlichkeit handelt es sich um einen Mehrpersonenhaushalt, d. h. mit welcher Wahrscheinlichkeit lebt mehr als eine Person im Haushalt?

7.8.2 Diskrete Zufallsvariablen mit abzählbar unendlich vielen Werten

Die bisher betrachteten Zufallsvariablen haben nur endlich viele Werte angenommen. Es gibt aber auch den Fall, dass eine diskrete Zufallsvariable unendlich viele Werte annimmt.

Beispiel 32: Rückgabe von Pfandflaschen

Eine Getränkefirma hat ermittelt, dass jede ihrer Pfandflaschen mit einer Wahrscheinlichkeit von $p = 0{,}9$ zurückgegeben wird. Eine Zufallsvariable X soll angeben, wie oft eine bestimmte Pfandflasche zurückgegeben wird. X kann hier alle Werte aus der Menge der natürlichen Zahlen annehmen. Man vergleiche dazu Aufgabe 23 aus Abschnitt 7.6.2, »Die 2. Pfadregel«. Dort wurde gezeigt, dass gilt:

$P(X = k) = 0{,}9^k \cdot 0{,}1$ mit $k = 0, 1, 2, \ldots$

k	0	1	2	3	…
$P(X = k)$	0,1	$0{,}9 \cdot 0{,}1$	$0{,}9^2 \cdot 0{,}1$	$0{,}9^3 \cdot 0{,}1$	…

Tabelle 7.18 Wahrscheinlichkeiten für die Anzahl der Rückgaben einer Flasche

Abbildung 7.39 zeigt das dazugehörige Stabdiagramm für $k = 0$ bis $k = 20$.

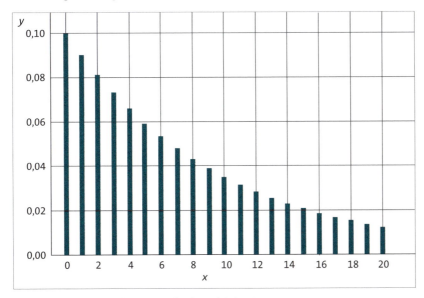

Abbildung 7.39 Stabdiagramm für $k = 0$ bis $k = 20$

Natürlich müssen sich die unendlich vielen Wahrscheinlichkeiten (Stablängen) auch hier zu 1 addieren. Das kann man auf folgende Weise nachweisen:

Zuerst addiert man die ersten n Wahrscheinlichkeiten für $k = 0$ bis $k = (n-1)$ auf. Dabei verwendet man die im Abschnitt 2.2, »Das Summenzeichen«, angegebene Formel für endliche geometrische Reihen.

$$\sum_{k=0}^{n-1} qp^k = q \sum_{k=1}^{n} p^{k-1} = q\frac{1-p^n}{1-p} = q\frac{1-p^n}{q} = 1-p^n$$

Wegen der unendlich vielen Werte muss man für n gegen unendlich den Grenzwert von $1 - p^n$ betrachten. Da p kleiner als 1 ist, strebt für n gegen unendlich p^n gegen 0, sodass 1 übrigbleibt.

7.8.3 Verteilungsfunktionen diskreter Zufallsvariablen

Ein Klassiker unter den deutschen Brettspielen ist das Spiel »Mensch ärgere Dich nicht«. In diesem Spiel wird reihum gewürfelt. Anfangen darf ein Spieler bei diesem Spiel erst, wenn er eine 6 gewürfelt hat. Dann darf er eine seiner Spielfiguren auf das Spielfeld setzen. Der Spieler führt also das Zufallsexperiment »Ein Würfel wird so lange geworfen, bis zum ersten Mal die Zahl 6 erscheint.« durch.

Abbildung 7.40 Mensch ärgere Dich nicht

Die Zufallsgröße X gebe die Zahl der benötigten Würfe an, bis die erste Sechs erscheint. Wenn beim k-ten Wurf zum ersten Mal die Sechs erscheint, dann sind $(k-1)$ Misserfolge vorausgegangen, sodass die Wahrscheinlichkeitsfunktion durch $P(X = k) = \left(\frac{5}{6}\right)^{k-1} \cdot \frac{1}{6}$, $k = 1, 2, \ldots$ gegeben ist.

Die graphische Darstellung sieht man in Abbildung 7.41.

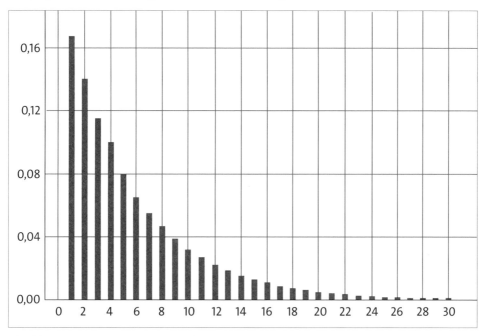

Abbildung 7.41 Wahrscheinlichkeitsfunktion für das Warten auf die erste Sechs

Einen Spieler interessiert es nicht so sehr, wie groß die Wahrscheinlichkeit ist, dass er z. B. genau beim fünften Wurf beginnen darf. Für ihn ist die Frage wichtiger, wie lange es *höchstens* dauert, bis er beginnen darf, d. h. ihn interessieren die Wahrscheinlichkeiten $P(X \leq k)$.

Das Ereignis $X \leq k$ bedeutet, dass $X = 1$ oder $X = 2$ oder ... oder $X = k-1$ oder $X = k$ gilt. Diese Ereignisse schließen sich alle gegenseitig aus, denn die erste 6 kann nicht sowohl beim 3. Wurf als auch beim 6. Wurf erscheinen. Die Ereignisse sind im Sinne von Regel 7 aus Abschnitt 7.1.3, »Regeln für Wahrscheinlichkeiten«, disjunkt, sodass gilt:

$P(X \leq k) = P(X = 1) + P(X = 2) + ... + P(X = k-1) + P(X = k)$

Verwendet man das Summenzeichen, um diese Summe zu schreiben, und setzt man für $P(X = i)$ den zuvor gebildeten Term ein, dann erhält man für

$k = 1, 2, 3, ...: P(X \leq k) = \sum_{i=1}^{k} P(X = i) = \sum_{i=1}^{k} \left(\frac{5}{6}\right)^{i-1} \frac{1}{6}$

Wie schon im letzten Abschnitt geschehen, kann man diese Summe mit der Summenformel für die endliche geometrische Reihe vereinfachen:

$$\sum_{i=1}^{k}\left(\frac{5}{6}\right)^{i-1}\frac{1}{6} = \frac{1}{6}\sum_{i=1}^{k}\left(\frac{5}{6}\right)^{i-1} = \frac{1}{6}\cdot\frac{1-\left(\frac{5}{6}\right)^{k}}{1-\frac{5}{6}} = 1-\left(\frac{5}{6}\right)^{k}$$

Damit ergibt sich: $P(X \leq k) = 1-\left(\frac{5}{6}\right)^{k}$

Setzt man für k konkrete Werte ein, dann erhält man z. B. für

$k = 1$: $P(X \leq 1) = \frac{1}{6} \approx 0{,}167$, für

$k = 5$: $P(X \leq 5) \approx 0{,}57$ und für

$k = 10$: $P(X \leq 10) \approx 0{,}81$.

Stellt man diese Werte für $k = 1$ bis $k = 15$ graphisch dar, so erhält man Abbildung 7.42:

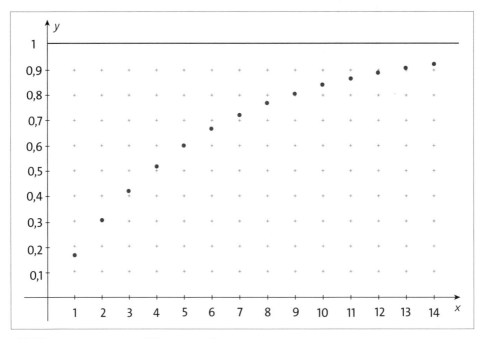

Abbildung 7.42 Warten auf die erste Sechs

Die einzelnen Punkte in der Abbildung deuten an, dass die Zuordnung $k \to P(X \leq k)$ nur für die ganzen Zahlen $k = 1, 2, 3, \ldots$ definiert ist. Es ist üblich, diese Zuordnung so fortzusetzen, dass sie für alle reellen Zahlen x gültig ist. Da die Zufallsvariable X keine Werte kleiner als 1 annehmen kann (man muss mindestens einmal gewürfelt haben, um eine

6 zu bekommen), folgt, dass $P(X < 1) = 0$ gilt. An der Stelle $x = 1$ findet dann ein Sprung auf den Funktionswert $\frac{1}{6}$ statt. Von dort an verläuft der Graph parallel zur x-Achse, und zwar so lange, bis die Stelle $x = 2$ erreicht ist. Dort findet der nächste Sprung statt usw. Auf diese Weise entsteht die hier abgebildete Treppenfunktion.

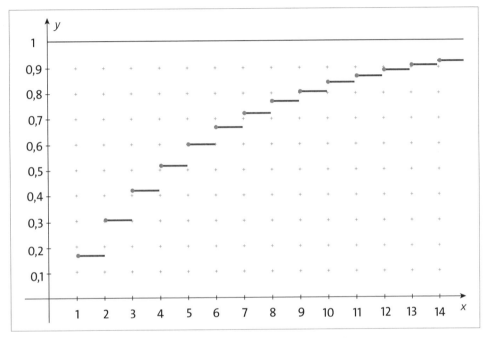

Abbildung 7.43 Verteilungsfunktion zum Warten auf die erste Sechs

Entsprechend der Abnahme der Werte der Wahrscheinlichkeitsfunktion (vergleiche Abbildung 7.41) nehmen die Sprunghöhen der Treppenfunktion ab. Die hier betrachtete Zuordnung, die jeder reellen Zahl x die Wahrscheinlichkeit $P(X \leq x)$ zuordnet, nennt man die *Verteilungsfunktion* der Zufallsvariablen X.

Verteilungsfunktion einer diskreten Zufallsvariablen

Die Funktion $F(x) = P(X \leq x)$, die jeder reellen Zahl x den Wert $P(X \leq x)$ zuordnet, heißt die **Verteilungsfunktion** der Zufallsvariablen X. Zwischen der Verteilungsfunktion $F(x)$ und der Wahrscheinlichkeitsfunktion einer diskreten Zufallsvariablen besteht der Zusammenhang

$$F(x) = \sum_{x_j < x} f(x_j).$$

Beispiel 33: Warten auf eine Sechs

Wie die obige Rechnung zeigt, ist die Verteilungsfunktion für die Zufallsvariable »Warten auf die erste 6 beim Würfeln« gleich $F(X) = 1 - \left(\dfrac{5}{6}\right)^x$.

In Beispiel 33 ist $F(x)$ durch einen Term gegeben. Man kann $F(x)$ aber auch schrittweise aus den Werten der Wahrscheinlichkeitsfunktion von X bilden. Wie das geht, wird hier beschrieben:

> **Verteilungsfunktion diskreter Zufallsvariablen**
>
> Die diskrete Zufallsvariable X nehme die Werte $x_1, \ldots, x_n$ mit den Wahrscheinlichkeiten $p_1, \ldots, p_n$ an (Wahrscheinlichkeitsfunktion von X). Teilen Sie die x-Achse in die Intervalle $(-\infty; x_1)$, $[x_1; x_2), \ldots, [x_{n-1}; x_n)$, $[x_n; \infty)$ ein.
>
> Auf dem Intervall $(-\infty; x_1)$ hat $F(x)$ den Wert 0.
>
> Auf dem Intervall $[x_1; x_2)$ hat $F(x)$ den Wert p_1.
>
> Auf dem Intervall $[x_2; x_3)$ hat $F(x)$ den Wert $p_1 + p_2$.
>
> ...
>
> Auf dem Intervall $[x_{n-1}; x_n)$ hat $F(x)$ den Wert $p_1 + p_2 + \ldots + p_{n-1}$.
>
> Auf dem Intervall $[x_n; \infty)$ hat $F(x)$ den Wert $p_1 + p_2 + \ldots + p_{n-1} + p_n = 1$.

In Beispiel 34 wird dieses Verfahren angewendet:

Beispiel 34: Einfaches Würfeln

Die Zufallsvariable X gebe die Augenzahl bei einem Würfelwurf an. Die Wahrscheinlichkeitsfunktion von X wird dann durch Tabelle 7.19 beschrieben:

x_j	1	2	3	4	5	6
$P(X = x_j)$	$\dfrac{1}{6}$	$\dfrac{1}{6}$	$\dfrac{1}{6}$	$\dfrac{1}{6}$	$\dfrac{1}{6}$	$\dfrac{1}{6}$

Tabelle 7.19 Wahrscheinlichkeitsfunktion für die Augenzahl beim Würfelwurf

Aus der Tabelle ergeben sich für die Verteilungsfunktion $F(x)$ die folgenden Werte:

Für $x < 1$ gilt: $F(x) = 0$

Für $1 \leq x < 2$ gilt: $F(x) = \dfrac{1}{6}$

Für $2 \leq x < 3$ gilt: $F(x) = \dfrac{1}{6} + \dfrac{1}{6} = \dfrac{1}{3}$

Für $3 \leq x < 4$ gilt: $F(x) = \dfrac{1}{3} + \dfrac{1}{6} = \dfrac{1}{2}$

Für $4 \leq x < 5$ gilt: $F(x) = \dfrac{1}{2} + \dfrac{1}{6} = \dfrac{2}{3}$

Für $5 \leq x < 6$ gilt: $F(x) = \dfrac{2}{3} + \dfrac{1}{6} = \dfrac{5}{6}$

Für $6 \leq x$ gilt: $F(x) = 1$

Mit den eben berechneten Werten erhält man die graphische Darstellung für $F(x)$:

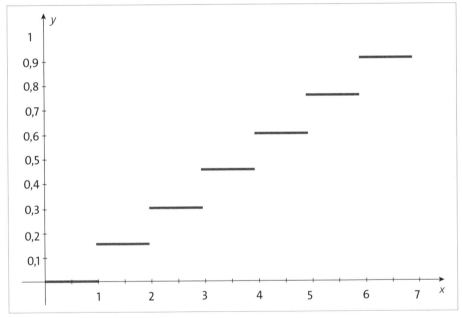

Abbildung 7.44 Verteilungsfunktion für den einmaligen Würfelwurf

Die Verteilungsfunktion ist weniger anschaulich als die Wahrscheinlichkeitsfunktion einer Zufallsvariablen, sie bietet aber viele Vorteile beim Berechnen von Wahrscheinlichkeiten. Häufig werden Wahrscheinlichkeiten der Form $P(a < X \leq b)$ benötigt. Diese lassen sich einfach mit der Verteilungsfunktion von X bestimmen. Dazu betrachtet man die Ereignisse $A : X \leq a$ und $B : a < X \leq b$. Die Ereignisse A und B sind disjunkt, d. h. sie haben eine leere Schnittmenge, denn ein Element, das in A enthalten ist, kann kein

Grundlagen der Wahrscheinlichkeitsrechnung

Element von B sein, und umgekehrt. Aus diesem Grund gilt (vergleiche Abschnitt 7.1.3, »Regeln für Wahrscheinlichkeiten«): $P(A \cup B) = P(A) + P(B)$

Das Ereignis $A \cup B$, d. h. das Ereignis, für das A und B erfüllt sind, ist $X \leq b$. Setzt man dies in die letzte Gleichung ein, dann ergibt sich:

$P(X \leq b) = P(X \leq a) + P(a < X \leq b)$

Löst man diese Gleichung nach $P(a < X \leq b)$ auf, dann ergibt sich:

$P(a < X \leq b) = P(X \leq b) - P(X \leq a) = F(b) - F(a)$

> **Merke: Beziehung zwischen Wahrscheinlichkeiten und Verteilungsfunktion**
>
> Ist X eine Zufallsvariable mit der Verteilungsfunktion $F(x)$ und sind a und b reelle Zahlen, dann gilt: $P(a < X \leq b) = F(b) - F(a)$

Das nächste Beispiel zeigt, wie man diese Regel verwenden kann.

Beispiel 35: Augenzahl zwischen 2 und 6

Wie groß ist die Wahrscheinlichkeit, dass beim einmaligen Würfelwurf eine Zahl größer als 2 und kleiner als 6 erscheint? Es gibt zwei Möglichkeiten, diese Wahrscheinlichkeit zu berechnen:

1. Es ist klar, dass es sich hier um die Zahlen 3, 4 oder 5 handelt. Weil ein Laplace-Experiment vorliegt, ist klar, dass die Wahrscheinlichkeit dafür, dass eine dieser Zahlen erscheint, $\frac{3}{6} = \frac{1}{2}$ ist.

2. Dieses Ergebnis erhält man auch mit der Verteilungsfunktion $F(x)$, wenn man die in Beispiel 34 berechneten Werte verwendet:

   $P(2 < X \leq 5) = F(5) - F(2) = \frac{5}{6} - \frac{1}{3} = \frac{3}{6} = \frac{1}{2}$

In vielen Anwendungen ist eine direkte Berechnung wie hier unter 1. nicht möglich, sodass nur der Weg über die Verteilungsfunktion bleibt.

Verwenden Sie jetzt die Regel $P(a < X \leq b) = F(b) - F(a)$, um die Aufgaben 33 und 34 zu lösen.

Aufgabe 33: Wann fällt die erste Sechs?

Die Zufallsvariable X gebe die Zahl der Versuche an, bis die erste 6 beim Würfeln erscheint. Mit welcher Wahrscheinlichkeit kommt die erste 6 nach dem 5. Wurf, aber vor dem 21. Wurf? Verwenden Sie für $F(x)$ das Ergebnis aus Beispiel 33.

Aufgabe 34: Wappen beim Münzwurf

Eine Münze wird dreimal hintereinander geworfen. Bei jedem Wurf tritt Zahl (Z) oder Wappen (W) mit der gleichen Wahrscheinlichkeit auf. Die Zufallsvariable X gebe die Anzahl der Wappen, die beim dreimaligen Wurf vorkommen, an. Geben Sie die Wahrscheinlichkeitsfunktion und die Verteilungsfunktion für X an. Stellen Sie die beiden Funktionen graphisch dar.

7.8.4 Stetige Zufallsvariablen und ihre Verteilungsfunktionen

Stellen Sie sich vor, dass Sie mitten in einer großen Stadt mit einem gut funktionierenden U-Bahn-Netz wohnen. Sie haben zwei Freundinnen, eine wohnt im Osten der Stadt, die andere im Westen.

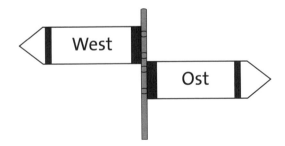

Abbildung 7.45 Fahrten nach Ost oder West

Wenn Sie einen Besuch bei den Freundinnen machen wollen, dann gehen Sie zur U-Bahn-Station in der Nähe, von der Züge nach Osten und nach Westen abfahren. Die Züge fahren im 10 Minuten Takt ab, jedoch nicht gleichzeitig, sondern nach dem folgenden Fahrplan:

Abfahrt nach Westen	Abfahrt nach Osten
18:00	18:09
18:10	18:19
18:20	18:29
18:30	18:39
...	...

Tabelle 7.20 Fahrplanauszug, um 18 Uhr beginnend

Sie steigen in den ersten Zug, der ankommt. Nach ein paar Wochen stellen Sie fest, dass Sie die im Osten wohnende Freundin viel häufiger besucht haben als die andere. Können Sie sich erklären, woran dies liegt?

Die Erklärung ergibt sich, wenn man den Fahrplan der Züge betrachtet.

Man denke sich die Stunde zwischen 18 und 19 Uhr in 10-Minuten-Intervalle zerlegt. Sie kommen zum Zeitpunkt x während irgendeines Intervalls an, z. B. im Intervall (18:00; 18:10]. (Die linke runde Klammer soll andeuten, dass 18:00 nicht zum Intervall gehört.)

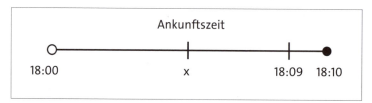

Abbildung 7.46 Zufällige Ankunftszeit

Wenn die Ankunftszeit x zwischen 18:00 und 18:09 liegt, dann fahren Sie mit dem Zug um 18:09, d. h. nach Osten. Nur bei einer Ankunftszeit zwischen 18:09 und 18:10 geht die Fahrt nach Westen. Die Wahrscheinlichkeit, dass Sie nach Osten fahren, ist bei diesem Fahrplan neunmal so groß wie die für eine Fahrt nach Westen. Es soll noch einmal genauer die Ankunftszeit betrachtet werden. Die Ankunftszeit ist zufällig und wird durch eine Zufallsvariable X beschrieben, welche jeden Wert aus dem Intervall (0; 10] annehmen kann (der Einfachheit halber wurde die Uhrzeit 18 Uhr weggelassen). Neu an dieser Situation ist, dass X überabzählbar viele Werte annehmen kann, denn die natürlichen Zahlen reichen nicht aus, um die Zahlen aus dem Intervall (0; 10] zu nummerieren. Das ist eine ganz andere Situation als in Abschnitt 7.7.3, »Unabhängige Ereignisse«. Auch dort hatten wir es mit unendlich vielen Werten zu tun, diese konnten aber mit den natürlichen Zahlen nummeriert werden.

Wer sich mit den Grundlagen für diese Aussage näher befassen will, der wird auf »Cantors Diagonalverfahren« verwiesen, mit dem man zeigen kann, dass die reellen Zahlen und reelle Teilintervalle nicht abzählbar sind (vergleichen Sie dazu auch Abschnitt 1.2.3, »Klassifikation von Merkmalen«).

Eine Zufallsvariable, die alle Werte eines Intervalls reeller Zahlen annehmen kann, heißt *stetig*.

Beispiele für stetige Zufallsvariablen sind die Dauer eines Telefongesprächs, die Geschwindigkeit eines Gasmoleküls, Größe oder Gewicht einer Person und der Umfang eines Werkstücks.

Der erste kleine Schock, der sich bei erstmaliger Beschäftigung mit stetigen Zufallsvariablen einstellt, ist die Tatsache, dass einem Ereignis wie $\{X = x\}$ keine positive Wahrscheinlichkeit zugeordnet werden kann. Vielmehr gilt: $P(X = x) = 0$. Um das zu verstehen, wird eine diskrete Zufallsvariable X, wie z. B. für den Wurf mit einem Würfel, betrachtet.

In diesem Fall ist die Wahrscheinlichkeitsfunktion gegeben durch:

$$P(X = x) = \frac{1}{6}, x = 1, 2, 3, 4, 5, 6$$

Gibt X nicht das Ergebnis eines Würfelwurfs, sondern das Ziehen einer Zufallsziffer (0, 1, 2, ..., 9) an, dann erhält man die Wahrscheinlichkeitsfunktion

$$P(X = x) = \frac{1}{10}, x = 0, 1, 2, ..., 9$$

Verallgemeinert man diese Situation so, dass man nicht 6 oder 10, sondern n gleich wahrscheinliche Ergebnisse des Zufallsexperimentes zulässt, dann ist die Wahrscheinlichkeitsfunktion gleich $P(X = x) = \frac{1}{n}, x = 1, 2, ..., n-1, n$.

Man lässt nun n immer größer werden und betrachtet, was mit $P(X = x)$ geschieht. Offenbar streben die Werte $P(X = x) = \frac{1}{n}$ gegen null, wenn n gegen unendlich geht. Also ist es sinnvoll, bei einer stetigen Zufallsvariablen festzulegen, dass $P(X = x) = 0$ für jedes x gilt.

Ganz anders sieht es aus, wenn man ein Intervall betrachtet. Es wird wieder die Zufallsvariable X betrachtet, welche die Ankunftszeit am U-Bahnhof im Intervall (0; 10] beschreibt.

Hier gilt z. B. $P(X \leq 5) = \frac{1}{2} = \frac{5}{10}$ oder auch $P(X \leq 7) = \frac{7}{10}$. Allgemein gilt: $P(X \leq x) = \frac{x}{10}$.

Das ist die Verteilungsfunktion $F(x)$ für die Zufallsvariable X. Diese Verteilungsfunktion kann man auch in folgender Form schreiben:

$F(x) = P(X \leq x) = x \cdot \frac{1}{10}$, und dieses Produkt kann man als Flächeninhalt eines Rechtecks veranschaulichen (siehe Abbildung 7.47).

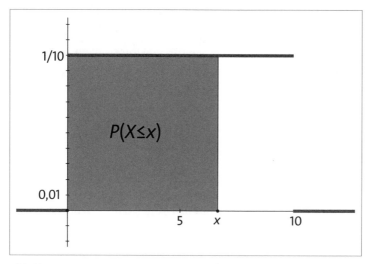

Abbildung 7.47 Veranschaulichung von $P(X \leq x)$ als Flächeninhalt

Der dick eingezeichnete Kurvenzug stellt den Graphen der Funktion

$$f(x) = \begin{cases} \frac{1}{10} & 0 < x \leq 10 \\ 0 & \text{sonst} \end{cases}$$

dar. Die Funktion $P(X \leq x)$ liefert den Flächeninhalt von $-\infty$ bis x unter dem Graphen von $f(x)$. Aus der Analysis ist bekannt, dass man einen solchen Flächeninhalt durch ein Integral angeben kann:

$$P(X \leq x) = \int_{-\infty}^{x} f(t)dt = \int_{0}^{x} \frac{1}{10} dt$$

Für $x \leq 0$ ist $P(X \leq x) = 0$.

Für $0 < x \leq 10$ ist $P(X \leq x) = \dfrac{x}{10}$.

Für $x > 10$ ist $P(X \leq x) = 1$.

Wenn man die eben betrachtete Situation verallgemeinert, dann kommt man zu folgender Zusammenfassung:

Dichtefunktion einer stetigen Zufallsvariablen

Zu einer stetigen Zufallsvariablen X gibt es eine Funktion $f(x)$, sodass die Verteilungsfunktion $F(x) = P(X \leq x)$ in Integralform dargestellt werden kann:

$$F(x) = \int_{-\infty}^{x} f(t)\,dt$$

Der Integrand $f(x)$ heißt die **Wahrscheinlichkeitsdichte** (kurz: **Dichtefunktion**) der betreffenden Verteilung. Für die Funktion $f(x)$ muss für alle reellen Zahlen x gelten: $f(x) \geq 0$.

Folgerungen aus dieser Definition

1. Bildet man die erste Ableitung von $F(x)$ nach x, dann ergibt sich $F'(x) = f(x)$, d. h. die Dichtefunktion $f(x)$ ist gleich der Ableitung der Verteilungsfunktion.
2. Es gilt $P(-\infty < X < \infty) = 1$, denn das Ereignis $(-\infty < X < \infty)$ tritt mit Sicherheit ein, es ist das sichere Ereignis. Wegen

$$P(-\infty < X < \infty) = \int_{-\infty}^{\infty} f(t)\,dt \text{ ergibt sich:}$$

$$\int_{-\infty}^{\infty} f(t)\,dt = 1$$

3. Die Beziehung $P(a < X \leq b) = F(b) - F(a)$ zwischen Wahrscheinlichkeiten und der Verteilungsfunktion wurde in Abschnitt 7.8.3, »Verteilungsfunktionen diskreter Zufallsvariablen«, hergeleitet. Bei der Herleitung wurde nicht verwendet, dass X eine diskrete Zufallsvariable ist. Also gilt diese Beziehung auch für stetige Zufallsvariablen:

$$P(a < X \leq b) = F(b) - F(a) = \int_{-\infty}^{b} f(t)\,dt - \int_{-\infty}^{a} f(t)\,dt$$

Aufgrund des Hauptsatzes der Differential- und Integralrechnung ist die letzte Differenz gleich $\int_a^b f(t)dt$. Deshalb gilt: $P(a < X \le b) = \int_a^b f(t)dt$.

Die Interpretation des Integrals als Flächeninhalt hilft, diese Beziehung zu veranschaulichen: $P(a < X \le b)$ ist der Flächeninhalt unter dem Graphen von $f(x)$ zwischen den Grenzen a und b. An dieser Stelle wird auch deutlich, warum die Dichtefunktion nichtnegativ sein muss. Gäbe es ein Intervall [a; b], auf dem $f(x)$ negativ ist, dann wäre die Wahrscheinlichkeit $P(a < X \le b)$ negativ. Abbildung 7.48 soll diese Zusammenhänge veranschaulichen.

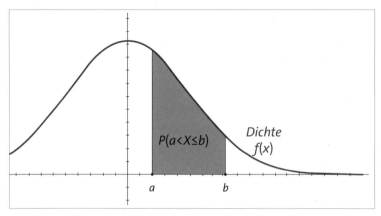

Abbildung 7.48 $P(a < X \le b)$ als Flächeninhalt

Merke

Ist X eine stetige Zufallsvariable mit der Dichtefunktion $f(x)$, dann gilt:

1. $f(x) \ge 0$ für alle reellen x

2. $\int_{-\infty}^{\infty} f(t)dt = 1$

3. $P(a < X \le b) = F(b) - F(a) = \int_a^b f(t)dt$

Für eine stetige Zufallsvariable X und jede reelle Zahl x gilt: $P(X = x) = 0$. Aus diesem Grund spielt es keine Rolle, ob in dem Ausdruck $P(a < X \le b)$ das »Kleiner-als«-Zeichen oder das »Kleiner-gleich«-Zeichen steht. Aus diesem Grund gilt für stetige Zufallsvariablen auch:

$$P(a \leq X \leq b) = F(b) - F(a) = \int_a^b f(t)dt$$

Bei diskreten Zufallsvariablen hat $f(x)$ die Wahrscheinlichkeitsfunktion bezeichnet, d. h. $f(x)$ bezeichnete eine Wahrscheinlichkeit. Bei stetigen Zufallsvariablen steht $f(x)$ für die Dichtefunktion. Deren Funktionswerte geben keine Wahrscheinlichkeiten an.

Die folgenden Beispiele und Aufgaben geben Situationen an, in denen man stetigen Zufallsvariablen begegnet.

Beispiel 36: Ereignisse in einem bestimmten Zeitraum

In vielen Situationen des täglichen Lebens beobachtet man, wie viele Ereignisse in einem Zeitintervall der Länge x eintreten. Ein solches Ereignis kann die Ankunft einer Person an einer Warteschlange sein, z. B. an einem Postschalter oder vor einer Autowaschanlage. Ebenso kann es sich um Telefonanrufe in einer Telefonzentrale handeln oder um das Auftreten von Störfällen, z. B. den Ausfall einer Lampe oder eines Computers in einem Rechenzentrum. Vorgänge wie die eben aufgezählten bezeichnet man als *Poisson-Prozesse*.

Die mittlere Anzahl der Ereignisse, die in einer Zeiteinheit (z. B. in einer Minute oder in einer Stunde) stattfinden, wird meistens mit der Variablen λ bezeichnet. In einem Zeitintervall der Länge x finden dann im Mittel $\lambda \cdot x$ Ereignisse statt.

Man kann nun zeigen, dass die Wahrscheinlichkeit dafür, dass in einem Zeitintervall der Länge x kein Ereignis stattfindet, durch $e^{-\lambda x}$ gegeben ist, wobei $e \approx 2{,}71828$ die Euler'sche Zahl ist. Näheres dazu finden Sie in Abschnitt 8.4, »Die Poisson-Verteilung«.

Die Zeit, die vom Eintritt eines Ereignisses bis zum erneuten Eintreten vergeht, heißt *Wartezeit*. Die Wartezeit kann man mit einer Zufallsvariablen X beschreiben.

$X \leq x$ bedeutet, dass während x Zeiteinheiten mindestens ein Ereignis eintritt, denn die Wartezeit auf das nächste Ereignis ist kleiner als x. Die Wahrscheinlichkeit für $X \leq x$ kann man über das Gegenereignis (im Zeitintervall x findet kein Ereignis statt) ausdrücken:

$$P(X \leq x) = 1 - e^{-\lambda x}$$

Beispiel 37: Zeit bis zum nächsten Anruf

In einer großen Telefonzentrale kommen durchschnittlich $\lambda = 2$ Anrufe pro Minute an. Gerade kam ein Anruf an. Die Zufallsvariable X gibt die Zeit an, die vergeht, bis der nächste Anruf kommt. Dann gilt:

$$F(x) = P(X \leq x) = \begin{cases} 0 & \text{für } x \leq 0 \\ 1 - e^{-2x} & \text{für } x > 0 \end{cases}$$

Mit einem Funktionenplotter kann man den Graphen der Funktion $F(x)$ zeichnen:

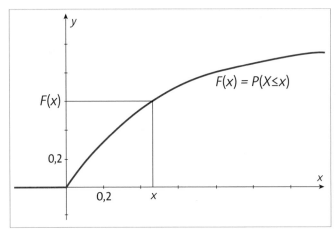

Abbildung 7.49 Verteilungsfunktion für die Wartezeit auf den nächsten Anruf

Wie groß ist die Wahrscheinlichkeit, dass die Wartezeit auf den nächsten Anruf zwischen 0,2 Minuten und 0,4 Minuten liegt, d. h. wie groß ist $P(0{,}2 \leq X \leq 0{,}4)$?

Diese Wahrscheinlichkeit kann man mithilfe der Verteilungsfunktion $F(x)$ ausdrücken. Dazu wird die Beziehung $P(a < X \leq b) = F(b) - F(a)$ verwendet. Setzt man darin $a = 0{,}2$ und $b = 0{,}4$, dann ergibt sich:

$$P(0{,}2 \leq X \leq 0{,}4) = F(0{,}4) - F(0{,}2) = (1 - e^{-2 \cdot 0{,}4}) - (1 - e^{-2 \cdot 0{,}2}) =$$
$$= e^{-0{,}4} - e^{-0{,}8} \approx 0{,}22 = 22\,\%$$

Veranschaulichen kann man diese Wahrscheinlichkeit durch die Fläche unter dem Graphen der zugehörigen Dichtefunktion $f(x)$ zwischen $x = 0{,}2$ und $x = 0{,}4$. Die Dichtefunktion erhält man als Ableitung von $F(x)$ nach x. Dazu werden die Summenregel, die Regel für die Ableitungsfunktion der e-Funktion sowie die Kettenregel verwendet:

$$f(x) = F'(x) = \frac{d}{dx} F(x) = (1 - e^{-2x})' = 2e^{-2x}$$

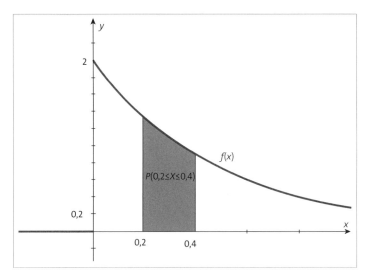

Abbildung 7.50 Dichtefunktion $f(x)$ und $P(0{,}2 \leq X \leq 0{,}4)$

Aufgabe 35: Warten auf den Bus

Ein Bus fährt alle 30 Minuten von einer bestimmten Haltestelle aus ab.

a) Mit welcher Wahrscheinlichkeit muss ein (zufällig) eintreffender Fahrgast länger als 20 Minuten auf den Bus warten?

b) Mit welcher Wahrscheinlichkeit muss er länger als 15 Minuten, aber weniger als 20 Minuten warten?

7.8.5 Verknüpfung von Zufallsvariablen

Zufallsvariablen, welche komplexe Situationen beschreiben, lassen sich manchmal besser handhaben, wenn man sie als Verknüpfung von einfachen Zufallsvariablen schreiben kann. Das kann man an den beiden nächsten Beispielen sehen.

Beispiel 38: Zufallsgröße für die Augensumme

Es wird mit zwei Würfeln gewürfelt. Die Augensumme S ist eine Zufallsgröße, die von den Zufallsgrößen X und Y, welche die Augenzahlen der beiden Würfel beschreiben, in folgender Weise abhängt: $S = X + Y$.

Beispiel 39: Ausfallwahrscheinlichkeiten zweier Maschinen-Komponenten

Eine Maschine besteht aus 2 Komponenten, die unabhängig voneinander ausfallen können. Die Komponente 1 fällt mit einer Wahrscheinlichkeit von $p_1 = 0{,}05$ aus, die Komponente 2 mit einer Wahrscheinlichkeit von $p_2 = 0{,}01$. Die Zufallsvariable S gibt die Anzahl der ausgefallenen Komponenten an, d. h. S kann die Werte 0, 1 oder 2 annehmen. Für jede Komponente wird eine eigene Zufallsvariable betrachtet, die angibt, ob die Komponente ausfällt (Wert: 1) oder nicht (Wert: 0).

Komponente 1: Zufallsvariable X

x_i	0	1
$P(X = x_i)$	$1 - p_1 = 0{,}95$	$p_1 = 0{,}05$

Tabelle 7.21 Wahrscheinlichkeitsfunktion für X

Komponente 2: Zufallsvariable Y

y_i	0	1
$P(Y = y_i)$	$1 - p_2 = 0{,}99$	$p_2 = 0{,}01$

Tabelle 7.22 Wahrscheinlichkeitsfunktion für Y

Der Zusammenhang zwischen den Zufallsvariablen S, X und Y ist durch $S = X + Y$ gegeben. Die Wahrscheinlichkeitsfunktion für S kann man aus den Wahrscheinlichkeitsfunktionen der Zufallsvariablen X und Y gewinnen, wenn man die *gemeinsame Wahrscheinlichkeitsfunktion* der beiden Zufallsvariablen aufstellt.

> **Merke: Gemeinsame Wahrscheinlichkeitsfunktion zweier diskreter Zufallsvariablen**
>
> Die gemeinsame Wahrscheinlichkeitsfunktion zweier diskreter Zufallsvariablen X und Y ist definiert durch $P(x_i, y_j) = P(X = x_i, Y = y_j)$.

$P(X = x_i, Y = y_j)$ bedeutet die Wahrscheinlichkeit des Ereignisses »$X = x_i$ und $Y = y_j$«. Die gemeinsame Wahrscheinlichkeitsfunktion gibt deshalb die Wahrscheinlichkeiten an, mit der Paare von Werten angenommen werden.

Bezogen auf das zuvor betrachtete Beispiel hat man die vier möglichen Paare (0; 0), (1; 0), (0; 1) und (1; 1) zu berücksichtigen. Mit der 1. Pfadregel ergibt sich:

$P(X = 0, Y = 0) = (1 - p_1) \cdot (1 - p_2) = 0{,}9405,$

$P(X = 1, Y = 0) = p_1 \cdot (1 - p_2) = 0{,}0495,$

$P(X = 0, Y = 1) = (1 - p_1) \cdot p_2 = 0{,}0095$ und

$P(X = 1, Y = 1) = p_1 \cdot p_2 = 0{,}0005.$

Diese Werte stellt man zweckmäßig in einer zweidimensionalen Tabelle dar. Berücksichtigt man noch, dass

$P(X = x_1) = P(X = x_1, Y = y_1) + P(X = x_1, Y = y_2),$

$P(X = x_2) = P(X = x_2, Y = y_1) + P(X = x_2, Y = y_2),$

$P(Y = y_1) = P(X = x_1, Y = y_1) + P(X = x_2, Y = y_1)$ und

$P(Y = y_2) = P(X = x_1, Y = y_2) + P(X = x_2, Y = y_2)$

gilt, so kann man die Tabelle an den Rändern durch die Werte der Wahrscheinlichkeitsfunktionen der Zufallsvariablen X und Y ergänzen:

↓Y | X→	$x_1 = 0$	$x_2 = 1$	$P(Y = y_i)$
$y_1 = 0$	0,9405	0,0495	0,99
$y_2 = 1$	0,0095	0,0005	0,01
$P(X = x_i)$	0,95	0,05	1

Tabelle 7.23 Gemeinsame Wahrscheinlichkeitsfunktion

Die Werte für die Wahrscheinlichkeitsfunktion von $S = X + Y$ erhält man aus der Tabelle:

$P(S = 0) = P(X = 0, Y = 0) = 0{,}9405,$

$P(S = 1) = P(X = 0, Y = 1) + P(X = 1, Y = 0) = 0{,}0095 + 0{,}0495 = 0{,}059$ und

$P(S = 2) = P(X = 1, Y = 1) = 0{,}0005.$

Aus der aufgestellten Tabelle lassen sich auch Wahrscheinlichkeitsfunktionen für andere Verknüpfungen von X und Y bestimmen. Ist z. B. $T = X \cdot Y$, dann erhält man die Wahrscheinlichkeitsfunktion für T durch:

$P(T = 0) = P(X = 0, Y = 0) + P(X = 0, Y = 1) + P(X = 1, Y = 0) =$

$= 0{,}9405 + 0{,}0095 + 0{,}0495 = 0{,}9995$ und

$P(T = 1) = P(X = 1, Y = 1) = 0{,}0005.$

Es folgen weitere Beispiele für Verknüpfungen von Zufallsvariablen.

Beispiel 40: Herstellungskosten für ein Buch

Die Herstellungskosten für ein bestimmtes Buch belaufen sich auf 5 € pro Exemplar. Es wird eine Auflage von 1000 Stück gedruckt. Der Verkaufspreis eines Exemplars beträgt 25 €. Die Zufallsgröße X gebe die Anzahl der verkauften Bücher an. Die Zufallsgröße Y gebe den Gewinn an. Dieser hängt von der zufällig verkauften Anzahl der Bücher ab. Es ist: $Y = 25 \cdot X - 5000$.

Beispiel 41: Molekulare Geschwindigkeiten

Die Geschwindigkeiten eines Moleküls in x-, y- und z-Richtung sind die Zufallsgrößen X, Y und Z, aus denen sich die Geschwindigkeit V des Moleküls bestimmt zu:

$$V = \sqrt{X^2 + Y^2 + Z^2}$$

Beispiel 42: Wirkung eines Medikaments

Nach der Verabreichung eines bestimmten Medikamentes wird ein Patient mit der Wahrscheinlichkeit p gesund. Das Medikament wird 5 Patienten verabreicht. Die Zufallsgröße

$$X_i = \begin{cases} 0 \\ 1 \end{cases}, i = 1, 2, 3, 4, 5$$

nehme den Wert 1 an, wenn das Medikament den Patienten mit der Nummer i geheilt hat. Falls das Medikament nicht wirkt, nehme X_i den Wert 0 an. Dann gibt die Zufallsgröße $S = X_1 + X_2 + X_3 + X_4 + X_5$ die Gesamtanzahl der geheilten Patienten an.

Die Zufallsgröße $Y = \frac{1}{5} S$ liefert die durchschnittliche Anzahl geheilter Patienten.

Aufgabe 36: Wahrscheinlichkeitsfunktion für zwei Korbwürfe

In einem Basketballspiel erhält ein Spieler nach einem an ihm begangenen Foul zwei Freiwürfe. Der Spieler trifft den Korb von der Freiwurfposition aus mit einer Wahrscheinlichkeit von $p = 0{,}9$. Die Zufallsvariable X gibt die Anzahl der Treffer beim 1. Wurf an (0 oder 1). Die Zufallsvariable Y gibt die Anzahl der Treffer beim 2. Wurf an.

Stellen Sie die gemeinsame Wahrscheinlichkeitsfunktion für X und Y auf. Bestimmen Sie aus der gemeinsamen Wahrscheinlichkeitsfunktion die Wahrscheinlichkeitsfunktion für die Gesamtzahl S der Treffer.

7.8.6 Unabhängige Zufallsvariablen

In Abschnitt 7.7.3 wurden unabhängige Ereignisse betrachtet. Dort wurde beschrieben, dass zwei Ereignisse A und B unabhängig sind, wenn $P(A \cap B) = P(A) \cdot P(B)$ gilt. Natürlich kann man für A und B Ereignisse wählen, die durch Zufallsvariablen erklärt sind. Sind X und Y zwei Zufallsvariablen, dann kann man das Ereignis A bilden, das aussagt, dass X den Wert a annimmt, und man kann das Ereignis B bilden, das aussagt, dass Y den Wert b annimmt: $A = \{X = a\}$ und $B = \{Y = b\}$.

Gilt für *alle* Werte a und b, die von X und Y angenommen werden können,

$P(X = a, Y = b) = P(X = a) \cdot P(Y = b)$,

dann nennt man die Zufallsvariablen X und Y *unabhängig*. Weil für stetige Zufallsvariablen stets $P(X = a) = 0$ und $P(Y = b) = 0$ gilt, wird im Fall stetiger Zufallsvariablen die Unabhängigkeit mit dem $\leq$-Zeichen erklärt:

Unabhängige Zufallsvariablen

Die **diskreten** Zufallsvariablen X und Y heißen **unabhängig**, wenn für alle Werte x_i und y_j, die von X und Y angenommen werden können, gilt:

$P(X = x_i, Y = y_j) = P(X = x_i) \cdot P(Y = y_j)$.

Die **stetigen** Zufallsvariablen X und Y heißen unabhängig, wenn für alle Werte x_i und y_j, die von X und Y angenommen werden können, gilt:

$P(X \leq x_i, Y \leq y_j) = P(X \leq x_i) P(Y \leq y_j)$.

In den nächsten beiden Beispielen sehen Sie, wie man Zufallsvariablen auf Unbhängigkeit untersucht.

Beispiel 43: Ziehen mit Zurücklegen

In einer Urne befinden sich drei Kugeln mit den Nummern 1, 2 und 3. Es werden nacheinander zwei Kugeln mit Zurücklegen gezogen. Die Zufallsvariable X gibt die Nummer der ersten gezogenen Kugel an. Die Zufallsvariable Y gibt die Nummer der zweiten gezogenen Kugel an. Sind X und Y unabhängige Zufallsvariablen? Das Zufallsexperiment wird durch den Ergebnisraum Ω = {(1; 1), (1; 2), (1; 3), (2; 1), (2; 2), (2; 3), (3; 1), (3; 2), (3; 3)} beschrieben.

Jedes Ergebnis hat die Wahrscheinlichkeit $\frac{1}{9}$. Damit kann man die gemeinsame Wahrscheinlichkeitsfunktion für X und Y aufschreiben:

↓Y | X→	1	2	3	$P(Y = y_j)$
1	$\frac{1}{9}$	$\frac{1}{9}$	$\frac{1}{9}$	$\frac{1}{3}$
2	$\frac{1}{9}$	$\frac{1}{9}$	$\frac{1}{9}$	$\frac{1}{3}$
3	$\frac{1}{9}$	$\frac{1}{9}$	$\frac{1}{9}$	$\frac{1}{3}$
$P(X = x_i)$	$\frac{1}{3}$	$\frac{1}{3}$	$\frac{1}{3}$	1

Tabelle 7.24 Gemeinsame Wahrscheinlichkeitsfunktion

Für jeden Eintrag $(x_i; y_j)$ gilt: $P(X = x_i, Y = y_j) = P(X = x_i) P(Y = y_j)$. Also sind die Zufallsvariablen X und Y unabhängig.

Beispiel 44: Ziehen ohne Zurücklegen

In einer Urne befinden sich drei Kugeln mit den Nummern 1, 2 und 3. Es werden nacheinander zwei Kugeln ohne Zurücklegen gezogen. Die Zufallsvariable X gibt die Nummer der ersten gezogenen Kugel an. Die Zufallsvariable Y gibt die Nummer der zweiten gezogenen Kugel an. Sind X und Y unabhängige Zufallsvariablen?

Das Zufallsexperiment wird durch den Ergebnisraum

$\Omega = \{(1; 2), (1; 3), (2; 1), (2; 3), (3; 1), (3; 2)\}$

beschrieben. Fälle wie $(2; 2)$ können nicht eintreten, da die erste Kugel nicht zurückgelegt wird!

Jedes Ereignis hat die Wahrscheinlichkeit $\frac{1}{6}$. Damit kann man die gemeinsame Wahrscheinlichkeitsfunktion für X und Y aufschreiben:

↓Y | X→	1	2	3	$P(Y=y_j)$
1	0	$\frac{1}{6}$	$\frac{1}{6}$	$\frac{1}{3}$
2	$\frac{1}{6}$	0	$\frac{1}{6}$	$\frac{1}{3}$
3	$\frac{1}{6}$	$\frac{1}{6}$	0	$\frac{1}{3}$
$P(X=x_i)$	$\frac{1}{3}$	$\frac{1}{3}$	$\frac{1}{3}$	1

Tabelle 7.25 Gemeinsame Wahrscheinlichkeitsfunktion

Die Zufallsvariablen X und Y sind nicht voneinander unabhängig, denn es gilt z. B.:
$$P(X=1, Y=2) = \frac{1}{6} \neq P(X=1)P(Y=2)$$

Aufgabe 37: Personen in Waggons

Drei Personen stehen an einem Bahnsteig. Ein Zug, der aus drei Wagen besteht, fährt ein. Die Personen steigen unabhängig voneinander ein. X gibt die Zahl der Personen im 1. Wagen an, Y gibt die Anzahl der Personen im 2. Wagen an. Stellen Sie die gemeinsame Wahrscheinlichkeitsfunktion für X und Y auf, und untersuchen Sie, ob X und Y unabhängig sind.

Abbildung 7.51 Eisenbahnzug mit drei Wagen

> **Was Sie wissen sollten**
>
> ▶ Sie sollten wissen, wie man für diskrete Zufallsvariablen und für stetige Zufallsvariablen die Verteilungsfunktion berechnen kann.
> ▶ Sie sollten Wahrscheinlichkeiten mithilfe der Verteilungsfunktion berechnen können.
> ▶ Sie sollten wissen, was man unter der gemeinsamen Wahrscheinlichkeitsfunktion zweier Zufallsvariablen versteht.
> ▶ Sie sollten wissen, wann man Zufallsvariablen unabhängig nennt.

7.9 Erwartungswerte

Bisher wurden Zufallsexperimente durch Wahrscheinlichkeiten beschrieben. Es gibt nun, entsprechend den Lage- und Streuungsmaßzahlen der beschreibenden Statistik, Kennzahlen, die Zufallsexperimente charakterisieren. Eine solche Kennzahl ist der Erwartungswert einer Zufallsvariablen. Im Folgenden wird der Erwartungswert für diskrete und für stetige Zufallsvariablen betrachtet.

7.9.1 Der Erwartungswert für diskrete Zufallsvariablen

Zwei Würfel werden sehr oft geworfen. Jedes Mal wird das Maximum der beiden Augenzahlen festgestellt. Wie groß ist der Mittelwert des Maximums in einer langen Versuchsreihe?

Natürlich stellt sich nicht in jeder Versuchsreihe der gleiche Mittelwert ein. Die Situation entspricht der des Empirischen Gesetzes der großen Zahlen aus Abschnitt 7.2. In einer langen Versuchsreihe oszilliert der Mittelwert um einen festen Wert, den Theoriewert. Um diesem auf die Spur zu kommen, führt man eine Versuchsreihe von 1000 Doppelwürfen durch.

Man lässt den Computer 1000 Doppelwürfe durchführen, lässt ihn zu jeder Simulation das Maximum ermitteln und schließlich lässt man auszählen, wie oft 1, 2, 3, 4, 5 oder 6 als Maximum aufgetreten sind.

Mit dem Tabellenblatt »*7.9.1 Erwartungswert Maximum*« können Sie das selbst durchführen. Das Ergebnis einer solchen tausendfachen Simulation ist in der nächsten Tabelle angegeben.

Maximum x_i	1	2	3	4	5	6
Absolute Häufigkeit	23	87	118	169	262	341
Relative Häufigkeit h_i	0,023	0,087	0,118	0,169	0,262	0,341

Tabelle 7.26 Relative Häufigkeiten für das Maximum

Von 1000 Doppelwürfen waren 23 so, dass 1 das Maximum der beiden Augenzahlen war, usw. Mit diesen Werten kann man das arithmetische Mittel bilden:

$$\sum_{i=1}^{6} x_i \cdot h_i = 1 \cdot 0{,}023 + 2 \cdot 0{,}087 + 3 \cdot 0{,}118 + 4 \cdot 0{,}169 + 5 \cdot 0{,}262 + 6 \cdot 0{,}341 \approx 4{,}58$$

Das Ergebnis ist so zu interpretieren, dass sich in einer langen Reihe von Doppelwürfen etwa 4,6 als durchschnittliches Maximum der Augenzahlen einstellen wird. Bei der Berechnung des Mittelwertes wurden die relativen Häufigkeiten h_i verwendet. Diese sind nach dem Empirischen Gesetz der großen Zahlen Schätzwerte für die Wahrscheinlichkeiten, mit denen die Zufallsgröße X die Werte 1 bis 6 annimmt.

Aus diesem Grund ist es naheliegend, in der obigen Formel für das arithmetische Mittel die relativen Häufigkeiten durch die Wahrscheinlichkeiten zu ersetzen, d. h. den Ausdruck $\sum_{i=1}^{6} x_i \cdot p_i$ zu bilden.

Die hierzu benötigen Wahrscheinlichkeiten p_i wurden in Beispiel 30, Abschnitt 7.8.1, bereits berechnet. Es ergaben sich die folgenden Wahrscheinlichkeiten:

x_i	1	2	3	4	5	6
$P(X = x_i) = p_i$	$\frac{1}{36}$	$\frac{3}{36}$	$\frac{5}{36}$	$\frac{7}{36}$	$\frac{9}{36}$	$\frac{11}{36}$

Tabelle 7.27 Wahrscheinlichkeitsfunktion für das Maximum beim zweifachen Würfelwurf

Mit diesen Werten bildet man jetzt den Ausdruck $\sum_{i=1}^{6} x_i \cdot p_i$. Es ergibt sich:

$$\sum_{i=1}^{6} x_i \cdot p_i = 1 \cdot \frac{1}{36} + 2 \cdot \frac{3}{36} + 3 \cdot \frac{5}{36} + 4 \cdot \frac{7}{36} + 5 \cdot \frac{9}{36} + 6 \cdot \frac{11}{36} = \frac{161}{36} \approx 4{,}47$$

Diese Zahl stimmt in etwa mit dem zuvor in der Simulation gefundenen Mittelwert überein. Diese Überlegungen legen es nahe, für den gesuchten Theoriewert $\sum_{i=1}^{6} x_i \cdot p_i$ zu wählen. Das führt zur Definition des Erwartungswertes:

Erwartungswert einer diskreten Zufallsvariablen

Ist X eine **diskrete** Zufallsvariable mit der Wahrscheinlichkeitsfunktion

$P(X = x_i) = p_i$, dann versteht man unter dem **Erwartungswert** von X die Zahl

$$E(X) = \sum_i x_i \cdot p_i$$

Lesen Sie die nächsten drei Beispiele, um die Bedeutung des Erwartungswertes zu erfahren.

Beispiel 45: Erwartungswert, der kein möglicher Ausgang ist

Die Zufallsvariable X gebe die Augenzahl bei einem Würfelwurf an. Die Wahrscheinlichkeitsfunktion von X ist:

x_i	1	2	3	4	5	6
$P(X = x_i)$	$\frac{1}{6}$	$\frac{1}{6}$	$\frac{1}{6}$	$\frac{1}{6}$	$\frac{1}{6}$	$\frac{1}{6}$

Tabelle 7.28 Wahrscheinlichkeitsfunktion beim einfachen Würfelwurf

Den Erwartungswert erhält man dann als

$$E(X) = 1 \cdot \frac{1}{6} + 2 \cdot \frac{1}{6} + 3 \cdot \frac{1}{6} + 4 \cdot \frac{1}{6} + 5 \cdot \frac{1}{6} + 6 \cdot \frac{1}{6} = 3{,}5.$$

Das Beispiel zeigt, dass der Erwartungswert eine Zahl sein kann, die von der Zufallsvariablen nicht angenommen wird.

Beispiel 46: Erwartungswert »abseits« des wahrscheinlichsten Ausganges

Die Zufallsvariable X besitzt die folgende Wahrscheinlichkeitsfunktion:

x_i	0	100	200
$P(X = x_i)$	0,5	0,2	0,3

Tabelle 7.29 Wahrscheinlichkeitsfunktion von X

Der Erwartungswert von X ist: $E(X) = 0 \cdot 0{,}5 + 100 \cdot 0{,}2 + 200 \cdot 0{,}3 = 80$.

Dieses Beispiel zeigt, dass der Erwartungswert nicht in der Nähe des wahrscheinlichsten Wertes, in diesem Fall der Zahl 0, liegen muss.

Beispiel 47: Gruppen-Screening

Im Jahr 1943 während des zweiten Weltkriegs wurden in der US-Armee Bedenken wegen sich häufender Syphilis-Fälle unter den Soldaten laut. Um infizierte Soldaten zu entdecken und auszusondern, hätte man tausende zeitaufwändige und teure Bluttests durchführen müssen. Damals schlug Robert Dorfman ein Verfahren vor, das man heute *Gruppen-Screening* nennt. Seine Idee war, dass man das Blut einer Gruppe von k Personen mischen sollte, um die Mischprobe dann mit einem einzigen Test zu untersuchen. Falls alle Personen gesund sind, so hätte ein Test ausgereicht, um k Personen zu untersuchen. Ist dagegen die Mischprobe positiv, dann untersucht man alle Einzelproben. In diesem Fall benötigt man $k+1$ Tests.

Die Frage ist, wie groß man die Gruppengröße k wählen soll, um eine optimale Einsparung zu erzielen. Die Antwort hängt natürlich von der Wahrscheinlichkeit p ab, mit der eine einzelne Person gesund ist. Ist p klein, d. h. ist die Krankheit weit verbreitet, dann darf man keine großen Gruppen bilden, weil es dann wahrscheinlich ist, dass sich eine infizierte Person in der Gruppe befindet. Dorfmans Idee kam im zweiten Weltkrieg nicht zum Einsatz, wird aber heute vielfach angewendet.

Die Zufallsvariable X gebe die Zahl der benötigten Tests an. X kann die Werte 1 oder $k+1$ annehmen. X nimmt den Wert 1 an, wenn alle Personen gesund sind. Das geschieht mit der Wahrscheinlichkeit p^k. Der Wert $k+1$ wird dann von X mit der Wahrscheinlichkeit $1 - p^k$ angenommen. Damit kann man die Wahrscheinlichkeitsfunktion für X aufschreiben:

X	1	$k+1$
$P(X = k)$	p^k	$1 - p^k$

Tabelle 7.30 Wahrscheinlichkeitsfunktion von X

Mit dieser Wahrscheinlichkeitsfunktion kann man den Erwartungswert für die Anzahl der Tests bilden:

$$E(X) = 1 \cdot p^k + (k+1) \cdot (1-p^k) = k - k \cdot p^k + 1$$

Dieser Wert stellt die mittlere Zahl der Untersuchungen für k Personen dar. Bildet man $k - E(X)$, dann hat man die mittlere Zahl der Einsparungen gegenüber dem Verfahren der Einzelprüfung:

$$k - E(X) = k - (k - k \cdot p^k + 1) = k \cdot p^k - 1$$

Legt man, für bessere Vergleichbarkeit, die mittlere Ersparnis pro Person zugrunde, dann teilt man den zuletzt gebildeten Ausdruck noch durch die Anzahl k der Personen:

$$\frac{k \cdot p^k - 1}{k} = p^k - \frac{1}{k}$$

Für welchen Wert von k wird die mittlere Ersparnis pro Person maximal? Natürlich hängt dies von p ab. Für $p = 0{,}95$ und $p = 0{,}9$ ist die mittlere Ersparnis pro Person in der Tabelle angegeben, wenn k die Gruppengröße ist.

↓p | k→	2	3	4	5	6
0,95	0,403	0,524	0,565	**0,574**	0,568
0,90	0,310	0,396	**0,406**	0,390	0,365

Tabelle 7.31 Ersparnis pro Person in Abhängigkeit von p

Für $p = 0{,}95$ hat man 57,4 % Ersparnis pro Person, wenn man Gruppen der Größe 5 bildet. Bei $p = 0{,}9$ ist bei einer Gruppengröße von $k = 4$ die maximale Ersparnis gleich 40,6 %.

Berechnen Sie jetzt selbst Erwartungswerte:

Aufgabe 38: Das Spiel Pentagramm

Beim Würfelspiel »Pentagramm« wird mit drei Würfeln gespielt. Fällt eine Fünf, so erhält der Spieler 5 €, bei zwei Fünfen erhält er 10 € und bei drei Fünfen 30 €. Welchen Mindesteinsatz muss die Spielbank pro Spiel erheben, damit sie auf lange Sicht keinen Verlust macht?

Aufgabe 39: Nur ein möglicher Wert

Betrachtet wird die Zufallsvariable X, welche nur den Wert a annehmen kann. Welchen Wert hat $E(X)$?

7.9.2 Der Erwartungswert für stetige Zufallsvariablen

Der Erwartungswert einer diskreten Zufallsvariablen ist eine Summe: $E(X) = \sum_i x_i \cdot p_i$.

Ersetzt man darin das Summenzeichen durch ein Integral, dann erhält man die Definition des Erwartungswertes für stetige Zufallsvariablen.

Erwartungswert für stetige Zufallsvariablen

Ist X eine **stetige** Zufallsvariable mit der Dichtefunktion $f(x)$, dann versteht man unter dem **Erwartungswert** von X die Zahl $E(X) = \int_{-\infty}^{\infty} x \cdot f(x) dx$.

Beispiel 48: Erwartungswert für Wartezeiten – Telefonzentrale

In Abschnitt 7.8.4, »Stetige Zufallsvariablen und ihre Verteilungsfunktionen«, wurde eine Telefonzentrale betrachtet, in der in einer Minute durchschnittlich $\lambda = 2$ Anrufe ankommen. X gibt die Wartezeit auf den nächsten Anruf an. Wie groß ist der Erwartungswert von X?

Wie in Abschnitt 7.8.4 gezeigt wurde, ist

$f(x) = \begin{cases} 0 & \text{für } x < 0 \\ 2e^{-2x} & \text{sonst} \end{cases}$ eine Dichtefunktion von X.

Also muss man das folgende Integral berechnen:

$$E(X) = \int_{-\infty}^{\infty} x \cdot f(x) dx = \int_0^{\infty} x \cdot 2e^{-2x} dx = 2 \int_0^{\infty} x \cdot e^{-2x} dx.$$

Wer das Integral selbst lösen will, der sollte sich der partiellen Integration bedienen.

Wer es einfacher haben will, der sucht in einer Tabelle nach einer Stammfunktion von $x \cdot e^{-2x}$ und wird $\frac{e^{-2x}}{4}(2x - 1)$ finden. Nach Einsetzen der Grenzen folgt: $E(X) = \frac{1}{2}$.

Aufgabe 40: Erwartungswert beim Warten auf den Bus

Ein Bus fährt alle 30 Minuten von einer bestimmten Haltestelle ab. Berechnen Sie den Erwartungswert für die Wartezeit einer zufällig an dieser Haltestelle ankommenden Person.

> **Was Sie wissen sollten**
>
> Sie sollten die Bedeutung des Erwartungswertes einer Zufallsvariablen kennen.
>
> Sie sollten wissen, wie man Erwartungswerte berechnet.

7.10 Die Varianz

Peter und Paul besuchen in ihrem Urlaub eine Spielbank, um Roulette zu spielen. Jeder hat für 500 € Jetons gekauft und setzt pro Spiel 10 €. Weil Peter am 26.10. Geburtstag hat, setzt er immer auf die Zahl 26. Wenn die Kugel auf 26 fällt, bekommt er nach den Regeln fürs Roulettespiel das 36-fache des Einsatzes zurück, d. h. er hat in diesem Fall einen Gewinn von 350 €.

Paul setzt auf die Zahlen von 1 bis 12. Falls eine dieser Zahlen erscheint, bekommt er das Dreifache seines Einsatzes zurück, d. h. er gewinnt in diesem Fall 20 €.

Abbildung 7.52 zeigt einen beispielhaften Verlauf, wie sich die Gewinne von Peter und Paul im Verlauf von 50 Spielen entwickeln können.

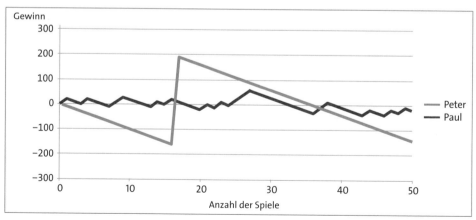

Abbildung 7.52 Gewinn von Peter und Paul im Verlauf von 50 Spielen

Mit dem Tabellenblatt »*7.10 Roulette*« kann man solche Spielverläufe simulieren. Dabei zeigt sich, dass das Spiel von Peter risikoreich ist. Sein Gewinn weist große Schwankungen auf. Der Gewinnverlauf von Peter ist dagegen ausgeglichener und damit weniger risikobehaftet. Bezeichnet man mit X den Gewinn von Peter in einem Spiel und entsprechend mit Y den Gewinn von Paul, dann hätte man gerne eine Kenngröße, mit der das oben beschriebene unterschiedliche Verhalten gemessen werden kann.

Erinnert man sich daran, dass der Erwartungswert aus dem arithmetischen Mittel abgeleitet wurde, indem dort die relativen Häufigkeiten durch Wahrscheinlichkeiten ersetzt wurden, so liegt es nahe, entsprechend vorzugehen und eine Größe zu definieren, welche die Streuung einer Zufallsvariablen X angibt. Im Rahmen der beschreibenden Statistik wurde die Varianz s^2 einer Messreihe $x_1, x_2, \ldots$ erklärt durch:

$$s^2 = \sum_i h_i (x_i - \bar{x})^2$$

(Version I der Varianz aus Abschnitt 5.2, »Mittelwertabweichung, Medianabweichung, Varianz und Standardabweichung«).

Dabei waren die h_i die relativen Häufigkeiten, mit denen die x_i in der Messreihe auftraten, und $\bar{x}$ war das arithmetische Mittel der Messwerte. Ersetzt man in dieser Formel die Werte x_i durch die Werte, welche die Zufallsgröße X annehmen kann, ersetzt man außerdem die relativen Häufigkeiten durch die Wahrscheinlichkeiten und schließlich das arithmetische Mittel durch den Erwartungswert, dann erhält man die Varianz der Zufallsgröße X.

Varianz und Standardabweichung einer diskreten Zufallsvariablen

Ist X eine **diskrete** Zufallsvariable mit der Wahrscheinlichkeitsfunktion

$P(X = x_i) = p_i$, dann versteht man unter der **Varianz** von X die Zahl

$$Var(X) = \sum_i P(X = x_i)(x_i - E(X))^2.$$

Die Zahl $\sigma(X) = \sqrt{Var(X)}$ heißt die **Standardabweichung** von X.

Diese Definition kann man jetzt auf die Gewinne von Peter und Paul in einem Einzelspiel anwenden. Dazu benötigt man zunächst die Wahrscheinlichkeitsfunktionen der beiden Zufallsvariablen X und Y.

Weil pro Spiel 10 € eingesetzt werden, kann X die Werte −10 oder 350 (jeweils Euro) annehmen. Für die Wahrscheinlichkeiten gilt:

$P(X = -10) = \frac{36}{37}$ und $P(X = 350) = \frac{1}{37}$, d. h. die Wahrscheinlichkeitsfunktion für X ist:

x_i	−10	350
$P(X = x_i)$	$\frac{36}{37}$	$\frac{1}{37}$

Tabelle 7.32 Wahrscheinlichkeitsfunktion von X

Entsprechend erhält man die Wahrscheinlichkeitsfunktion für Y:

y_i	−10	20
$P(Y = y_i)$	$\frac{25}{37}$	$\frac{12}{37}$

Tabelle 7.33 Wahrscheinlichkeitsfunktion von Y

Daraus ergeben sich die Erwartungswerte von X und Y:

$$E(X) = \frac{36}{37} \cdot (-10) + \frac{1}{37} \cdot 350 = -\frac{10}{37}; \; E(Y) = \frac{25}{37} \cdot (-10) + \frac{12}{37} \cdot 20 = -\frac{10}{37}$$

Die Erwartungswerte sind gleich, d. h. wenn Peter und Paul viele Spiele durchführen, dann verliert jeder der beiden $\frac{1}{37}$ seines Einsatzes.

Berechnet man jetzt die Varianzen und Standardabweichungen, dann sieht man, dass diese Werte für Peter deutlich höher liegen als für Paul:

$$Var(X) = \frac{36}{37}\left(-10 - \left(-\frac{10}{37}\right)\right)^2 + \frac{1}{37}\left(350 - \left(-\frac{10}{37}\right)\right)^2 \approx 3408{,}04; \; \sigma(X) = 58{,}38$$

$$Var(Y) = \frac{25}{37}\left(-10 - \left(-\frac{10}{37}\right)\right)^2 + \frac{12}{37}\left(20 - \left(-\frac{10}{37}\right)\right)^2 \approx 197{,}22; \; \sigma(Y) = 14{,}04$$

Die folgende Überlegung liefert eine neue Sichtweise für die Varianz. Dazu betrachtet man die Zufallsvariable $Y = (X - E(X))^2$, welche die Werte $(x_i - E(X))^2$ mit den Wahrscheinlichkeiten $P(X = x_i)$ annimmt, und berechnet den Erwartungswert von Y. Dabei ergibt sich:

$$E((X-E(X))^2) = \sum_i P(X=x_i)(x_i - E(X))^2 = Var(X)$$

Das bedeutet, dass man die Varianz von X auf folgende Weise schreiben kann:

$Var(X) = E((X - E(X))^2)$

Die Varianz ist also der Erwartungswert der quadrierten Abweichung der Zufallsvariablen X vom Erwartungswert von X.

> **Merke: Die Varianz als Erwartungswert**
> $Var(X) = E((X - E(X))^2)$

Aufgabe 41: Erwartungswert und Varianz für ein Glücksrad

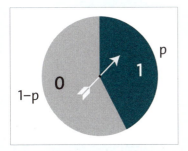

Abbildung 7.53 Glücksrad

Dreht man den Zeiger auf dem Glücksrad, dann bleibt dieser mit der Wahrscheinlichkeit p auf 1 stehen. Die Zufallsvariable X gibt an, welches Ergebnis eingetreten ist. Bestimmen Sie den Erwartungswert und die Varianz von X. Für welchen Wert von p wird die Varianz maximal?

Die bisher betrachteten Beispiele zur Varianz von Zufallsvariablen bezogen sich alle auf diskrete Zufallsvariablen. Die Varianz einer stetigen Zufallsvariablen wird entsprechend definiert. Das Summenzeichen wird, wie schon beim Erwartungswert, durch ein Integral ersetzt. Anstelle der Wahrscheinlichkeiten tritt die Wahrscheinlichkeitsdichte.

Varianz und Standardabweichung einer stetigen Zufallsvariablen

Ist X eine **stetige** Zufallsvariable mit der Wahrscheinlichkeitsdichte $f(x)$, dann versteht man unter der **Varianz** von X die Zahl

$$Var(X) = \int_{-\infty}^{\infty} (x - E(X))^2 f(x) dx.$$

Die Zahl $\sigma(X) = \sqrt{Var(X)}$ heißt die **Standardabweichung** von X.

Beispiel 49: Abschnittsweise konstante Funktion

Betrachtet wird die Zufallsvariable X mit der Wahrscheinlichkeitsdichte:

$$f(x) = \begin{cases} \dfrac{1}{b-a} & \text{für } a \leq x \leq b \\ 0 & \text{sonst} \end{cases}$$

Dabei sind a und b reelle Zahlen mit der Eigenschaft $b > a$. In Abschnitt 8.7, »Die stetige Gleichverteilung«, wird genauer auf diese Zufallsvariable eingegangen.

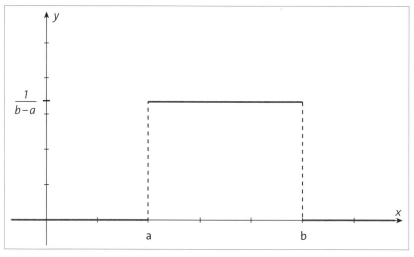

Abbildung 7.54 Graph der Wahrscheinlichkeitsdichte $f(x)$

Um die die Varianz zu bestimmen, wird zunächst der Erwartungswert von X berechnet:

$$E(X) = \int_{-\infty}^{\infty} x \cdot f(x)dx = \int_{a}^{b} x \cdot \frac{1}{b-a} dx = \frac{1}{b-a} \int_{a}^{b} x dx = \frac{1}{b-a}\left(\frac{b^2}{2} - \frac{a^2}{2}\right) =$$

$$= \frac{1}{b-a} \frac{b^2 - a^2}{2} = \frac{1}{b-a} \frac{(b+a)(b-a)}{2} = \frac{a+b}{2}$$

$$Var(X) = \int_{-\infty}^{\infty} (x - E(X))^2 f(x)dx = \int_{a}^{b}\left(x - \frac{a+b}{2}\right)^2 \frac{1}{b-a} dx =$$

$$= \frac{1}{b-a} \int_{a}^{b}\left(x - \frac{a+b}{2}\right)^2 dx$$

Durch Differenzieren kann man leicht zeigen, dass die Funktion

$g(x) = \frac{1}{3}\left(x - \frac{a+b}{2}\right)^3$ eine Stammfunktion des Integranden ist. Damit ergibt sich:

$$Var(X) = \frac{1}{b-a}\left[\frac{1}{3}\left(x - \frac{a+b}{2}\right)^3\right]_{a}^{b} = \frac{1}{3} \frac{1}{b-a}\left(\left(\frac{b-a}{2}\right)^3 - \left(\frac{a-b}{2}\right)^3\right)$$

Aus $\left(\frac{b-a}{2}\right)^3$ wird -1 ausgeklammert, was nach weiterem Zusammenfassen und Kürzen auf $Var(X) = \frac{(b-a)^2}{12}$ führt.

Was Sie wissen sollten

- ▶ Sie sollten wissen, welche Bedeutung die Varianz einer Zufallsvariablen besitzt.
- ▶ Sie sollten die Varianz einer Zufallsvariablen berechnen können.

7.11 Die Ungleichung von Tschebyschew

Die Kontaktaufnahme mit Außerirdischen ist schon immer ein faszinierendes Unterfangen. Schon mehrfach wurden von der Erde aus Nachrichten ins All geschickt, durch die außerirdische Zivilisationen von der Menschheit erfahren sollten. Interessanterweise können Außerirdische gerade dann auf unsere Botschaften aufmerksam werden, wenn sie sich mit dem Zufall auskennen.

Am 16. November 1974 wurde vom größten Radioteleskop der Welt in der Nähe von Arecibo, Puerto Rico, eine Botschaft in den Weltraum gesendet. Bekannt ist das Teleskop auch aus dem James-Bond-Film »Golden Eye«.

Die Botschaft bestand aus 1679 Nullen und Einsen und sollte Außerirdischen die Gelegenheit geben, über die Erde und das Leben auf ihr Informationen zu erhalten [SIG].

```
00000010101010000000000010100000101000000100100010001001011
00101010101010101010010010000000000000000000000000000000110
00000000000000000110100000000000000000110100000000000000010
10100000000000000001111100000000000000000000000000001100001
11000110000110001000000000000011001000011010001100011000011010111
11011111011111011110000000000000000000000001000000000000000001
00000000000000000000000001000000000000000011111000000000000
11111000000000000000000000011000011000011100011000100000001000000
00001000011010000110001110011010111110111110111110111110000000000
00000000000000001000000100000000000000001100000000000000010
00011000000000111110000011000000001111100000000001100000000000
10000000010000000001000001000001100000001000000011000011000000100
00000001100010000110000000000000011001100000000000011000100001
10000000011000011000000100000001000000010000000100000100000000110
00000001000100000000110000000010001000000000100000001000001000000
01000000010000001000000000000011000000000110000000011000000000100
01110101100000000010000000010000000000000001000001111100000000000
01000010111010010110100000000010011100100111111101110001110000110
11100000000101000011101100100000001010000011111001000000001010000
01100000001000011011000000000000000000000000000000011110000010
0000000000000011101010001010101010100111000000001010101000000000000
0000001010000000000000011110000000000000000111111110000000000000
11100000000111000000000110000000000011000000011010000000010110000
0110011000000110011000100010000010100010000100010010001001000
10000000100010100010000000000010000100001000000000001000000000
1000000000000001001010000000000001111001111101001111000
```

Abbildung 7.55 Die Arecibo-Botschaft

Setzt man einmal voraus, dass die Außerirdischen technologisch gerade so ausgestattet sind, dass sie Radiowellensignale verwenden, dann sollte die Botschaft dergestalt beschaffen sein, dass die Außerirdischen diese von einem Zufallsrauschen unterscheiden können, damit sie auf die Botschaft aufmerksam werden. Auf den ersten Blick bietet die Folge der Nullen und Einsen keinen Anlass, besonders aufmerksam zu werden. Guckt man aber genauer hin, dann fallen lange Ketten von Nullen und von Einsen auf, die in der Abbildung farbig markiert wurden.

Folgenteile, die aus lauter gleichartigen Zeichen bestehen, nennt man *runs*.

Beispiel 50: Runs in einer Folge

Die Folge 1 0 1 1 0 0 0 0 1 1 enthält 5 runs, von denen die maximale Länge gleich 4 ist. Die Folge 1 1 1 1 1 1 1 1 1 1 besteht aus nur einem run. Die maximale Länge ist hier 10.

Wenn die runs in der Arecibo-Botschaft deutlich länger sind als solche in einer Zufallsfolge derselben Länge, dann wäre dies ein Grund zur Aufmerksamkeit für die Außerirdischen. Der längste run in der Arecibo Botschaft ist eine Folge von 37 Nullen (in der Abbildung markiert). Ist 37 eine ungewöhnlich große Zahl, oder könnte sich in einer Zufallsfolge aus 1679 Nullen und Einsen auch 37 als maximale run-Länge ergeben? Diese Frage muss nun der »Chefmathematiker« der Außerirdischen klären.

Wie groß ist der Erwartungswert der maximalen run-Länge, und wie streuen die Werte der Zufallsvariablen um diesen Wert? In Abschnitt 7.9 wurden Erwartungswerte betrachtet. Die dort vermittelten Kenntnisse reichen aber bei weitem nicht aus, um den Erwartungswert für die maximale run-Länge einer Zufallsfolge zu bestimmen. Die irdischen Mathematiker Paul Erdős (1913–1996) und Alfréd Rényi (1921–1970) konnten zeigen, dass der Erwartungswert ungefähr gleich dem Zweierlogarithmus der Länge der Folge ist (falls die Länge der Folge groß ist). In unserem Fall bedeutet dies, dass der Erwartungswert ungefähr gleich $\log_2(1679) \approx 10$ ist.

Auch wenn die Definitionsgleichungen für Varianz und Standardabweichung jetzt bekannt sind, so liegt es nicht im Rahmen dieses Buches, zu zeigen, dass die Varianz der maximalen run-Länge (unabhängig von n) näherungsweise gleich $\frac{\pi^2}{6 \cdot \ln(2)^2} + \frac{1}{12} \approx 3{,}507$

ist [SIL]. Die Standardabweichung ist damit etwa gleich 1,873.

Die in der Arecibo-Botschaft beobachtete maximale run-Länge von 37 liegt damit um mehr als 14 Standardabweichungen vom Erwartungswert entfernt. Als Mathematiker weiß man dann, dass es unwahrscheinlich ist, dass die beobachtete Folge eine Zufallsfolge ist. Wie groß diese Wahrscheinlichkeit ist, kann man grob mit der Ungleichung von Pafnuti Lwowitsch Tschebyschew (1821–1894) bestimmen. Mit der Tschebyschew'schen Ungleichung kann man die Wahrscheinlichkeit abschätzen, mit der eine Zufallsvariable Werte annimmt, die um mehr als eine vorgegebene Zahl vom Erwartungswert abweichen.

> **Merke: Die Ungleichung von Tschebyschew**
>
> X sei eine beliebige Zufallsvariable mit der Standardabweichung σ und dem Erwartungswert $E(X)$. Dann gilt:
>
> $P(|X - E(X)| \geq a) \leq \frac{\sigma^2}{a^2}$

Die Tschebyschew'sche Ungleichung liefert nur dann eine sinnvolle Information, wenn die rechte Seite kleiner als 1 ist, d. h. wenn a ausreichend groß ist.

Die Tschebyschew'sche Ungleichung gilt für jede beliebige Zufallsvariable. Aus diesem Grund ist sie nicht sonderlich genau. Für spezielle Verteilungen lassen sich genauere Abschätzungen angeben.

Wählt man *a* als *r*-faches der Standardabweichung, dann ergibt sich

$P(|X - E(X)| \geq r \cdot \sigma) \leq \dfrac{\sigma^2}{r^2 \sigma^2} = \dfrac{1}{r^2}$, d. h. die Wahrscheinlichkeit, dass X einen Wert annimmt, der um mehr als das *r*-fache der Standardabweichung vom Erwartungswert abweicht, ist kleiner als $\dfrac{1}{r^2}$.

Aus der letzten Bemerkung folgt: Die Wahrscheinlichkeit, dass eine Zufallsvariable einen Wert annimmt, der sich vom Erwartungswert um mehr als das Doppelte der Standardabweichung unterscheidet, ist kleiner als $\dfrac{1}{4}$.

Die Wahrscheinlichkeit, dass eine Zufallsvariable einen Wert annimmt, der sich vom Erwartungswert um mehr als das Dreifache der Standardabweichung unterscheidet, ist kleiner als $\dfrac{1}{9}$.

Aus der letzten Bemerkung folgt ebenfalls: Die Wahrscheinlichkeit, dass eine Zufallsvariable einen Wert annimmt, der sich vom Erwartungswert um mehr als das Vierzehnfache der Standardabweichung unterscheidet, ist kleiner als $\dfrac{1}{14^2} \approx 0{,}005$.

Damit ist den Außeririschen endgültig klar, dass die beobachtete Folge höchstwahrscheinlich nicht zufällig ist und dass es sich lohnen dürfte, nach deren Inhalt zu fragen. Dem Chefmathematiker der Außerirdischen ist sicher aufgefallen, dass die Länge der Botschaft, 1679, das Produkt der beiden Primzahlen 23 und 73 ist. Deshalb spricht er die Empfehlung aus, die Zahlenfolge in der Form eines 23×73-Rechtecks anzuordnen und die Nullen und Einsen unterschiedlich einzufärben. Das liefert das Ergebnis, das Sie in Abbildung 7.56 sehen.

Jetzt bleibt nur noch übrig, diese Darstellung zu interpretieren, aber dafür gibt es ja Wikipedia [ARE].

> **Was Sie wissen sollten**
> Sie sollten die Ungleichung von Tschebyschew kennen.

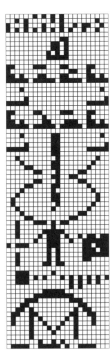

Abbildung 7.56 Decodierte Arecibo-Botschaft

7.12 Regeln für Erwartungswerte und Varianzen

Dieser Abschnitt enthält viele Herleitungen, welche die wichtigsten Eigenschaften von Erwartungswerten und Varianzen begründen. Wer an dem theoretischen Hintergrund nicht interessiert ist, sollte sich zumindest die Ergebnisse ansehen.

Die im Folgenden betrachteten Regeln gelten für diskrete und für stetige Zufallsvariablen. Um die Darstellung zu vereinfachen, wird nur auf diskrete Variablen eingegangen.

In Beispiel 39 in Abschnitt 7.8.5 wurde folgende Situation betrachtet:

Eine Maschine besteht aus 2 Komponenten, die unabhängig voneinander ausfallen können. Komponente 1 fällt mit einer Wahrscheinlichkeit von $p_1 = 0{,}05$ aus, Komponente 2 mit einer Wahrscheinlichkeit von $p_2 = 0{,}01$.

Die Zufallsvariable X gibt an, ob Komponente 1 ausfällt, die Zufallsvariable Y gibt an, ob Komponente 2 ausfällt. Die Zufallsvariablen besitzen folgende Wahrscheinlichkeitsfunktionen:

Zufallsvariable X

x_i	0	1
$P(X = x_i)$	$1 - p_1 = 0{,}95$	$p_1 = 0{,}05$

Tabelle 7.34 Wahrscheinlichkeitsfunktion von X

Zufallsvariable Y

y_i	0	1
$P(Y = y_i)$	$1 - p_2 = 0{,}99$	$p_2 = 0{,}01$

Tabelle 7.35 Wahrscheinlichkeitsfunktion von Y

Die Zufallsvariable $S = X + Y$ gibt die Gesamtanzahl der ausgefallenen Komponenten an. In Abschnitt 7.8.5, »Verknüpfung von Zufallsvariablen«, wurde die Wahrscheinlichkeitsfunktion für S bestimmt:

s_i	0	1	2
$P(S = s_i)$	0,9405	0,059	0,0005

Tabelle 7.36 Wahrscheinlichkeitsfunktion von S

Die Erwartungswerte für X, Y und S sind:

$E(X) = 0 \cdot 0{,}95 + 1 \cdot 0{,}05 = 0{,}05$

$E(Y) = 0 \cdot 0{,}99 + 1 \cdot 0{,}01 = 0{,}01$

$E(S) = 0 \cdot 0{,}9405 + 1 \cdot 0{,}059 + 2 \cdot 0{,}0005 = 0{,}06$

Es fällt auf, dass $E(S) = E(X + Y) = E(X) + E(Y)$ gilt. Das ist kein Zufall. Sind X und Y beliebige Zufallsvariablen, dann kann man zeigen, dass der Erwartungswert der Summe von X und Y gleich der Summe der Erwartungswerte von X und Y ist.

> **Merke: Der Erwartungswert einer Summe von Zufallsvariablen**
>
> Sind X und Y Zufallsvariablen, deren Erwartungswert existiert, dann existiert auch der Erwartungswert von $X + Y$. Es gilt dann: $E(X + Y) = E(X) + E(Y)$.
>
> Der Erwartungswert einer Summe ist gleich der Summe der einzelnen Erwartungswerte.

Diese Eigenschaft des Erwartungswertes kann auf beliebig viele Summanden ausgedehnt werden. Am Beispiel von drei Summanden wird dies sofort klar:

$E(X + Y + Z) = E((X + Y) + Z) = E(X + Y) + E(Z) = E(X) + E(Y) + E(Z)$

Für n Summanden kann man deshalb schreiben: $E\left(\sum_{i=1}^{n} X_i\right) = \sum_{i=1}^{n} E(X_i)$.

In Beispiel 51 wird gezeigt, wie man diese Eigenschaft des Erwartungswertes nutzbringend verwenden kann.

Beispiel 51: Wie oft hält der Fahrstuhl?

Im Erdgeschoss eines Bürogebäudes mit 10 Stockwerken steigen 15 Personen in den Fahrstuhl ein. Wie oft hält der Fahrstuhl durchschnittlich an? (Dabei wird vorausgesetzt, dass alle Stockwerke die gleiche Attraktivität besitzen, was nicht der Fall wäre, wenn sich die Kantine im 5. Stock befände.)

Für jede Person gilt, dass das i-te Stockwerk ihr Ziel ist. Mit der Wahrscheinlichkeit $\frac{1}{10}$ drückt diese Person den Knopf für das i-te Stockwerk. Mit der Wahrscheinlichkeit $1 - \frac{1}{10}$ drückt sie diesen Knopf nicht (Begründung: Gegenereignis). Die Wahrscheinlichkeit, dass keine der 15 Personen den Knopf i drückt, ist dann gleich $\left(1 - \frac{1}{10}\right)^{15}$ (Begründung: 1. Pfadregel).

Der Fahrstuhl hält im i-ten Stockwerk mit der Wahrscheinlichkeit $\left(1 - \frac{1}{10}\right)^{15}$ nicht an, und mit der Wahrscheinlichkeit $1 - \left(1 - \frac{1}{10}\right)^{15}$ hält er dort an.

Die Zufallsvariable X_i soll den Wert 1 haben, wenn der Fahrstuhl im i-ten Stock hält, sonst soll sie den Wert 0 haben. Also gilt:

$$X_i = \begin{cases} 1 & \text{mit der Wahrscheinlichkeit } p = 1 - \left(1 - \frac{1}{10}\right)^{15} \\ 0 & \text{mit der Wahrscheinlichkeit } 1 - p \end{cases}$$

Diese Zufallsvariable hat den Erwartungswert $1 - \left(1 - \frac{1}{10}\right)^{15} \approx 0{,}79$

Die Zufallsvariablen X_i liefern für jeden Halt den Wert 1. Ihre Summe ist gleich der gesamten Anzahl S der Stopps: $S = X_1 + \ldots + X_{10}$.

Die erwartete Anzahl an Stopps ist dann

$E(S) = E(X_1 + \ldots + X_{10}) = E(X_1) + \ldots + E(X_{10}) = 10 \cdot 0{,}79 = 7{,}9.$

Versuchen Sie nun, in Aufgabe 42 die gerade betrachtete Regel für Erwartungswerte anzuwenden.

Aufgabe 42: Trefferzahlen beim Biathlon

Beim Biathlon schießen die Sportler auf 5 Scheiben. Gute Schützen haben dabei eine Treffsicherheit von 90 %. Wie groß ist in diesem Fall die erwartete Anzahl von Treffern?

Es wird jetzt der Erwartungswert einer Zufallsvariablen X mit dem Erwartungswert von $Y = a \cdot X$, (a sei eine reelle Zahl) verglichen. Für den Fall, dass X eine diskrete Zufallsvariable ist, nimmt Y den Wert $a \cdot x_i$ genau dann an, wenn X den Wert x_i annimmt. Die Wahrscheinlichkeit, dass Y den Wert $a \cdot x_i$ annimmt, ist deshalb gleich $P(X = x_i)$. Damit ergibt sich:

$$E(a \cdot X) = \sum_i a \cdot x_i \cdot P(X = x_i) = a \sum_i x_i \cdot P(X = x_i) = a \cdot E(X)$$

Dieses Ergebnis gilt auch für stetige Zufallsvariablen.

> **Merke: Der Erwartungswert von $a \cdot X$**
>
> Sind X eine Zufallsvariable und a eine reelle Zahl, dann gilt: $E(a \cdot X) = a \cdot E(X)$
>
> Der Erwartungswert von a mal X ist gleich a-mal dem Erwartungswert von X.

Mit den beiden zuletzt betrachteten Regeln kann man auch $E(a \cdot X + b)$ vereinfachen:
$E(a \cdot X + b) = E(a \cdot X) + E(b) = a \cdot E(X) + b$

Diese Regel wird in Beispiel 52 verwendet:

Beispiel 52: Transformationssatz

Es wird die Zufallsvariable X mit folgender Wahrscheinlichkeitsfunktion betrachtet:

x_i	0,311	0,312	0,313	0,314
$P(X = x_i)$	0,2	0,3	0,3	0,2

Tabelle 7.37 Wahrscheinlichkeitsfunktion von X

Es soll $E(X)$ berechnet werden. Das ist natürlich kein Problem, wenn man einen Taschenrechner verwendet. Man kann aber auch die Eigenschaft

$E(a \cdot X + b) = a \cdot E(X) + b$ verwenden. Dazu betrachtet man die Zufallsvariable $Y = 1000 \cdot X - 311$. Y besitzt die folgende Wahrscheinlichkeitsfunktion:

y_i	0	1	2	3
$P(Y = y_i)$	0,2	0,3	0,3	0,2

Tabelle 7.38 Wahrscheinlichkeitsfunktion von Y

Für Y kann man den Erwartungswert auch ohne Taschenrechner schnell bestimmen: $E(Y) = 1 \cdot 0{,}3 + 2 \cdot 0{,}3 + 3 \cdot 0{,}2 = 1{,}5$. Mit der zuvor betrachteten Regel ergibt sich: $1{,}5 = E(Y) = E(1000 \cdot X - 311) = 1000 \cdot E(X) - 311$.

Diese Gleichung kann man nach $E(X)$ auflösen: $E(X) = \dfrac{1{,}5 + 311}{1000} = 0{,}3125$.

Manchmal ist eine Eigenschaft der Varianz sehr hilfreich, die hier nur angegeben wird und die als *Transformationssatz* bezeichnet wird.

> **Merke: Der Transformationssatz für Erwartungswerte**
>
> Ist $g(x)$ eine reelle Funktion und nimmt die Zufallsvariable X die Werte x_i an, dann gilt:
>
> $E(g(X)) = \sum_i g(x_i) \cdot P(X = x_i)$

In Beispiel 53 wird eine Anwendung des Transformationssatzes gezeigt.

Beispiel 53: Quadratfunktion

Es ist der Erwartungswert von $Y = X^2$ gesucht. In diesem Fall ist $g(x)$ die Quadratfunktion, sodass man schreiben kann:

$E(X^2) = \sum_i x_i^2 \cdot P(X = x_i)$

Das nächste Beispiel zeigt, dass es für den Erwartungswert des Produktes zweier Zufallsvariablen keine der Regel bei Summen entsprechende Regel gibt.

Beispiel 54: Produkt zweier Zufallsvariablen

X sei die Zufallsvariable mit folgender Wahrscheinlichkeitsfunktion:

x_i	0	20
$P(X = x_i)$	0,5	0,5

Tabelle 7.39 Wahrscheinlichkeitsfunktion von X

Dann erhält man den Erwartungswert von X zu: $E(X) = 20 \cdot 0{,}5 = 10$.

Es wird die Zufallsvariable $Y = 10 - 0{,}5 \cdot X$ betrachtet. Für den Erwartungswert von Y ergibt sich:

$E(Y) = E(10 - 0{,}5 \cdot X) = E(10) + E(-0{,}5 \cdot X) = 10 - 0{,}5 \cdot E(X) = 10 - 0{,}5 \cdot 10 = 5$

Damit ergibt sich: $E(X) \cdot E(Y) = 10 \cdot 5 = 50$.

Es wird nun die Zufallsvariable $Z = X \cdot Y$ gebildet. Für Z gilt:

$Z = X \cdot Y = X \cdot (10 - 0{,}5 \cdot X) = 10 \cdot X - 0{,}5 \cdot X^2$

Setzt man hierin die beiden Werte, die X annehmen kann (0 oder 20), ein, dann ergibt sich jeweils 0. Demnach ist auch der Erwartungswert von Z gleich 0. In diesem Beispiel gilt also: $E(X \cdot Y) = 0 \neq E(X) \cdot E(Y)$.

Es gibt jedoch auch Fälle, in denen $E(X \cdot Y) = E(X) \cdot E(Y)$ richtig ist. Man kann zeigen, dass diese Beziehung immer dann gültig ist, wenn die Zufallsvariablen X und Y unabhängig sind.

> **Merke: Der Erwartungswert des Produktes zweier unabhängiger Zufallsvariablen**
> Sind die Zufallsvariablen X und Y unabhängig, dann gilt:
> $E(X \cdot Y) = E(X) \cdot E(Y)$

Zwischen Erwartungswert und Varianz einer Zufallsvariablen besteht eine einfache Beziehung, der sogenannte *Verschiebungssatz*, welcher das Berechnen der Varianz in vielen Fällen vereinfacht. In den nächsten Zeilen wird diese Beziehung hergeleitet. Wenn Ihnen das zu anstrengend ist, können Sie auch gleich auf das Endergebnis schauen.

$$Var(X) = \sum_i P(X = x_i)(x_i - E(X))^2 = \sum_i P(X = x_i)(x_i^2 - 2x_i E(X) + E(X)^2) =$$

$$= \sum_i P(X = x_i)x_i^2 - \sum_i 2E(X)P(X = x_i)x_i + \sum_i E(X)^2 P(X = x_i)$$

In der zweiten und dritten Summe stehen Faktoren, die nicht vom Summationsindex i abhängen und die man deshalb vor das Summenzeichen schreiben kann:

$$Var(X) = \sum_i P(X = x_i)x_i^2 - 2E(X) \sum_i P(X = x_i)x_i + E(X)^2 \sum_i P(X = x_i).$$

Jetzt erinnert man sich daran, dass für den Erwartungswert von X^2 gilt

$E(X^2) = \sum_i x_i^2 \cdot P(X = x_i)$ und dass außerdem die letzte Summe den Wert 1 hat, da alle Wahrscheinlichkeiten aufsummiert werden. Das führt auf:

$$Var(X) = E(X^2) - 2 \cdot E(X) \cdot E(X) + E(X)^2 = E(X^2) - E(X)^2$$

> **Merke: Der Verschiebungssatz der Varianz**
>
> Für die Varianz einer Zufallsgröße X gilt: $Var(X) = E(X^2) - E(X)^2$

Auf den Verschiebungssatz wird in Aufgabe 43 und in weiteren Abschnitten dieses Buches Bezug genommen.

Aufgabe 43: Varianz mit dem Verschiebungssatz berechnen

Betrachtet wird die Zufallsvariable X mit folgender Wahrscheinlichkeitsfunktion:

x_i	−2	1	2
$P(X = x_i)$	0,25	0,5	0,25

Tabelle 7.40 Wahrscheinlichkeitsfunktion für X

Berechnen Sie die Varianz von X auf zwei verschiedene Arten:

a) Mit der Definitionsgleichung für die Varianz aus Abschnitt 7.10.
b) Mit dem Verschiebungssatz.

Für die Varianz einer Summe von Zufallsvariablen gibt es leider keine so einfache Regel, wie dies bei den Erwartungswerten der Fall ist. Wendet man den Verschiebungssatz auf die Zufallsvariable $(X + Y)$ an, dann ergibt sich:

$Var(X + Y) = E((X + Y)^2) - E(X + Y)^2 = E(X^2 + 2 \cdot X \cdot Y + Y^2) - (E(X) + E(Y))^2 =$
$= E(X^2) + 2 \cdot E(X \cdot Y) + E(Y^2) - E(X)^2 - 2 \cdot E(X) \cdot E(Y) - E(Y)^2 =$
$= E(X^2) - E(X)^2 + E(Y^2) - E(Y)^2 + 2 \cdot E(X \cdot Y) - 2 \cdot E(X) \cdot E(Y) =$
$= Var(X) + Var(Y) + 2 \cdot (E(X \cdot Y) - E(X) \cdot E(Y))$

Sind die Variablen X und Y unabhängig, dann gilt $E(X \cdot Y) = E(X) \cdot E(Y)$, und die letzte Formel vereinfacht sich zu $Var(X + Y) = Var(X) + Var(Y)$.

> **Merke: Die Varianz einer Summe von Zufallsvariablen**
>
> Für die Varianz der Summe $X + Y$ zweier Zufallsvariablen gilt folgende Regel:
>
> $Var(X + Y) = Var(X) + Var(Y) + 2 \cdot (E(X \cdot Y) - E(X) \cdot E(Y))$
>
> Sind X und Y unabhängig, dann gilt: $Var(X + Y) = Var(X) + Var(Y)$.

Für $Var(a \cdot X)$ (a sei eine reelle Zahl) und $Var(X + b)$ (b sei eine reelle Zahl) gibt es einfache Regeln zur Vereinfachung:

$Var(a \cdot X) = E(a^2 \cdot X^2) - E(a \cdot X)^2 = a^2 \cdot E(X^2) - a^2 \cdot E(X)^2 =$
$= a^2 \cdot (E(X^2) - E(X)^2) = a^2 \cdot Var(X)$

Also gilt: $Var(a \cdot X) = a^2 \cdot Var(X)$.

Um $Var(X + b)$ zu berechnen, verwendet man die Regel $Var(X) = E((X - E(X))^2)$:

$Var(X + b) = E(X + b - E(X + b))^2 = E(X + b - E(X) - E(b))^2 =$
$= E(X + b - E(X) - b)^2 = E(X - E(X))^2 = Var(X)$

Also gilt: $Var(X + b) = Var(X)$

Diese Regel kann man anschaulich so erklären: Verschiebt man die Verteilung um b längs der x-Achse, dann ändert sich dabei die Streuung nicht.

Kombiniert man die beiden letzten Regeln, dann ergibt sich:

$Var(a \cdot X + b) = Var(a \cdot X) = a^2 \cdot Var(X)$

Für die Varianz der Differenz zwei unabhängiger Zufallsvariablen X und Y gilt:

$Var(X - Y) = Var(X + (-Y)) = Var(X) + Var(-Y) = Var(X) + (-1)^2 \cdot Var(Y) = Var(X) + Var(Y)$

> **Merke: Regeln für Erwartungswerte und Varianzen**
>
> Sind X und Y Zufallsvariablen mit den Erwartungswerten $E(X)$ und $E(Y)$ sowie den Varianzen $Var(X)$ und $Var(Y)$ und sind a und b reelle Zahlen, dann gilt:
>
> $E(a \cdot X) = a \cdot E(X)$
>
> $E(X + Y) = E(X) + E(Y)$
>
> $Var(X) = E((X - E(X))^2)$
>
> $Var(X) = E(X^2) - E(X)^2$
>
> $Var(a \cdot X) = a^2 \cdot Var(X)$
>
> $Var(X + b) = Var(X)$
>
> $Var(X + Y) = Var(X) + Var(Y) + 2 \cdot (E(X \cdot Y) - E(X) \cdot E(Y))$
>
> $Var(X + Y) = Var(X) + Var(Y)$ falls X und Y unabhängig sind.

Verwenden Sie diese Regeln, um die beiden nächsten Aufgaben zu lösen.

Aufgabe 44: Erwartungswert umformen

X, Y und Z sind Zufallsvariablen. Vereinfachen Sie den Ausdruck

$$E\left(\frac{2X + 5Y + 10Z}{8}\right).$$

Aufgabe 45: Varianz umformen

X ist eine Zufallsvariable. Vereinfachen Sie den Ausdruck

$$Var\left(\frac{3X + 10}{8}\right).$$

7.12.1 Standardisierte Zufallsvariablen

Um unterschiedliche Zufallsvariablen miteinander vergleichen zu können, gibt es das Verfahren der *Standardisierung*. Entsprechende Beispiele werden Ihnen in Abschnitt 8.10, »Rechnen mit der Normalverteilung«, und bis zum Rest dieses Buches begegnen. Standardisierte Zufallsvariablen werden manchmal mit einem (*) gekennzeichnet.

Die standardisierte Zufallsvariable X^* entsteht aus der Zufallsvariablen X, indem man von X zuerst den Erwartungswert $E(X)$ subtrahiert und das Ergebnis durch die Standardabweichung $\sigma(X)$ von X teilt, d. h. man bildet die Zufallsvariable $X^* = \dfrac{X - E(X)}{\sigma(X)}$.

Durch diese Transformation werden Erwartungswert und Varianz von X^* unabhängig von X. Bei der Berechnung von $E(X^*)$ und $Var(X^*)$ werden die Regeln aus dem letzten Abschnitt verwendet.

$$E(X^*) = E\left(\frac{X - E(X)}{\sigma(X)}\right) = \frac{1}{\sigma(X)} E(X - E(X)) =$$

$$= \frac{1}{\sigma(X)}(E(X) - E(E(X))) = \frac{1}{\sigma(X)}(E(X) - E(E(X)))$$

Die letzte Klammer hat den Wert 0, denn $E(X)$ ist eine Zahl, und deshalb ist $E(E(X)) = E(X)$ d. h. $E(X^*) = 0$.

Als Nächstes wird die Varianz von X^* berechnet:

$$Var(X^*) = Var\left(\frac{X - E(X)}{\sigma(X)}\right) = \frac{1}{\sigma(X)^2} Var(X - E(X)) =$$

$$= \frac{1}{\sigma(X)^2} Var(X) = \frac{1}{\sigma(X)^2} \cdot \sigma(X)^2 = 1$$

Standardisierte Zufallsvariable

Ist X eine Zufallsvariable mit dem Erwartungswert $E(X)$ und der Standardabweichung $\sigma(X)$, dann heißt $X^* = \dfrac{X - E(X)}{\sigma(X)}$ die **standardisierte Zufallsvariable** von X.

Merke: Erwartungswert und Varianz standardisierter Zufallsvariable

Für X^* gilt:

$$E(X^*) = E\left(\frac{X - E(X)}{\sigma(X)}\right) = 0 \text{ und } Var(X^*) = Var\left(\frac{X - E(X)}{\sigma(X)}\right) = 1$$

In der folgenden Aufgabe sollen Sie für einen konkreten Fall nachrechnen, dass $E(X^*) = 0$ und $Var(X^*) = 1$ gilt.

Aufgabe 46: Standardisierung durchführen

Betrachtet wird die Zufallsvariable X, die durch folgende Wahrscheinlichkeitsfunktion gegeben ist:

x_i	−2	1	2
$P(X = x_i)$	0,25	0,5	0,25

Tabelle 7.41 Werte der Wahrscheinlichkeitsfunktion

Standardisieren Sie X, und zeigen Sie durch Rechnung, dass für die standardisierte Zufallsvariable X^* gilt: $E(X^*) = 0$ und $Var(X^*) = 1$.

> **Was Sie wissen sollten**
> ▶ Sie sollten die Regeln für Erwartungswerte und Varianzen kennen.
> ▶ Sie sollten wissen, wie man eine Zufallsvariable standardisiert.

7.13 Rückblick

Fürs Verständnis der Begriffe der Wahrscheinlichkeitsrechnung ist es hilfreich, wenn man einen Blick zurück auf die beschreibende Statistik wirft.

Die in Teil 1 dieses Buches betrachteten Begriffe der deskriptiven Statistik entsprechen nämlich den Begriffsbildungen im Rahmen der Wahrscheinlichkeitsrechnung. Der Begriff des Merkmals aus der deskriptiven Statistik findet sich als Begriff der Zufallsvariable in der Wahrscheinlichkeitsrechnung. War in der deskriptiven Statistik von Merkmalsausprägungen die Rede, so hat man es in der Wahrscheinlichkeitsrechnung mit den Werten einer Zufallsvariablen zu tun. Den relativen Häufigkeiten der deskriptiven Statistik entsprechen die Wahrscheinlichkeiten.

In der Tabelle sind einige der sich entsprechenden Begriffe gegenübergestellt:

Deskriptive Statistik	Wahrscheinlichkeitsrechnung
Merkmal	Zufallsvariable
Merkmalsausprägung	Wert der Zufallsvariablen
Relative Häufigkeit	Wahrscheinlichkeit
Arithmetisches Mittel	Erwartungswert
Varianz	Varianz
Häufigkeitsverteilung	Wahrscheinlichkeitsfunktion
Verteilungsfunktion eines Merkmals	Verteilungsfunktion einer Zufallsvariablen

Tabelle 7.42 Begriffe, die sich entsprechen

> **Was Sie wissen sollten**
>
> Sie sollten die Zusammenhänge zwischen den einander entsprechenden Begriffen der Statistik und Wahrscheinlichkeitsrechnung kennen.

7.14 Lösungen zu den Aufgaben

Aufgabe 1: Wahrscheinlichkeit für ein As berechnen

In dem Skatblatt befinden sich 4 Asse. Deshalb ist die Wahrscheinlichkeit, ein As zu ziehen, gleich $\frac{4}{32} = \frac{1}{8}$. Die Wahrscheinlichkeit, dass ein rotes As gezogen wird, ist $\frac{2}{32} = \frac{1}{16}$.

Aufgabe 2: Wahrscheinlichkeiten bei zwei Würfeln berechnen

a) Es gibt 6 Ergebnisse, bei denen die Augenzahlen gleich sind: (1; 1), ..., (6; 6). Die Anzahl der restlichen Ergebnisse ist deshalb 36 – 6. $P(A) = \frac{36-6}{36} = \frac{5}{6}$.

b) Die Ergebnisse mit einer Augensumme, die kleiner oder gleich 5 ist, stehen in den ersten 4 sogenannten Nebendiagonalen der Tabelle 7.3. Das sind:

(1; 1),

(2; 1) und (1; 2),

(3; 1), (2; 2) und (1; 3) sowie

(4; 1), (3; 2), (2; 3) und (1; 4).

Zusammen sind dies 10 Elemente. Die Anzahl der restlichen Elemente ist deshalb 36 – 10. Also ist $P(B) = \frac{36-10}{36} = \frac{26}{36} = \frac{13}{18}$.

c) Bildet man für alle 36 möglichen Doppelwürfe das Produkt der Augenzahlen, dann findet man genau 22 Möglichkeiten, für die das Ergebnis größer als 6 ist: $P(C) = \frac{22}{36} = \frac{11}{18}$.

d) Alle Elemente der 3. Zeile und der 3. Spalte bilden dieses Ereignis. Da das Ergebnis (3; 3) doppelt gezählt wird, sind es nicht 6 + 6 = 12 Möglichkeiten, sondern nur 11: $P(D) = \frac{11}{36}$.

e) Für einen Pasch gibt es die 6 Möglichkeiten (1; 1), ..., (6; 6): $P(E) = \frac{6}{36} = \frac{1}{6}$.

Aufgabe 3: Wahrscheinlichkeiten zu drei Münzwürfen berechnen

a) Der Ergebnisraum des Zufallsexperimentes ist

Ω = {(W; W; W), (W; W; Z), (W; Z; W), (Z; W; W), (W; Z; Z), (Z; W; Z), (Z; Z; W), (Z; Z; Z)}.

Der Ergebnisraum besteht aus 8 Elementen. In genau einem Fall kommen drei Wappen vor. Also ist $P(F) = \frac{1}{8}$.

b) Mindestens ein Wappen gibt es in allen Fällen außer (Z; Z; Z). Das sind 7 Stück: $P(G) = \frac{7}{8}$

Aufgabe 4: Gegenereignis verwenden

Das Zufallsexperiment wird durch Ω = {(W; W), (W; Z), (Z; W), (Z; Z)} beschrieben. Jedes Ergebnis besitzt die Wahrscheinlichkeit $\frac{1}{4}$.

Es ist A = {(W; Z), (Z; W), (Z; Z)}. Das Gegenereignis von A ist dann $\overline{A}$ = {(W; W)}. $P(A) = 1 - P(\overline{A}) = 1 - \frac{1}{4} = \frac{3}{4}$.

Aufgabe 5: Wahrscheinlichkeiten im Säulendiagramm darstellen

Um die Wahrscheinlichkeiten zu bestimmen, schreibt man zuerst für jede Kombination der beiden Würfel die zugehörige Augensumme auf:

	1	2	3	4	5	6
1	2	3	4	5	6	7
2	3	4	5	6	7	8
3	4	5	6	7	8	9
4	5	6	7	8	9	10
5	6	7	8	9	10	11
6	7	8	9	10	11	12

Tabelle 7.43 Augensummen

Aus dieser Tabelle lassen sich die Anzahlen, mit denen die jeweiligen Augensummen auftreten, ermitteln.

Dividiert man diese Anzahlen durch 36, dann erhält man die gesuchten Wahrscheinlichkeiten:

Augensumme	2	3	4	5	6	7
Anzahl	1	2	3	4	5	6
Wahrscheinlichkeit	0,028	0,056	0,083	0,111	0,139	0,167
Augensumme	8	9	10	11	12	
Anzahl	5	4	3	2	1	
Wahrscheinlichkeit	0,139	0,111	0,083	0,056	0,028	

Tabelle 7.44 Wahrscheinlichkeiten für die Augensummen

a) Diese Wahrscheinlichkeiten sind in Abbildung 7.57 durch ein Säulendiagramm dargestellt.

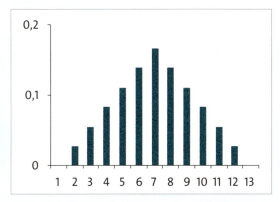

Abbildung 7.57 Wahrscheinlichkeiten zu Aufgabe 5

b) Die Wahrscheinlichkeit dafür, dass die Augensumme kleiner als 11 ist, erhält man durch Addition der Wahrscheinlichkeiten für die Augensummen 2 bis 10. Das ergibt 0,916. Einfacher ist die Berechnung mit dem Gegenereignis, das durch die Menge {11, 12} repräsentiert wird:

$1 - (0{,}056 + 0{,}028) = 0{,}916$

Aufgabe 6: Ergebnisraum für vier Münzwürfe untersuchen

Dieselbe Methode wie zuvor bei der Speisekarte hilft, dieses Problem zu lösen. Jeder Wurf der Münze stellt eine eigene Stufe dar. Auf jeder Stufe gibt es zwei Möglichkeiten, nämlich »W« oder »Z«. Das Baumdiagramm in Abbildung 7.58 zeigt alle Möglichkeiten.

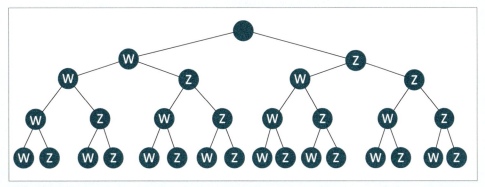

Abbildung 7.58 Vierfacher Münzwurf

Da jede Stufe aus zwei Möglichkeiten besteht, gibt es $2 \cdot 2 \cdot 2 \cdot 2 = 16$ verschiedene Möglichkeiten. Ω hat also 16 Elemente.

Aufgabe 7: Anzahl möglicher Autokennzeichen bestimmen

Für die beiden Buchstaben gibt es $26 \cdot 26$ Möglichkeiten. Maximal 4-stellige Zahlen (die null ausgenommen) beginnen bei 1 und enden bei 9999. Das sind 9999 Möglichkeiten. Zusammen: $26 \cdot 26 \cdot 9999 = 6759324$.

Aufgabe 8: Codewörter

Um alle Wörter der Länge 3 zu erhalten, fügen Sie an alle Wörter der Länge 2 entweder »0« oder »1« an. Es gibt also doppelt so viele Wörter der Länge 3 wie Wörter der Länge 2, also $4 \cdot 2 = 8$ Wörter. Analog gibt es $8 \cdot 2 = 16$ Wörter der Länge 3 u.s.w. Allgemein:

a) 2^n

b) $2^4 = 16 < 26 < 2^5 = 32$, d. h. es sind 5 Buchstaben nötig.

Aufgabe 9: Mastermind

Um eine Position zu besetzen, gibt es 8 Möglichkeiten. Um die 4 Positionen zu besetzen, gibt es dann 8^4 gleichwahrscheinliche Möglichkeiten. Die Wahrscheinlichkeit, dass die richtige dieser Möglichkeiten erraten wird, ist deshalb gleich $\frac{1}{8^4} \approx 0{,}000244 = 0{,}0244\%$.

Aufgabe 10: Fünf Zufallsziffern

a) Es handelt sich um geordnete Stichproben ohne Zurücklegen. Also gibt es 10^5 gleichwahrscheinliche Möglichkeiten.

b) In beiden Fällen ist die Wahrscheinlichkeit gleich $\frac{1}{10^5}$.

c) Es gibt $10 \cdot 9 \cdot 8 \cdot 7 \cdot 6$ Möglichkeiten dafür, dass die 5 gezogenen Ziffern alle verschieden sind. Also ist die gesuchte Wahrscheinlichkeit gleich

$$\frac{10 \cdot 9 \cdot 8 \cdot 7 \cdot 6}{10^5} = 0{,}3024.$$

Aufgabe 11: 5 Wartende in einer Schlange

Bei 5 Personen gibt es 5! mögliche Reihenfolgen. Eine dieser Möglichkeiten ist die der alphabetischen Reihung. Die Wahrscheinlichkeit dafür ist demnach gleich

$$\frac{1}{5!} = \frac{1}{120} \approx 0{,}0083.$$

Aufgabe 12: Binomialkoeffizienten umformen

a) $\binom{n}{n-k} = \frac{n!}{(n-k)!\,(n-(n-k))!} = \frac{n!}{(n-k)!\,k!} = \binom{n}{k}$

b) $\binom{n-1}{k-1} + \binom{n-1}{k} = \frac{(n-1)!}{(k-1)!\,(n-1-(k-1))!} + \frac{(n-1)!}{k!\,(n-1-k)!} =$

$= \frac{(n-1)!}{(k-1)!\,(n-k)!} + \frac{(n-1)!}{k!\,(n-k-1)!} = \frac{(n-1)!\,k}{k!\,(n-k)!} + \frac{(n-1)!\,(n-k)}{k!\,(n-k)!} =$

$= \frac{(n-1)!\,(k+(n-k))}{k!\,(n-k)!} = \frac{n!}{k!\,(n-k)!} = \binom{n}{k}$

Aufgabe 13: Anzahl der möglichen Isomere berechnen

Es gibt 7 Stellen, an denen die 3 Doppelbindungen stehen können. Also gibt es

$\binom{7}{3} = 35$

Möglichkeiten. Man hätte auch die 4 Stellen auswählen können, an denen keine Doppelbindung steht, was auf

$\binom{7}{4} = 35$

führt.

Aufgabe 14: Kürzeste Wege

a) Ein kürzester Weg von A nach B besteht aus 13 Wegstücken. Davon müssen 8 nach rechts und 5 nach oben führen. Jeden dieser Wege kann ich durch die Stellen, an denen es nach rechts geht, beschreiben.

Dafür gibt es $\binom{13}{8} = 1287$ Möglichkeiten. Entsprechend kann man jeden Weg auch durch die Auswahl der Teilstücke, die nach oben führen, bestimmen.

Dafür gibt es $\binom{13}{5} = 1287$ Möglichkeiten.

b) Von A nach C führen Wege, die aus 7 Teilstücken bestehen, von denen 3 nach oben führen. Also gibt es von A nach C

$\binom{7}{3} = 35$

kürzeste Wege. Entsprechend gibt es zu jedem dieser Wege

$\binom{6}{2} = 15$

kürzeste Wege von C nach B. Mit der Produktregel folgt, dass es 35 · 15 = 525 kürzeste Wege von A über C nach B gibt.

Aufgabe 15: Kniffel

$\binom{6+5-1}{5} = \binom{10}{5} = 252$

Aufgabe 16: Das Gummibärchen-Orakel

Es gibt $n = 5$ Urnen (für die Farben Rot, Gelb, Weiß, Grün und Orange). Auf diese werden $k = 5$ Gummibärchen verteilt. Damit gibt es

$\binom{5+5-1}{5} = \binom{9}{5} = 126$ verschiedene Orakelsprüche.

Aufgabe 17: Nur gerade Augenzahlen

Man betrachtet den folgenden Pfad:

$\rightarrow$ gerade $\rightarrow$ gerade $\rightarrow$ gerade $\rightarrow$ gerade $\rightarrow$ gerade $\rightarrow$ gerade.

An jedem Pfeil steht die Wahrscheinlichkeit 1/2. Dann ergibt sich die Gesamtwahrscheinlichkeit mit der 1. Pfadregel zu $\left(\frac{1}{2}\right)^6 \approx 1{,}56\,\%$.

Aufgabe 18: Ein Wort aus Bauklötzen

Beim ersten Zug wird mit der Wahrscheinlichkeit $\frac{1}{15}$ der Buchstabe A gezogen. Danach sind noch 14 Steine im Baukasten, darunter zwei F. Mit der Wahrscheinlichkeit $\frac{2}{14}$ wird im zweiten Zug ein F gezogen. Im dritten Zug bekommt man das verbliebene F mit der Wahrscheinlichkeit $\frac{1}{13}$. Der vierte Zug liefert mit der Wahrscheinlichkeit $\frac{1}{12}$ ein E. Nach der 1. Pfadregel sind diese Wahrscheinlichkeiten zu multiplizieren. Das liefert

$\frac{1}{15} \cdot \frac{2}{14} \cdot \frac{1}{13} \cdot \frac{1}{12} = \frac{1}{16380} \approx 0{,}00006$.

Aufgabe 19: Zwei zu null beim Tennis

Es gibt einen Pfad, der zum Ergebnis 2:0 führt: 0:0 $\rightarrow$ 1:0 $\rightarrow$ 2:0.
Dieser Pfad wird mit der Wahrscheinlichkeit $p \cdot p = p^2 = 0{,}3025$ durchlaufen.

Aufgabe 20: Tennismatch mit drei Gewinnsätzen

Es gibt einen Pfad, der zum 3:0 führt. Dieser besitzt die Wahrscheinlichkeit p^3.

Pfade, die zum Ergebnis 3:1 führen, bestehen aus 4 Teilstücken. Auf dem letzten Teilstück muss p stehen, da A den letzten Satz gewinnt. Auf den restlichen drei Teilstücken sind zweimal p und einmal q zu verteilen.

Dafür gibt es $\binom{3}{2} = 3$ Möglichkeiten. Mit den Pfadregeln folgt, dass 3:1 mit der Wahrscheinlichkeit $3p^2 \cdot q \cdot p = 3p^3 q$ eintritt.

Pfade, die zu einem 3:2 führen, bestehen aus 5 Teilstücken. Wie zuvor muss auf dem letzten Teilstück ein p stehen. Auf den restlichen 4 Teilstücken sind zweimal p und zweimal q zu verteilen. Dafür gibt es

$$\binom{4}{2} = 6$$

Möglichkeiten. Die Wahrscheinlichkeit, mit der ein 3:2 eintritt, ist deshalb $6 \cdot p^3 \cdot q^2$. Erneute Anwendung der 2. Pfadregel führt zu einer Gewinnwahrscheinlichkeit für A von $p^3 + 3 \cdot p^3 \cdot q + 6 \cdot p^3 \cdot q^2$. Setzt man $q = 1 - p$ ein und multipliziert aus, dann erhält man den angegebenen Term.

Aufgabe 21: Freiwürfe beim Basketball

a) Für genau einen Treffer gibt es zwei mögliche Pfade. Erste Möglichkeit: Der Schütze trifft beim ersten Wurf und wirft beim zweiten Wurf daneben. Die Wahrscheinlichkeit dafür ist gleich $0{,}8 \cdot (1 - 0{,}8) = 0{,}8 \cdot 0{,}2 = 0{,}16$. Die zweite Möglichkeit ist ein Fehlwurf im ersten Versuch gefolgt von einem Treffer im zweiten Versuch. Das geschieht mit der Wahrscheinlichkeit $0{,}2 \cdot 0{,}7 = 0{,}14$.

Genau einen Treffer gibt es nach der 2. Pfadregel mit der Wahrscheinlichkeit $0{,}16 + 0{,}14 = 0{,}3 = 30\,\%$.

b) »Mindestens ein Treffer« bedeutet einen Treffer oder zwei Treffer. In Teilaufgabe a) wurde die Wahrscheinlichkeit für genau einen Treffer zu 0,3 bestimmt. Die Wahrscheinlichkeit für zwei Treffer ist $0{,}8^2 = 0{,}64$. Folglich ist die Wahrscheinlichkeit für mindestens einen Treffer gleich

$0{,}3 + 0{,}64 = 0{,}94 = 94\,\%$.

Aufgabe 22: Schlüssel in der Nacht

a) Der richtige Schlüssel wird mit der Wahrscheinlichkeit $\frac{1}{10}$ aus den 10 Schlüsseln ausgewählt. Wenn sich die Tür beim fünften Versuch öffnet, dann hat man es mit vier

Fehlversuchen und einem Erfolg zu tun. Die 1. Pfadregel liefert dafür die Wahrscheinlichkeit $\left(\frac{9}{10}\right)^4 \cdot \frac{1}{10} = 0{,}06561$.

b) »Mehr als drei Versuche« bedeutet 4 oder mehr Versuche. Das Gegenereignis dazu sind genau 1, 2 oder 3 Versuche. Damit ergibt sich die Wahrscheinlichkeit für mehr als drei Versuche:

$$1 - \left(\frac{1}{10} + \frac{9}{10} \cdot \frac{1}{10} + \left(\frac{9}{10}\right)^2 \cdot \frac{1}{10}\right) = 1 - 0{,}271 = 0{,}729$$

Aufgabe 23: Pfandflaschenrückgabe

Wenn die Flasche k-mal zurückgegeben wird und danach nicht, dann hat man es mit einem Pfad zu tun, an dem k-mal die Wahrscheinlichkeit p steht und einmal q. Mit der 1. Pfadregel ergibt das die Wahrscheinlichkeit $p^k \cdot q$.

Aufgabe 24: Raucherin

Mit den Bezeichnungen aus Beispiel 20 ist $P(B|A)$ gesucht.

Die Wahrscheinlichkeit $P(A)$, dass eine Person raucht, erhält man aus der Tabelle in Beispiel 1 zu $P(A) = \frac{13643000}{55693000} \approx 0{,}245$. $P(A|B)$ und $P(B)$ sind aus Beispiel 1 bekannt. Damit ergibt sich:

$$P(B|A) = \frac{P(A|B)P(B)}{P(A)} \approx \frac{0{,}203 \cdot 0{,}516}{0{,}245} \approx 0{,}423$$

Aufgabe 25: 80-jähriger Mann

$P(T \geq 80) = \frac{52740}{100000} \approx 0{,}53$

Aufgabe 26: Tabelle erstellen

x	0	20	40	60	80
$P(T \geq 80 / x)$	0,527	0,531	0,539	0,588	1

Tabelle 7.45 Aufgabe Bedingte Erlebenswahrscheinlichkeiten

Aufgabe 27: Erkrankungswahrscheinlichkeit

Folgende Ereignisse werden betrachtet:

A: »Die Person erkrankt an Lungenkrebs.«,

H_1: »Die Person ist männlich.« und

H_2: »Die Person ist weiblich.«.

Die Ereignisse H_1 und H_2 sind disjunkt, und es gilt $H_1 \cup H_2 = \Omega$.

Gegeben sind $P(A|H_1) = 0{,}067$ und $P(A|H_2) = 0{,}028$.

In Deutschland leben 39.830.000 + 41.362.000 = 81.197.000 Männer und Frauen.

Daraus folgt: $P(H_1) = \dfrac{39830000}{81197000} \approx 0{,}4906$ und $P(H_2) = \dfrac{41362000}{81197000} \approx 0{,}5094$.

Die Voraussetzungen des Satzes der totalen Wahrscheinlichkeit sind erfüllt, sodass gilt:

$P(A) = P(A|H_1)P(H_1) + P(A|H_2)P(H_2) \approx$

$\approx 0{,}067 \cdot 0{,}4906 + 0{,}028 \cdot 0{,}5094 \approx 0{,}047$

Aufgabe 28: Unabhängigkeit von Ereignissen untersuchen

$A = \{2, 4, 6\}, B = \{2, 3, 5\}, A \cap B = \{2\}$

$P(A) = \dfrac{3}{6} = \dfrac{1}{2}, P(B) = \dfrac{3}{6} = \dfrac{1}{2}, P(A \cap B) = \dfrac{1}{6}$

Da $P(A)P(B) \neq P(A \cap B)$, sind die Ereignisse nicht unabhängig.

Aufgabe 29: Anzahl der Sechsen auf drei Würfeln

Um $P(X = 0)$ und $P(X = 3)$ zu bestimmen, reicht jeweils die 1. Pfadregel aus:

$P(X = 0) = \dfrac{5}{6} \cdot \dfrac{5}{6} \cdot \dfrac{5}{6} = \dfrac{125}{216}$ und $P(X = 3) = \dfrac{1}{6} \cdot \dfrac{1}{6} \cdot \dfrac{1}{6} = \dfrac{1}{216}$

Um $P(X = 1)$ und $P(X = 2)$ zu bestimmen, benötigt man auch die 2. Pfadregel:

$P(X = 1) = \dfrac{1}{6} \cdot \dfrac{5}{6} \cdot \dfrac{5}{6} + \dfrac{5}{6} \cdot \dfrac{1}{6} \cdot \dfrac{5}{6} + \dfrac{5}{6} \cdot \dfrac{5}{6} \cdot \dfrac{1}{6} = 3 \cdot \dfrac{1}{6} \cdot \left(\dfrac{5}{6}\right)^2 = \dfrac{25}{72}$

Entsprechend ergibt sich $P(X = 2)$ zu:

$P(X = 2) = 3 \cdot \left(\dfrac{1}{6}\right)^2 \cdot \dfrac{5}{6} = \dfrac{5}{72}$

Das liefert die folgende Wahrscheinlichkeitsfunktion:

x_i	0	1	2	3
$P(X = x_i)$	$\dfrac{125}{216}$	$\dfrac{25}{72}$	$\dfrac{5}{72}$	$\dfrac{1}{216}$

Tabelle 7.46 Wahrscheinlichkeitsfunktion zu Aufgabe 29

Aufgabe 30: Wahrscheinlichkeitsfunktion beim Ziehen mit Zurücklegen

x_i	0	1	2
$P(X = x_i)$	$\frac{1}{16}$	$\frac{6}{16}$	$\frac{9}{16}$

Tabelle 7.47 Wahrscheinlichkeitsfunktion zu Aufgabe 30

Aufgabe 31: Wahrscheinlichkeitsfunktion beim Ziehen ohne Zurücklegen

Wird beim ersten Ziehen die schwarze Kugel gezogen, dann ist es sicher (Wahrscheinlichkeit 1), dass beim zweiten Ziehen eine weiße Kugel gezogen wird.

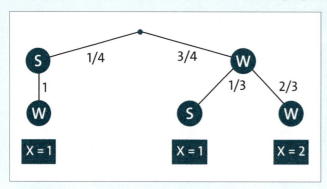

Abbildung 7.59 Baumdiagramm zu Aufgabe 31

x_i	1	2
$P(X = x_i)$	$\frac{1}{2}$	$\frac{1}{2}$

Tabelle 7.48 Wahrscheinlichkeitsfunktion zu Aufgabe 31

Aufgabe 32: Personenzahl in einem Haushalt

a) Es ist hier die Wahrscheinlichkeit für das Ereignis $\{X \leq 2\}$ gesucht. Dieses Ereignis tritt dann ein, wenn eins der beiden Ereignisse $\{X = 1\}$ oder $\{X = 2\}$ stattfindet. Es gilt also:

$\{X \leq 2\} = \{X = 1\} \cup \{X = 2\}$

Da sich die Ereignisse $\{X = 1\}$ und $\{X = 2\}$ gegenseitig ausschließen, gilt:

$\{X = 1\} \cap \{X = 2\} = \{\}$

Damit ergibt sich:

$P(\{X \leq 2\}) = P(\{X = 1\}) + P(\{X = 2\})$ (vergleiche dazu Regel 7 in Abschnitt 7.1.3, »Regeln für Wahrscheinlichkeiten«).

Also gilt: $P(\{X \leq 2\}) = 0{,}41 + 0{,}34 = 0{,}75$.

Hinweis:

Es ist üblich, in einem Ausdruck wie $P(\{X \leq 2\})$ die Mengenklammern wegzulassen und einfach $P(X \leq 2)$ zu schreiben.

b) Gesucht ist die Wahrscheinlichkeit für das Ereignis $\{X > 1\}$. Der folgende Lösungsweg verwendet das Gegenereignis von $\{X > 1\}$. Dieses ist $\{X \leq 1\}$. Damit ergibt sich: $P(X > 1) = 1 - P(X \leq 1) = 1 - 0{,}41 = 0{,}59$

Ein alternativer Lösungsweg ist:

$\{X > 1\} = \{X = 2\} \cup \{X = 3\} \cup \{X = 4\} \cup \{X \geq 5\}$

Mit derselben Argumentation wie unter Punkt 1 ergibt sich:

$P(X > 1) = P(X = 2) + P(X = 3) + P(X = 4) + P(X \geq 5) =$

$= 0{,}34 + 0{,}12 + 0{,}09 + 0{,}04 = 0{,}59$

Aufgabe 33: Wann fällt die erste Sechs?

In Beispiel 33 wurde die Verteilungsfunktion für X mit $F(x) = 1 - (5/6)^x$ angegeben. Gesucht ist $P(5 < X < 21) = P(5 < X \leq 20) = F(20) - F(5) \approx 0{,}974 - 0{,}598 = 0{,}376$.

Aufgabe 34: Wappen beim Münzwurf

Das Zufallsexperiment wird beschrieben durch Ω = {(W; W; W), (W; W; Z), (W; Z; W), (Z; W; W), (W; Z; Z), (Z; W; Z), (Z; Z; W), (Z; Z; Z)}.

Jedes Ergebnis hat die Wahrscheinlichkeit 1/8. Für dreimal Wappen gibt es nur die Möglichkeit (W; W; W). Zweimal Wappen kommt in 3 Fällen vor. Auch für einmal Wappen gibt es 3 Möglichkeiten. Überhaupt kein Wappen gibt es in genau einem Fall. Das führt zur Wahrscheinlichkeitsfunktion von X:

x_i	0	1	2	3
$P(X = x_i)$	$\frac{1}{8}$	$\frac{3}{8}$	$\frac{3}{8}$	$\frac{1}{8}$

Tabelle 7.49 Wahrscheinlichkeitsfunktion zu Aufgabe 34

Aus dieser Wertetafel kann man die Verteilungsfunktion konstruieren:

$F(x) = 0$ für $x < 0$,

$F(x) = \dfrac{1}{8}$ für $0 \leq x < 1$,

$F(x) = \dfrac{1}{8} + \dfrac{3}{8} = \dfrac{1}{2}$ für $1 \leq x < 2$,

$F(x) = \dfrac{1}{8} + \dfrac{3}{8} + \dfrac{3}{8} = \dfrac{7}{8}$ für $2 \leq x < 3$ und

$F(x) = \dfrac{1}{8} + \dfrac{3}{8} + \dfrac{3}{8} + \dfrac{1}{8} = 1$ für $x \geq 3$.

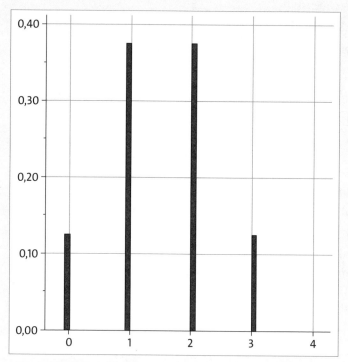

Abbildung 7.60 Wahrscheinlichkeitsfunktion zu Aufgabe 34

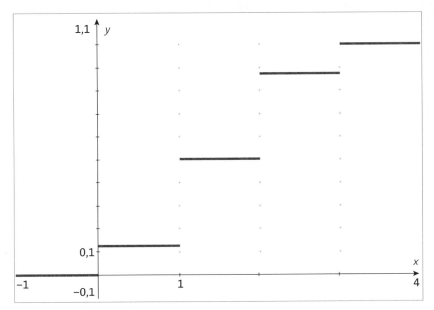

Abbildung 7.61 Verteilungsfunktion zu Aufgabe 34

Aufgabe 35: Warten auf den Bus

Die Zufallsvariable X gibt die Wartezeit an. Entsprechend dem zuvor betrachteten Beispiel mit den U-Bahn-Zügen ist die Dichtefunktion $f(x)$ gleich

$$f(x) = \begin{cases} \dfrac{1}{30} & \text{für } 0 < x \leq 30 \\ 0 & \text{sonst} \end{cases}$$

Daraus ergibt sich die Verteilungsfunktion

$$F(x) = P(X \leq x) = \int_{-\infty}^{x} f(t)dt = \int_{0}^{x} \frac{1}{30} dt$$

a) Gesucht ist die Wahrscheinlichkeit für das Ereignis $\{X > 20\}$. Dieses Ereignis ist das Gegenereignis zu $\{X \leq 20\}$. Die Wahrscheinlichkeit für das Gegenereignis kann man der Abbildung 7.62 als Inhalt der Rechteckfläche entnehmen:

$$P(X > 20) = 1 - P(X \leq 20) = 1 - \frac{1}{30} \cdot 20 = 1 - \frac{2}{3} \approx 0{,}33$$

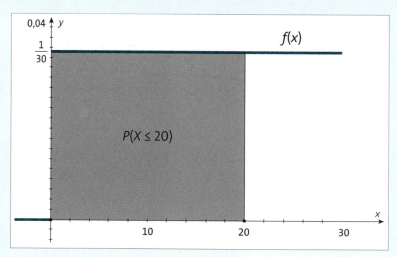

Abbildung 7.62 Dichtefunktion in Aufgabe 35

b) Auch hier kann man sich an der Zeichnung orientieren, um Integralen auszuweichen:

$$P(15 \leq X \leq 20) = F(20) - F(15) = \frac{1}{30} \cdot 5 = \frac{5}{30} = \frac{1}{6} \approx 0{,}167$$

Natürlich kann man diesen Flächeninhalt auch mit einem Integral berechnen:

$$P(15 \leq X \leq 20) = \int_{15}^{20} \frac{1}{30} dx = \left[\frac{1}{30}x\right]_{15}^{20} = \frac{20}{30} - \frac{15}{30} = \frac{5}{30} \approx 0{,}167$$

Aufgabe 36: Wahrscheinlichkeitsfunktion für zwei Korbwürfe

↓Y | X→	$x_1 = 0$	$x_2 = 1$	$P(Y = y_j)$
$y_1 = 0$	$0{,}1^2 = 0{,}01$	$0{,}9 \cdot 0{,}1 = 0{,}09$	0,1
$y_2 = 1$	$0{,}1 \cdot 0{,}9 = 0{,}09$	$0{,}9 \cdot 0{,}9 = 0{,}81$	0,9
$P(X = x_i)$	0,1	0,9	1

Tabelle 7.50 Gemeinsame Wahrscheinlichkeitsfunktion

$P(S = 0) = P(X = 0, Y = 0) = 0{,}01$

$P(S = 1) = P(X = 0, Y = 1) + P(X = 1, Y = 0) = 0{,}09 + 0{,}09 = 0{,}18$

$P(S = 2) = P(X = 1, Y = 1) = 0{,}81$

Aufgabe 37: Personen in Waggons

Jeder der drei Personen wird ein Wagen zugewiesen. Dafür gibt es $3^3 = 27$ Möglichkeiten. Eine dieser 27 Möglichkeiten beschreibt die Situation, dass alle Personen im dritten Wagen sitzen. Also gilt $P(X = 0, Y = 0) = \frac{1}{27}$.

Die Wahrscheinlichkeit $P(X = 1, Y = 0)$ überlegt man sich auf folgende Weise: Wenn im ersten Wagen eine Person sitzt und sich im zweiten Wagen keine Person befindet, dann sind die restlichen zwei Personen im dritten Wagen. Es gibt drei verschiedene Personen, die im ersten Wagen sitzen können. Also ist $P(X = 1, Y = 0) = \frac{3}{27}$.

Denkt man auf diese Weise weiter, dann ergibt sich folgende gemeinsame Wahrscheinlichkeitsfunktion:

$\downarrow y_i \mid x_i \rightarrow$	0	1	2	3	$P(Y = y_j)$
0	$\frac{1}{27}$	$\frac{3}{27}$	$\frac{3}{27}$	$\frac{1}{27}$	$\frac{8}{27}$
1	$\frac{3}{27}$	$\frac{6}{27}$	$\frac{3}{27}$	0	$\frac{12}{27}$
2	$\frac{3}{27}$	$\frac{3}{27}$	0	0	$\frac{6}{27}$
3	$\frac{1}{27}$	0	0	0	$\frac{1}{27}$
$P(X = x_i)$	$\frac{8}{27}$	$\frac{12}{27}$	$\frac{6}{27}$	$\frac{1}{27}$	1

Tabelle 7.51 Gemeinsame Wahrscheinlichkeitsfunktion

Die Gleichung $P(X = x_i, Y = y_j) = P(X = x_i) \cdot P(Y = y_j)$ gilt nicht für alle möglichen Fälle. Zum Beispiel ist $P(X = 0, Y = 0) = \frac{1}{27}$, aber

$$P(X = 0)P(Y = 0) = \frac{8}{27} \cdot \frac{8}{27} = \frac{64}{729} \neq \frac{1}{27}.$$

Deshalb sind die Zufallsvariablen X und Y nicht unabhängig.

Aufgabe 38: Das Spiel Pentagramm

Die Spielbank muss einen Einsatz erheben, der mindestens so groß ist wie der erwartete Gewinn des Spielers. Nur dann wird sie in einer langen Reihe von Spielen nicht zahlungsunfähig. Um den Erwartungswert zu bestimmen, benötigt man zuerst die Wahrscheinlichkeitsfunktion für den Gewinn. Dazu eignen sich die Pfadregeln.

Keinen Gewinn erzielt der Spieler, wenn er dreimal keine Fünf würfelt. Das geschieht mit der Wahrscheinlichkeit $\frac{5}{6} \cdot \frac{5}{6} \cdot \frac{5}{6} = \left(\frac{5}{6}\right)^3$. Fünf Euro Gewinn gibt es, wenn einmal eine Fünf und zweimal keine Fünf auftritt. Dafür gibt es drei Pfade, denn die Fünf kann beim ersten, beim zweiten oder beim dritten Würfeln auftreten. Nach der zweiten Pfadregel ist die Wahrscheinlichkeit dafür gleich $3 \cdot \left(\frac{5}{6}\right)^2 \cdot \frac{1}{6}$. Entsprechend erhält man die Wahrscheinlichkeiten für den Gewinn von 10 € und von 30 €, sodass man die folgende Wahrscheinlichkeitsfunktion hat:

x_i	0	5	10	30
$P(X = x_i)$	$\left(\frac{5}{6}\right)^3$	$3 \cdot \left(\frac{5}{6}\right)^2 \cdot \frac{1}{6}$	$3 \cdot \left(\frac{1}{6}\right)^2 \cdot \frac{5}{6}$	$\left(\frac{1}{6}\right)^3$

Tabelle 7.52 Wahrscheinlichkeitsfunktion

Daraus ergibt sich der Erwartungswert

$$E(X) = 0 \cdot \left(\frac{5}{6}\right)^3 + 5 \cdot 3\left(\frac{5}{6}\right)^2 + 10 \cdot 3 \cdot \left(\frac{1}{6}\right)^2 \cdot \frac{5}{6} + 30 \cdot \left(\frac{1}{6}\right)^3 = \frac{45}{4} = 11,25$$

Aufgabe 39: Nur ein möglicher Wert

Der Erwartungswert der Zufallsvariablen $X = a$, d. h. der Variablen, die nur den Wert a annehmen kann, ist gleich

$E(X) = a \cdot 1 = a$.

Aufgabe 40: Erwartungswert beim Warten auf den Bus

Es handelt sich um die Situation aus Aufgabe 35 in Abschnitt 7.8.4, »Stetige Zufallsvariablen und ihre Verteilungsfunktionen«. Dort wurde bereits die Wahrscheinlichkeitsdichte für die Wartezeit X bestimmt:

$$f(x) = \begin{cases} \dfrac{1}{30} & \text{für } 0 < x \le 30 \\ 0 & \text{sonst} \end{cases}$$

Damit kann man den Erwartungswert bestimmen:

$$E(X) = \int_{-\infty}^{\infty} x \cdot f(x) dx = \int_{-\infty}^{0} 0 dx + \int_{0}^{30} x \frac{1}{30} dx + \int_{30}^{\infty} 0 dx = \frac{1}{30}\left[\frac{1}{2}x^2\right]_0^{30} = \frac{1}{60} 30^2 = 15.$$

Zur Interpretation dieses Ergebnisses: Man darf nicht meinen, dass jedesmal, wenn die Person an die Haltestelle kommt, der Bus nach genau 15 Minuten anrollt. Manchmal kommt er schon eine Minute nach der Ankunftszeit, ein anderes Mal nach 10 Minuten usw. Bildet man aber aus allen diesen Wartezeiten vieler Daten das arithmetische Mittel, dann ergibt sich 15 Minuten.

Aufgabe 41: Erwartungswert und Varianz für ein Glücksrad

Die Wahrscheinlichkeitsfunktion von X wird durch die Tabelle angegeben.

x_i	0	1
$P(X = x_i)$	$1 - p$	p

Tabelle 7.53 Glücksrad mit variablen Sektoren

$E(X) = 0 \cdot (1-p) + 1 \cdot p = p$

$Var(X) = (1-p) \cdot (0-p)^2 + p \cdot (1-p)^2 = (1-p) \cdot (p^2 + p \cdot (1-p)) =$

$= (1-p) \cdot p \cdot (p + 1 - p) = p \cdot (1-p)$

Für $p = \dfrac{1}{2}$ hat die Varianz von X den Wert $\dfrac{1}{4}$ und ist damit maximal. Das sieht man leicht am Graphen der quadratischen Funktion $g(p) = p \cdot (1-p)$ in Abbildung 7.63.

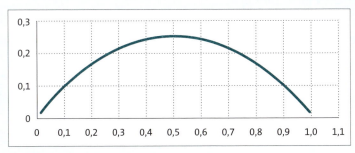

Abbildung 7.63 Graph von $g(p) = p \cdot (1-p)$

Aufgabe 42: Trefferzahlen beim Biathlon

Für jeden der 5 Schüsse wird eine Zufallsvariable X_i ($i = 1, ..., 5$) eingeführt, die den Wert 1 annimmt, wenn der Schütze trifft, ansonsten ist sie 0.

$$X_i = \begin{cases} 1 & \text{mit der Wahrscheinlichkeit } p = 0{,}9 \\ 0 & \text{mit der Wahrscheinlichkeit } 1 - p = 0{,}1 \end{cases}$$

Der Erwartungswert jeder der Variablen X_i ist gleich 0,9.

Da die Variablen X_i für jeden Treffer eine 1 produzieren, ist die Gesamtzahl der Treffer T gleich $X_1 + ... + X_5$. Damit ergibt sich für den Erwartungswert von T:

$$E(T) = E(X_1 + ... + X_5) = E(X_1) + ... + E(X_5) = 5 \cdot 0{,}9 = 4{,}5$$

Aufgabe 43: Varianz mit dem Verschiebungssatz berechnen

a) $E(X) = -2 \cdot 0{,}25 + 1 \cdot 0{,}5 + 2 \cdot 0{,}25 = 0{,}5$

$$Var(X) = \sum_{i=1}^{3} P(X = x_i)(x_i - E(X))^2 =$$
$$0{,}25 \cdot (-2 - 0{,}5)^2 + 0{,}5 \cdot (1 - 0{,}5)^2 + 0{,}25 \cdot (2 - 0{,}5)^2 = 2{,}25$$

b) $E(X^2) = (-2)^2 \cdot 0{,}25 + 1^2 \cdot 0{,}5 + 2^2 \cdot 0{,}25 = 2{,}5$

$$Var(X) = E(X^2) - E(X)^2 = 2{,}5 - 0{,}5^2 = 2{,}25$$

Aufgabe 44: Erwartungswert umformen

$$E\left(\frac{2X + 5Y + 10Z}{8}\right) = \frac{1}{8} E(2X + 5Y + 10Z) = \frac{1}{8}(2E(X) + 5E(Y) + 10E(Z))$$

Aufgabe 45: Varianz umformen

$$Var\left(\frac{3X + 10}{8}\right) = \left(\frac{1}{8}\right)^2 Var(3X + 10) = \frac{1}{64} Var(3X) = \frac{9}{64} Var(X)$$

Aufgabe 46: Standardisierung durchführen

Es ist $E(X) = 0{,}5$ und $Var(X) = 2{,}25$ (vergleiche dazu Aufgabe 43). Also ist die standardisierte Variable X^* gegeben durch:

$$X^* = \frac{X - 0{,}5}{\sqrt{2{,}25}} = \frac{X - 0{,}5}{1{,}5}$$

$$E(X^*) = E\left(\frac{X-0{,}5}{1{,}5}\right) = \frac{1}{1{,}5}E(X-0{,}5) = \frac{1}{1{,}5}(E(X)-E(0{,}5)) =$$
$$= \frac{1}{1{,}5}(0{,}5-0{,}5) = 0$$

$$Var(X^*) = Var\left(\frac{X-0{,}5}{1{,}5}\right) = \frac{1}{1{,}5^2}Var(X-0{,}5) = \frac{1}{2{,}25}Var(X) = \frac{1}{2{,}25} \cdot 2{,}25 = 1$$

Kapitel 8
Spezielle Verteilungen

In diesem Kapitel werden die wichtigsten Verteilungen von Zufallsvariablen betrachtet. Zunächst werden diskrete, dann stetige Verteilungen behandelt.

8.1 Die Bernoulli-Verteilung

Zum Einstieg

Antoine Gomband (1607–1684), besser bekannt unter dem Namen Chevalier de Méré, war kein Adliger – wie der Titel Chevalier vermuten ließe –, sondern ein Schriftsteller, der die Person in seinen Büchern, welche seine Ansichten darstellte, als Chevalier de Méré bezeichnete. Später nannten seine Freunde ihn mit diesem Namen.

Der Chevalier de Méré wandte sich im Jahr 1654 mit mehreren Problemen aus dem Bereich der Glücksspiele an Blaise Pascal (1623–1662) und bat diesen um Hilfe. Aus dieser Anfrage entstand zwischen Blaise Pascal und Pierre de Fermat (1601–1665) ein Briefwechsel, der die ersten mathematisch orientierten Betrachtungen zur Bestimmung der Chancen bei Glücksspielen enthielt. Eine der Fragen des Chevalier de Méré war:

Stimmt es, dass man bei der ersten Wette der beiden folgenden Wetten öfter gewinnt als bei der zweiten? Die beiden Wetten sind:

1. Ein Würfel wird viermal geworfen. Es wird darauf gesetzt, dass mindestens eine Sechs auftritt.
2. Zwei Würfel werden vierundzwanzigmal geworfen. Es wird darauf gesetzt, dass mindestens ein Sechserpasch auftritt.

Aus heutiger Sicht lässt sich das Problem leicht lösen. Man verwendet zwei Zufallsvariablen X und Y, die jeweils den Gewinn in einem Einzelspiel angeben. Mit p_1 wird die Wahrscheinlichkeit bezeichnet, in der 1. Situation zu gewinnen, p_2 bezeichnet die Wahrscheinlichkeit für einen Gewinn in der 2. Situation.

$$X = \begin{cases} 1 & \text{Gewinn \textit{mit der Wahrscheinlichkeit} } p_1 \\ 0 & \text{Verlust \textit{mit der Wahrscheinlichkeit} } 1 - p_1 \end{cases}$$

$$Y = \begin{cases} 1 & \text{Gewinn \textit{mit der Wahrscheinlichkeit} } p_2 \\ 0 & \text{Verlust \textit{mit der Wahrscheinlichkeit} } 1 - p_2 \end{cases}$$

Damit die Wahrscheinlichkeitsfunktionen im Würfelbeispiel bekannt sind, müssen noch p_1 und p_2 bestimmt werden.

Die Wahrscheinlichkeit, keine Sechs in einem Einzelwurf zu erzielen, ist $\frac{5}{6}$. Die Wahrscheinlichkeit, in 4 Würfen keine 6 zu bekommen, ist dann

$\left(\frac{5}{6}\right)^4 \approx 0{,}482$. Damit ist die Wahrscheinlichkeit, mindestens eine 6 in 4 Würfen zu bekommen, gleich $1 - 0{,}482 = 0{,}518 = p_1$.

Also gilt:

$p_1 = 0{,}518$ und

$1 - p_1 = 0{,}482$.

Die Wahrscheinlichkeit einer Doppel-Sechs in einem Wurf mit zwei Würfeln ist $\frac{1}{36}$. Daher ist die Wahrscheinlichkeit für »keine Doppel-Sechs« gleich $\frac{35}{36}$. Die Wahrscheinlichkeit für »keine Doppel-Sechs« in einer Serie von 24 Würfen ist damit gleich $\left(\frac{35}{36}\right)^{24} \approx 0{,}509$. Also ist die Wahrscheinlichkeit dafür, mindestens eine Doppel-Sechs in 24 Würfen zu erhalten, gleich $1 - 0{,}509 = 0{,}491 = p_2$.

Also gilt: $p_2 = 0{,}491$ und $1 - p_2 = 0{,}509$.

Die Wahrscheinlichkeit p_1 ist also etwas größer als die Wahrscheinlichkeit p_2. Somit wird man bei der 1. Wette öfter gewinnen. Abbildung 8.1 zeigt die Wahrscheinlichkeitsfunktionen von X und Y.

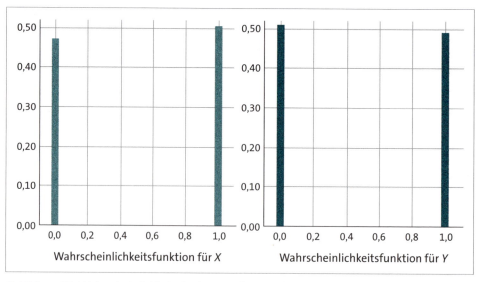

Abbildung 8.1 Wahrscheinlichkeitsfunktionen für X und Y

Bei den Zufallsvariablen X und Y wird die gesamte Wahrscheinlichkeit auf zwei Punkte aufgeteilt. Man sagt deshalb, dass diese Variablen eine *Zweipunktverteilung* haben. Gebräuchlicher ist die Bezeichnung *Bernoulli-Verteilung*.

Jakob Bernoulli (1655–1705) war einer der bedeutendsten Mathematiker überhaupt. In seinen letzten Lebensjahren schrieb er das Buch »Ars conjectandi« (Vermutekunst) und trug damit erheblich zur Entwicklung der Wahrscheinlichkeitsrechnung bei.

Bernoulli-Verteilung

Eine Zufallsvariable X mit der Wahrscheinlichkeitsfunktion

$$P(X = x) = \begin{cases} p & \text{für } x = x_1 \\ q = 1-p & \text{für } x = x_2 \\ 0 & \text{sonst} \end{cases}$$

heißt **Bernoulli-verteilt**.

> **Merke: Verteilungsfunktion einer Bernoulli-Verteilung**
>
> Die Verteilungsfunktion einer Bernoulli-verteilten Zufallsvariablen ist gegeben durch:
>
> $$F(x) = \begin{cases} 0 & \text{für } x < x_1 \\ p & \text{für } x_1 \leq x < x_2 \\ 1 & \text{für } x \geq x_2 \end{cases}$$

Ein Zufallsexperiment, das durch eine Bernoulli-verteilte Zufallsvariable beschrieben wird, nennt man ein *Bernoulli-Experiment*. In Beispiel 1 werden die Wahrscheinlichkeitsfunktion und die Verteilungsfunktion einer solchen Zufallsvariablen angegeben.

Beispiel 1: Minus eins und eins

Die Zufallsvariable X mit der Wahrscheinlichkeitsfunktion

$$P(X = x) = \begin{cases} p = 0{,}3 & \text{für } x = -1 \\ q = 1-p = 0{,}7 & \text{für } x = 1 \\ 0 & \text{sonst} \end{cases}$$

ist Bernoulli-verteilt. Die Verteilungsfunktion von X ist dann gleich

$$F(x) = \begin{cases} 0 & \text{für } x < -1 \\ 0{,}3 & \text{für } -1 \leq x < 1 \\ 1 & \text{für } x \geq 1 \end{cases}$$

Abbildung 8.2 und Abbildung 8.3 zeigen die Wahrscheinlichkeitsfunktion und die Verteilungsfunktion von X.

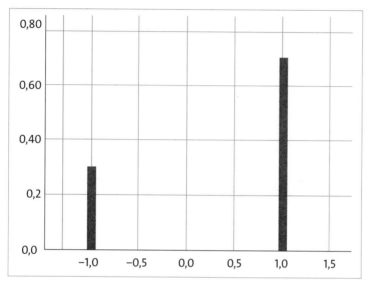

Abbildung 8.2 Wahrscheinlichkeitsfunktion

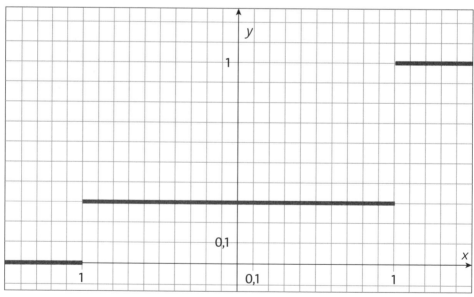

Abbildung 8.3 Graph der Verteilungsfunktion

Den Erwartungswert und die Varianz einer Bernoulli-verteilten Zufallsvariablen X berechnet man mit den bekannten Formeln

$$E(X) = \sum_i P(X = x_i) \cdot x_i \text{ und } Var(X) = \sum_i P(X = x_i) \cdot (x_i - E(X))^2.$$

Das liefert

$$E(X) = p \cdot x_1 + (1-p) \cdot x_2$$

und

$$Var(X) = p \cdot (x_1 - (p \cdot x_1 + (1-p) \cdot x_2))^2 + (1-p) \cdot (x_2 - (p \cdot x_1 + (1-p) \cdot x_2))^2 =$$
$$= p \cdot ((1-p) \cdot x_1 - (1-p) \cdot x_2))^2 + (1-p) \cdot (x_2 - (1-p) \cdot x_2 - p \cdot x_1)^2 =$$
$$= p \cdot (1-p)^2 \cdot (x_1 - x_2)^2 + (1-p) \cdot (p \cdot x_2 - p \cdot x_1)^2 =$$
$$= p \cdot (1-p)^2 \cdot (x_1 - x_2)^2 + (1-p) \cdot p^2 \cdot (x_2 - x_1)^2 =$$
$$= (x_1 - x_2)^2 \cdot (p \cdot (1-p)^2 + (1-p) \cdot p^2) =$$
$$= (x_1 - x_2)^2 \cdot (1-p) \cdot p \cdot ((1-p) + p) =$$
$$= (x_1 - x_2)^2 \cdot (1-p) \cdot p.$$

In der folgenden Zusammenfassung wird für $1-p$ als Abkürzung q gesetzt.

> **Merke: Erwartungswert und Varianz einer Bernoulli-verteilten Zufallsvariablen**
>
> Ist X eine Zufallsvariable mit der Wahrscheinlichkeitsfunktion
>
> $$P(X = x) = \begin{cases} p & \text{für } x = x_1 \\ q = 1-p & \text{für } x = x_2 \end{cases}$$
>
> dann gilt: $E(X) = p \cdot x_1 + q \cdot x_2$ und $Var(X) = (x_1 - x_2)^2 \cdot p \cdot q$

Besonders wichtig sind Bernoulli-verteilte Zufallsvariablen, welche die speziellen Werte $x_1 = 1$ und $x_2 = 0$ annehmen. Sie sind die Bausteine komplexerer Verteilungen. Beispiele hierfür wurden bereits in Abschnitt 7.12, »Regeln für Erwartungswerte und Varianzen«, betrachtet. Für eine solche Zufallsvariable ergeben sich Erwartungswert und Varianz zu $E(X) = p$ und $Var(X) = p \cdot q$. Beispiel 2 zeigt, wie sich ein kompliziertes Problem in Teilprobleme zerlegen lässt, die mit einfachen Bernoulli-verteilten Zufallsvariablen behandelt werden können.

Beispiel 2: Kugeln auf Zellen verteilen

Viele Probleme der Stochastik lassen sich durch die zufällige Verteilung von m Kugeln auf n Zellen beschreiben. Typische Fragestellungen sind:

- Wie viele Kugeln sind erforderlich, um alle Zellen zu füllen?
- Wie groß ist die maximale Anzahl an Kugeln in einer beliebigen Zelle?
- Welche Verteilung der Kugelanzahlen liegt vor?

Das folgende Problem ist eine Umschreibung der Frage nach der Anzahl leer gebliebener Zellen:

5 Jäger, allesamt perfekte Schützen (d. h. jeder trifft mit Sicherheit), schießen auf 10 Enten. Die Jäger können nur einmal schießen, und sie können sich nicht absprechen, wer auf welche Ente schießt. Sie schießen gleichzeitig und wählen ihr Opfer zufällig aus. Wie groß ist die erwartete Anzahl an getroffenen Enten?

Abbildung 8.4 Entenjagd

Für jede der 10 Enten wird eine Bernoulli-verteilte Zufallsvariable gebildet, die angibt, ob die Ente getroffen wird oder nicht. Man betrachtet Ente Nr. i ($i = 1, ..., 10$) und überlegt sich, mit welcher Wahrscheinlichkeit sie nicht getroffen wird. Das ist dann der Fall, wenn jeder Jäger eine der anderen 9 Enten auswählt.

Das geschieht mit der Wahrscheinlichkeit $q = \left(\frac{9}{10}\right)^5 \approx 0{,}59$. Getroffen wird diese Ente dann mit der Wahrscheinlichkeit $p = 1 - q = 0{,}41$. Also wird Ente Nr. i durch folgende Zufallsvariable beschrieben:

$$X_i = \begin{cases} 1 & p = 0{,}41 \\ 0 & q = 0{,}59 \end{cases}$$

Der Erwartungswert für X_i ist gleich $p = 0{,}41$. Die Anzahl getroffener Enten wird dann durch die Zufallsvariable X beschrieben:

$$X = \sum_{i=1}^{10} X_i$$

Den Erwartungswert von X erhält man auf folgende Weise:

$$E(X) = E(\sum_{i=1}^{10} X_i) = \sum_{i=1}^{10} E(X_i) = 10 \cdot 0{,}41 = 4{,}1$$

Mit dem Tabellenblatt »8.1 Entenjagd 1« lassen sich einzelne Simulationen für dieses Problem durchführen. Die Abbildung zeigt das Ergebnis einer Simulation.

Auf der x-Achse sind die einzelnen Enten aufgeführt. Die Werte der y-Achse geben die Anzahl der Treffer an. Im abgebildeten Beispiel wurden die Enten mit den Nummern 1, 8, 9 und 10 getroffen, Ente Nr. 9 wurde zweimal getroffen.

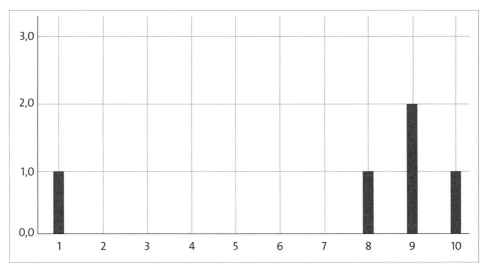

Abbildung 8.5 Simulation Entenjagd

Mit dem Tabellenblatt »8.1 Entenjagd 2« lassen sich wiederholt 1000 Simulationen durchführen. Die mittlere Anzahl getroffener Enten wird bestimmt. Dabei ergeben sich Werte, die zum Theoriewert 4,1 »passen«.

Was Sie wissen sollten

▶ Sie sollten wissen, was ein Bernoulli-Experiment ist.
▶ Sie sollten die Wahrscheinlichkeitsfunktion für eine Bernoulli-verteilte Zufallsvariable kennen.
▶ Sie sollten Erwartungswert und Varianz Bernoulli-verteilter Zufallsvariablen kennen.

8.2 Die diskrete Gleichverteilung

In den Jahren nach dem 2. Weltkrieg setzte eine intensive Beschäftigung mit der Erzeugung von Zufallszahlen ein. In Los Alamos wurde die Wasserstoffbombe entwickelt. Entscheidend dazu waren Kenntnisse über das Verhalten von Neutronen in spaltbarem Material. Diese Probleme waren zu komplex, um mit den üblichen mathematischen Methoden behandelt zu werden. John von Neumann nahm deshalb im März 1947 Anregungen von Stanisław Marcin Ulam auf und regte dazu an, das Verhalten von Neutronen zu simulieren. Die erforderlichen Berechnungen wurden auf dem ersten elektronischen Rechner, dem ENIAC durchgeführt. Von einem der Beteiligten, dem Physiker Nicholas Constantine Metropolis, stammte der Vorschlag, diese Verfahren als *Monte-Carlo-Methoden* zu bezeichnen, nach dem Namen des Casinos in Monaco, in dem ein Onkel Ulams regelmäßig Geld verspielte. Dieser Name hat sich heute für Methoden, in denen ein Problem durch Simulationen statt durch numerische Verfahren gelöst wird, eingebürgert.

Generatoren, die Zufallszahlen erzeugen, gehören heute zur »Standardausrüstung« von Rechenprogrammen. Auch in Tabellenkalkulationen wie z. B. Excel gibt es Funktionen, mit denen Zufallszahlen erzeugt werden können. Für die Güte der erzeugten Zahlen gibt es verschiedene Kriterien. In erster Linie sollten natürlich alle Zahlen ungefähr gleich häufig auftreten.

Die Häufigkeiten für 1000 aus 0, 1, ..., 8 und 9 (0 und 9 inklusive) erzeugte Zufallszahlen sind in Abbildung 8.6 dargestellt.

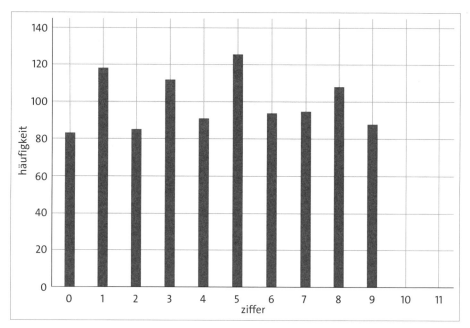

Abbildung 8.6 Häufigkeiten von Zufallszahlen

Mit dem Tabellenblatt »8.2 Zufallszahlen« können Sie entsprechende empirische Verteilungen erzeugen. Natürlich darf man nicht erwarten, dass alle Ziffern genau 100 Mal vorkommen. Als mathematisches Modell zur Beschreibung dieses Vorgangs steht aber eine Zufallsvariable X, welche die Werte $0, \ldots, 9$ mit jeweils der gleicher Wahrscheinlichkeit von $\frac{1}{10}$ annimmt. Die Wahrscheinlichkeitsfunktion für X ist dann:

$$P(X = x) = \begin{cases} \dfrac{1}{10} & \text{für } x = 0,\ldots,9 \\ 0 & \text{sonst} \end{cases}$$

Als Verteilungsfunktion ergibt sich dann:

$$F(x) = \begin{cases} 0 & \text{für } x < 0 \\ \dfrac{i}{10} & \text{für } i \leq x < i+1;\ i=0,\ldots,8 \\ 1 & \text{für } 9 \leq x \end{cases}$$

Die Wahrscheinlichkeitsfunktion und die Verteilungsfunktion sind in Abbildung 8.7 und Abbildung 8.8 dargestellt. Weil die Wahrscheinlichkeitsfunktion an den Stellen $0, 1, \ldots, 9$ immer den gleichen Wert hat, nennt man die Zufallsvariable X *gleichverteilt*.

Spezielle Verteilungen

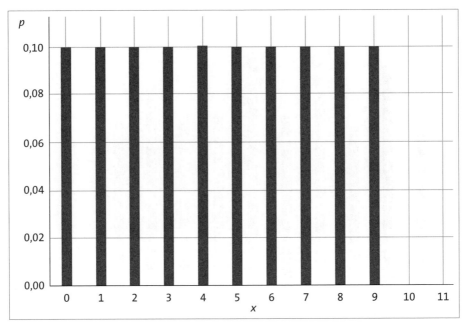

Abbildung 8.7 Wahrscheinlichkeitsfunktion für gleichverteilte Zufallszahlen

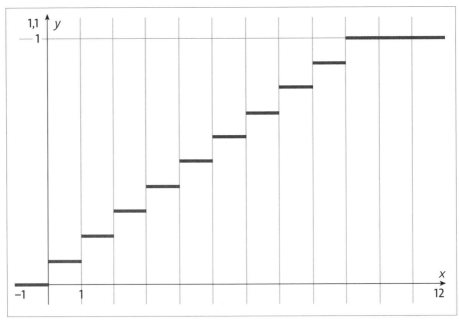

Abbildung 8.8 Verteilungsfunktion für gleichverteilte Zufallszahlen

Verallgemeinert man die betrachtete Situation, dann ergibt sich folgende Definition:

Diskrete Gleichverteilung

Eine diskrete Zufallsvariable X, welche die Werte $x_1, ..., x_n$ mit gleicher Wahrscheinlichkeit annimmt, heißt **gleichverteilt**.

> **Merke: Wahrscheinlichkeitsfunktion und Verteilungsfunktion einer Diskrete Gleichverteilung einer gleichverteilten Zufallsvariablen**
>
> Die Wahrscheinlichkeitsfunktion von X ist gleich $P(X = x) = \begin{cases} \dfrac{1}{n} & \text{für } x = x_1,...,x_n \\ 0 & \text{sonst} \end{cases}$
>
> Für die Verteilungsfunktion von X gilt:
>
> $F(x) = \begin{cases} 0 & \text{für } x < 0 \\ \dfrac{i}{n} & \text{für } x_i \leq x < x_{i+1};\ i=0,...,n-1 \\ 1 & \text{für } x_n \leq x \end{cases}$

Beispiel 3 zeigt Situationen auf, in denen eine diskrete Gleichverteilung vorliegt.

Beispiel 3: Gleichverteilte Zufallsvariable bei Spielen

Ist X eine gleichverteilte Zufallsvariable, dann beschreibt X für n = 2 einen fairen Münzwurf, für n = 6 die Augenzahl beim Würfeln und für n = 37 das Ergebnis eines Roulettespiels.

Erwartungswert und Varianz einer gleichverteilten Zufallsvariablen lassen sich mit den Formeln aus Abschnitt 7.12 leicht berechnen:

$$E(X) = \sum_{i=1}^{n} \frac{1}{n} x_i = \frac{1}{n} \sum_{i=1}^{n} x_i$$

Die Varianz erhält man aus dem Verschiebungssatz (Abschnitt 7.12) zu:

$$Var(X) = E(X^2) - E(X)^2 = \sum_{i=1}^{n} x_i^2 \frac{1}{n} - E(X)^2 = \frac{1}{n} \sum_{i=1}^{n} x_i^2 - E(X)^2$$

Merke: Erwartungswert und Varianz einer gleichverteilten Zufallsvariablen

Ist X eine diskrete gleichverteilte Zufallsvariable, so gilt:

$$E(X) = \frac{1}{n}\sum_{i=1}^{n} x_i \text{ und } Var(X) = \frac{1}{n}\sum_{i=1}^{n} x_i^2 - E(X)^2$$

Aufgabe 1: Zufallsvariable beim Würfeln untersuchen

Die Zufallsvariable X gebe die Augenzahl bei einem Würfelwurf an. Stellen Sie die Wahrscheinlichkeitsfunktion und die Verteilungsfunktion für X auf. Berechnen Sie Erwartungswert und Varianz von X.

Was Sie wissen sollten
- Sie sollten Beispiele für eine diskrete Gleichverteilung kennen.
- Sie sollten die Wahrscheinlichkeitsfunktion einer diskreten Gleichverteilung angeben können.

8.3 Die Binomialverteilung

Wenige Menschen hatten einen derartig großen Einfluss auf viele wissenschaftliche Gebiete wie Sir Francis Galton (1822–1911). Er war Geograph, Meteorologe, Forschungsreisender in Südafrika, Gründer der differentiellen Psychologie und ein Pionier in der Verwendung von Fingerabdrücken zur Identifikation von Personen. Er hat Regression und Korrelation in der Statistik begründet, und er war außerdem Eugeniker und Bestsellerautor (weitere Informationen findet man unter *www.galton.org*). Trotz seiner überwältigenden Leistungen ist Francis Galton heute nur noch Spezialisten bekannt. Eine Ausnahme stellt das von ihm erfundene und nach ihm benannte *Galtonbrett* dar, das in vielen Bücher zur Statistik erwähnt wird.

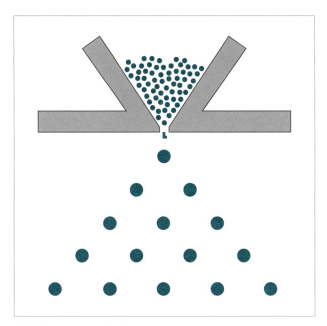

Abbildung 8.9 Galtonbrett

Man erkennt ein Brett mit versetzten Nagelreihen, in das von oben Kugeln eingefüllt werden können. Trifft eine Kugel auf einen Nagel so fällt sie mit einer Wahrscheinlichkeit von $p = \frac{1}{2}$ nach rechts bzw. mit einer Wahrscheinlichkeit von $q = 1-p = \frac{1}{2}$ nach links.

Ist das Ende der Nagelreihen erreicht, dann fallen die Kugeln in die unten angebrachten Auffangkästen. Werden genügend Kugeln verwendet, dann entsteht in den Kästen das Bild einer Wahrscheinlichkeitsfunktion.

Abbildung 8.10 zeigt das Ergebnis einer Simulation mit 200 Kugeln, die durch die Nagelreihen eines Galtonbretts mit $n = 10$ Reihen fielen. Eingezeichnet ist der Weg, den die letzte Kugel genommen hat. Sie ist in den Auffangkasten mit der Nummer 6 gefallen.

Die Balken im unteren Bereich der Abbildung 8.10 geben die jeweiligen Anzahlen an Kugeln an, die bereits in die einzelnen Kästen gefallen sind. Betrachtet man den eingezeichneten Weg der letzten Kugel, dann kann man diesen durch (rechts, rechts, rechts, links, rechts, rechts, links, links, rechts, links) beschreiben. Notiert man statt »rechts« eine »1« und statt »links« eine »0«, dann ergibt sich (1, 1, 1, 0, 1, 1, 0, 0, 1, 0). Diese Schreibweise hat den Vorteil, dass sich sofort feststellen lässt, in welchen Kasten die Kugel gefallen ist. Dazu muss man nur die Anzahl der Einsen zusammenzählen. Im betrachteten Fall ergibt sich dabei 6. Also fällt die Kugel in den Kasten mit der Nummer 6.

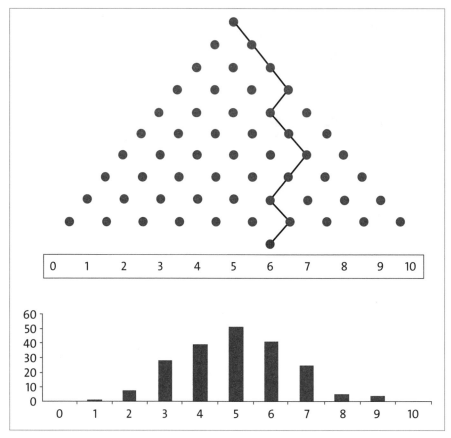

Abbildung 8.10 Verteilung von 200 Kugeln

Beispiel 4: Klack, klack, klong, klack, klack, klong ...

Eine Kugel, deren Weg durch (0, 0, 1, 0, 0, 1, 0, 0, 1, 0) beschrieben wird, fällt am Ende in Kasten Nr. 3.

328 Spezielle Verteilungen

Aufgabe 2: Vom Kugelweg zur Folge

Übersetzen Sie den Weg der Kugel in Abbildung 8.11 in eine Folge aus Nullen und Einsen.

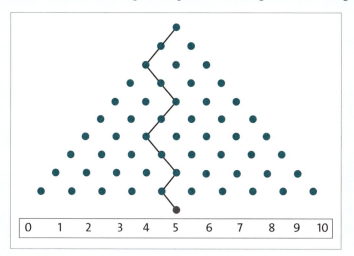

Abbildung 8.11 Weg der Kugel im Galtonbrett

Jeder Weg, den eine Kugel in einem Galtonbrett mit 10 Zeilen zurücklegt, besteht aus $n = 10$ Symbolen (0 oder 1). Der Kasten, in den die Kugel fällt, ist durch die Anzahl k an Einsen, die den Weg beschreiben, festgelegt. Die Wahrscheinlichkeit, dass genau dieser Weg auftritt, kann mit der 1. Pfadregel bestimmt werden. Dabei wird q für $1-p$ gesetzt.

$$p^k \cdot q^{n-k} = p^k \cdot q^{10-k} = \left(\frac{1}{2}\right)^k \left(\frac{1}{2}\right)^{10-k} = \left(\frac{1}{2}\right)^{10}$$

Um k Einsen auf $n = 10$ Positionen zu verteilen, gibt es $\binom{n}{k} = \binom{10}{k}$

Möglichkeiten. Das ist die Anzahl der Wege, die zum Kasten mit der Nummer k führen. Die Wahrscheinlichkeit, dass ein beliebiger Weg zum Kasten k führt, ist nach der 2. Pfadregel gleich

$$\binom{n}{k} p^k q^{n-k} = \binom{10}{k} 0{,}5^k 0{,}5^{10-k} = \binom{10}{k} 0{,}5^{10}$$

Man betrachtet jetzt eine Zufallsvariable X, deren Wert angibt, in welchen Kasten die Kugel fällt. Dann besitzt X die folgende Wahrscheinlichkeitsfunktion:

$$P(X = k) = \binom{10}{k} 0{,}5^{10}, \ k=0,\ldots,10$$

In Tabelle 8.1 sind die Werte für $P(X = k)$ angegeben.

k	P(X = k)
0	0,000976563
1	0,009765625
2	0,043945313
3	0,1171875
4	0,205078125
5	0,24609375
6	0,205078125
7	0,1171875
8	0,043945313
9	0,009765625
10	0,000976563

Tabelle 8.1 Wahrscheinlichkeitsfunktion für das Ergebnis an einem Galtonbrett mit $n = 10$ Zeilen

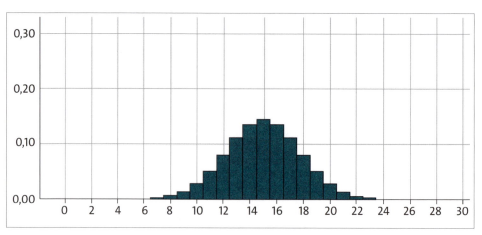

Abbildung 8.12 Histogramm der Wahrscheinlichkeitsfunktion

Von der Form entspricht dieses Histogramm der Verteilung der Kugeln in Abbildung 8.10. Zu beachten ist, dass hier auf der y-Achse Wahrscheinlichkeiten, d. h. Zahlen zwischen 0 und 1 abgebildet sind, im Gegensatz zu Abbildung 8.10, in der Anzahlen dargestellt sind.

Aufgabe 3: Anzahl der Wege in einzelne Kästen im Galtonbrett
a) Wie viele Wege führen auf dem Galtonbrett mit 10 Zeilen in den Kasten $k = 5$?
b) Wie viele Wege führen in die Kästen $k = 0$ und $k = 10$?

Aufgabe 3 verdeutlicht, warum in den mittleren Kästen mehr Kugeln landen. Zwar hat jeder Weg die gleiche Wahrscheinlichkeit es gibt aber mehr Wege, die zu den mittleren Kästen führen.

Bisher war die Wahrscheinlichkeit für eine Kugel, nach »rechts« zu fallen, durch $p = 0{,}5$ gegeben. Außerdem war die Anzahl der Zeilen des Galtonbrettes gleich $n = 10$. Das soll jetzt so geändert werden, dass p und n variabel sind. Einen von $p = 0{,}5$ verschiedenen Wert kann man durch eine entsprechende Neigung des Brettes realisieren. Man kann aber auch ganz auf die Vorstellung des Galtonbrettes verzichten und eine Zufallsvariable X betrachten, welche die Anzahl der Einsen in einer Kette von n Nullen und Einsen angibt. Dabei treten in dieser Kette die Einsen mit der Wahrscheinlichkeit p, die Nullen mit der Wahrscheinlichkeit $q = 1 - p$ auf. Statt »1« und »0« verwendet man auch oft die Begriffe *Erfolg* und *Misserfolg*.

Beispiel 5: Biathlon
Beim Biathlon schießt ein Sportler fünfmal auf eine Scheibe. Er trifft durchschnittlich in 80 % der Fälle (Spitzensportler haben Trefferwahrscheinlichkeiten von 90 % und mehr). Mit welcher Wahrscheinlichkeit erzielt der Sportler 0, 1, ..., 5 Treffer (Erfolge)? Wie groß ist die durchschnittliche Anzahl seiner Treffer?

Ein möglicher Ablauf wird z. B. durch (1, 1, 0, 1, 0) beschrieben. Die Einsen stehen dabei für die Treffer, d. h. in diesem Beispiel sind die Versuche 1, 2 und 4 erfolgreich.

Die Zufallsvariable X gibt die Anzahl an Treffern an. Es ist $n = 5$ und $p = 0{,}8$. Damit gilt:

$P(X = k) = \binom{5}{k} 0{,}8^k 0{,}2^{5-k}$, $k = 0, ..., 5$

Die Berechnung (z. B. mit dem Tabellenblatt »*8.3 Binomialverteilung*« in der Datei »*Tabellen*«) liefert folgende Werte:

k	P(X = k)
0	0,00032
1	0,0064
2	0,0512
3	0,2048
4	0,4096
5	0,32768

Tabelle 8.2 Wahrscheinlichkeiten für k Treffer

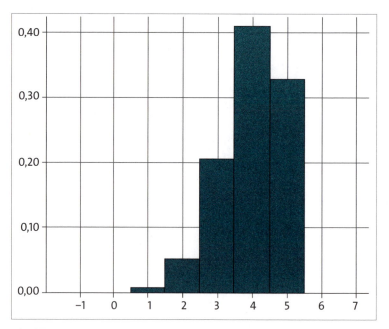

Abbildung 8.13 Wahrscheinlichkeitsfunktion von X

Mithilfe der Werte aus Tabelle 8.2 kann man den Erwartungswert für X berechnen:

$$E(X) = \sum_{k=0}^{5} k \cdot P(X = k) \approx$$
$$\approx 0 \cdot 0{,}00032 + 1 \cdot 0{,}0064 + 2 \cdot 0{,}0512 + 3 \cdot 0{,}2048 + 4 \cdot 0{,}4096 + 5 \cdot 0{,}32768 = 4$$

Man kann aber auch auf andere Art und Weise vorgehen (vergleiche dazu die Aufgabe in Abschnitt 7.12, »Regeln für Erwartungswerte und Varianzen«). Dazu betrachtet man die Zufallsvariablen $X_1, ..., X_5$, die angeben, ob der 1., 2., ..., 5. Versuch – den man nach Abschnitt 8.1 auch als Bernoulli-Experiment bezeichnen kann – erfolgreich war.

$$X_i = \begin{cases} 1 & p = 0{,}8 \\ 0 & q = 0{,}2 \end{cases} \quad i = 1,2,...,5$$

Der Erwartungswert von X_i ist $E(X_i) = p = 0{,}8$.

Die Varianz von X_i ist $Var(X_i) = p \cdot q = 0{,}16$ (vergleiche Abschnitt 8.1, »Die Bernoulli-Verteilung«).

Für die Anzahl X an Treffern gilt: $X = \sum_{i=1}^{5} X_i$

Damit erhält man für den Erwartungswert von X:

$E(X) = E(X_1 + ... + X_5) = E(X_1) + ... + E(X_5) = n \cdot p = 5 \cdot 0{,}8 = 4$

Da die Variablen X_i unabhängig sind, kann man die Varianz von X einfach berechnen (vergleiche wieder Abschnitt 7.12):

$Var(X_1 + ... + X_5) = Var(X_1) + ... + Var(X_5) = n \cdot p \cdot q = 5 \cdot 0{,}8 \cdot 0{,}2 = 0{,}8$

Zufallsvariablen wie die in Beispiel 5 betrachteten bilden eine eigene Klasse von Verteilungen und werden *binomialverteilt* genannt. Diese Zufallsvariablen zählen ab, wie viele Erfolge in einer Kette von n Bernoulli-Experimenten auftreten. Verallgemeinert man von Beispiel 5, dann zeigt sich, dass der Erwartungswert einer binomialverteilten Zufallsvariablen gleich $n \cdot p$ und dass die Varianz gleich $n \cdot p \cdot q$ ist.

Binomialverteilte Zufallsvariablen

Eine Zufallsvariable X mit der Wahrscheinlichkeitsfunktion

$P(X = k) = \binom{n}{k} p^k q^{n-k}$, $q = 1-p$, $k = 0,...,n$ heißt **binomialverteilt mit den Parametern n und p.**

> **Merke: Erwartungswert und Varianz der Binomialverteilung**
>
> Der Erwartungswert einer binomialverteilten Zufallsvariablen ist gleich $E(X) = n \cdot p$, die Varianz ist gleich $Var(X) = n \cdot p \cdot q$.

Mit der Formel für die Varianz einer binomialverteilten Zufallsvariablen sollen Sie in der nächsten Aufgabe nachweisen, dass die Varianz für $p = 0{,}5$ maximal wird.

Aufgabe 4: Varianz der Binomialverteilung in Abhängigkeit von p

Zeigen Sie, dass die Varianz einer binomialverteilten Zufallsvariablen (bei festem n) für $p = 0{,}5$ maximal ist.

Wie beeinflussen die Werte von n und p bei einer binomialverteilten Zufallsvariablen das Aussehen des Histogramms der Wahrscheinlichkeitsfunktion? Damit beschäftigen sich die nächsten Überlegungen. Die nächsten Abbildungen zeigen Histogramme der Wahrscheinlichkeitsfunktion einer binomialverteilten Zufallsvariablen mit $n = 30$ und verschiedenen Werte für p.

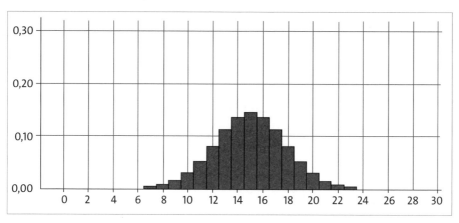

Abbildung 8.14 Histogramm der Wahrscheinlichkeitsfunktion mit $n = 30$, $p = 0{,}5$

Für den Fall von $p = 0{,}5$ ist das Histogramm symmetrisch zur Mitte. Je näher p bei 0,5 liegt, umso »symmetrischer« ist das Diagramm. Ist $p < 0{,}5$, so verschiebt sich der Gipfel der Verteilung nach links, für $p > 0{,}5$ verschiebt sich der Gipfel nach rechts.

Anschaulich kann man dieses Verhalten leicht verstehen: Die Zufallsvariable X zählt die Anzahl an Erfolgen in einer *Bernoulli-Kette* der Länge n. Bezeichnet man mit A das Ereignis, das eintritt, wenn ein Erfolg vorliegt, dann tritt A selten ein, wenn p klein ist. In diesem Fall nimmt X – das ja die Anzahl an Erfolgen zählt – kleine Werte mit größerer Wahrscheinlichkeit an, und in diesem Fall liegt der Gipfel der Verteilung links. Ist p hingegen groß, dann wird A oft auftreten. Das bedeutet, dass X mit großer Wahrscheinlichkeit Werte annimmt, die nahe bei n liegen, d. h. der Gipfel der Verteilung verschiebt sich nach rechts. Eine rechnerische Begründung finden Sie bei Bearbeitung von Aufgabe 5.

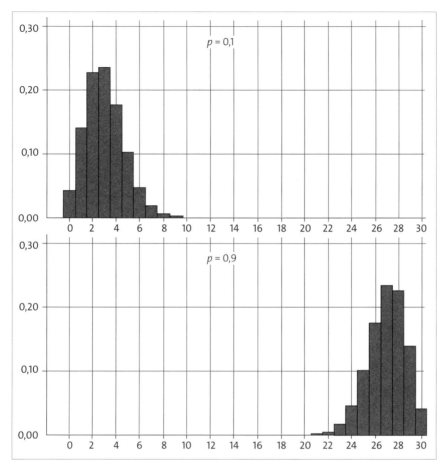

Abbildung 8.15 Histogramme für $n = 30$, $p = 0{,}1$ und $p = 0{,}9$

Die Histogramme für $p = 0{,}1$ und $p = 0{,}9$ gehen durch Spiegelung an der Achse $x = \dfrac{n}{2} = 15$ ineinander über. Mit dem Tabellenblatt »8.3 p variabel« können Sie Histogramme für unterschiedliche Werte von p zeichnen lassen.

Die folgende Aufgabe ist theoretischer Natur und präzisiert die zuvor anschaulich gewonnenen Einsichten.

Aufgabe 5: Eigenschaften einer binomialverteilten Zufallsvariable

X sei eine binomialverteilte Zufallsvariable mit den Parametern n und p. Für die ganze Zahl k gelte: $1 \leq k \leq n$.

a) Zeigen Sie, dass dann gilt: $\dfrac{P(X=k)}{P(X=k-1)} = \dfrac{n-k+1}{k} \cdot \dfrac{p}{q}$, wobei $q = 1-p$.

b) Formen Sie $\dfrac{n-k+1}{k} \cdot \dfrac{p}{q}$ so um, dass sich $1 + \dfrac{(n+1)\cdot p - k}{k \cdot q}$ ergibt.

c) Folgern Sie aus a) und b):

Für $k < (n+1) \cdot p$ ist $P(X = k-1) < P(X = k)$, $1 \le k \le n$.

Für $k > (n+1) \cdot p$ ist $P(X = k-1) > P(X = k)$, $1 \le k \le n$.

Die Ergebnisse der Aufgabe 5 zeigen, dass die Werte von $P(X=k)$ monoton bis zum Maximum an der Stelle $k_{max} = [(n+1) \cdot p]$ wachsen. Dabei bedeutet die eckige Klammer das Abrunden auf die nächstkleinere ganze Zahl. Ist $(n+1) \cdot p$ eine ganze Zahl, dann liegt das Maximum an den zwei benachbarten Stellen $k_{max1} = (n+1) \cdot p - 1$ und $k_{max2} = (n+1) \cdot p$. Dieser Fall wird im nächsten Beispiel betrachtet:

Beispiel 6: Zwei Maximalstellen

Für $n = 7$ und $p = 0{,}5$ ergibt sich $(n+1) \cdot p = (7+1) \cdot 0{,}5 = 8 \cdot 0{,}5 = 4$, d. h. eine ganze Zahl. Es gibt deshalb die beiden Maximalstellen $k_{max1} = 3$ und $k_{max2} = 4$. In Abbildung 8.16 sind diese beiden Maxima zu sehen.

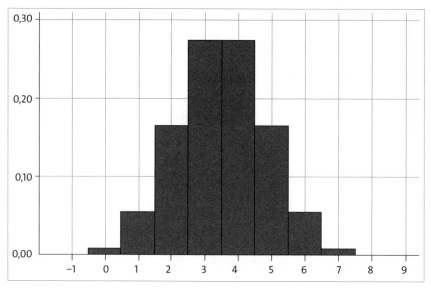

Abbildung 8.16 Histogramm der Binomialverteilung mit $n = 7$ und $p = 0{,}5$

Bei Anwendungen der Binomialverteilung werden oft Ausdrücke wie $P(X \leq b)$, $P(X \geq a)$ und $P(a \leq X \leq b)$ für die binomialverteilten Zufallsvariablen X benötigt. Diese lassen sich einfach angeben, wenn die Verteilungsfunktion $F(x)$ bekannt ist. Erinnert man sich an Abschnitt 7.8.3, »Verteilungsfunktionen diskreter Zufallsvariablen«, und damit an

$$F(x) = \sum_{x_j < x} f(x_j),$$

so folgt:

> **Merke: Die Verteilungsfunktion einer binomialverteilten Zufallsgröße**
>
> Die Verteilungsfunktion einer binomialverteilten Zufallsvariablen X mit den Parametern n und p ist gegeben durch:
>
> $$F(x) = P(X \leq x) = \begin{cases} 0 & x < 0 \\ \sum_{k \leq x} \binom{n}{k} p^k (1-p)^{n-k} & x \geq 0 \end{cases}$$

Dabei gilt es zu beachten, dass x eine beliebige reelle Zahl sein kann, k aber eine ganze Zahl ist. Es wird also über alle nichtnegativen ganzzahligen k summiert, die kleiner oder gleich x sind. Ist x selbst eine nichtnegative ganze Zahl b, dann sieht der Ausdruck für $F(x)$ etwas einfacher aus:

$$F(b) = P(X \leq b) = \sum_{k=0}^{b} \binom{n}{k} p^k (1-p)^{n-k}$$

Sind die Werte der Verteilungsfunktion durch eine Tabelle oder durch das Tabellenblatt »8.3 Binomialverteilung« in der Datei »Tabellen« bekannt, so lassen sich die Ausdrücke $P(X \leq b)$, $P(X \geq a)$ und $P(a \leq X \leq b)$ leicht angeben:

$P(X \leq b) = F(b),$

$P(X \geq a) = 1 - P(X < a) = 1 - P(X \leq a-1) = 1 - F(a-1)$ und

$$P(a \leq X \leq b) = \sum_{k=a}^{b} \binom{n}{k} p^k (1-p)^{n-k} = F(b) - F(a).$$

Sie können die sich anschließenden Aufgaben 6 und 7 mit diesen Formeln bearbeiten.

Aufgabe 6: Multiple-Choice-Test – durch Raten zu lösen?

Ein Multiple-Choice-Test besteht aus 10 Fragen. Zu jeder Frage sind eine richtige und zwei falsche Antworten angegeben. Die Prüfung ist bestanden, wenn mindestens 5 Fragen richtig angekreuzt wurden. Mit welcher Wahrscheinlichkeit besteht man die Prüfung, wenn man völlig unvorbereitet ist und bei jeder Frage raten muss? Wie groß ist der Erwartungswert für die Zahl an richtigen Antworten?

Aufgabe 7: Bunte Tulpen

Sie erhalten eine große Sendung mit Tulpenzwiebeln aus Holland. In dieser Sendung sind Zwiebeln, die zu roten, gelben und weißen Tulpen gehören, gemischt. Jede dieser Farben kommt gleich häufig vor. Sie entnehmen der Sendung 20 Zwiebeln und vergraben diese in einem Beet. Mit welcher Wahrscheinlichkeit erblicken Sie im Frühjahr

a) 8 rote Tulpen?

b) Mindestens 8 rote Tulpen?

c) Mindestens 6 und höchstens 10 rote Tulpen?

Was Sie wissen sollten

▶ Sie sollten die Binomialverteilung als die Verteilung der Erfolge in einer Kette unabhängiger Bernoulli-Experimente kennen.

▶ Sie sollten den Erwartungswert und die Varianz der Binomialverteilung kennen.

Sie sollten den Einfluss der Wahrscheinlichkeit p auf die Wahrscheinlichkeitsfunktion einer binomialverteilten Zufallsvariablen kennen.

8.4 Die Poisson-Verteilung

Einer der erfolgreichsten Fußballtrainer beim FC Bayern München war Ottmar Hitzfeld. Trotzdem musste er bisweilen herbe Kritik von Bayern-Vorstand Karl-Heinz Rummenigge einstecken. »Fußball ist keine Mathematik«, so äußerte sich Rummenigge einmal nach einem nicht gewonnenen Spiel im November 2007 über die Auswechselpraxis von Hitzfeld. Um die Härte dieser Kritik zu verstehen, muss man wissen, dass Ottmar Hitzfeld ausgebildeter Mathematiklehrer für das Lehramt an Realschulen war. Außerdem lag Rummenigge mit seiner Kritik falsch. Im Fußball steckt eine Menge Mathematik. Im Fußball kommt es zwar auf das Können der Spieler an, aber der Zufall spielt auch eine wichtige Rolle. So hat der Sportwissenschaftler Martin Lames [LAM, Pressemitteilung] Tausende von Bundesligatoren untersucht und festgestellt, dass etwa 40 Prozent der Tore Zufallstore sind, d. h. Tore, bei denen z. B. der Ball vom Pfosten ins Tor sprang oder unhaltbar abgefälscht wurde. Diese starke Zufallsabhängigkeit des Fußballs gestattet es, den Kalkül der Wahrscheinlichkeitsrechnung anzuwenden. Leopold Mathelitsch [MAT, S. 50 f.] vergleicht die Stärke eines Fußballteams mit der Stärke einer radioaktiven Quelle. Fußballmannschaften schießen Tore nach demselben statistischen Muster, in dem Atome zerfallen.

Dieses Muster gilt z. B. auch für folgende Vorgänge:

- die zufällige Anzahl an Telefonanrufen pro Zeiteinheit,
- die zufällige Anzahl an Kunden, die an einem Schalter pro Zeiteinheit ankommen,
- die Anzahl an Pixelfehlern auf einem Bildschirm,
- die Anzahl an Schlaglöchern auf einer Landstraße,
- die Anzahl an Druckfehlern in diesem Buch und
- die Anzahl an Unfällen pro Zeiteinheit an einer bestimmten Kreuzung.

In allen Beispielen geht es um eine Anzahl an Ereignissen in einem bestimmten Zeitintervall oder in einem Raumabschnitt, welche durch eine Zufallsvariable X beschrieben wird. Man denkt sich nun das Zeitintervall bzw. den Raumabschnitt in n gleich große Intervalle bzw. Abschnitte aufgeteilt. Die eingezeichneten Punkte geben die eintretenden Ereignisse an. Der Erwartungswert von X wird mit λ bezeichnet.

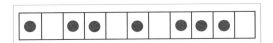

Abbildung 8.17 Ereignisse in einem Zeitintervall oder Raumabschnitt

Man spricht von einem *Poisson-Prozess*, wenn folgende Forderungen erfüllt sind:

- Die Wahrscheinlichkeit p_n für das Eintreten des Ereignisses ist in jedem Teilintervall gleich groß. (Der Index n verdeutlicht, dass die Wahrscheinlichkeit von der Zahl n der Intervalle abhängt.)
- Die Wahrscheinlichkeit, dass das Ereignis in einem Teilintervall mehr als einmal eintritt, ist null.
- Das Eintreten der Ereignisse in den Teilintervallen geschieht unabhängig voneinander.

Aus diesen Eigenschaften folgt, dass es sich beim Eintreten der Ereignisse um die Realisation von unabhängigen Bernoulli-Experimenten handelt.

Die Wahrscheinlichkeit, dass in dem Intervall k Ereignisse eintreten, ist deshalb gleich $\binom{n}{k} p_n^k (1-p_n)^{n-k}$.

Man vergrößert nun die Zahl der Teilintervalle n immer mehr, wodurch p_n natürlich immer kleiner wird. Dabei bleibt die erwartete Trefferanzahl λ konstant. Man kann nun zeigen, dass sich die Wahrscheinlichkeiten

$\binom{n}{k} p_n^k (1-p_n)^{n-k}$ dann dem Ausdruck $\frac{\lambda^k}{k!} e^{-\lambda}$ nähern. Genauer gilt:

$$\lim_{n \to \infty} \left(\binom{n}{k} p_n^k (1-p_n)^{n-k} \right) = \frac{\lambda^k}{k!} e^{-\lambda}, \ k=0,1,2... \text{ [HEN, S. 196]}.$$

Dabei ist e die Euler'sche Zahl ($e \approx 2{,}71828$) und »!« ist das Fakultätszeichen (siehe Abschnitt 7.4.3, »Permutationen«). Man kann außerdem zeigen, dass durch die Festsetzung

$$P(X = k) = \frac{\lambda^k}{k!} e^{-\lambda}, \ k=0,1,2...$$

eine Funktion erklärt ist, die alle Eigenschaften einer Wahrscheinlichkeitsfunktion besitzt. Eine Zufallsvariable mit dieser Wahrscheinlichkeitsfunktion nennt man *Poisson-verteilt* (Siméon Denis Poisson, französischer Mathematiker, 1781–1840). Die Berechnung von Erwartungswert und Varianz einer Poisson-verteilten Zufallsvariablen erfordert den Umgang mit unendlichen Reihen. Deshalb wird hier nur das Resultat angegeben. Sowohl der Erwartungswert als auch die Varianz einer Poisson-verteilten Zufallsvariablen ist gleich λ. (Die Beweise finden Sie auf der Webseite [POI].)

Poisson-verteilte Zufallsvariable

Eine Zufallsvariable X, für deren Wahrscheinlichkeitsfunktion

$$P(X = k) = \frac{\lambda^k}{k!} e^{-\lambda}, \ \lambda>0, \ k=0,1,2...$$

gilt, heißt **Poisson-verteilt**.

> ### Merke: Poisson-Verteilung
> Mit $\lambda = n \cdot p$ ist die Poisson-Verteilung eine Approximation der Binomialverteilung mit den Parametern n und p.
>
> Für Erwartungswert und Varianz gilt: $E(X) = \lambda, Var(X) = \lambda$.

Aufgabe 8: Rosinenbrötchen

Eine Großbäckerei stellt jeden Tag 1000 Rosinenbrötchen her. Wie viele Rosinen müssen in den Teig gestreut werden, damit die Wahrscheinlichkeit dafür, dass ein Brötchen keine Rosinen enthält, kleiner als $\frac{1}{1000}$ ist?

Mit welcher Wahrscheinlichkeit enthält bei dieser Rosinenanzahl ein Brötchen weniger als 4 Rosinen?

Mit welcher Wahrscheinlichkeit enthält ein Brötchen mehr als 10 Rosinen?

Die zuvor angegebene Eigenschaft

$$\lim_{n\to\infty}\left(\binom{n}{k}p_n^k(1-p_n)^{n-k}\right) = \frac{\lambda^k}{k!}e^{-\lambda},\ k=0,1,2\ldots$$

zeigt, dass die Poisson-Verteilung eine Approximation der Binomialverteilung ist. Das folgende Beispiel bezieht sich darauf.

Beispiel 7: Heute Geburtstag

Bei einem Flug von Frankfurt nach Bangkok sitzen 500 Personen in einem A380 der Thai-Airways. Mit welcher Wahrscheinlichkeit haben genau k dieser Personen an diesem Tag Geburtstag?

Die Wahrscheinlichkeit, dass eine Person an diesen Tag Geburtstag hat, ist gleich $p = \frac{1}{365}$.

Die Wahrscheinlichkeit für k Geburtstage ergibt sich mit der Binomialverteilung zu

$$\binom{500}{k}\left(\frac{1}{365}\right)^k\left(\frac{364}{365}\right)^{500-k}$$

und mit der Poisson-Verteilung ($\lambda = 500 \cdot \frac{1}{365} \approx 1{,}37$) zu

$$\frac{1{,}37^k}{k!}e^{-1{,}37}.$$

In Tabelle 8.3 sind die Wahrscheinlichkeiten für $k = 0$ bis $k = 6$ mit der Binomialverteilung und mit der Poisson-Approximation berechnet worden. Die Tabelle zeigt die gute Übereinstimmung zwischen den exakten Werten der Binomialverteilung und der Poisson-Approximation.

k	Binomialverteilung	Poisson-Verteilung
0	0,253664444	0,254141771
1	0,34844017	0,348139412
2	0,238834677	0,238451652
3	0,108919111	0,108882033
4	0,03717912	0,037288367
5	0,010132331	0,010215991
6	0,002296476	0,002332418

Tabelle 8.3 Vergleich von Binomialverteilung und Poisson-Approximation

Exkurs: Modellierung von Fußballspielen

Auf ein Fußballspiel treffen die zuvor angegebenen Eigenschaften eines Poisson-Prozesses zu, wenn man einmal davon absieht, dass eine Mannschaft ab einem bestimmten Spielstand nur noch verteidigt und keine Tore mehr schießen möchte.

In der Hinrunde der Fußballbundesliga 2016/2017 wurden 153 Spiele durchgeführt. Dabei wurden 408 Tore geschossen, was einen durchschnittlichen Wert von $\lambda \approx 2{,}7$ Toren pro Spiel bedeutet. Wenn die Zahl der Tore pro Spiel Poisson-verteilt ist, dann kann man jetzt die Wahrscheinlichkeiten dafür berechnen, dass in einem Spiel $k = 0, 1, 2, \ldots$ Tore fallen. Es ist

$$P(X = k) = \frac{2{,}7^k}{k!}e^{-2{,}7},\ k = 0,1,2\ldots$$

Tabelliert man diesen Term für $k = 0$ bis $k = 8$, so ergibt sich folgende Tabelle:

k	P(X = k)
0	0,0695
1	0,1853
2	0,2471
3	0,2196

Tabelle 8.4 Wahrscheinlichkeiten für k Tore in einem Spiel

k	P(X = k)
4	0,1464
5	0,0781
6	0,0347
7	0,0132
8	0,0044

Tabelle 8.4 Wahrscheinlichkeiten für k Tore in einem Spiel (Forts.)

Diese Werte lassen sich jetzt mit den tatsächlich in der Hinrunde beobachteten Werten vergleichen. Die nächste Tabelle enthält die absoluten und relativen Häufigkeiten von Spielen mit k = 0, 1, 2, ..., 8 Toren aus den 17 Spieltagen der Hinrunde 2016/2017 [BUN].

k	Absolute Häufigkeit	Relative Häufigkeit
0	12	0,0784
1	24	0,1569
2	35	0,2288
3	41	0,2679
4	25	0,1634
5	8	0,0523
6	6	0,0392
7	1	0,0065
8	1	0,0065

Tabelle 8.5 Beobachtete relative Häufigkeiten für k Tore in einem Spiel

In Abbildung 8.18 sind die Wahrscheinlichkeiten und die beobachteten relativen Häufigkeiten aus Tabelle 8.4 und Tabelle 8.5 zusammen dargestellt.

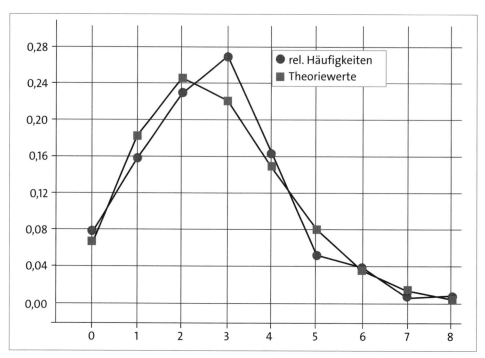

Abbildung 8.18 Relative Häufigkeiten und Wahrscheinlichkeiten für je k Tore

Man muss keinen statistischen Test bemühen, um die gute Übereinstimmung der Werte zu sehen.

Das Modell lässt sich verfeinern, wenn man einzelne Mannschaften und deren durchschnittlich erzielte Torrate pro Spiel betrachtet.

Angenommen Mannschaft 1 erzielt durchschnittlich $\lambda_1 = 1{,}5$ Tore pro Spiel und Mannschaft 2 erzielt durchschnittlich $\lambda_2 = 1$ Tor pro Spiel. Mannschaft 1 spielt nun gegen Mannschaft 2. Wie groß ist die Wahrscheinlichkeit, dass das Spiel mit einem Torstand von m:n für Mannschaft 1 endet? Bezeichnet die Zufallsvariable X_1 die Anzahl an Toren von Mannschaft 1 und entsprechend X_2 die Tore von Mannschaft 2, so ist die gemeinsame Wahrscheinlichkeit $P(X_1 = m, X_2 = n)$ gesucht. Nimmt man an, dass die Zufallsvariablen X_1 und X_2 unabhängig sind (Näheres dazu bei [SCH]), dann gilt:

$$P(X_1 = m, X_2 = n) = P(X_1 = m)P(X_2 = n) = \frac{\lambda_1^m}{m!} e^{-\lambda_1} \frac{\lambda_2^n}{n!} e^{-\lambda_2} = \frac{\lambda_1^m}{m!} \frac{\lambda_2^n}{n!} e^{-(\lambda_1+\lambda_2)}$$

Berechnet man diesen Term für $\lambda_1 = 1{,}5, \lambda_2 = 1$ und für $m, n = 0, 1, 2, \ldots, 6$, dann erhält man die folgende Tabelle:

n→ ↓m	0	1	2	3	4	5	6
0	**0,0821**	0,0821	0,0410	0,0137	0,0034	0,0007	0,0001
1	0,1231	**0,1231**	0,0616	0,0205	0,0051	0,0010	0,0002
2	0,0923	0,0923	**0,0462**	0,0154	0,0038	0,0008	0,0001
3	0,0462	0,0462	0,0231	**0,0077**	0,0019	0,0004	0
4	0,0173	0,0173	0,0087	0,0029	**0,0007**	0,0001	0
5	0,0052	0,0052	0,0026	0,0009	0,0002	0	0
6	0,0013	0,0013	0,0006	0,0002	0,0001	0	0

Tabelle 8.6 Wahrscheinlichkeiten für den Spielausgang $m{:}n$

Zahlen mit 4 und mehr Nullen hinter dem Komma wurden in der Tabelle gleich 0 gesetzt. Es wurden nur Spiele betrachtet, in denen die einzelnen Mannschaften nicht mehr als 6 Tore erzielen. Die Wahrscheinlichkeit, dass eine Mannschaft in einem Bundesligaspiel mehr als 6 Tore erzielt, kann vernachlässigt werden. Zum besseren Verständnis der Tabelle folgen zwei Ablesebeispiele:

▶ Die Wahrscheinlichkeit, dass Mannschaft 1 mit 2:1 gegen Mannschaft 2 gewinnt, ist 0,0923.
▶ Mit einer Wahrscheinlichkeit von 0,1232 = 12,31 % endet das Spiel 1:1.

Die stärkere Mannschaft 1 gewinnt bei Spielständen wie 1:0, 2:0, 2:1, ..., 6:5. Die Wahrscheinlichkeiten für diese Ausgänge stehen unterhalb der fett hervorgehobenen Diagonale in Tabelle 8.6. Summiert man alle diese Zahlen auf, dann ergibt sich 0,488. Daraus folgt, dass die stärkere Mannschaft 1 mit 48,8 % Wahrscheinlichkeit gewinnt.

Summiert man alle Zahlen oberhalb der Diagonale der Tabelle auf, dann erhält man die Wahrscheinlichkeit dafür, dass die schwächere Mannschaft 2 gewinnt. Dies geschieht mit einer Wahrscheinlichkeit von 25,2 %.

Summierung längs der Diagonale liefert 26 % für die Wahrscheinlichkeit eines Unentschiedens.

Diese Werte zeigen, warum Fußball so attraktiv ist. Auch wenn eine Mannschaft deutlich stärker als eine andere ist, so besteht wegen des großen Einflusses vom Zufall auf den Spielausgang eine nicht geringe Chance dafür, dass die schwächere Mannschaft gewinnt.

Aufgabe 9: Tor, Tor, Tor!

Eine Fußballmannschaft schießt pro Spiel durchschnittlich $\lambda_1 = 1{,}5$ Tore. Wie groß ist die Wahrscheinlichkeit, dass die Mannschaft in einem Spiel

a) kein Tor schießt?

b) mindestens ein Tor schießt?

> **Was Sie wissen sollten**
>
> ▶ Sie sollten die Poisson-Verteilung kennen.
> ▶ Sie sollten Situationen kennen, in denen man die Poisson-Verteilung verwenden kann.
> ▶ Sie sollten wissen, dass man die Poisson-Verteilung als Approximation der Binomialverteilung verwenden kann.

8.5 Die hypergeometrische Verteilung

Etwa 250 Jahre ist es her, dass der letzte Luchs im Pfälzerwald erschossen wurde [MAL]. Das hat dem Schützen damals eine staatlich ausgesetzte Prämie beschert. Zu Beginn des 20. Jahrhunderts gab es in Deutschland so gut wie keine Luchse mehr. Seit 2015 hat sich ein Projekt in Rheinland-Pfalz zum Ziel gesetzt, 20 Luchse im Pfälzerwald auszuwildern. Widerstand gibt es von Jägern, die sich um das Gleichgewicht in der Natur sorgen, und von Schäfern, die um ihre Tiere fürchten. Nach Projekten im Bayerischen Wald und im Harz handelt es sich um die dritte Luchsauswilderung in Deutschland. Die ausgewilderten Luchse im Pfälzerwald tragen GPS-Sender, mit denen man ihren Aufenthaltsort bestimmen kann. Haben sich die Luchse aber erst einmal vermehrt, dann nützen diese GPS-Sender nicht mehr, um die Größe der Luchspopulation zu bestimmen. Seit ihrer Wiederansiedlung im Harz vermehrten sich die Luchse so gut, dass die Jäger Alarm schlugen. Die Jäger behaupteten, dass es sich mittlerweile (2015) schon um 120 bis 150 Tiere handelt. Dagegen gibt es eine Untersuchung [MIO], die auf deutlich geringere Bestände kommt. Bei dieser Untersuchung wurden Fotofallen eingesetzt, um den Luchsbestand zu schätzen. Anhand der fotografierten Fellzeichnung eines Luchses ist es möglich, diesen zu identifizieren, wenn er später wieder einmal in eine Fotofalle gerät.

Damit ist es möglich, ein sogenanntes *Capture-Recapture-Verfahren* einzusetzen, um die Größe der Population zu schätzen:

Die unbekannte Anzahl an Individuen der zu schätzenden Population wird mit N bezeichnet. Dieser Population wird eine Stichprobe vom Umfang M entnommen. Die Individuen aus dieser Stichprobe werden gekennzeichnet. Im Beispiel der Luchse besteht die Kennzeichnung darin, dass jedes Individuum auf einem Foto eindeutig zu identifizieren ist. Nach einiger Zeit, in der sich die markierten Tiere mit den nicht markierten Tieren vermischen, wird aus der Population eine Stichprobe vom Umfang n entnommen. Die Zahl k der markierten Tiere unter diesen n Tieren wird festgestellt. Im Beispiel der Luchse bedeutet die Entnahme einer Stichprobe, dass n Tiere von Fotofallen registriert wurden. Zum besseren Verständnis wird hier die Bedeutung der einzelnen Variablen zusammengestellt:

- N: Unbekannter Umfang der Population
- M: Umfang der 1. Stichprobe und Anzahl der markierten Tiere
- n: Umfang der 2. Stichprobe
- k: Anzahl der markierten Tiere in der 2. Stichprobe

Als Nächstes wird die Wahrscheinlichkeit, dass sich k markierte Tiere in der 2. Stichprobe befinden, berechnet. Vergleichen Sie dazu auch Abschnitt 7.5.1, »Ungeordnete Stichproben ohne Zurücklegen«.

Beim Ziehen der 2. Stichprobe werden n Tiere aus N ausgewählt. Die Anzahl der Möglichkeiten dafür ist $\binom{N}{n}$.

Es gibt $\binom{M}{k}$ Möglichkeiten, die k markierten Tiere, die in der 2. Stichprobe festgestellt werden, aus den M markierten Tieren auszuwählen. Die restlichen $(n-k)$ Tiere, die sich in der 2. Stichprobe befinden, sind nicht markiert. Sie wurden aus $N-M$ nicht markierten Tieren ausgewählt. Die Anzahl der Möglichkeiten dafür ist $\binom{N-M}{n-k}$.

Mithilfe der Produktregel (vergleiche Abschnitt 7.3) und der Formel für Laplace-Wahrscheinlichkeiten (vergleiche Abschnitt 7.1.1) kann man die Wahrscheinlichkeit, dass man k markierte Tiere in der 2. Stichprobe erhält, angeben. Die Zufallsvariable X gebe die Anzahl der markierten Tiere in der 2. Stichprobe an. Dann gilt:

$$P(X=k) = \frac{\binom{M}{k}\binom{N-M}{n-k}}{\binom{N}{n}}$$

Bevor Überlegungen angestellt werden, wie daraus die unbekannte Anzahl N bestimmt werden kann, gibt es für die Zufallsvariable X den neuen Namen *hypergeometrisch verteilte Zufallsvariable*. Erwartungswert und Varianz einer hypergeometrisch verteilten Zufallsvariablen werden ohne Rechnung angegeben:

Hypergeometrisch verteilte Zufallsvariable

Eine Zufallsvariable mit der Wahrscheinlichkeitsfunktion

$$P(X = k) = \frac{\binom{M}{k}\binom{N-M}{n-k}}{\binom{N}{n}}; k = 0, 1, \ldots, \min(n, M); n \leq N$$

heißt **hypergeometrisch verteilt**.

Merke: Erwartungswert und Varianz

Es gilt: $E(X) = n \cdot \frac{M}{N}$ und $Var(X) = n \cdot \frac{M}{N} \cdot \left(1 - \frac{M}{N}\right) \cdot \frac{N-n}{N-1}$

An einem konkreten Beispiel soll nun gezeigt werden, wie man den unbekannten Umfang einer Population schätzen kann.

Es wird angenommen, dass in der 1. Stichprobe $M = 80$ Tiere markiert wurden. Die zweite Stichprobe vom Umfang $n = 10$ enthalte $k = 4$ markierte Tiere. Die Wahrscheinlichkeit für dieses Ereignis ist dann

$$P(X = 4) = \frac{\binom{80}{4}\binom{N-80}{10-4}}{\binom{N}{10}} = \frac{1581580\binom{N-80}{6}}{\binom{N}{10}}.$$

Wie man sieht, ist die Wahrscheinlichkeit für das beobachtete Ergebnis $X = 4$ von N abhängig. Tabelliert man $P(X = 4)$ in Abhängigkeit von N und stellt diesen Zusammenhang graphisch dar, dann erhält man Abbildung 8.19.

Die Abbildung zeigt, dass $P(X = 4)$ für $N = 200$ maximal wird. Aus diesem Grund ist es sinnvoll anzunehmen, dass N den Wert 200 hat. Die Wahrscheinlichkeit für das Auftreten des beobachteten Ereignisses $X = 4$ hat für den Fall $N = 200$ die höchste Glaubwürdigkeit. Diese Vorgehensweise ist eine für die schließende Statistik typische Methode und wird als *Maximum-Likelihood-Schätzung* bezeichnet.

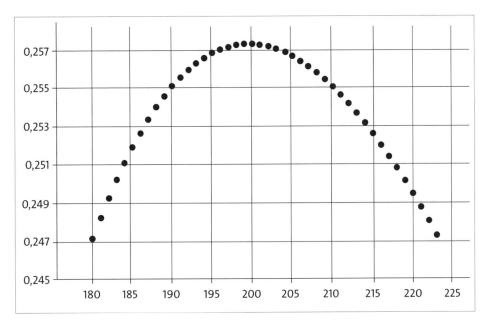

Abbildung 8.19 $P(X = 4)$ in Abhängigkeit von N

In diesem Beispiel ist ersichtlich, dass $N = 200$ die Wahrscheinlichkeit für das Eintreten des Ereignisses $X = 4$ maximiert. Wie sieht das in anderen Fällen aus? Man kann zeigen (z. B. [FEL, S. 46]), dass N gleich $\frac{n \cdot M}{k}$ sein muss, um die Wahrscheinlichkeit für das beobachtete Ereignis $X = k$ zu maximieren. Ist $\frac{n \cdot M}{k}$ keine ganze Zahl, dann schneidet man den Nachkommateil ab.

Für $M = 80$, $n = 10$ und $k = 4$ ergibt sich tatsächlich $\frac{10 \cdot 80}{4} = 200$.

Wegen der Wichtigkeit des Maximum-Likelihood-Prinzips wird es, unabhängig von der hypergeometrischen Verteilung, an einem einfachen Beispiel noch einmal erläutert:

Beispiel 8: Aufbau eines Würfels erschließen

Ein fairer Würfel hat rote und schwarze Seiten. Er wird 100 Mal geworfen. In 48 der 100 Fälle zeigt sich eine rote Seite. Wie viele rote Seiten hat der Würfel?

Auch ohne tiefergehende Kenntnis der Wahrscheinlichkeitsregeln stellt man fest, dass der Würfel etwa in der Hälfte der Fälle auf Rot fällt. Die Wahrscheinlichkeit p, dass im Einzelwurf Rot erscheint, wird deshalb $\frac{1}{2}$ sein.

Daraus würde folgen, dass der Würfel drei rote Seiten hat. Die Wahrscheinlichkeit, dass ein Würfel, der nur eine oder zwei roten Seiten hat, so häufig auf Rot fällt, ist sehr klein. Entsprechendes gilt für 4 oder 5 rote Seiten (0 oder 6 rote Seiten scheiden natürlich von vorneherein aus).

Das Ergebnis von 48-mal Rot ist deshalb am wahrscheinlichsten, wenn p den Wert $\frac{1}{2}$ hat.

Wer diese Argumentation mit Zahlen unterlegen will, der betrachte die Tabelle und das zugehörige Diagramm. Darin bedeuten

k: die Zahl der roten Seiten,

p_k: die Wahrscheinlichkeit für Rot im Einzelwurf, falls der Würfel k rote Seiten hat.

Die Wahrscheinlichkeit, dass 48-mal Rot erscheint, wenn der Würfel k rote Seiten hat, ist

$$P(\text{48-mal Rot}) = \binom{100}{48} p_k^{48} (1-p)_k^{52}.$$

k	p_k	P(48-mal Rot)
0	0/6 = 0	0
1	1/6 = 0,166666667	$3{,}16783 \cdot 10^{-13}$
2	2/6 = 0,333333333	0,000814481
3	3/6 = 0,5	0,07352701
4	4/6 = 0,666666667	$5{,}0905 \cdot 10^{-5}$
5	5/6 = 0,833333333	$5{,}06853 \cdot 10^{-16}$
6	6/6 = 1	0

Tabelle 8.7 Wahrscheinlichkeiten P(48-mal Rot) in Abhängigkeit von k

Die beiden folgenden Aufgaben sind einfache Anwendungen der hypergeometrischen Verteilung.

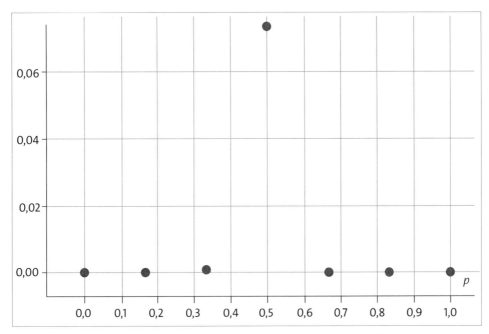

Abbildung 8.20 Wahrscheinlichkeit für 48-mal Rot in Abhängigkeit von der Wahrscheinlichkeit p_k

Aufgabe 10: Wie viele Buben?

Ein Skatblatt besteht aus 32 Karten. Jeder der drei Spieler bekommt 10 Karten ausgeteilt. Die höchsten Trümpfe sind die 4 Buben. Mit welcher Wahrscheinlichkeit bekommt ein Spieler 0, 1, 2, 3 oder 4 Buben ausgeteilt? Zeichnen Sie ein Histogramm für die Wahrscheinlichkeitsfunktion der Zufallsvariablen »Anzahl der Buben«. Mit dem Tabellenblatt »8.5 Hypergeometrisch« in der Datei »Tabellen« können Sie Wahrscheinlichkeiten der hypergeometrischen Verteilung einfach berechnen.

Aufgabe 11: Alles Nieten oder nicht?

Bei einer Lotterie befinden sich in einer Urne 100 Lose, von denen nur 5 Gewinne sind. Mit welcher Wahrscheinlichkeit bekommt man mindestens einen Gewinn, wenn man

a) fünf Lose kauft?

b) zwanzig Lose kauft?

> **Was Sie wissen sollten**
>
> ▶ Sie sollten die hypergeometrische Verteilung kennen.
> ▶ Sie sollten die Situationen kennen, in denen die hypergeometrische Verteilung verwendet wird.
> ▶ Sie sollten wissen, was die Maximum-Liklihood-Methode bedeutet.

8.6 Die geometrische Verteilung

Zur Fußball-Europameisterschaft 2016 hatte Panini ein Heft aufgelegt, in das 680 verschiedene Sticker mit den Bildern von Fußballspielern passten. Die Bilder wurden in Tütchen verkauft, die jeweils 5 Motive enthielten. In dieser Situation kann es durchaus vorkommen, dass unter den 5 Bildern in einer Tüte einige Bilder mehrfach auftreten. Sie sind ein eifriger Sammler und haben schon 679 verschiedene Bilder in das Album eingeklebt, d. h. es fehlt nur noch ein Bild. Wie viele Tütchen mit je 5 Bildern müssen Sie dann noch (durchschnittlich) kaufen, bis Sie das fehlende Bild haben?

Schätzen Sie vor dem Weiterlesen wie viele Euro Sie (durchschnittlich) investieren müssen, um das noch fehlende Bild zu bekommen. Eine Tüte mit 5 Bildern kostet 70 Cent.

Um dieses Problem zu lösen, betrachtet man eine Zufallsvariable X, welche die Anzahl n der Versuche bis zum Eintritt des 1. Erfolgs in einer Bernoulli-Kette angibt. Mit p wird die Wahrscheinlichkeit, dass im Einzelexperiment ein Erfolg eintritt, bezeichnet. Dann gilt:

$P(X = n) = (1-p)^{n-1} \cdot p, \ n = 1,2,3,\ldots$

Eine Zufallsgröße dieser Art wurde schon in Abschnitt 7.8.3 »Verteilungsfunktionen diskreter Zufallsvariablen«, betrachtet. Dort ging es um das Warten auf die erste »6« beim Würfelspiel. Solche Zufallsvariablen beschreiben die Wartezeit bis zum Eintreten des ersten Erfolges. Das kann z. B. der Erhalt des gesuchten Panini-Bildes sein oder auch die erste gewürfelte »6«. Solche Zufallsvariablen nennt man *geometrisch verteilt*.

Geometrisch verteilte Zufallsvariable

Eine Zufallsvariable mit der Wahrscheinlichkeitsfunktion

$P(X = n) = (1-p)^{n-1} \cdot p, \ n = 1,2,3,\ldots$

nennt man **geometrisch verteilt**. Geometrisch verteilte Zufallsvariablen geben die Wartezeit bis zum 1. Erfolg in einer Bernoulli-Kette an.

Um das Problem der Panini-Bilder zu lösen, wird der Erwartungswert einer geometrisch verteilten Zufallsvariablen berechnet. Zu dessen Bestimmung kann man mit unendlichen Reihen rechnen oder folgende Überlegung verwenden:

1. Mit der Wahrscheinlichkeit p ist nur ein Versuch bis zum ersten Erfolg nötig.
2. Mit der Wahrscheinlichkeit $1-p$ war der 1. Versuch nicht erfolgreich. In diesem Fall dauert es insgesamt $1 + E(X)$ Schritte bis zum ersten Erfolg.

Begründung: Wenn der erste Versuch nicht erfolgreich war, so fand bereits ein Experiment, nämlich dieser Mißerfolg statt. Die Situation ist jetzt dieselbe wie zu Beginn, wieder wartet man auf den ersten Erfolg, d. h. es dauert noch $E(X)$ Schritte bis zum 1. Erfolg.

Diese beiden Anzahlen »1« und »$1+E(X)$« werden nun mit den Wahrscheinlichkeiten, mit denen sie eintreten (p und $1-p$), gewichtet, d. h. es wird das gewichtete Mittel $p \cdot 1 + (1-p) \cdot (1 + E(X))$ gebildet. Dieses ist gleich $E(X)$, sodass sich folgende Gleichung ergibt, die nach $E(X)$ aufgelöst werden kann:

$E(X) = p \cdot 1 + (1-p) \cdot (1 + E(X))$

$E(X) = p + 1 + E(X) - p - p \cdot E(X)$

$0 = 1 - p \cdot E(X)$

$E(X) = \dfrac{1}{p}$

Man kann zeigen, dass für die Varianz einer geometrisch verteilten Zufallsvariablen gilt:

$Var(X) = \dfrac{1-p}{p^2}$

> **Merke: Erwartungswert und Varianz einer geometrisch verteilten Zufallsvariablen**
>
> Ist X eine Zufallsvariable mit der Wahrscheinlichkeitsfunktion
>
> $P(X = n) = (1-p)^{n-1} \cdot p$, $n = 1,2,3,...,$
>
> dann gilt: $E(X) = \dfrac{1}{p}$ und $Var(X) = \dfrac{1-p}{p^2}$.

Jetzt ist alles so weit gerichtet, dass das Problem der Panini-Bilder gelöst werden kann. Es fehlt dazu nur noch die Wahrscheinlichkeit p, mit der man im Einzelexperiment, d. h. beim Kauf einer Tüte mit 5 Bildern das noch fehlende Bild erhält. Betrachtet man eines der 5 Bilder aus einer Tüte, so ist es mit einer Wahrscheinlichkeit von $\frac{1}{680}$ das fehlende Bild. Mit einer Wahrscheinlichkeit von $1-\frac{1}{680}$ ist es nicht das fehlende Bild. Mit einer Wahrscheinlichkeit von $\left(1-\frac{1}{680}\right)^5$ ist keines der 5 Bilder das gesuchte Bild. Also ist mit einer Wahrscheinlichkeit von $p = 1-\left(1-\frac{1}{680}\right)^5 \approx 0{,}0073$ mindestens eines der 5 Bilder das gesuchte Bild. Das Warten auf das letzte Panini-Bild geschieht mit der Wahrscheinlichkeit $p = 0{,}0073$. Damit ergibt sich der Erwartungswert für die Variable X zu:

$$E(X) = \frac{1}{0{,}0073} \approx 136{,}4 \approx 137.$$

(Es wird hier aufgerundet, denn 0,4 Packungen gibt es nicht).

Es müssen durchschnittlich 137 Päckchen zu je 5 Bildern gekauft werden. Also kostet die Anschaffung des letzten Bildes durchschnittlich 0,70 € · 137 = 95,90 €.

Wie bei allen Wahrscheinlichkeitsverteilungen ist es auch bei geometrisch verteilten Zufallsvariablen wichtig, die Verteilungsfunktion zu kennen. Die Verteilungsfunktion einer geometrisch verteilten Zufallsvariablen ist gleich

$$P(X \le n) = \sum_{i=1}^{n} P(X = i) = \sum_{i=1}^{n} (1-p)^{i-1} p.$$

Diese Summe kann man mit der Summenformel für die endliche geometrische Reihe vereinfachen (vergleiche Abschnitt 2.2, »Das Summenzeichen«):

$$\sum_{i=1}^{n} (1-p)^{i-1} p = p \sum_{i=1}^{n} (1-p)^{i-1} = p \frac{1-(1-p)^n}{1-(1-p)} = 1-(1-p)^n$$

> **Verteilungsfunktion der geometrischen Verteilung**
>
> Für die Verteilungsfunktion einer geometrisch verteilten Zufallsvariablen gilt:
>
> $F(x) = P(X \le x) = 1-(1-p)^x$

Die Werte der Wahrscheinlichkeits- und Verteilungsfunktion können Sie mit dem Tabellenblatt »8.6 Geometrisch« in der Datei »Tabellen« berechnen.

Aufgabe 12: Spielverlauf für einen Immer-Rot-Spieler

Ein Roulettespieler setzt bei jedem Spiel auf Rot. Beim Roulette gibt es 18 rote Felder, 18 schwarze Felder, sowie Zero.

a) Mit welcher Wahrscheinlichkeit gewinnt er zum ersten Mal im 3. Spiel?
b) Mit welcher Wahrscheinlichkeit gewinnt er zum ersten Mal im 3. Spiel oder später?
c) Wie groß ist die durchschnittliche Wartezeit auf den ersten Erfolg?

Beispiel 9: Warten auf den »vollständigen Satz«

Einem Problem, dem man häufig im Zusammenhang mit der geometrischen Verteilung begegnet, ist das »Warten auf den vollständigen Satz«.

- Wie oft muss man durchschnittlich würfeln, bis alle 6 Augenzahlen erschienen sind?
- Wie oft muss man durchschnittlich Zufallsziffern ziehen, bis alle 10 Ziffern erschienen sind?
- Wie viele Roulettespiele muss man durchschnittlich spielen, bis alle 37 möglichen Ergebnisse eingetreten sind?
- Wie viele Panini-Bilder muss ich kaufen, damit ich alle 680 Bilder von der Europameisterschaft habe?

Die aufgezählten Probleme haben alle die gleiche Struktur. Stellvertretend wird das Problem des Würfels behandelt. Danach kann man diesen Ansatz verallgemeinern. Im Fall des Würfels werden 6 Zufallsvariablen X_1, X_2, X_3, X_4, X_5 und X_6 betrachtet. X_1 gibt an, wie oft ich würfeln muss, bis ich die erste Augenzahl habe. Natürlich ist $X_1 = 1$, denn egal welche Augenzahl fällt, stellt diese die erste gesammelte Zahl dar. Da dies mit der Wahrscheinlichkeit 1 geschieht, ist der Erwartungswert von X_1 gleich 1.

Jetzt wird auf die zweite Augenzahl gewartet. Diese muss von der gerade eben geworfenen Zahl verschieden sein. Da es dafür 5 Möglichkeiten gibt, ist die Wahrscheinlichkeit $\frac{5}{6}$, dass die zweite Zahl im nächsten Wurf gesammelt wird. X_2 gibt an, wie lange es bis zu diesem Erfolg dauert. X_2 ist deshalb eine geometrisch verteilte Zufallsvariable mit $p = \frac{5}{6}$. Also ist der Erwartungswert von X_2 gleich $E(X_2) = \frac{1}{\frac{5}{6}} = \frac{6}{5}$.

Ganz entsprechend gilt:

$$E(X_3) = \frac{1}{\frac{4}{6}} = \frac{6}{4}, \; E(X_4) = \frac{6}{4}, \; E(X_5) = \frac{6}{3}, \; E(X_5) = \frac{6}{2}, \; E(X_6) = \frac{6}{1} = 6$$

Die Gesamtzahl Z der Würfelwürfe, die erforderlich sind, bis alle 6 Augenzahlen vorgekommen sind, ist gegeben durch $Z = X_1 + X_2 + X_3 + X_4 + X_5 + X_6$. Der Erwartungswert von Z ist dann:

$E(Z) = E(X_1 + X_2 + X_3 + X_4 + X_5 + X_6) =$

$= E(X_1) + E(X_2) + E(X_3) + E(X_4) + E(X_5) + E(X_6) =$

$= 1 + \dfrac{6}{5} + \dfrac{6}{4} + \dfrac{6}{3} + \dfrac{6}{2} + 6 = 6 \cdot \left(\dfrac{1}{6} + \dfrac{1}{5} + \dfrac{1}{4} + \dfrac{1}{3} + \dfrac{1}{2} + 1 \right)$

$= 6 \cdot \left(1 + \dfrac{1}{2} + \dfrac{1}{3} + \dfrac{1}{4} + \dfrac{1}{5} + \dfrac{1}{6} \right) = 14{,}7$

Verallgemeinert man diese Situation jetzt auf eine beliebige Anzahl s von Sammelobjekten, dann erhält man: $E(Z) = s \cdot \left(1 + \dfrac{1}{2} + \dfrac{1}{3} + \dots + \dfrac{1}{s} \right)$

Mathematikern ist der Ausdruck in der Klammer als die *harmonische Reihe* bekannt. Für die harmonische Reihe gibt es keine geschlossene Formel zur Berechnung. Für konkrete Werte von s kann man eine Teilsummierung der Reihe durch einen Rechenknecht ausführen lassen. Das leistet z. B. das Tabellenblatt »8.6 Harmonische Reihe« in der Datei »Tabellen«. Es ergeben sich folgende Ergebnisse:

Die durchschnittliche Anzahl an Zufallsziffern, die benötigt werden, bis alle Ziffern 0 bis 9 erschienen sind, ist:

$$E(Z) = 10 \cdot \left(1 + \dfrac{1}{2} + \dfrac{1}{3} + \dots + \dfrac{1}{10} \right) \approx 29{,}3$$

Die durchschnittliche Anzahl an Roulettespielen, die benötigt werden, bis alle 37 möglichen Ergebnisse erschienen sind, ist:

$$E(Z) = 37 \cdot \left(1 + \dfrac{1}{2} + \dfrac{1}{3} + \dots + \dfrac{1}{37} \right) \approx 155{,}5$$

Die durchschnittliche Anzahl an Panini-Bildern, die man kaufen muss, bis man alle 680 Stück mindestens einmal erhalten hat, ist:

$$E(Z) = 680 \cdot \left(1 + \dfrac{1}{2} + \dfrac{1}{3} + \dots + \dfrac{1}{680} \right) \approx 4828$$

Was Sie wissen sollten
- Sie sollten die geometrische Verteilung kennen.
- Sie sollten wissen, dass geometrisch verteilte Zufallsvariablen die Wartezeit bis zum 1. Erfolg in einer Bernoulli-Kette angeben.
- Sie sollten das Problem des Wartens auf den vollständigen Satz kennen.

8.7 Die stetige Gleichverteilung

In der Abbildung sehen Sie den Graphen der Parabel $f(x) = -x^2 + 1$. Er schneidet die x-Achse in den Punkten (–1|0) und (1|0). Die y-Achse wird im Punkt (0|1) geschnitten. Sie sollen näherungsweise den Flächeninhalt A der schraffierten Fläche bestimmen, haben aber keine Ahnung von Integralrechnung. Was können Sie tun?

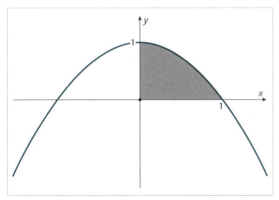

Abbildung 8.21 Graph der Funktion $f(x) = -x^2 + 1$

Hier ist eine Anleitung, die Ihnen weiterhelfen kann:
- Zeichnen Sie das Quadrat mit den Eckpunkten (0|0), (0|1), (1|1) und (1|0) ein.
- Lassen Sie dann einen Regen von $n = 100$ Zufallspunkten auf das Quadrat niedergehen.
- Zählen Sie aus, wie viele dieser Punkte unterhalb des Graphen von $f(x)$ liegen. Nennen Sie diese Zahl t.
- Bilden Sie den Quotienten t / n. Dieser Wert ist ein guter Schätzwert für den gesuchten Flächeninhalt A.

Warum ist diese Handlungsanweisung erfolgreich?

Wählt man einen Punkt des Quadrates zufällig aus, dann ist die Wahrscheinlichkeit dafür, dass dieser innerhalb der Fläche A liegt, gleich dem Verhältnis der Flächeninhalte $\frac{A}{Q}$ der Flächen. Dabei ist $Q = 1$ der Flächeninhalt des Quadrates. Diese Wahrscheinlichkeit ist näherungsweise gleich der Anzahl der Treffer auf die beiden Flächen, d. h. gleich $\frac{t}{n}$.

Also gilt $\frac{A}{Q} \approx \frac{t}{n}$.

Weil die Quadratfläche den Flächeninhalt 1 hat, gilt $A \approx \frac{t}{n}$.

Das Problem ist also gelöst, wenn es gelingt, einen gleichverteilten Zufallsregen herzustellen. Dazu bildet man für jeden Tropfen zwei Zufallszahlen X und Y zwischen 0 und 1. Dabei muss gelten:

$$P(X \leq x) = \begin{cases} 0 & \text{falls } x \leq 0 \\ x & \text{falls } 0 < x < 1 \\ 1 & \text{falls } x \geq 1 \end{cases}$$

und

$$P(Y \leq x) = \begin{cases} 0 & \text{falls } x \leq 0 \\ x & \text{falls } 0 < x < 1 \\ 1 & \text{falls } x \geq 1 \end{cases}$$

Die Wahrscheinlichkeit, dass X (bzw. Y) einen Wert im Intervall $[0; x]$ annimmt, ist mit dieser Festlegung proportional zur Länge x des Intervalls. Die Zufallszahlen nennt man deshalb auf $[0; 1]$ gleichverteilt. Im Unterschied zur diskreten Gleichverteilung aus Abschnitt 8.2 kann nun jeder Punkt des Intervalls $[0; 1]$ als Wert auftreten. Solche Zufallsvariablen wurden auch schon in Abschnitt 7.8.4, »Stetige Zufallsvariablen und ihre Verteilungsfunktionen«, betrachtet.

Tabellenkalkulationen bieten Funktionen an, mit denen man auf $[0; 1]$ gleichverteilte Zufallszahlen erzeugen kann. Je zwei erzeugte Zufallszahlen lassen sich dann als x- und y-Wert eines Zufallspunktes verstehen. Das Ergebnis von 100 im Einheitsquadrat auf diese Weise erzeugten Zufallspunkten zeigt Abbildung 8.22. In diesem Fall lagen 67 Punkte unterhalb der Parabel, was auf eine Fläche der Größe 0,67 schließen lässt.

Mit dem Tabellenblatt »*8.7 Zufallsregen*« können Sie selbst solche Simulationen durchführen. Der exakte Wert des Flächeninhaltes ist

$$\int_0^1 (-x^2 + 1) dx = \frac{2}{3} \approx 0{,}66667.$$

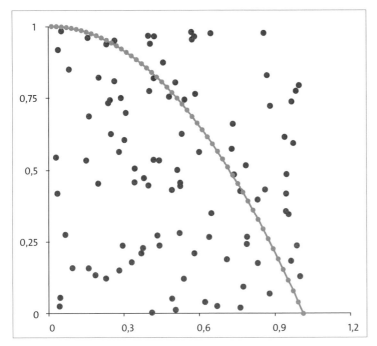

Abbildung 8.22 Zufallspunkte im Einheitsquadrat

Die gerade betrachtete gleichverteilte Zufallsvariable mit der Verteilungsfunktion

$$P(X \leq x) = \begin{cases} 0 & \text{falls } x \leq 0 \\ x & \text{falls } 0 < x < 1 \\ 1 & \text{falls } x \geq 1 \end{cases}$$

ist auf das Intervall [0; 1] bezogen. Wenn man statt [0; 1] das Intervall [a; b] betrachtet und gewährleisten will, dass eine Gleichverteilung auf [a; b] vorliegt, dann muss man die Verteilungsfunktion ändern in:

$$F(x) = P(X \leq x) = \begin{cases} 0 & \text{falls } x \leq a \\ \dfrac{x-a}{b-a} & \text{falls } a < x < b \\ 1 & \text{falls } x \geq b \end{cases}$$

Durch diese Festlegung ist sichergestellt, dass die Wahrscheinlichkeit, dass X einen Wert im Intervall [a; x] annimmt, proportional zur Länge $x - a$ des Intervalls [a; x] ist. Erinnert man sich an Abschnitt 7.8.4, in dem gezeigt wurde, dass die erste Ableitung der Vertei-

Spezielle Verteilungen

lungsfunktion F(x) die Dichtefunktion f(x) liefert, so erhält man die Dichtefunktion f(x) der auf [a; b] gleichverteilten Zufallsvariablen zu

$$f(x) = \begin{cases} \dfrac{1}{b-a} & \text{für } a \leq x \leq b \\ 0 & \text{sonst} \end{cases}$$

Stetig gleichverteilte Zufallsvariablen

Eine Zufallsvariable X mit der Wahrscheinlichkeitsfunktion

$$f(x) = \begin{cases} \dfrac{1}{b-a} & \text{für } a \leq x \leq b \\ 0 & \text{sonst} \end{cases}$$

und der Verteilungsfunktion

$$F(x) = P(X \leq x) = \begin{cases} 0 & \text{falls } x \leq a \\ \dfrac{x-a}{b-a} & \text{falls } a < x < b \\ 1 & \text{falls } x \geq b \end{cases}$$

heißt auf dem Intervall [a; b], (a < b) **stetig gleichverteilt**.

Aufgabe 13: Stetig gleichverteilte Zufallsvariable

Skizzieren Sie die Graphen der Wahrscheinlichkeitsfunktion und der Verteilungsfunktion der auf [1; 3] stetig gleichverteilten Zufallsvariablen X.

Um eine Vorstellung über den Erwartungswert einer auf [a; b] stetig gleichverteilten Zufallsvariablen zu bekommen, erzeugt man auf [0; 1] gleichverteilte Zufallszahlen. Die Tabelle enthält 70 auf [a; b] = [0; 1] stetig gleichverteilte Zufallszahlen. Bildet man deren arithmetisches Mittel, dann erhält man 0,4986.

0,1699	0,2119	0,5441	0,8759	0,4692	0,2169	0,4857
0,6710	0,5006	0,0292	0,5081	0,4783	0,4296	0,9125
0,7218	0,2292	0,4477	0,7876	0,2104	0,1506	0,4685
0,1406	0,8037	0,2563	0,0947	0,9268	0,4638	0,4834

Tabelle 8.8 Auf [0; 1] gleichverteilte Zufallszahlen

0,6650	0,6187	0,5087	0,2520	0,9743	0,8283	0,1427
0,0535	0,6296	0,2498	0,8247	0,0734	0,1432	0,3945
0,7793	0,2917	0,7090	0,6434	0,9620	0,0182	0,3849
0,0436	0,7419	0,9278	0,8652	0,7362	0,7347	0,5703
0,6181	0,6536	0,6037	0,9062	0,5281	0,8348	0,3669
0,7480	0,6284	0,3456	0,2402	0,3915	0,3638	0,2209

Tabelle 8.8 Auf [0; 1] gleichverteilte Zufallszahlen (Forts.)

Wiederholt man solche Simulationen – auch mit anderen Werten für a und b –, dann liegt das arithmetische Mittel stets in der Nähe von $\frac{a+b}{2}$, d. h. der Intervallmitte. Mit dem Tabellenblatt »8.7 glv Zufallszahlen« können Sie solche Experimente selbst durchführen. Wegen der Entsprechung von arithmetischem Mittel in der Statistik und Erwartungswert in der Wahrscheinlichkeitsrechnung lässt dies den Schluss zu, dass der Erwartungswert einer auf [a; b] stetig gleichverteilten Zufallsvariablen gleich $\frac{a+b}{2}$ ist. Dies wurde bereits in Beispiel 49 in Abschnitt 7.10, »Die Varianz«, nachgewiesen. Außerdem wurde dort gezeigt, dass für die Varianz von X gilt: $Var(X) = \frac{(b-a)^2}{12}$.

> **Erwartungswert und Varianz stetig gleichverteilter Zufallsvariablen**
>
> Ist X eine stetig gleichverteilte Zufallsvariable, dann gilt:
>
> $E(X) = \frac{a+b}{2}$ und $Var(X) = \frac{(b-a)^2}{12}$

> **Was Sie wissen sollten**
> - Sie sollten die Wahrscheinlichkeitsfunktion und die Verteilungsfunktion einer auf [a; b] stetig gleichverteilten Zufallsvariablen kennen.
> - Sie sollten wissen, dass stetig gleichverteilte Zufallszahlen in Computersimulationen eine wichtige Rolle spielen.

8.8 Negativ exponentiell verteilte Zufallsvariablen

In Abschnitt 7.8.4, »Stetige Zufallsvariablen und ihre Verteilungsfunktionen«, wurde in den Beispielen 36 und 37 die Wartezeit X auf den nächsten Anruf in einer Telefonzentrale betrachtet. Wenn λ die durchschnittliche Anzahl an Anrufen pro Minute ist, so ergibt sich die Verteilungsfunktion für die Wartezeit X auf den nächsten Anruf zu:

$$F(x) = P(X \leq x) = \begin{cases} 0 & \text{für } x \leq 0 \\ 1 - e^{-\lambda x} & \text{für } x > 0 \end{cases}$$

In Abschnitt 7.8.4 wurde auch die zugehörige Dichtefunktion bestimmt:

$$f(x) = \begin{cases} \lambda e^{-\lambda x} & \text{für } x > 0 \\ 0 & \text{sonst} \end{cases}$$

Eine Zufallsvariable mit dieser Dichtefunktion nennt man *negativ exponentiell verteilt* (manchmal auch einfach nur *exponentiell verteilt*).

Negativ exponentiell verteilte Zufallsvariablen

Eine Zufallsvariable X, deren Dichtefunktion gleich

$$f(x) = \begin{cases} \lambda e^{-\lambda x} & \text{für } x > 0 \\ 0 & \text{sonst} \end{cases}$$

ist, heißt **negativ exponentiell verteilt**. Die **Verteilungsfunktion** von X ist:

$$F(x) = P(X \leq x) = \begin{cases} 0 & \text{für } x \leq 0 \\ 1 - e^{-\lambda x} & \text{für } x > 0 \end{cases}$$

Man kann zeigen, dass der Erwartungswert und die Varianz einer negativ exponentiell verteilten Zufallsvariablen gleich $\frac{1}{\lambda}$ und $\frac{1}{\lambda^2}$ sind.

> **Erwartungswert und Varianz einer negativ exponentiell verteilten Zufallsvariablen**
>
> Ist X eine negativ exponentiell verteilte Zufallsvariable, dann gilt:
>
> $$E(X) = \frac{1}{\lambda} \text{ und } Var(X) = \frac{1}{\lambda^2}$$

Das nächste Beispiel zeigt Ihnen eine typische Anwendung der negativen Exponentialverteilung.

Beispiel 10: Lebensdauer eines Fotoapparats

Die durchschnittliche Lebensdauer eines bestimmten Fotoapparats beträgt 10 Jahre. Wie groß ist die Wahrscheinlichkeit, dass der Fotoapparat schon in den ersten 3 Jahren kaputt ist?

Unter der Annahme, dass die Wahrscheinlichkeit für die Lebensdauer des Fotoapparates negativ exponentiell verteilt ist, erhält man die Verteilungsfunktion

$$F(x) = P(X \leq x) = \begin{cases} 0 & \text{für } x \leq 0 \\ 1 - e^{-0,1x} & \text{für } x > 0 \end{cases}$$

denn aus $10 = E(X) = \frac{1}{\lambda}$ folgt $\lambda = 0,1$. Mit $x = 3$ ergibt sich dann:

$$P(X \leq 3) = 1 - e^{-0,1 \cdot 3} \approx 1 - 0,7408 = 0,2592$$

Die nächste Aufgabe sollen Sie unter Verwendung der Verteilungsfunktion der negativen Exponentialverteilung berechnen.

Aufgabe 14: Wann kommt der nächste Kunde?

In einer Stunde kommen durchschnittlich 6 Personen an einen bestimmten Bankautomaten, um Geld abzuheben. Der letzte Kunde kam um 10:30 Uhr. Wie groß ist die Wahrscheinlichkeit, dass der nächste Kunde zwischen 10:40 Uhr und 10:50 Uhr eintrifft?

> **Was Sie wissen sollten**
> ▶ Sie sollten die Wahrscheinlichkeitsfunktion und die Verteilungsfunktion von negativ exponentiell verteilten Zufallsvariablen kennen.
> ▶ Sie sollten wissen, dass Sie negativ exponentiell verteilte Zufallsvariablen zur Beschreibung von Wartezeiten verwenden können.

8.9 Die Normalverteilung und der zentrale Grenzwertsatz

Im Jahr 1733 entdeckte Abraham de Moivre (1667–1754) eine Verteilungsfunktion, mit der sich schon Jakob Bernoulli (1654–1705) beschäftigt hatte. Später erweiterte Pierre-Simon Laplace das Wissen um diese Funktion. Trotzdem trägt die glockenförmige Kurve, um die es in diesem Abschnitt geht, heute den Namen von Carl Friedrich Gauß

(1777–1855), der bei astronomischen und geodätischen Untersuchungen auf diese Kurve aufmerksam wurde. Auf dem alten 10-DM-Geldschein war Gauß mit der Normalverteilungskurve abgebildet.

Abbildung 8.23 10-DM-Banknote mit Gauß und der Glockenkurve

Die eben genannten Mathematiker waren alle Pioniere der Wahrscheinlichkeitsrechnung. Die Tatsache, dass so viele bedeutende Mathematiker sich mit dem Thema befasst haben, weist auf dessen Wichtigkeit, aber auch auf dessen Komplexität hin.

Wegen der erwähnten Komplexität ist der Inhalt dieses Abschnittes keine leichte Lektüre. Wenn Sie die vielen auftretenden Formeln scheuen, sollten Sie sich wenigstens anhand der Abbildungen die Bedeutung der auftretenden Begriffe veranschaulichen. Danach können Sie in Abschnitt 8.10, »Rechnen mit der Normalverteilung«, erfahren, wie man in praktischen Anwendungen vorgeht.

Betrachtet werden n Würfel und deren Augensumme, welche durch die Zufallsvariable X beschrieben wird. Die Zufallsvariable X_i gibt die Augenzahl des i-ten Würfels an.

Die Wahrscheinlichkeit, dass diese Augenzahl den Wert k hat, ist $\frac{1}{6}$. Für jede der Variablen X_i gilt also:

$P(X_i = k) = \frac{1}{6}$, wobei k die Augenzahl ($k = 1, 2, ..., 6$) angibt und i die Nummer des Würfels ($i = 1, 2, ..., n$) ist.

Aus Aufgabe 1 in Abschnitt 8.2, »Die diskrete Gleichverteilung«, ist bekannt, dass für den Erwartungswert und die Standardabweichung der X_i gilt: $\mu = E(X_i) = 3{,}5; \sigma = \sqrt{2{,}92}$.

Ist $n = 1$, d. h. wenn man nur einen Würfel benutzt, dann ist die Augensumme X gleich der Augenzahl auf diesem Würfel: $X = X_1$. Die Augensumme kann in diesem Fall genau die 6 Werte annehmen, welche der Würfel zeigt.

Jeder dieser Werte hat die Wahrscheinlichkeit $\frac{1}{6}$, d. h. für $n = 1$ ergibt sich die Wahrscheinlichkeitsfunktion $P(X = k) = \frac{1}{6}$, $k = 1,...,6$.

Diese Situation ist in Abbildung 8.24 im Bild für $n = 1$ dargestellt.

Die Verteilung der Augensumme für $n = 2$ Würfel wurde bereits in Aufgabe 5 in Abschnitt 7.1.2, »Beliebige Zufallsexperimente«, behandelt. Die Zufallsvariable $X = X_1 + X_2$ kann die Werte 2 bis 12 annehmen. Das zugehörige Diagramm findet man rechts oben in Abbildung 8.24.i

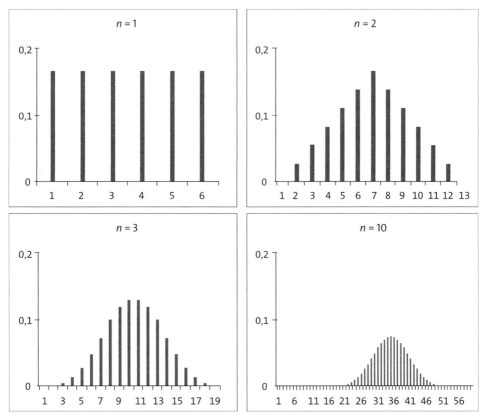

Abbildung 8.24 Wahrscheinlichkeitsfunktionen der Augensumme beim Würfeln mit $n = 1, 2, 3$ und 10 Würfeln

Dargestellt sind außerdem die Verteilungen für n = 3 und n = 10. Dass die Säulenhöhen für sich vergrößernde Werte von n abnehmen, ist klar, denn die Wahrscheinlichkeiten verteilen sich auf eine immer größere Anzahl von Werten, weil X die Werte von n bis 6 · n annimmt.

Interessant ist, dass sich die Formen der Diagramme einer Glockenkurve nähern. Man kann zeigen, dass die Glockenkurven, welche sich den Diagrammen annähern, die Gestalt der Funktion $\varphi_{\mu_X; \sigma_X}(x) = \dfrac{1}{\sigma_X \sqrt{2\pi}} e^{-\dfrac{(x-\mu_X)^2}{2\sigma_X^2}}$ haben.

Dabei ist μ_X der Erwartungswert von X und σ_X die Standardabweichung von X. Diese beiden Parameter lassen sich aus dem Erwartungswert μ und der Standardabweichung σ der Zufallsvariablen X_i berechnen, wie gleich gezeigt wird. Dafür werden die Regeln für Erwartungswerte und Varianzen aus Abschnitt 7.12 verwendet:

$\mu_X = E(X) = E(X_1 + ... + X_n) = E(X_1) + ... + E(X_n) = n \cdot \mu$

Weil die X_i als unabhängig vorausgesetzt sind, erhält man die Varianz von X als Summe der Varianzen der X_i.

$Var(X) = Var(X_1 + ... + X_n) = Var(X_1) + ... + Var(X_n) = n \cdot \sigma^2$

Für die Standardabweichung von X folgt damit: $\sigma_X = \sqrt{n} \cdot \sigma$

In Beispiel 11 wird das Diagramm der Wahrscheinlichkeitsfunktion der Augensumme für den Fall von n = 5 Würfeln gezeichnet. Außerdem wird der Graph der Funktion $\varphi_{\mu_X; \sigma_X}(x)$ eingezeichnet. So ist es möglich, zu sehen, wie gut die Funktion $\varphi_{\mu_X; \sigma_X}(x)$ das Diagramm annähert. Damit all dies möglich ist, muss man zuerst den Erwartungswert und die Standardabweichung von X berechnen.

Beispiel 11: Glockenkurve, n=5

Für die Variablen $X_1, ..., X_5$ gilt wie zuvor $\mu = E(X_i) = 3,5$ und $\sigma = \sqrt{2,92}$.

Für n = 5 ergibt sich dann speziell

$E(X) = \mu_X = n \cdot \mu = n \cdot E(X_i) = 5 \cdot 3,5 = 17,5$ und

$\sigma_X = \sqrt{n} \cdot \sigma = \sqrt{5} \cdot \sqrt{2,92} \approx 3,8$.

Die Funktion, welche die Glockenkurve beschreibt, lautet in diesem Fall dann:

$\varphi_{17,5; 3,8}(x) = \dfrac{1}{3,8 \cdot \sqrt{2\pi}} e^{-\dfrac{(x-17,5)^2}{2 \cdot 3,8^2}} \approx 0,105 \cdot e^{-\dfrac{(x-17,5)^2}{28,88}}$

In Abbildung 8.25 ist der Graph dieser Funktion und das Diagramm für die Wahrscheinlichkeitsfunktion von X gezeichnet.

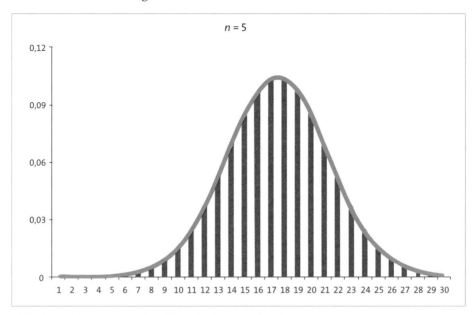

Abbildung 8.25 Wahrscheinlichkeitsfunktion und Näherung für n = 5

In Beispiel 12 wird das Diagramm und die Näherungsfunktion für n = 10 gezeichnet.

Beispiel 12: Glockenkurve, n=10

Für n = 10 ergibt sich:

$\mu_X = n \cdot \mu = n \cdot E(X_i) = 10 \cdot 3{,}5 = 35$ und

$\sigma_X = \sqrt{n} \cdot \sigma = \sqrt{10} \cdot \sqrt{2{,}92} \approx 5{,}4$

Die Funktion, welche die Glockenkurve beschreibt, ist in diesem Fall dann:

$$\varphi_{35;5{,}4}(x) = \frac{1}{5{,}4 \cdot \sqrt{2\pi}} e^{-\frac{(x-35)^2}{2 \cdot 5{,}4^2}} \approx 0{,}074 \cdot e^{-\frac{(x-35)^2}{58{,}2}}$$

Den Graph dieser Funktion und das Diagramm für die Wahrscheinlichkeitsfunktion sehen Sie in Abbildung 8.26.

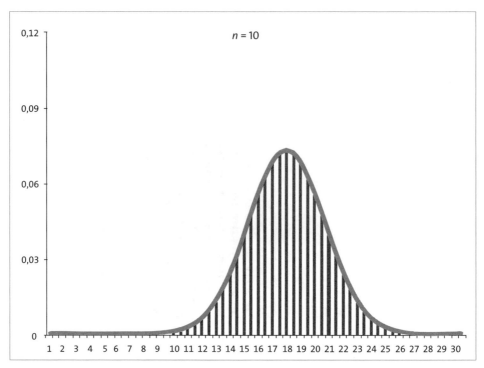

Abbildung 8.26 Wahrscheinlichkeitsfunktion und Näherung für $n = 10$

Die Beispiele 11 und 12 haben noch einmal verdeutlicht, dass das Aussehen der Funktion $\varphi_{\mu_X;\sigma_X}(x) = \frac{1}{\sigma_X\sqrt{2\pi}} e^{-\frac{(x-\mu_X)^2}{2\sigma_X^2}}$ von n abhängt. Es ist übersichtlicher, wenn man alle diese Funktionen auf eine einzige Funktion zurückführen kann. Dann reicht nämlich auch eine einzige Wertetabelle, um alle Funktionen berechnen zu können, und man braucht nicht für jede der Funktionen eine eigene Tabelle. Zur Verwirklichung dieses Vorhabens wählt man die Funktion aus, für die $\mu_X = 0$ und $\sigma_X = 1$ gilt. Wenn Sie diese beiden Werte in die Funktionsvorschrift für $\varphi_{\mu_X;\sigma_X}(x)$ einsetzen, dann erhalten Sie $\varphi_{0,1}(x) = \frac{1}{\sqrt{2\pi}} e^{-\frac{x^2}{2}}$.

Man bezeichnet diese Funktion auch mit $\varphi(x)$ (sprich: klein phi) – ohne die tiefgestellte 0 und 1 aufzuschreiben – und nennt sie die *Normaldichtefunktion*. Die Bezeichnung als Dichtefunktion ist gerechtfertigt, denn es gilt $\varphi(x) > 0$ für alle x, und der gesamte Flächeninhalt unter dem Graphen der Funktion ist 1, d. h. in Integralform $\int_{-\infty}^{\infty} \varphi(x)dx = 1$.

Näheres zu Dichte- und Verteilungsfunktionen finden Sie in Abschnitt 7.8.4. Abbildung 8.27 zeigt den Graphen der Normaldichtefunktion.

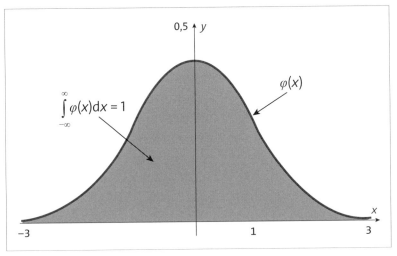

Abbildung 8.27 Der Flächeninhalt unter der Normaldichtefunktion ist 1.

Normaldichtefunktion

Die Funktion $\varphi(x) = \dfrac{1}{\sqrt{2\pi}} e^{-\frac{x^2}{2}}$ heißt **Normaldichtefunktion**. Die Normaldichtefunktion ist **symmetrisch zur y-Achse**. Wie jede Dichtefunktion besitzt sie die Eigenschaft $\int\limits_{-\infty}^{\infty} \varphi(x)dx = 1$.

Mithilfe der Normaldichtefunktion können Sie jetzt jede der Funktionen

$\varphi_{\mu_X; \sigma_X}(x) = \dfrac{1}{\sigma_X \sqrt{2\pi}} e^{-\frac{(x-\mu_X)^2}{2\sigma_X^2}}$ ausdrücken. Das geschieht auf folgende Weise:

$\varphi_{\mu_X; \sigma_X}(x) = \dfrac{1}{\sigma_X} \dfrac{1}{\sqrt{2\pi}} e^{-\frac{1}{2}\left(\frac{x-\mu_X}{\sigma_X}\right)^2} = \dfrac{1}{\sigma_X} \cdot \varphi\left(\dfrac{x-\mu_X}{\sigma_X}\right)$

Sie können diese Aussage leicht nachvollziehen, wenn Sie in den Term $\varphi(x) = \dfrac{1}{\sqrt{2\pi}} e^{-\frac{x^2}{2}}$ der Normaldichtefunktion für x den Wert $\dfrac{x-\mu_X}{\sigma_X}$ einsetzen und das Ergebnis dann mit

Spezielle Verteilungen

$\dfrac{1}{\sigma_X}$ multiplizieren. Bevor Sie selbst in Abschnitt 8.10, »Rechnen mit der Normalverteilung«, mit der Normaldichtefunktion arbeiten, wird jetzt an einem konkreten Fall der geometrische Hintergrund der durchgeführten Transformation veranschaulicht. Betrachten Sie dazu Abbildung 8.28, in der die Graphen von $\varphi(x)$ und von $\varphi_{5;2}(x)$ dargestellt sind.

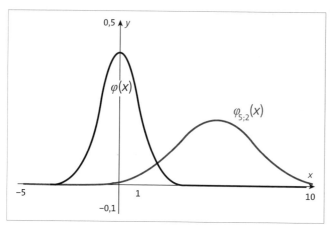

Abbildung 8.28 Graphen der Funktionen $\varphi(x)$ und $\varphi_{5;2}(x)$

Wie die Zeichnung veranschaulicht, entsteht der Graph von $\varphi_{5;2}(x)$ aus dem Graphen von $\varphi(x)$ durch Strecken in x-Richtung, Stauchen in y-Richtung und Verschieben längs der x-Achse. Die einzelnen Schritte werden hier beschrieben und in Abbildung 8.29 dargestellt:

1. Aus $\varphi(x)$ wird durch Streckung in x-Richtung mit dem Faktor $\sigma_X = 2$ die Funktion
$$\varphi\left(\frac{x}{\sigma_X}\right) = \varphi\left(\frac{x}{2}\right).$$

2. Aus $\varphi(\frac{x}{2})$ entsteht durch Stauchen in y-Richtung mit dem Faktor $\dfrac{1}{\sigma_X} = \dfrac{1}{2}$ die Funktion
$$\frac{1}{\sigma_X}\varphi\left(\frac{x}{\sigma_X}\right) = \frac{1}{2}\varphi\left(\frac{x}{2}\right).$$

3. Verschiebt man $\dfrac{1}{2}\varphi\left(\dfrac{x}{2}\right)$ um $\mu_X = 5$ nach rechts, so ergibt sich $\dfrac{1}{2}\varphi\left(\dfrac{x-5}{2}\right) = \varphi_{5;2}(x)$.

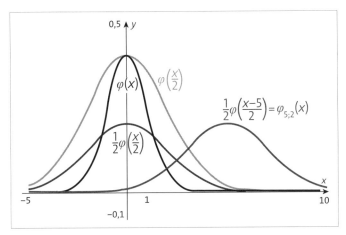

Abbildung 8.29 Darstellung der einzelnen Schritte

In Abschnitt 7.8.4 sind Ihnen Dichtefunktionen und die zugehörigen Verteilungsfunktionen begegnet. Auf diesen Zusammenhang wird jetzt speziell für die Normaldichtefunktion eingegangen.

Zu der Normaldichtefunktion $\varphi(x) = \dfrac{1}{\sqrt{2\pi}} e^{-\frac{x^2}{2}}$ gehört die Verteilungsfunktion $P(Z \leq z) = \int\limits_{-\infty}^{z} \varphi(x)\mathrm{d}x$, die man mit $\Phi(z)$ (sprich: groß phi) bezeichnet, d. h. es ist

$$\Phi(z) = \int\limits_{-\infty}^{z} \varphi(x)\mathrm{d}x.$$

In Abbildung 8.30 sind die Graphen der Funktionen $\varphi(x)$ und $\Phi(x)$ gezeichnet. Im oberen Bild ist $\Phi(x)$ als Flächeninhalt unter dem Graphen der Funktion $\varphi(x)$ zu sehen. Trägt man zu jedem Wert von z den Flächeninhalt $\Phi(z)$ über z auf, dann entsteht der Graph der Funktion Φ (unterer Teil der Abbildung). Der Graph von $\Phi(z)$ steigt monoton, denn wenn z nach rechts rückt, vergrößert sich der Flächeninhalt unter dem Graphen von $\varphi(x)$.

Für große Werte von z nähern sich die Funktionswerte von $\Phi(z)$ dem Wert 1. Das liegt daran, dass der gesamte Flächeninhalt unter dem Graphen von $\varphi(x)$ den Wert 1 hat. Die Funktion $\Phi(z)$ nennt man die *Standardnormalverteilung* oder auch die *z-Verteilung*. Weitere Informationen zu normalverteilten Zufallsvariablen finden Sie in Abschnitt 8.10, »Rechnen mit der Normalverteilung«. Für die Funktion Φ gibt es keinen Term, mit dem die Funktionswerte berechnet werden können. Aber es gibt Algorithmen für den Computer, mit denen sich die Funktionswerte von Φ berechnen lassen. Steht kein Computer zur Verfügung, so muss man eine Wertetafel benutzen. Mit dem Tabellenblatt »8.9 Normalverteilung« in der Datei »Tabellen« können Sie Berechnungen zur Normalverteilung durchführen oder einfach Funktionswerte auslesen.

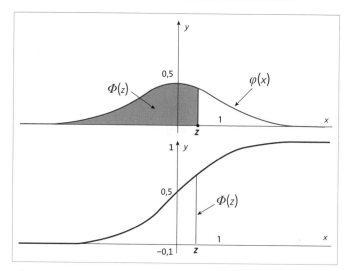

Abbildung 8.30 Die Funktionen φ und Φ

Da die Funktion $\varphi(x)$ achsensymmetrisch zur y-Achse ist, folgt, dass der Flächeninhalt unter dem Graphen von $-\infty$ bis 0 gleich $\frac{1}{2}$ sein muss. Das drückt sich im Graphen von $\Phi(z)$ dadurch aus, dass er die y-Achse im Punkt $\left(0 \mid \frac{1}{2}\right)$ schneidet.

Standardnormalverteilte Zufallsvariable

Eine stetige Zufallsvariable Z mit der Dichtefunktion $\varphi(x) = \dfrac{1}{\sqrt{2\pi}} e^{-\frac{x^2}{2}}$ heißt **standardnormalverteilt**. Eine standardnormalverteilte Zufallsvariable hat die **Verteilungsfunktion**
$P(Z \leq z) = \displaystyle\int_{-\infty}^{z} \varphi(x)\,dx = \Phi(z)$.

> **Merke: Erwartungswert und Varianz der Standardverteilung**
> Der Erwartungswert einer standardnormalverteilten Zufallsvariablen ist 0, die Standardabweichung ist 1.

Lassen Sie sich nicht vom Integral verunsichern. $\Phi(z)$ ist der Flächeninhalt unter dem Graphen von $\varphi(x)$. Die Fläche erstreckt sich zwischen $-\infty$ und z.

Der Zusatz »standard« im Wort »standardnormal« deutet darauf hin, dass es sich um einen wichtigen Spezialfall von »normalverteilt« handelt. Was man darunter versteht, wird als Nächstes erklärt:

Normalverteilte Zufallsvariable

Eine stetige Zufallsvariable X mit dem Erwartungswert μ_X und der Standardabweichung σ_X heißt **normalverteilt mit den Parametern μ_X und σ_X**, wenn X die Dichtefunktion

$$\varphi_{\mu_X;\sigma_X}(x) = \frac{1}{\sigma_X}\varphi\left(\frac{x-\mu_X}{\sigma_X}\right) = \frac{1}{\sigma_X\sqrt{2\pi}}e^{-\frac{1}{2}\left(\frac{x-\mu_X}{\sigma_X}\right)^2}$$

besitzt. Eine normalverteilte Zufallsvariable X besitzt die **Verteilungsfunktion**

$$P(X \leq x) = \Phi_{\mu_X;\sigma_X}(x) = \int_{-\infty}^{x} \varphi_{\mu_X;\sigma_X}(t)dt.$$

Zuvor wurde gezeigt, dass die Funktionen $\varphi_{\mu_X;\sigma_X}(x)$ durch die Normaldichtefunktion $\varphi(x)$ ausgedrückt werden können. Entsprechend lassen sich die Funktionswerte der Funktion $\Phi_{\mu_X;\sigma_X}(x)$ durch die Werte der tabellierten Standardnormalverteilung $\Phi(x)$ (Tabelle im Anhang dieses Buches) ausdrücken. Dies geschieht durch folgenden Zusammenhang:

> **Merke: Der Zusammenhang zwischen $\Phi_{\mu_X;\sigma_X}(x)$ und $\Phi(x)$**
>
> $$\Phi_{\mu_X;\sigma_X}(x) = \Phi\left(\frac{x-\mu_X}{\sigma_X}\right)$$

Man kann diesen Zusammenhang auf folgende Weise einsehen: In Abbildung 8.31 ist der Flächeninhalt $\Phi_{5;2}(x)$ eingezeichnet. Der ebenfalls eingezeichnete Flächeninhalt $\Phi\left(\frac{x-5}{2}\right)$ hat dieselbe Größe, denn, wie zuvor beschrieben, die Graphen gehen durch Streckung in x-Richtung mit dem Faktor $\sigma = 2$ und durch Stauchen in y-Richtung mit dem Faktor $\frac{1}{\sigma} = \frac{1}{2}$ (und natürlich durch Verschiebung in x-Richtung) ineinander über. Strecken und Stauchen gleichen sich dabei so aus, dass die Flächeninhalte gleich bleiben.

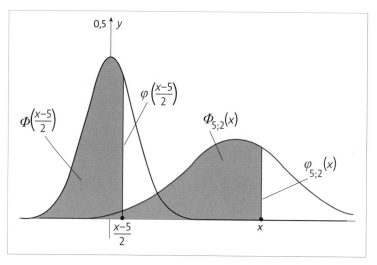

Abbildung 8.31 Zusammenhang von $\Phi_{\mu_x;\sigma_x}(x)$ und $\Phi(x)$

Wie Sie den Wert $\Phi_{\mu_x;\sigma_x}(x)$ mit einer Tabelle bestimmen können

1. Bilden Sie die Differenz $x - \mu_x$.
2. Teilen Sie diese Differenz durch σ_x, d. h. berechnen Sie $z = \dfrac{x - \mu_x}{\sigma_x}$.
3. Wenn z positiv ist, dann können Sie den Wert von $\Phi(z)$ direkt aus einer Tabelle der Standardnormalverteilung ablesen.
4. Was Sie unternehmen müssen, wenn z negativ ist, erfahren Sie in Abschnitt 8.10, »Rechnen mit der Normalverteilung«.

In Beispiel 13 werden die einzelnen Schritte durchgeführt.

Beispiel 13: Umgang mit der Standardnormalverteilung

Gesucht ist $\Phi_{5;2}(6)$

$x - \mu_x = 6 - 5 = 1$

$$z = \frac{x - \mu_X}{\sigma_X} = \frac{1}{2} = 0{,}5$$

Mit einer Tabelle der Standardnormalverteilung ergibt sich:

$\Phi(0{,}5) = 0{,}69146$

Da z positiv ist, folgt: $\Phi_{5;2}(6) = 0{,}69146$.

Weitere Beispiele zum Umgang mit der Normalverteilung finden Sie in Abschnitt 8.10.

Mithilfe der Funktion Φ kann jetzt die zuvor beobachtete Eigenschaft des Verhaltens der Summe $X = X_1 + X_2 + \ldots + X_n$ formuliert werden. Zu Beginn dieses Abschnitts konnten Sie sehen, dass die Verteilung der Variablen X mit zunehmenden Werten von n eine glockenförmige Gestalt angenommen hat. Dies findet seinen Ausdruck im *zentralen Grenzwertsatz*.

> **Der zentrale Grenzwertsatz**
>
> Sind X_1, X_2, ..., X_n unabhängige Zufallsvariablen, die alle dieselbe Verteilung haben (Erwartungswert μ, Standardabweichung σ), dann ist die Zufallsvariable $X = X_1 + X_2 + \ldots + X_n$ annähernd normalverteilt mit dem Erwartungswert $\mu_X = n \cdot \mu$ und der Standardabweichung $\sigma_X = \sqrt{n} \cdot \sigma$.
>
> Es gilt also $P(X \leq x) \approx \Phi\left(\dfrac{x - \mu_X}{\sigma_X}\right)$.

Im Zusammenhang mit dem zentralen Grenzwertsatz gibt es folgende Punkte zu beachten:

- Die Aussage des zentralen Grenzwertsatzes gilt nicht nur für das zuvor betrachtete Beispiel der Augensummen beim Würfeln, sondern immer dann, wenn die oben angegebenen Voraussetzungen erfüllt sind!
- Das $\approx$-Zeichen in der Formulierung des zentralen Grenzwertsatzes ist dem anschaulichen Niveau der Darstellung, das auch in den letzten Kapiteln verwendet wurde, geschuldet. In der Originalversion des Satzes steht an dieser Stelle eine Grenzwertaussage.
- Für $n \geq 30$ ergibt sich eine sehr gute Approximation.
- Daraus, dass der Erwartungswert und die Standardabweichung von X nur von den Erwartungswerten und den Standardabweichungen der X_i abhängen, folgt: Auch die Verteilung von X hängt nur von μ und σ ab und nicht von der speziellen Form der Verteilung der X_i.

Beispiel 14: Wählerprofil für eine Partei

Unter allen deutschen Wahlberechtigten befinden sich 12 %, welche die Partei XY wählen. Um ein Wählerprofil zu erstellen, werden Wahlberechtigte ausgewählt und befragt, ob sie Partei XY wählen. Bei Auswahl einer Person ist die Wahrscheinlichkeit, dass die Person ein XY-Wähler ist, gleich 0,12. Für jede ausgewählte Person gibt es eine Zufallsvariable X_i, die angibt, ob die Person ein XY-Wähler ist oder nicht. $X_i = 0$ bedeutet, dass die Person kein Wähler der Partei ist, $X_i = 1$ bedeutet, dass die ausgewählte Person die Partei wählt.

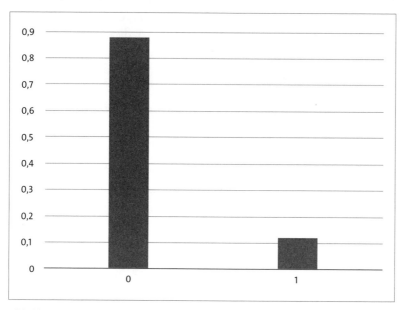

Abbildung 8.32 Wahrscheinlichkeitsfunktion für X_i

Sind n Personen befragt worden, dann gibt die Zufallsvariable $X = X_1 + ... + X_n$ die Anzahl der Wähler der Partei an. Die Zufallsvariablen X_i haben alle dieselbe Verteilung und sind unabhängig. Also ist die Voraussetzung des zentralen Grenzwertsatzes erfüllt. Abbildung 8.33 demonstriert, wie sich für wachsendes n allmählich ein glockenförmiger Verlauf der Wahrscheinlichkeitsfunktion einstellt.

Was Sie wissen sollten

▶ Sie sollten die Aussage des zentralen Grenzwertsatzes kennen.
▶ Sie sollten normalverteilte Zufallsvariablen kennen und wissen, wie man deren Wahrscheinlichkeiten berechnet.

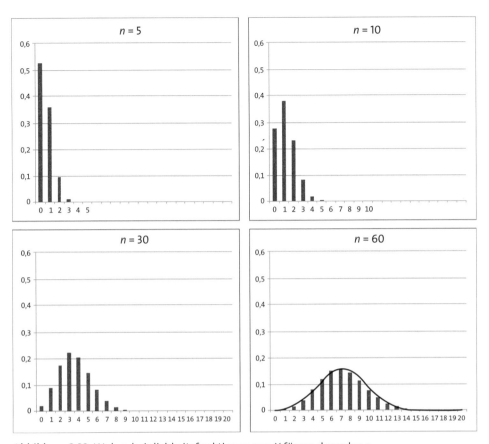

Abbildung 8.33 Wahrscheinlichkeitsfunktionen von X für wachsendes n

8.10 Rechnen mit der Normalverteilung

In Abschnitt 8.9, »Die Normalverteilung und der zentrale Grenzwertsatz«, wurden stetige Zufallsvariablen mit der Dichtefunktion

$$\varphi_{\mu;\sigma}(x) = \frac{1}{\sigma}\varphi\left(\frac{x-\mu}{\sigma}\right) = \frac{1}{\sigma\sqrt{2\pi}}e^{-\frac{1}{2}\left(\frac{x-\mu}{\sigma}\right)^2}$$

betrachtet. Man nennt solche Zufallsvariablen *normalverteilte Zufallsvariablen*. In der Praxis findet man viele Merkmale, welche durch normalverteilte Zufallsvariablen beschrieben werden können. Dazu gehören die Verteilung von Körpergröße, Gewicht und Intelligenz, zufällige Messfehler und zufällige Abweichungen von einem Sollwert, z. B. die Füllmenge in Flaschen oder Länge und Umfang gefertigter Zylinderkopfdichtungsringe. Die Tatsache, dass die Normalverteilung so oft in Technik und Naturwissenschaften auftritt, hängt mit dem *zentralen Grenzwertsatz* zusammen. Dieser zeigt, dass beim Zusammenwirken vieler unabhängiger Zufallsgrößen die Summengröße näherungsweise normalverteilt ist.

Im Jahr 2013 gab es in der Bundesrepublik 682.069 Geburten. Davon waren 105 Geburten durch Müttern unter 15 Jahren, 1.507 Geburten entfielen auf Mütter mit einem Alter von 45 Jahren und mehr. Das hier betrachtete Merkmal »Alter der Mutter« ist ein quantitativ-stetiges Merkmal. Um dessen Häufigkeitsverteilung darstellen zu können, verwendet man eine Klasseneinteilung. Diese ist in Tabelle 8.9 schon vorgegeben.

Klasse	x_i	n_i	h_i	Klasse	x_i	n_i	h_i
[15; 16)	15,5	444	0,00065	[30; 31)	30,5	50.032	0,07353
[16; 17)	16,5	1.169	0,00172	[31; 32)	31,5	51.719	0,07601
[17; 18)	17,5	2.394	0,00352	[32; 33)	32,5	49.909	0,07335
[18; 19)	18,5	4.221	0,00620	[33; 34)	33,5	46.169	0,06785
[19; 20)	19,5	7.039	0,01034	[34; 35)	34,5	40.845	0,06003
[20; 21)	20,5	9.538	0,01402	[35; 36)	35,5	36.229	0,05324
[21; 22)	21,5	12.378	0,01819	[36; 37)	36,5	30.330	0,04457
[22; 23)	22,5	15.951	0,02344	[37; 38)	37,5	24.255	0,03565
[23; 24)	23,5	20.053	0,02947	[38; 39)	38,5	18.828	0,02767
[24; 25)	24,5	24.680	0,03627	[39; 40)	39,5	14.509	0,02132
[25; 26)	25,5	30.384	0,04465	[40; 41)	40,5	10.702	0,01573
[26; 27)	26,5	35.014	0,05146	[41; 42)	41,5	7.188	0,01056
[27; 28)	27,5	38.796	0,05701	[42; 43)	42,5	4.676	0,00687
[28; 29)	28,5	42.613	0,06262	[43; 44)	43,5	2.669	0,00392
[29; 30)	29,5	46.292	0,06803	[44; 45)	44,5	1.431	0,00210

Tabelle 8.9 Relative Häufigkeiten für Geburten in Deutschland in 2013

Mit x_i sind die Klassenmitten, mit n_i sind die Anzahlen benannt. Berücksichtigt werden dabei nur Mütter im Alter zwischen 15 und 45. Das sind $n = 680.457$ Geburten, deren Verteilung in der Tabelle angegeben ist. Teilt man jede dieser Anzahlen durch die Gesamtzahl der Geburten (680.457), dann erhält man die relativen Häufigkeiten h_i für die einzelnen Klassen [STA15, S. 36, Lebendgeborene nach der Geburtenfolge 2013].

Um die Häufigkeitsdichte zu bekommen, müsste man die relativen Häufigkeiten durch die Klassenbreiten teilen. Das entfällt hier, weil die Klassenbreiten den Wert 1 haben. Zeichnet man jetzt über den einzelnen Klassen Rechtecke, welche als Höhe die relativen Häufigkeiten haben, dann erhält man eine Darstellung der Häufigkeitsdichte in Form eines Histogramms.

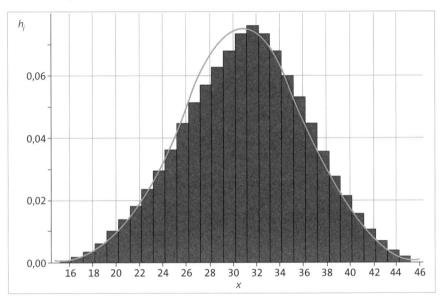

Abbildung 8.34 Histogramm und Dichtefunktion

Dabei fällt auf, dass die Form des Histogramms an die Funktionen

$\varphi_{\mu;\sigma}(x) = \dfrac{1}{\sigma}\varphi\left(\dfrac{x-\mu}{\sigma}\right)$ aus dem letzten Abschnitt erinnert. Um dies zu überprüfen, werden der empirische Mittelwert und die empirische Standardabweichung der Daten aus Tabelle 8.9 berechnet:

$$\bar{x} = \dfrac{n_1 x_1 + \ldots + n_{30} x_{30}}{n_1 + \ldots + n_{30}} \approx 30{,}82$$

Spezielle Verteilungen

$$s = \sqrt{\frac{1}{(n_1 + \dots + n_{30}) - 1} \sum_{i=1}^{30} n_i (x_i - \overline{x})^2} \approx 5{,}3$$

Diese beiden Werte verwendet man für μ und σ und zeichnet zu dem Histogramm in Abbildung 8.34 die Funktion $\varphi_{30{,}82;5{,}3}(x) = \frac{1}{5{,}3} \varphi\left(\frac{x - 30{,}82}{5{,}3}\right)$ ein.

Jetzt sehen Sie eine gute Übereinstimmung zwischen den empirischen Daten und der theoretischen Dichtefunktion. Das führt dazu, das Alter X der Mütter durch eine normalverteilte Zufallsvariable zu beschreiben. Die Zufallsvariable X gibt das Alter einer Frau an, die im Jahr 2013 Mutter wurde. X ist normalverteilt mit $\mu = 30{,}8$ und $\sigma = 5{,}3$. Mit dieser Modellannahme lassen sich nun verschiedene Aussagen treffen. Stellt man z. B. die Frage, mit welcher Wahrscheinlichkeit eine Mutter bei der Geburt ihres Kindes zwischen 20 und 30 Jahre alt ist, dann heißt das formal, dass die Wahrscheinlichkeit $P(20 \leq X \leq 30)$ gesucht ist. Dazu betrachtet man zuerst die Wahrscheinlichkeiten $P(20 \leq X)$ und $P(X \leq 30)$, die in Abbildung 8.35 veranschaulicht sind.

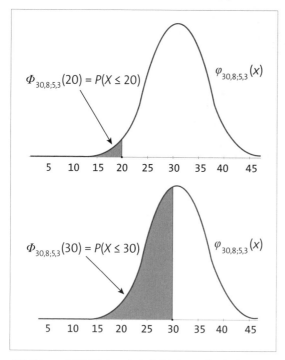

Abbildung 8.35 Wahrscheinlichkeiten als Flächeninhalte

Die Wahrscheinlichkeit $P(20 \leq X \leq 30)$ entspricht damit der Differenz der Flächeninhalte, die zu $P(X \leq 30)$ und $P(20 \leq X)$ gehören. Dies sehen Sie in Abbildung 8.36 dargestellt.

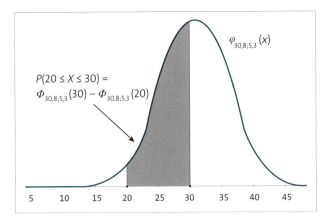

Abbildung 8.36 Veranschaulichung von $P(20 \leq X \leq 30)$

Unter Berücksichtigung des Zusammenhangs $\Phi_{\mu;\sigma}(x) = \Phi\left(\dfrac{x-\mu}{\sigma}\right)$ (vergleiche Abschnitt 8.9, »Die Normalverteilung und der zentrale Grenzwertsatz«) kann nun $P(20 \leq X \leq 30)$ berechnet werden:

$P(20 \leq X \leq 30) = \Phi_{30,8;5,3}(30) - \Phi_{30,8;5,3}(20) =$

$= \Phi\left(\dfrac{30-30,8}{5,3}\right) - \Phi\left(\dfrac{20-30,8}{5,3}\right) = \Phi(-0,15) - \Phi(-2,04).$

Wer jetzt mit einem Rechenprogramm ans Werk geht, erhält als Ergebnis 0,4197 = 41,97 %. Wer dagegen mit einer Tabelle für $\Phi(z)$ arbeitet, wird vergeblich negative z-Werte in der Tabelle suchen, um $\Phi(-0,15)$ und $\Phi(-2,04)$ berechnen zu können. Um Platz zu sparen, ist $\Phi(z)$ nämlich nur für positive Werte von z tabelliert. Werden negative Werte benötigt, dann kann man sich auf folgende Weise weiterhelfen:

> **Eine wichtige Eigenschaft der Standardnormalverteilung**
> Für alle Werte von z gilt: $\Phi(-z) = 1 - \Phi(z)$.

Bezogen auf die vorige Rechnung heißt dies:

$P(20 \leq X \leq 30) = \Phi(-0,15) - \Phi(-2,04) = (1 - \Phi(0,15)) - (1 - \Phi(2,04)) =$

$= 1 - 0,5596 - 1 + 0,9793 = 0,4197.$

Mit Abbildung 8.37 kann man auch verstehen, warum $\Phi(-z) = 1 - \Phi(z)$ gilt:

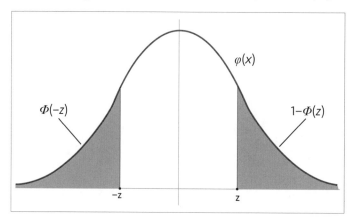

Abbildung 8.37 $\Phi(-z) = 1 - \Phi(z)$

Der gesamte Flächeninhalt unter dem Graphen der Normaldichtefunktion ist gleich 1. Außerdem ist die Funktion $\varphi(x)$ symmetrisch zur y-Achse. Deshalb sind die grau unterlegten Flächeninhalte gleich.

Es wird weiter das Beispiel der Geburtenverteilung aus dem Jahr 2013 betrachtet. Schwangerschaften, bei denen die Mutter 35 Jahre oder älter ist, bezeichnet man oft als Risikoschwangerschaften. Setzt man als Modellannahme voraus, dass das Alter der Mütter normalverteilt mit $\mu = 30{,}8$ und $\sigma = 5{,}3$ ist, dann kann man die Wahrscheinlichkeit für Risikoschwangerschaften berechnen:

$$P(X \geq 35) = 1 - P(X < 35) = 1 - \Phi\left(\frac{35 - 30{,}8}{5{,}3}\right) = 1 - \Phi(0{,}79) =$$

$$= 1 - 0{,}7852 = 21{,}5\,\%$$

Nach dem Modell ergibt sich also, dass etwa jede 5. Schwangerschaft eine Risikoschwangerschaft sein sollte. Das lässt sich jetzt mit den vorliegenden Daten vergleichen. Dazu muss man nur die Häufigkeiten der Klassen [35; 36) bis [44; 45) addieren: 36229 + 30330 + ... + 1431 = 150817. Teilt man nun durch die Gesamtzahl der Geburten (680457), dann ergibt sich eine relative Häufigkeit von 22,1 % für Risikogeburten. Dies zeigt, dass das Modell die Situation gut beschreibt.

Wie man Wahrscheinlichkeiten für normalverteilte Zufallsvariablen berechnet, wird hier zusammengefasst:

> **Merke: Berechnung von Wahrscheinlichkeiten für normalverteilte Zufallsvariablen**
>
> Ist X eine mit μ und σ normalverteilte Zufallsvariable, dann gilt:
>
> $$P(a \leq X \leq b) = \Phi\left(\frac{b-\mu}{\sigma}\right) - \Phi\left(\frac{a-\mu}{\sigma}\right) \text{ und } P(X \leq b) = \Phi\left(\frac{b-\mu}{\sigma}\right)$$

> **Wie Sie die Wahrscheinlichkeit $P(X \leq b)$ für eine normalverteilte Zufallsvariable X berechnen**
>
> 1. Die Zufallsvariable X hat den Erwartungswert μ und die Standardabweichung σ.
> 2. Berechnen Sie $z = \dfrac{b-\mu}{\sigma}$.
> 3. Ermitteln Sie $\Phi(z)$.
> 4. Falls z negativ ist, verwenden Sie die Beziehung $\Phi(-z) = 1 - \Phi(z)$.

> **Wie Sie die Wahrscheinlichkeit $P(a \leq X \leq b)$ für eine normalverteilte Zufallsvariable X berechnen**
>
> 1. Die Zufallsvariable X hat den Erwartungswert μ und die Standardabweichung σ.
> 2. Berechnen Sie $z_1 = \dfrac{a-\mu}{\sigma}$ und $z_2 = \dfrac{b-\mu}{\sigma}$.
> 3. Ermitteln Sie $\Phi(z_1)$ und $\Phi(z_2)$. Falls z_1 oder z_2 negativ sind, verwenden Sie die Beziehung $\Phi(-z) = 1 - \Phi(z)$.
> 4. Bilden Sie die Differenz $\Phi(z_2) - \Phi(z_1)$, welche das gesuchte Ergebnis ist.

Mit diesen Zusammenfassungen und Hinweisen können Sie die nächsten Aufgaben in Angriff nehmen.

Aufgabe 15: Wahrscheinlichkeiten zu einer Normalverteilung berechnen

X ist eine normalverteilte Zufallsvariable mit dem Erwartungswert $\mu = -1$ und der Varianz $\sigma^2 = 2{,}25$. Berechnen Sie

a) $P(X \leq 1)$,

b) $P(X \geq -1{,}5)$ und

c) $P(-1 \leq X \leq 1)$.

Aufgabe 16: Ausschuss bei Schrauben

Eine Maschine stellt Schrauben her, die durchschnittlich 10 cm lang sind. Die Länge der hergestellten Schrauben ist normalverteilt. Aus der früheren Produktion ist bekannt, dass die Standardabweichung der Länge der hergestellten Schrauben 0,01 cm beträgt. Eine Schraube ist nur dann brauchbar, wenn sie in der Länge nicht mehr als 0,02 cm vom Sollwert 10 cm abweicht. Wie viel Prozent Ausschuss entsteht bei der Produktion?

In Abschnitt 7.11 wurde aus der Ungleichung von Tschebyschew gefolgert, dass die Wahrscheinlichkeit dafür, dass eine beliebige Zufallsvariable einen Wert annimmt, der sich vom Erwartungswert um mehr als die doppelte Standardabweichung unterscheidet, kleiner als $\frac{1}{4}$ ist. Für Werte, die sich vom Erwartungswert um mehr als das Dreifache der Standardabweichung unterscheiden, konnte die Wahrscheinlichkeit als kleiner $\frac{1}{9}$ angegeben werden.

Wesentlich genauere Aussagen lassen sich für spezielle Zufallsvariablen machen. Ist X eine normalverteilte Zufallsvariable, dann ist die Wahrscheinlichkeit, dass X einen Wert im Bereich einer Standardabweichung vom Erwartungswert annimmt, gleich 68,3 %. Einen Wert innerhalb der zweifachen Standardabweichung um den Erwartungswert nimmt X mit 95,5 % Wahrscheinlichkeit an. Schließlich ist die Wahrscheinlichkeit dafür, dass X einen Wert innerhalb der dreifachen Standardabweichung vom Erwartungswert annimmt, gleich 99,7 %. Diese Aussagen nennt man die *Sigma-Regeln*.

> **Sigma-Regeln**
>
> Ist X eine normalverteilte Zufallsvariable mit dem Erwartungswert μ und der Standardabweichung σ, dann gilt:
>
> $P(\mu - \sigma \leq X \leq \mu + \sigma) \approx 68{,}3\,\%$,
>
> $P(\mu - 2 \cdot \sigma \leq X \leq \mu + 2 \cdot \sigma) \approx 95{,}5\,\%$ und
>
> $P(\mu - 3 \cdot \sigma \leq X \leq \mu + 3 \cdot \sigma) \approx 99{,}7\,\%$.

In Abbildung 8.38 sehen Sie eine graphische Veranschaulichung der ersten beiden Sigma-Regeln.

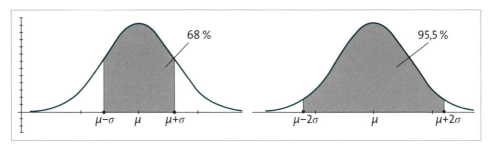

Abbildung 8.38 Erste und zweite Sigma-Regel

Führt man ein Experiment, das durch eine normalverteilte Zufallsvariable beschrieben wird, oft durch, dann kann man nach den Sigma-Regeln erwarten, dass sich die beobachteten Werte folgendermaßen verteilen:

Etwa 68,3 % aller Werte liegen zwischen $\mu - \sigma$ und $\mu + \sigma$.

Etwa 95,5 % aller Werte liegen zwischen $\mu - 2 \cdot \sigma$ und $\mu + 2 \cdot \sigma$.

Etwa 99,7 % aller Werte liegen zwischen $\mu - 3 \cdot \sigma$ und $\mu + 3 \cdot \sigma$.

Aufgabe 17: Sigma-Regeln herleiten

Zeigen Sie die Gültigkeit der *Sigma-Regeln*, d. h. berechnen Sie die Wahrscheinlichkeiten $P(\mu - \sigma \leq X \leq \mu + \sigma)$, $P(\mu - 2 \cdot \sigma \leq X \leq \mu + 2 \cdot \sigma)$ und $P(\mu - 3 \cdot \sigma \leq X \leq \mu + 3 \cdot \sigma)$, und zeigen Sie, dass sich die Prozentzahlen aus den Sigma-Regeln ergeben.

Beispiel 15: Alte Mütter, schwere Babys?

In der »Augsburger Allgemeine« war am 10. Februar 2017 zu lesen:

> **Mütter werden immer älter und Babys immer schwerer**
>
> Mehr als jedes fünfte Neugeborene im Landkreis hat eine Mutter, die 35 Jahre alt oder älter ist. Das Durchschnittsalter aller Mütter beträgt 31,6 Jahre. Dies besagt eine Studie der Krankenkasse IKK classic, die aktuelle Zahlen des bayerischen Landesamtes für Statistik ausgewertet hat. Die Zahlen aus den Wertachkliniken bestätigen das: In Schwabmünchen waren 18,1 Prozent und in Bobingen 19,8 Prozent der Gebärenden älter als 35 Jahre.

Um die Behauptung, dass Mütter immer älter werden, zu überprüfen, zieht man das Statistische Jahrbuch 1995 [STA95] zurate. Darin findet man das Alter der Mütter für das Jahr 1993 aufgelistet. Den Daten kann man entnehmen, dass das Alter der Mütter normalverteilt mit $\mu_1 = 28{,}9$ und $\sigma_1 = 4{,}8$ ist. Damit kann man jetzt das Alter der Mütter aus dem Jahr 2013 mit dem Alter der Mütter aus dem Jahr 1993 vergleichen und beobachten, was sich innerhalb von 20 Jahren verändert hat. Dazu zeichnet man die Wahrscheinlichkeitsdichten für die normalverteilten Zufallsvariablen X und Y. X hat den Erwartungswert $\mu_1 = 30{,}8$ und die Standardabweichung $\sigma_1 = 5{,}3$. Y hat den Erwartungswert $\mu_2 = 28{,}9$ und die Standardabweichung $\sigma_2 = 4{,}8$. X beschreibt das Alter der Mütter im Jahr 2013, Y das Alter der Mütter im Jahr 1993. In der Abbildung sind die Graphen der Dichtefunktionen $\varphi_X(x)$ und $\varphi_Y(x)$ der Zufallsvariablen X und Y eingezeichnet.

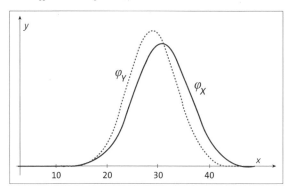

Abbildung 8.39 Vergleich der Dichtefunktionen

Die Zeichnung macht deutlich, dass die Dichtefunktion $\varphi_X(x)$ im Vergleich zur Dichtefunktion $\varphi_Y(x)$ weiter nach rechts gerückt ist, d. h. die Mütter werden älter. Allgemein bedeutet dies:

> **Merke: Erwartungswert und Dichtefunktion**
>
> Wenn sich der Erwartungswert einer normalverteilten Zufallsvariablen **vergrößert**, dann verschiebt sich die Dichtefunktion nach **rechts**.
>
> Vergleicht man die Graphen von $\varphi_X(x)$ und $\varphi_Y(x)$ bezüglich ihrer Standardabweichung, so verläuft der Graph von $\varphi_X(x)$ wegen der größeren Standardabweichung **flacher** um den Erwartungswert.

> **Merke: Standardabweichung und Dichtefunktion**
>
> Wenn sich die Standardabweichung einer normalverteilten Zufallsvariablen **vergrößert**, dann verläuft die Dichtefunktion **flacher** um den Erwartungswert.

Was Sie wissen sollten
- Sie sollten wissen, wie man Wahrscheinlichkeiten für normalverteilte Zufallsvariablen berechnet.
- Sie sollten die Sigma-Regeln kennen.

8.11 Quantile und Perzentile

Die Körpergröße der Frauen in Deutschland im Jahr 2006 kann durch eine Normalverteilung mit dem Erwartungswert $\mu = 166{,}2$ und der Standardabweichung $\sigma = 6{,}62$ beschrieben werden [SOZ]. Welche Körpergröße muss eine Frau haben, damit sie größer als 90 Prozent aller Frauen in Deutschland ist?

Die Fragestellung ist nun anders als in den Beispielen des vorherigen Abschnitts. Bisher waren Werte für X bekannt, und es wurden dazu Wahrscheinlichkeiten bestimmt. In diesem Beispiel ist die Wahrscheinlichkeit bekannt, und es wird ein solcher Wert x gesucht, dass $P(X \leq x) = 0{,}9$ ist. Dieser x-Wert heißt das $0{,}9$-*Quantil* der Verteilung. Wird die Wahrscheinlichkeit in Prozent angegeben, dann spricht man von einem *Perzentil*, im Beispiel oben also vom 90%-Perzentil.

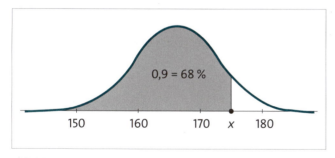

Abbildung 8.40 x ist das $0{,}9$-Quantil der Verteilung

Um den gesuchten x-Wert zu bestimmen, muss man die Gleichung $P(X \leq x) = 0{,}9$ nach x auflösen. Weil $P(X \leq x) = \Phi\left(\dfrac{x - 166{,}2}{6{,}62}\right)$ gilt, kann man in einer Tabelle für $\Phi(z)$ suchen, für welchen z-Wert $\Phi(z)$ gerade $0{,}9$ ist. Das liefert $z = 1{,}28$.

Weil $1{,}28 = z = \dfrac{x - 166{,}2}{6{,}62}$ gilt, kann man jetzt nach x auflösen und erhält: $x = 174{,}67$. Wer als Frau in Deutschland im Jahr 2006 ca. 175 cm groß war, übertraf mit dieser Körpergröße 90 % aller Frauen in Deutschland. Nur 10 % der anderen Frauen in Deutschland waren etwa gleich groß oder größer.

Quantile und Perzentile lassen sich nicht nur für die Normalverteilung, sondern auch für beliebige Verteilungen bilden. Das führt zur nächsten Definition:

Quantile einer Verteilung

Betrachtet werden eine Zufallsvariable X mit der Verteilungsfunktion $F(x) = P(X \le x)$ und eine reelle Zahl p mit $0 < p < 1$. Dann versteht man unter dem *p*-**Quantil** diejenige Zahl x_p, für die gilt: $F(x_p) = p$.

x_p ist der **kleinste** x-Wert, der mit der Wahrscheinlichkeit p **nicht überschritten** wird.

In einfacher Sprechweise kann man auch sagen: Links von x_p liegen $p \cdot 100\,\%$ der *Wahrscheinlichkeitsmasse*.

Beispiel 16: Median einer Normalverteilung

Ist X eine normalverteilte Zufallsvariable mit dem Erwartungswert μ, dann ist $x_{0{,}5} = \mu$ das 0,5-Quantil der Verteilung. Als Begründung reicht es, festzustellen, dass die Dichtefunktion achsensymmetrisch zur Geraden $x = \mu$ ist. Aus diesem Grund liegen 50 % des Flächeninhaltes unter der Dichtefunktion links von μ, und 50 % des Flächeninhaltes liegen rechts von μ.

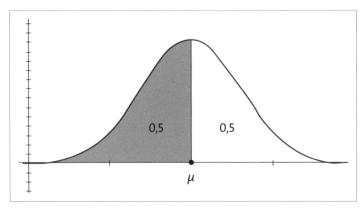

Abbildung 8.41 0,5-Quantil einer Normalverteilung

Das 0,5-Quantil einer Verteilung heißt auch der *Median* der Verteilung.

> **Wie Sie das *p*-Quantil der Normalverteilung berechnen können**
>
> Eine Zufallsvariable X ist normalverteilt mit dem Erwartungswert μ und der Standardabweichung σ. Gesucht ist das *p*-Quantil der Verteilung.
>
> 1. Bestimmen Sie mithilfe einer Tabelle der Standardnormalverteilung oder per Computer den Wert z, für den $\Phi(z) = p$ gilt.
> 2. Falls $\mu = 0$ und $\sigma = 1$ gilt, sind Sie schon fertig, dann ist z das gesuchte *p*-Quantil.
> 3. Lösen Sie die Gleichung $\frac{x_p - \mu}{\sigma} = z$ nach x_p auf: $x_p = z \cdot \sigma + \mu$. Dann ist x_p das gesuchte *p*-Quantil.

Mit dem Tabellenblatt »*8.9 Normalverteilung*« in der Datei »*Tabellen*« können Sie Quantile einfach bestimmen.

Aufgabe 18: Intelligenzquotient

Der Intelligenzquotient (IQ) ist in der Bevölkerung normalverteilt mit einem Erwartungswert von $\mu = 100$ und einer Standardabweichung von $\sigma = 15$. Welchen IQ muss jemand haben, damit nur 15 % der Bevölkerung intelligenter als er sind?

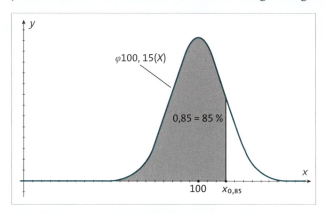

Abbildung 8.42 0,85-Quantil $x_{0,85}$

> **Was Sie wissen sollten**
>
> Sie sollten *p*-Quantile der Normalverteilung berechnen können.

8.12 Die Normalapproximation der Binomialverteilung

Die Normalverteilung besitzt auch deshalb eine große Bedeutung, weil sich mit ihren Formeln viele Verteilungen näherungsweise berechnen lassen. Das war zu einer Zeit, als es noch keine Computer gab, von großer Wichtigkeit, aber auch heute sind solche Approximationen hilfreich. In diesem Abschnitt wird als Beispiel die Approximation der Binomialverteilung durch die Normalverteilung betrachtet. Eine binomialverteilte Zufallsvariable X (siehe Abschnitt 8.3) kann man als Summe von n Bernoulli-verteilten Zufallsvariablen X_i darstellen. Jede der Variablen X_i hat die in Tabelle 8.10 angegebene Wahrscheinlichkeitsfunktion, wobei $0 \leq p \leq 1$ gilt.

x_i	1	0
$P(X_i = x_k)$	p	$1-p$

Tabelle 8.10 Wahrscheinlichkeitsfunktion von X_i

Da die X_i unabhängig sind und alle die gleiche Verteilung besitzen, kann man den zentralen Grenzwertsatz anwenden. Daraus folgt, dass die binomialverteilte Zufallsvariable $X = X_1 + ... + X_n$ annähernd normalverteilt ist. In Beispiel 17 wird vorgeführt, wie man durch Kenntnis dieses Zusammenhangs eine Wahrscheinlichkeit approximativ berechnen kann.

Beispiel 17: Näherung an einer Normalverteilung

In Abbildung 8.43 sehen Sie das Histogramm einer binomialverteilten Zufallsvariablen mit $n = 10$ und $p = 0{,}5$. Es soll die Wahrscheinlichkeit $P(3 \leq X \leq 6)$ berechnet werden. Das kann natürlich mit den Formeln aus Abschnitt 8.3 durch eine Summe geschehen. Man kann die Wahrscheinlichkeit aber auch approximativ durch die Normalverteilung berechnen.

Dazu betrachtet man den entsprechenden Flächeninhalt unter dem Graphen. Dieser reicht nicht von 3 bis 6, sondern von $3 - \frac{1}{2}$ bis $6 + \frac{1}{2}$, was unmittelbar aus Abbildung 8.43 hervorgeht. Das Hinzufügen der Summanden $\pm \frac{1}{2}$ bezeichnet man auch als die *Stetigkeitskorrektur*.

Also gilt: $P(3 \leq X \leq 6) \approx \Phi_{\mu;\sigma}\left(6 + \frac{1}{2}\right) - \Phi_{\mu;\sigma}\left(3 - \frac{1}{2}\right)$.

Dabei ist $\mu = n \cdot p = 10 \cdot 0{,}5 = 5$ und $\sigma = \sqrt{n \cdot p \cdot (1-p)} = \sqrt{10 \cdot 0{,}5 \cdot (1-0{,}5)} = \sqrt{2{,}5} = 1{,}5811$.

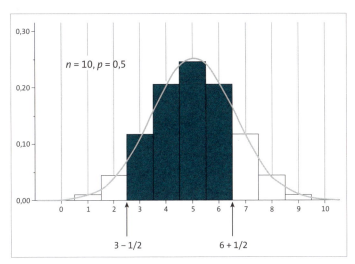

Abbildung 8.43 Berechnung von $P(3 \leq X \leq 6)$ mit der Normalverteilung

Damit ergibt sich:

$$P(3 \leq X \leq 6) \approx \Phi_{5;1{,}5811}\left(6 + \frac{1}{2}\right) - \Phi_{5;1{,}5811}\left(3 - \frac{1}{2}\right) =$$

$$= \Phi\left(\frac{6 - 5 + \frac{1}{2}}{1{,}5911}\right) - \Phi\left(\frac{2 - 5 - \frac{1}{2}}{1{,}5911}\right) = \Phi(0{,}9427) - \Phi(-1{,}5712) =$$

$$= 0{,}8271 - 0{,}0581 = 0{,}769.$$

Berechnet man $P(3 \leq X \leq 6)$ exakt mit der Formel für die Binomialverteilung, dann ergibt sich $P(3 \leq X \leq 6) = 0{,}7734$. Wesentliche Einsparungen beim Rechnen ergeben sich natürlich erst dann, wenn die Anzahl der Summanden bei der exakten Berechnung mit der Formel für die Binomialverteilung groß ist.

> **Merke: Normalapproximation der Binomialverteilung**
>
> Ist X eine binomialverteilte Zufallsvariable mit dem Erwartungswert $\mu = n \cdot p$ und der Standardabweichung $\sigma = \sqrt{n \cdot p \cdot (1-p)}$ und sind a, b ganze Zahlen mit $a < b$, dann gilt:
>
> $$P(a \leq X \leq b) \approx \Phi\left(\frac{b - \mu + \frac{1}{2}}{\sigma}\right) - \Phi\left(\frac{a - \mu - \frac{1}{2}}{\sigma}\right),$$
>
> $$P(X \leq b) \approx \Phi\left(\frac{b - \mu + \frac{1}{2}}{\sigma}\right) \text{ und } P(X > a) \approx 1 - \Phi\left(\frac{a - \mu + \frac{1}{2}}{\sigma}\right).$$

Beachten Sie die beiden Hinweise:

▶ Die Näherung ist umso besser, je größer n ist. Als Faustformel für eine sinnvolle Verwendung gilt $\sigma^2 = n \cdot p \cdot (1-p) > 9$.

▶ Für große Werte von n spielt die in den Formeln auftauchende Stetigkeitskorrektur keine große Rolle und kann deshalb weggelassen werden.

> **Wie Sie die Normalapproximation zur Berechnung der Wahrscheinlichkeit $P(a \leq X \leq b)$ einer binomialverteilten Zufallsvariablen X verwenden können**
>
> 1. Vergewissern Sie sich, dass X eine binomialverteilte Zufallsvariable ist. Das ist z. B. dann der Fall, wenn X die Anzahl der Erfolge in einer Kette unabhängiger Bernoulli-Experimente beschreibt.
> 2. Stellen Sie die Werte von n und p fest.
> 3. Prüfen Sie, ob die Bedingung $n \cdot p \cdot (1-p) > 9$ erfüllt ist.
> 4. Berechnen Sie den Erwartungswert $\mu = n \cdot p$ und die Standardabweichung $\sigma = \sqrt{n \cdot p \cdot (1-p)}$.
> 5. Berechnen Sie die Zahlen $\alpha = \dfrac{a - \mu - \frac{1}{2}}{\sigma}$ und $\beta = \dfrac{b - \mu + \frac{1}{2}}{\sigma}$.
> 6. Verwenden Sie eine Tafel oder den Computer, um $\Phi(\alpha)$ und $\Phi(\beta)$ zu bilden. Die Differenz $\Phi(\beta) - \Phi(\alpha)$ ist die gesuchte Approximation für $P(a \leq X \leq b)$.

> **Wie Sie die Normalapproximation zur Berechnung der Wahrscheinlichkeit $P(X \leq b)$ verwenden können**
>
> Gehen Sie wie für den Fall $P(a \leq X \leq b)$ beschrieben vor, berechnen Sie jedoch nur β und $\Phi(\beta)$. Dann ist $\Phi(\beta)$ die gesuchte Approximation für $P(X \leq b)$.

> **Wie Sie die Normalapproximation zur Berechnung der Wahrscheinlichkeit $P(X > a)$ verwenden können**
>
> Berechnen Sie $1 - P(X \leq a)$.

Lesen Sie die beiden folgenden Beispiele, in denen an konkreten Situationen die Berechnung von Wahrscheinlichkeiten mit der Normalapproximation durchgeführt wird. Danach sollten Sie die sich anschließenden Aufgaben bearbeiten.

Beispiel 18: Näherung versus exakte Berechnung für 500 Münzwürfe

Eine faire Münze wird 500 Mal geworfen. Mit welcher Wahrscheinlichkeit fällt die Münze zwischen 230 und 270 Mal (beides einschließlich) auf Wappen?

Die Zufallsvariable X zählt die Anzahl an Wappen in den 500 Würfen. X ist eine binomialverteilte Zufallsvariable mit $n = 500$ und $p = 0{,}5$. Es ist $\mu = 500 \cdot 0{,}5 = 250$. Gesucht ist $P(230 \leq X \leq 270)$.

Weil $\sigma^2 = n \cdot p \cdot (1-p) = 500 \cdot 0{,}5 \cdot 0{,}5 = 125 > 9$ gilt, liefert die Approximation gute Werte:

$$P(230 \leq X \leq 270) \approx \Phi\left(\frac{270 - 250 + 0{,}5}{\sqrt{125}}\right) - \Phi\left(\frac{230 - 250 - 0{,}5}{\sqrt{125}}\right) =$$
$$= \Phi(1{,}83) - \Phi(-1{,}83)$$

In einer Tabelle der Funktion $\Phi(x)$ findet man $\Phi(-1{,}83) = 0{,}96638$.

$\Phi(-1{,}83)$ berechnet man über die Eigenschaft $\Phi(-x) = 1 - \Phi(x)$ zu:

$\Phi(-1{,}83) = 1 - \Phi(1{,}83) = 1 - 0{,}96638 = 0{,}03362$,

$P(230 \leq X \leq 270) \approx 0{,}96638 - 0{,}03362 = 0{,}93276$.

Zum Vergleich kann man die Wahrscheinlichkeit $P(230 \leq X \leq 270)$ mithilfe der Binomialverteilung, d. h. ohne Verwendung der Normalapproximation berechnen und mit der Approximation vergleichen. Sie können dazu das Tabellenblatt »*8.3 Binomialverteilung*« in der Datei »*Tabellen*« verwenden. Es ergibt sich:

$$P(230 \leq X \leq 270) = \sum_{k=230}^{270} \binom{500}{k} 0{,}5^k \cdot 0{,}5^{500-k} \approx 0{,}933$$

Beispiel 19: Ist die Münze fair?

Eine Münze wird 200 Mal geworfen. Es erscheint 120 Mal Wappen. Glauben Sie, dass die Münze fair ist?

Wie im Beispiel zuvor gibt die Zufallsvariable X die Anzahl der Wappen an. Es ist: $\mu = 200 \cdot 0{,}5 = 100$ und $\sigma^2 = 200 \cdot 0{,}5 \cdot 0{,}5 = 50$.

Es wurde das Ereignis $X \geq 120$ beobachtet. Die Wahrscheinlichkeit dafür ist:

$P(X \geq 120) = 1 - P(X < 120) = 1 - P(X \leq 119) =$
$= 1 - \Phi\left(\frac{119 - 100 + 0{,}5}{\sqrt{50}}\right) = 1 - \Phi(2{,}76)$

Aus der Tabelle entnimmt man: $\Phi(2{,}76) = 0{,}99711$.

Also gilt: $P(X \geq 120) = 1 - 0{,}99711 = 0{,}00289 \approx 0{,}3\%$.

Bei einer fairen Münze hat das beobachtete Ereignis nur die Wahrscheinlichkeit 0,3 %, d. h. es ist eigentlich unmöglich. Deshalb folgert man, dass die Münze nicht fair ist.

Aufgabe 19: Flug überbucht?

Etwa 5 % der Fluggäste, die einen Flug gebucht haben, treten die Reise nicht an. Aus diesem Grund vergeben Fluggesellschaften mehr Tickets als Sitzplätze vorhanden sind. Der Airbus A350-900 bietet für 280 Personen Sitzplätze. Angenommen die Fluggesellschaft hat 290 Tickets verkauft: Wie groß ist die Wahrscheinlichkeit, dass alle erscheinenden Passagiere im Flugzeug Platz finden?

Aufgabe 20: Schadensmeldungen einer Versicherung

Eine Versicherung betreut 16735 Personen. Jedes Jahr wird die Versicherung von 10 % der Versicherten in Anspruch genommen. Mit welcher Wahrscheinlichkeit liegt die Anzahl der Schadensmeldungen im nächsten Jahr zwischen 1700 und 1900?

> **Was Sie wissen sollten**
>
> Sie sollten die Normalapproximation der Binomialverteilung verwenden können.

8.13 Lösungen zu den Aufgaben

Aufgabe 1: Zufallsvariable beim Würfeln untersuchen

$$P(X = x) = \begin{cases} \frac{1}{6} & \text{für } x = 1, \dots, 6 \\ 0 & \text{sonst} \end{cases}$$

$$F(x) = \begin{cases} 0 & \text{für } x < 1 \\ \frac{i}{6} & \text{für } i \leq x < i+1; i = 1, \dots, 5 \\ 1 & \text{für } 6 \leq x \end{cases}$$

$$E(X) = \frac{1}{6} \cdot (1 + 2 + 3 + 4 + 5 + 6) = 3{,}5$$

$Var(X) = \frac{1}{6} \cdot (1^2 + 2^2 + 3^2 + 4^2 + 5^2 + 6^2) - 3{,}5^2 \approx 2{,}92$

Aufgabe 2: Vom Kugelweg zur Folge

(0, 0, 1, 1, 0, 0, 1, 1, 0, 1)

Aufgabe 3: Anzahl der Wege in einzelne Kästen im Galtonbrett

a) $\binom{10}{5} = 252$

b) In die Kästen $k = 0$ und $k = 10$ führt natürlich jeweils nur ein Weg. Das kann man auch durch Rechnung bestätigen:

$\binom{10}{0} = \binom{10}{10} = 1$

Aufgabe 4: Varianz der Binomialverteilung

Zur Begründung betrachtet man den Graphen der Funktion $g(p) = p \cdot (1-p)$, der an der Stelle $p = 0{,}5$ sein Maximum besitzt (vergleiche Abbildung 7.63).

Aufgabe 5: Eigenschaften einer binomialverteilten Zufallsvariable

a) $\dfrac{P(X=k)}{P(X=k-1)} = \dfrac{\binom{n}{k} \cdot p^k \cdot q^{n-k}}{\binom{n}{k-1} \cdot p^{k-1} \cdot q^{n-k+1}} = \dfrac{n! \cdot (n-k+1)! \cdot (k-1)!}{k! \cdot (n-k)! \cdot n!} \cdot \dfrac{p}{q} = \dfrac{n-k+1}{k} \cdot \dfrac{p}{q}$

b) $\dfrac{n-k+1}{k} \cdot \dfrac{p}{q} = \dfrac{(n-k+1) \cdot p - k \cdot q + k \cdot q}{k \cdot q} = 1 + \dfrac{(n-k+1) \cdot p - k \cdot q}{k \cdot q} =$

$= 1 + \dfrac{(n+1) \cdot p - k \cdot p - k \cdot q}{k \cdot q} = 1 + \dfrac{(n+1) \cdot p - k \cdot (p+q)}{k \cdot q} = 1 + \dfrac{(n+1) \cdot p - k}{k \cdot q}$

Dabei wurde verwendet, dass $p + q = 1$ gilt.

c) Aus a) und b) folgt $\dfrac{P(X=k)}{P(X=k-1)} = 1 + \dfrac{(n+1) \cdot p - k}{k \cdot q}$. Ist $k < (n+1) \cdot p$, dann ist die rechte Seite größer als 1, d. h. es gilt $P(X=k) > P(X=k-1)$.

Ist $k > (n+1) \cdot p$, dann ist die rechte Seite kleiner als 1, d. h. es gilt $P(X=k) < P(X=k-1)$.

Aufgabe 6: Multiple-Choice-Test – durch Raten zu lösen?

Die Zufallsvariable X gibt die Zahl der richtig gelösten Fragen an. Gesucht ist $P(X \geq 5)$. X ist binomialverteilt mit $n = 10$ und $p = \dfrac{1}{3}$, da mit der Wahrscheinlichkeit $\dfrac{1}{3}$ die richtige

Frage geraten wird und es sich um eine Bernoulli-Kette der Länge n = 10 handelt. Also gilt:

$$P(X \geq 5) = \sum_{k=5}^{10} \binom{10}{k}\left(\frac{1}{3}\right)^k\left(\frac{2}{3}\right)^{10-k} = 1 - \sum_{k=0}^{4} \binom{10}{k}\left(\frac{1}{3}\right)^k\left(\frac{2}{3}\right)^{10-k} \approx 0{,}213$$

Die Berechnung per Hand ist lästig. Mit dem Tabellenblatt »*8.3 Binomialverteilung*« in der Datei »*Tabellen*« ersparen Sie sich diese Arbeit. Der Erwartungswert von X ist:

$$E(X) = n \cdot p = 10 \cdot \frac{1}{3} \approx 3{,}3$$

Aufgabe 7: Bunte Tulpen

Die Zufallsvariable X gibt die Anzahl an roten Tulpen an. X ist binomialverteilt mit $n = 20$ und $p = \frac{1}{3}$.

a) $P(X = 8) = \binom{20}{8}\left(\frac{1}{3}\right)^8\left(\frac{2}{3}\right)^{12} \approx 14{,}8\,\%$

b) $P(X \geq 8) = 1 - F(7) = 1 - \sum_{k=0}^{7} \binom{20}{k}\left(\frac{1}{3}\right)^k\left(\frac{2}{3}\right)^{20-k} \approx 33{,}8\,\%$

c) $P(6 \leq X \leq 10) = \sum_{k=6}^{10} \binom{20}{k}\left(\frac{1}{3}\right)^k\left(\frac{2}{3}\right)^{20-k} = F(10) - F(6) \approx 66{,}5\,\%$

Aufgabe 8: Rosinenbrötchen

Die Zufallsvariable X gibt die Anzahl der Rosinen in einem Brötchen an. X ist Poisson-verteilt mit einem unbekannten Wert von λ. Mithilfe der Bedingung $P(X < 0) < \frac{1}{1000}$ kann man λ bestimmen:

$$\frac{\lambda^0}{0!}e^{-\lambda} < \frac{1}{1000}$$

Weil $\lambda^0 = 1$ und $0! = 1$ ist, folgt: $e^\lambda > 1000$.

Daraus folgt $\lambda > \ln(1000) \approx 6{,}9$. Das sieht man durch Rechnung mit Logarithmen ein, oder man setzt verschiedene Werte in die Ungleichung $e^\lambda > 1000$ ein und bestätigt, dass 6,9 der passende Wert ist.

Die durchschnittliche Rosinenzahl pro Brötchen ist also 6,9. Da 1000 Brötchen gebacken werden, braucht man deshalb 6900 Rosinen.

»Weniger als 4 Rosinen« bedeutet 0, 1, 2 oder 3 Rosinen. Die Wahrscheinlichkeit dafür ist:

$P(X=0) + P(X=1) + P(X=2) + P(X=3) =$
$= \frac{6,9^0}{0!}e^{-6,9} + \frac{6,9^1}{1!}e^{-6,9} + \frac{6,9^2}{2!}e^{-6,9} + \frac{6,9^3}{3!}e^{-6,9} \approx 0,087 = 8,7\%$

Die Wahrscheinlichkeit für mehr als 10 Rosinen berechnet man einfacher über das Gegenereignis:

$P(X > 10) = 1 - P(X \leq 10) = 1 - P(X = 0) + ... + P(X = 10)) =$

$1 - \sum_{k=0}^{10} \frac{6,9^k}{k!} e^{-6,9} \approx 0,092 = 9,2\%$

Für die Berechnung der letzten Summe ist es sinnvoll, ein Programm einzusetzen, z. B. das Tabellenblatt »8.4 Poisson« in der Datei »Tabellen«, mit der sich sowohl die Werte der Wahrscheinlichkeitsfunktion als auch Summen der Poisson-Verteilung berechnen lassen.

Aufgabe 9: Tor, Tor, Tor!

Die Zufallsgröße X bezeichnet die Anzahl der Tore, welche die Mannschaft in diesem Spiel erzielt. Es ist $P(X = k) = \frac{1,5^k}{k!} \cdot e^{-1,5}$.

a) Für $k = 0$ erhält man: $P(X = 0) = e^{-1,5} \approx 22,3\%$.
   Bei der Rechnung wurde verwendet, dass $0! = 1$ ist.

b) »Mindestens ein Tor« bedeutet $k = 1, 2, 3, ...$ Tore, d. h. k kann unendlich viele Werte annehmen, zumindest in der Theorie. Gesucht ist also
   $P(X \geq 1) = P(X = 1) + P(X = 2) + P(X = 3) + ...$
   Statt mit dieser unendlichen Summe zu rechnen, verwendet man besser das Gegenereignis (vergleiche Abschnitt 7.1.2, »Beliebige Zufallsexperimente«).
   $P(X \geq 1) = 1 - P(X < 1) = 1 - P(X = 0) = 1 - 0,223 \approx 0,78.$

Aufgabe 10: Wie viele Buben?

Die Zufallsvariable X gibt die Anzahl der Buben an. X ist hypergeometrisch verteilt mit $N = 32$, $M = 4$ und $n = 10$.

$$P(X = k) = \frac{\binom{4}{k}\binom{32-4}{10-k}}{\binom{32}{10}}, \ k = 0,1,2,3,4.$$

k	P(X = k)
0	0,20342
1	0,42825
2	0,28907
3	0,07341
4	0,00584

Tabelle 8.11 Werte von P(X = k)

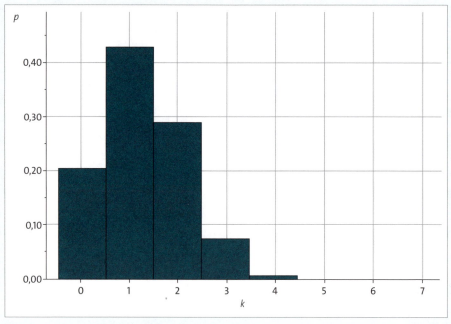

Abbildung 8.44 Wahrscheinlichkeitsfunktion für die »Anzahl der Buben«

Aufgabe 11: Alles Nieten oder nicht?

X gibt die Zahl der Gewinne an.

a) Beim Kauf von 5 Losen:

$$P(X \geq 1) = 1 - \frac{\binom{5}{0}\binom{95}{5}}{\binom{100}{5}} \approx 1 - 0{,}7696 = 0{,}2304$$

b) Beim Kauf von 20 Losen:

$$P(X \geq 1) = 1 - \frac{\binom{5}{0}\binom{95}{20}}{\binom{100}{20}} \approx 1 - 0{,}3193 = 0{,}6807$$

Aufgabe 12: Spielverlauf für einen Immer-Rot-Spieler

a) X gibt die Anzahl der Spiele bis zum ersten Gewinn an. X ist geometrisch verteilt mit $p = \frac{18}{37} \approx 0{,}486$.

$P(X = 3) = (1-p)^2 \cdot p \approx 0{,}128$

b) $P(X \geq 3) = 1 - P(X \leq 2)$; Es ist $F(2) = P(X \leq 2) \approx 1 - (1 - 0{,}486)^2 \approx 0{,}736$.

Setzt man diesen Wert ein, dann ergibt sich:

$P(X \geq 3) \approx 1 - 0{,}736 \approx 0{,}264$

c) $E(X) = \frac{1}{p} = \frac{37}{18} \approx 2{,}06$

Aufgabe 13: Stetig gleichverteilte Zufallsvariable

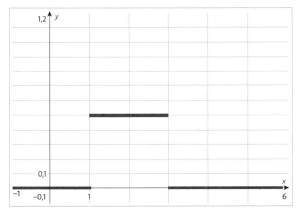

Abbildung 8.45 Wahrscheinlichkeitsfunktion der auf [1; 3] stetig gleichverteilten Zufallsvariablen

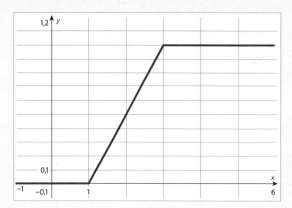

Abbildung 8.46 Verteilungsfunktion der auf [1; 3] stetig gleichverteilten Zufallsvariablen

Aufgabe 14: Wann kommt der nächste Kunde?

Es ist $\lambda = 6$. Gesucht ist $P\left(\frac{1}{6} \leq X \leq \frac{2}{6}\right)$, denn 10 Minuten sind $\frac{1}{6}$ Stunde.

Für $x > 0$ ist $F(x) = 1 - e^{-6x}$.

Zur Erinnerung: $P(a \leq X \leq b) = F(b) - F(a)$ (siehe Abschnitt 7.8.4).

$P\left(\frac{1}{6} \leq X \leq \frac{2}{6}\right) = F\left(\frac{2}{6}\right) - F\left(\frac{1}{6}\right) = 1 - e^{-2} - (1 - e^{-1}) = e^{-1} - e^{-2} \approx 0{,}2325.$

Aufgabe 15: Wahrscheinlichkeiten zu einer Normalverteilung berechnen

a) $z = \dfrac{1 - (-1)}{1{,}5} \approx 1{,}333$

$\Phi(1{,}333) \approx 0{,}908$, d. h. $P(X \leq 1) \approx 0{,}908$

b) $P(X \geq 1{,}5) = 1 - P(X \leq 1{,}5)$

$z = \dfrac{1{,}5 - (-1)}{1{,}5} \approx 1{,}666$

$\Phi(1{,}666) \approx 0{,}952$

$P(X \geq 1{,}5) \approx 1 - 0{,}952 = 0{,}048$

c) $z_1 = \dfrac{-1 - (-1)}{1{,}5} = 0$

$z_2 = \dfrac{0{,}5 - (-1)}{1{,}5} = \dfrac{1{,}5}{1{,}5} = 1$

$\Phi(1) - \Phi(0) \approx 0{,}841 - 0{,}5 = 0{,}341$

Aufgabe 16: Ausschuss bei Schrauben

Die Zufallsvariable X gibt die Länge einer hergestellten Schraube an. X ist normalverteilt mit dem Erwartungswert $\mu = 10$ und der Standardabweichung $\sigma = 0,01$. Eine Schraube ist kein Ausschuss, wenn gilt: $9,98 \leq X \leq 10,02$. Die Wahrscheinlichkeit dafür, dass eine Schraube zum Ausschuss gehört, ist dann $1 - P(9,98 \leq X \leq 10,02)$:

$$P(9,98 \leq X \leq 10,02) = \Phi\left(\frac{10,02 - 10}{0,01}\right) - \Phi\left(\frac{9,98 - 10}{0,01}\right) = \Phi(2) - \Phi(-2) =$$

$$= \Phi(2) - (1 - \Phi(2)) = 2 \cdot \Phi(2) - 1 \approx 2 \cdot 0,97725 - 1 = 0,9545$$

Die Wahrscheinlichkeit für Ausschuss ist deshalb $1 - 0,9545 = 0,0455$, d. h. $4,55\,\%$.

Aufgabe 17: Sigmaregeln herleiten

Zur 1. Sigma-Regel:

$$P(\mu - \sigma \leq X \leq \mu + \sigma) = \Phi\left(\frac{\mu + \sigma - \mu}{\sigma}\right) - \Phi\left(\frac{\mu - \sigma - \mu}{\sigma}\right) = \Phi(1) - \Phi(-1) =$$

$$= \Phi(1) - (1 - \Phi(1)) = 2 \cdot \Phi(1) - 1 = 2 \cdot 0,84134 - 1 = 0,68268$$

Der Nachweis für die beiden anderen Regeln verläuft entsprechend.

Aufgabe 18: Intelligenzquotient

X gebe den IQ an. Gesucht ist das 0,85-Quantil.

Gesucht ist z, sodass $\Phi(z) = 0,85$. Mit einer Tabelle oder mit dem Computer findet man: $\Phi(1,036) = 0,85$, d. h. $z = 1,036$. Damit erhält man:

$$\frac{x_p - 100}{15} = 1,036, \text{ d. h. } x_p = 115,54$$

Aufgabe 19: Flug überbucht?

Es handelt sich um eine Bernoulli-Kette von $n = 290$ Experimenten. Die Erfolgswahrscheinlichkeit, mit der ein Passagier zum Flug erscheint, ist $p = 95\,\%$. Die Zufallsvariable X gibt die Anzahl der Personen, die erscheinen, an. X ist binomialverteilt mit $n = 290$ und $p = 0,95$. Gesucht ist die Wahrscheinlichkeit, dass alle Passagiere Platz finden, d. h. $P(X \leq 280)$.

$$P(X \leq 280) = \sum_{k=0}^{280} \binom{290}{k} 0,95^k \cdot 0,05^{290-k}$$

Es ist $\mu = n \cdot p = 290 \cdot 0,95 = 275,5$ und

$$\sigma = \sqrt{n \cdot p \cdot (1 - p)} = \sqrt{290 \cdot 0,95 \cdot (1 - 0,95)} = 3,7115.$$

Da $\sigma^2 = 13{,}8 > 9$ gilt, kann man die Normalapproximation verwenden.

$$P(X \leq 280) \approx \Phi\left(\frac{280 - \mu + \frac{1}{2}}{\sigma}\right) = \Phi\left(\frac{280 - 275{,}5 + \frac{1}{2}}{3{,}7115}\right) \approx \Phi(1{,}347) \approx 0{,}91$$

Zu 91 % der Flüge gibt es mit diesem Verfahren der Fluggesellschaft keine unzufriedenen Passagiere.

Aufgabe 20: Schadensmeldungen

Die Zufallsvariable X gibt die Anzahl der Schadensmeldungen im Jahr an. X ist binomialverteilt mit $n = 16735$ und $p = 10\,\%$.

Gesucht ist $P(1700 \leq X \leq 1900)$.

Es ist $\mu = n \cdot p = 1673{,}5$ und

$\sigma = \sqrt{n \cdot p \cdot (1-p)} = 38{,}8$.

Da $\sigma^2 = 1506 > 9$ gilt, kann man die Normalapproximation verwenden.

$$P(1700 \leq X \leq 1900) \approx \Phi\left(\frac{1900 - 1673{,}5 + \frac{1}{2}}{38{,}8}\right) - \Phi\left(\frac{1700 - 1673{,}5 - \frac{1}{2}}{38{,}8}\right) =$$

$$= \Phi(5{,}85) - \Phi(0{,}67) = 0{,}99999 - 0{,}74857 \approx 0{,}251 = 25{,}1\,\%$$

TEIL III
Beurteilende Statistik

Kapitel 9
Schätzen

In der beschreibenden Statistik werden Stichproben ausgewertet und dargestellt. In der beurteilenden Statistik wird dann versucht, anhand der erhobenen Stichproben festzustellen, welche Wahrscheinlichkeitsverteilung den Daten zugrunde liegt und wie man unbekannte Kennzahlen dieser Verteilung schätzen kann.

Zum Einstieg

Das Ziel von Schätzverfahren besteht darin, ausgehend von erhobenen Stichproben Aussagen über Kennzahlen der zugrunde liegenden Population (Grundgesamtheit) zu machen. Die Kennzahlen, die geschätzt werden sollen, sind z. B. Wahrscheinlichkeiten, Erwartungswerte und Varianzen oder Parameter in Verteilungen, wie zum Beispiel λ in einer Poisson-Verteilung. Um Kennzahlen zu schätzen, gibt es prinzipiell zwei verschiedene Wege. Eine *Punktschätzung* ist ein Vorgang, der für den zu schätzenden Parameter einen einzigen Schätzwert liefert. Daneben gibt es die *Bereichsschätzung*, mit der ein Intervall festgelegt wird, das den unbekannten Parameter mit einer vorgegebenen Wahrscheinlichkeit enthält. Solche Intervalle nennt man auch *Konfidenzintervalle*.

9.1 Schätzfunktionen und Stichprobenverteilungen

Angenommen, es sollen Fußballspieler der Bundesliga und deutsche Männer bezüglich ihrer durchschnittlichen Körpergröße verglichen werden. Für die Fußballspieler kann die durchschnittliche Körpergröße aus einer *Vollerhebung*, d. h. unter Berücksichtigung aller Spieler erhoben werden. Der Deutsche Fußballbund hat dies durchgeführt und die durchschnittliche Körpergröße der Erstligaspieler mit 1,84 m angegeben. Das statistische Landesamt Rheinland-Pfalz vermeldet, dass im Jahr 2009 deutsche Männer im Durchschnitt 1,78 m groß waren. Gute Fußballspieler überragen also den deutschen Durchschnittsmann.

Das statistische Landesamt konnte allerdings keine Vollerhebung durchführen, sondern musste mit einer repräsentativen Stichprobe auskommen. Aus den Werten $x_1, ..., x_n$ dieser Stichprobe wurde dann die durchschnittliche Körpergröße μ_X in der Grundgesamtheit geschätzt. Dazu benötigt man eine *Schätzfunktion* der Gestalt $f(x_1, ..., x_n)$, die einen Wert für den gesuchten Durchschnitt der Grundgesamtheit liefert. Es ist naheliegend, dass man als Schätzfunktion das arithmetische Mittel

$$f(x_1,...,x_n) = \frac{x_1 + ... + x_n}{n} = \overline{x}$$

der Stichprobenwerte x_i wählt.

Die Stichprobenwerte $x_1, ..., x_n$ sind Realisierungen einer Zufallsvariablen X, welche die Körpergröße in der Grundgesamtheit beschreibt. Die Zufallsvariable X besitzt den Erwartungswert μ_X und die Standardabweichung σ_X, beide Werte sind unbekannt.

Wählt man verschiedene Stichproben aus der Grundgesamtheit aus, dann wird man auch verschiedene Schätzwerte für μ_X erhalten, denn in der Grundgesamtheit streuen die Werte der x_i um den Erwartungswert μ_X. Um die Güte der Schätzung beurteilen zu können, muss man also wissen, wie stark die Werte in der Stichprobe streuen.

Für die weiteren Überlegungen ist es sinnvoll, eine neue Sichtweise zu wählen: Man betrachtet n Zufallsvariablen $X_1, ..., X_n$, die alle dieselbe Verteilungsfunktion wie X haben. X_i gibt die Größe der i-ten ausgewählten Person an. Die X_i sind unabhängig, weil die Ausführungen des Experimentes »Auswahl einer Person aus der Grundgesamtheit« unabhängig voneinander durchgeführt werden. Die Stichprobe wird in dieser Sichtweise durch ein *n-tupel* $(X_1, ..., X_n)$ von Zufallsvariablen gleicher Verteilung beschrieben. Damit ist eine Schätzfunktion eine Funktion von Zufallsvariablen und stellt selbst eine Zufallsvariable dar. Der durch die Stichprobe festgestellte Wert der Schätzfunktion ist dann eine Realisierung der Zufallsvariable.

Schätzfunktionen

Mit einer **Schätzfunktion** (auch Schätzer genannt) will man aus den Werten einer Stichprobe Kennzahlen der zugrunde liegenden Population berechnen. Eine Schätzfunktion kann als Zufallsvariable aufgefasst werden. Die Wahrscheinlichkeitsverteilung einer Schätzfunktion bezeichnet man auch als *Stichprobenverteilung*.

Dadurch, dass die Schätzfunktion als Zufallsvariable betrachtet wird, kann man das gesamte Repertoire der Wahrscheinlichkeitsrechnung zur Beschreibung einer Schätzfunktion verwenden. Man kann beispielsweise den Erwartungswert oder die Standardabweichung der Schätzfunktion bilden. Mit Bildung dieser Werte ist es dann auch möglich, zu beurteilen, wie gut Schätzfunktionen sind. Der Erwartungswert einer Schätzfunktion kann als arithmetisches Mittel der Werte interpretiert werden, welche die Schätzfunktion annimmt, wenn man viele Stichproben erhebt. Wünschenswert ist, dass dieser Mittelwert möglichst nahe beim zu schätzenden Parameter liegt. Ist dies der Fall, dann sagt man, dass die Schätzfunktion *erwartungstreu* ist.

Erwartungstreue Schätzfunktionen

Eine Schätzfunktion $T(X_1, ..., X_n)$ heißt **erwartungstreu** für die zu schätzende Größe τ, wenn $E(T) = \tau$ gilt.

Die Berechnung der Standardabweichung einer Schätzfunktion liefert eine Aussage über die Größe der Streuung des *Schätzers*. Wünschenswert ist natürlich eine möglichst kleine Streuung. Falls dies gegeben ist, so spricht man von einem *effizienten Schätzer*.

Effiziente Schätzfunktionen

Ist die Streuung einer Schätzfunktion klein, d. h. liegen die Schätzwerte möglichst nahe an dem zu schätzenden Parameter, dann nennt man die Schätzfunktion **effizient**.

Schätzfunktionen hängen natürlich auch vom Umfang *n* der Stichprobe ab. Es sollte so sein, dass die Schätzung umso besser ist, je größer *n* ist, denn vergrößert man das Datenmaterial, dann hat man auch mehr Informationen. In diesem Fall nennt man die Schätzfunktion *konsistent*.

Konsistente Schätzfunktionen

Eine Schätzfunktion heißt **konsistent**, wenn bei zunehmendem Stichprobenumfang die Schätzwerte auf den zu schätzenden Wert zustreben.

Im nächsten Abschnitt wird die Stichprobenverteilung für das arithmetische Mittel einer Stichprobe bestimmt.

9.2 Eine Punktschätzung für den Erwartungswert

Hier erfahren Sie, wie man den Erwartungswert eines Merkmals schätzen kann. Der Erwartungswert μ_X eines durch die Zufallsvariable X beschriebenen Merkmals der Grundgesamtheit kann mit dem arithmetischen Mittel $\overline{X} = \dfrac{X_1 + \ldots + X_n}{n}$ einer Stichprobe geschätzt werden. Mit $\overline{x}$ wird eine Realisierung von $\overline{X}$ bezeichnet. Da $\overline{X}$ eine Summe unabhängiger Zufallsvariablen ist, die alle die gleiche Verteilung haben, kann man den zentralen Grenzwertsatz anwenden (vergleiche Abschnitt 8.9). Danach ist $\overline{X}$ annähernd normalverteilt, denn die Bedingung $n \geq 30$ ist meistens bei Stichprobenverfahren erfüllt. Für diese Normalverteilung berechnet man zuerst den Erwartungswert und dann die Standardabweichung. Dazu werden die bekannten Regeln für Erwartungswerte und Varianzen verwendet (vergleiche Abschnitt 7.12):

$$E(\overline{X}) = E\left(\frac{1}{n}\sum_{i=1}^{n} X_i\right) = \frac{1}{n} E\left(\sum_{i=1}^{n} X_i\right) = \frac{1}{n} \sum_{i=1}^{n} E(X_i) = \frac{1}{n} \cdot n \cdot \mu_X = \mu_X$$

Der Erwartungswert des arithmetischen Mittels der Stichprobe ist also gleich dem arithmetischen Mittel in der Grundgesamtheit. Hier zeigt sich, dass die Schätzfunktion $\overline{X} = \dfrac{X_1 + \ldots + X_n}{n}$ erwartungstreu ist. Um die Standardabweichung von $\overline{X}$ zu berechnen, wird zunächst deren Varianz bestimmt. Bei der Berechnung der Stichprobenvarianz wird die Unabhängigkeit der Zufallsvariablen X_i verwendet (vergleiche Abschnitt 7.12):

$$Var(\overline{X}) = Var\left(\frac{1}{n}\sum_{i=1}^{n} X_i\right) = \frac{1}{n^2} Var\left(\sum_{i=1}^{n} X_i\right) = \frac{1}{n^2} \sum_{i=1}^{n} Var(X_i) = \frac{1}{n^2} \cdot n \cdot \sigma_X^2 = \frac{\sigma_X^2}{n}$$

Durch Wurzelziehen erhält man dann die Standardabweichung in der Stichprobe:

$$\sigma_{\overline{X}} = \frac{\sigma_X}{\sqrt{n}}$$

> **Merke: Stichprobenverteilung des arithmetischen Mittels**
>
> Geschätzt werden soll der Erwartungswert μ_X eines Merkmals. Dazu wird der Grundgesamtheit eine Zufallsstichprobe $(X_1, \ldots, X_n)$ entnommen. Alle X_i haben den Erwartungswert μ_X und die Standardabweichung σ_X. Als Schätzfunktion für μ_X wird $\overline{X} = \dfrac{1}{n}\sum_{i=1}^{n} X_i$ verwendet. Dann ist $\overline{X}$ annähernd normalverteilt mit dem Erwartungswert μ_X und der Standardabweichung $\dfrac{\sigma_X}{\sqrt{n}}$.

Die Standardabweichung von $\overline{X}$ hängt damit von den beiden Parametern σ_X und n ab. Dabei sind folgende Punkte zu beachten:

- Die Standardabweichung von $\overline{X}$ ist proportional zur Standardabweichung σ_X in der Grundgesamtheit, d. h. je stärker die Werte in der Grundgesamtheit streuen, desto stärker streuen sie auch in der Stichprobe. Das ist anschaulich klar: Wenn in der Grundgesamtheit viele Elemente mit großen Abweichungen vom Mittelwert auftreten, dann ist es wahrscheinlich, dass diese Elemente auch in die Stichprobe gelangen.
- Weil n im Nenner steht, wird die Standardabweichung von $\overline{X}$ kleiner, wenn man den Stichprobenumfang vergrößert. Auch das ist anschaulich klar, denn es werden dann ja mehr Daten verwendet. Allerdings liegt keine umgekehrte Proportionalität vor. Die Wurzel aus n wächst bei zunehmendem n viel langsamer als n selbst. Wegen der

Wurzel muss man den Stichprobenumfang vervierfachen, wenn man die Standardabweichung halbieren will. Dieser Zusammenhang wird oft als *1-durch-Wurzel-n-Gesetz* bezeichnet.

Im Folgenden soll beurteilt werden, wie gut die Schätzung von μ_X durch das arithmetische Mittel der Stichprobe ist. Dazu nutzt man aus, dass die Verteilung von $\overline{X}$ bekannt ist. Da $\overline{X}$ normalverteilt ist, kann man die Sigma-Regeln aus Abschnitt 8.10, »Rechnen mit der Normalverteilung«, anwenden. Damit folgt, dass in 68 % der Fälle gilt:

$$\mu_X - \frac{\sigma_X}{\sqrt{n}} \leq \overline{x} \leq \mu_X + \frac{\sigma_X}{\sqrt{n}}$$

Daraus ergibt sich $\mu_X \leq \overline{x} + \frac{\sigma_X}{\sqrt{n}}$ und $\mu_X \geq \overline{x} - \frac{\sigma_X}{\sqrt{n}}$.

Setzt man diese beiden Ungleichungen zusammen, dann hat man eine Abschätzung für den gesuchten Wert μ_X, die in 68 % aller Fälle gilt:

$$\overline{x} - \frac{\sigma_X}{\sqrt{n}} \leq \mu_X \leq \overline{x} + \frac{\sigma_X}{\sqrt{n}}$$

Verwendet man die 2. und die 3. Sigma-Regel, dann ergibt sich ebenso:

In 95,5 % der Fälle gilt: $\overline{x} - 2\frac{\sigma_X}{\sqrt{n}} \leq \mu_X \leq \overline{x} + 2\frac{\sigma_X}{\sqrt{n}}$.

In 99,7 % der Fälle gilt: $\overline{x} - 3\frac{\sigma_X}{\sqrt{n}} \leq \mu_X \leq \overline{x} + 3\frac{\sigma_X}{\sqrt{n}}$.

Bevor man diese Regeln anwenden kann, ist noch zu beachten, dass der in den Abschätzungen vorkommende Parameter σ_X die unbekannte Standardabweichung in der Grundgesamtheit ist. Aus diesem Grund muss σ_X noch aus den Werten der Stichprobe geschätzt werden. Es ist naheliegend, dass man – entsprechend der Festlegung der empirischen Varianz in Abschnitt 5.2 – für die Varianz σ_X^2 die Schätzfunktion

$$S^2 = \frac{1}{n-1} \sum_{i=1}^{n}(X_i - \overline{X})^2$$

wählen wird. Diese Funktion eignet sich gut, weil sie erwartungstreu ist, d. h. es gilt $E(S^2) = \sigma_X^2$. Einen rechnerischen Nachweis für die Erwartungstreue von S^2 findet man z. B. in [BUE, S. 316].

Man wird deshalb σ_X^2 mit der Funktion S^2 schätzen und erhält auf diese Weise einen Schätzwert s^2 für die Varianz. Zieht man die Wurzel aus dem so ermittelten Wert s^2, dann hat man den gesuchten Schätzwert für σ_X.

> **Merke: Schätzen des Erwartungswertes**
>
> Um den Erwartungswert μ_X eines Merkmals in der Grundgesamtheit zu schätzen, wählt man eine Zufallsstichprobe mit den Werten $x_1, ..., x_n$ und bildet als Schätzwert das Stichprobenmittel $\bar{x} = \dfrac{1}{n}\sum_{i=1}^{n} x_i$.
>
> Zur Beurteilung der Güte der Schätzung bestehen die Aussagen:
>
> Mit einer Wahrscheinlichkeit von 68,3 % gilt: $\bar{x} - \dfrac{s}{\sqrt{n}} \leq \mu_X \leq \bar{x} + \dfrac{s}{\sqrt{n}}$.
>
> Mit einer Wahrscheinlichkeit von 95,5 % gilt: $\bar{x} - 2\dfrac{s}{\sqrt{n}} \leq \mu_X \leq \bar{x} + 2\dfrac{s}{\sqrt{n}}$.
>
> Mit einer Wahrscheinlichkeit von 99,7 % gilt: $\bar{x} - 3\dfrac{s}{\sqrt{n}} \leq \mu_X \leq \bar{x} + 3\dfrac{s}{\sqrt{n}}$.
>
> Dabei ist $s = \sqrt{\dfrac{1}{n-1}\sum_{i=1}^{n}(x_i - \bar{x})^2}$ die mit den Stichprobenwerten berechnete Standardabweichung.

9.3 Ein Konfidenzintervall für den Erwartungswert

Im letzten Abschnitt wurde für den Erwartungswert μ_X eines durch die Zufallsvariable X beschriebenen Merkmals der Grundgesamtheit eine Punktschätzung durchgeführt. In diesem Abschnitt wird gezeigt, wie man ein Intervall bestimmen kann, das den zu schätzenden Parameter μ_X mit einer vorgegebenen Wahrscheinlichkeit enthält. Ein solches Intervall heißt Konfidenzintervall. Die Ungleichungen für μ_X aus Abschnitt 9.2 sind gleichbedeutend damit, dass μ_X

- mit 68,3 % Wahrscheinlichkeit im Intervall $\left[\bar{x} - \dfrac{s}{\sqrt{n}}; \bar{x} + \dfrac{s}{\sqrt{n}}\right]$ liegt,

- mit 95,5 % Wahrscheinlichkeit im Intervall $\left[\bar{x} - 2\dfrac{s}{\sqrt{n}}; \bar{x} + 2\dfrac{s}{\sqrt{n}}\right]$ liegt oder

- mit 99,7 % Wahrscheinlichkeit im Intervall $\left[\bar{x} - 3\dfrac{s}{\sqrt{n}}; \bar{x} + 3\dfrac{s}{\sqrt{n}}\right]$ liegt.

Die für diese Intervalle angegebenen Wahrscheinlichkeiten nennt man das *Konfidenzniveau* $1-\alpha$. Die Benennung mit $1-\alpha$ rührt daher, dass man üblicherweise die Unsicherheit der Schätzung, d. h. die *Irrtumswahrscheinlichkeit* mit α bezeichnet. Das Konfidenzniveau stellt in diesem Sinn die *Komplementärwahrscheinlichkeit* zur Irrtumswahrscheinlichkeit dar. Mit dieser Sprechweise gehört das Konfidenzintervall

$\left[\overline{x} - \dfrac{s}{\sqrt{n}}; \overline{x} + \dfrac{s}{\sqrt{n}}\right]$ zum Konfidenzniveau $1 - \alpha = 68{,}3\%$.

Zur Interpretation der Konfidenzniveaus muss man beachten, dass es durchaus sein kann, dass der geschätzte Parameter nicht im berechneten Konfidenzintervall liegt. Das Konfidenzintervall hängt von den Werten der Stichprobe ab. Erhebt man verschiedene Stichproben, dann ergeben sich unterschiedliche Konfidenzintervalle. Für Abbildung 9.1 wurden aus einer Grundmenge von 1000 Elementen 20 Stichproben gezogen, jeweils vom Umfang 35. Die Elemente waren Zahlen zwischen 1 und 30.

Zu jeder Stichprobe wurde das Konfidenzintervall bestimmt und gezeichnet. Die waagrechte Linie gibt den zu schätzenden Mittelwert in der Grundgesamtheit an. Wie man sieht, liegt dieser Wert manchmal im Konfidenzintervall, in einigen Fällen aber auch nicht. Die *Sicherheitswahrscheinlichkeit* ist nun so zu interpretieren, dass in $(1-\alpha) \cdot 100\%$ aller Fälle der Parameter im Konfidenzintervall liegt.

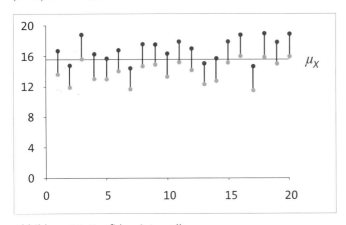

Abbildung 9.1 Konfidenzintervalle

Die bisher betrachteten Konfidenzniveaus 68,3 %, 95,5 % und 99,7 % ergaben sich daraus, dass die Abweichungen nach oben und unten um μ_X gerade gleich der einfachen, zweifachen und dreifachen Standardabweichung sein sollten. Man kann Konfidenzintervalle aber auch so aufstellen, dass man das Konfidenzniveau $1 - \alpha$ vorgibt und bestimmt, welches Vielfache c der Standardabweichung dazu gehört. Dazu erinnert man sich an die Herleitung der Sigma-Regeln in Abschnitt 8.10, »Rechnen mit der Normalverteilung«. Eine dazu entsprechende Rechnung für die Zufallsvariable $\overline{X}$ liefert die Vielfache c:

$$1 - \alpha = P\left(\mu_X - c\frac{\sigma_X}{\sqrt{n}} \leq \overline{X} \leq \mu_X + c\frac{\sigma_X}{\sqrt{n}}\right) =$$

$$= \Phi\left(\frac{\mu_X + c\frac{\sigma_x}{\sqrt{n}} - \mu_X}{\frac{\sigma_x}{\sqrt{n}}}\right) - \Phi\left(\frac{\mu_X - c\frac{\sigma_x}{\sqrt{n}} - \mu_X}{\frac{\sigma_x}{\sqrt{n}}}\right) =$$

$$= \Phi(c) - \Phi(-c) = \Phi(c) - (1 - \Phi(c)) = 2 \cdot \Phi(c) - 1.$$

Also gilt:

$2 \cdot \Phi(c) - 1 = 1 - \alpha$ und

$$\Phi(c) = \frac{1 + 1 - \alpha}{2} = 1 - \frac{\alpha}{2}.$$

Mithilfe einer Tabelle der Standardnormalverteilung oder eines Computerprogramms kann man damit c bestimmen. Mit der in Abschnitt 8.11, »Quantile und Perzentile«, entwickelten Sprechweise ist c das $\left(1 - \frac{\alpha}{2}\right)$-Quantil der Standardnormalverteilung. Es ergibt sich z. B. für $1 - \alpha = 90\%$ der Wert $c = 1{,}64$, d. h. es gilt mit 90 % Wahrscheinlichkeit:

$$\overline{x} - 1{,}64\frac{s}{\sqrt{n}} \leq \mu_X \leq \overline{x} + 1{,}64\frac{s}{\sqrt{n}}.$$

> ### Merke: Konfidenzintervalle für den Erwartungswert
> Um den Erwartungswert in der Grundgesamtheit auf dem Konfidenzniveau $1 - \alpha$ zu schätzen, verwendet man das Konfidenzintervall
>
> $$\left[\overline{x} - c\frac{s}{\sqrt{n}};\, \overline{x} + c\frac{s}{\sqrt{n}}\right].$$
>
> Dabei ist c das $\left(1 - \frac{\alpha}{2}\right)$-Quantil der Standardnormalverteilung.

In der Tabelle ist c für einige gebräuchliche Werte von $1 - \alpha$ angegeben:

$1-\alpha$	80 %	90 %	95 %	98 %	99 %
c	1,28	1,64	1,96	2,33	2,58

Tabelle 9.1 $\left(1-\frac{\alpha}{2}\right)$-Quantile der Standardnormalverteilung

Beispiel 1: Füllung von Bierflaschen

Eine Abfüllanlage füllt 0,5-Liter-Bierflaschen ab. Dabei beträgt die Standardabweichung des eingefüllten Volumens 5 cm³. Aus 80 abgefüllten Flaschen wird das arithmetische Mittel 498 cm³ bestimmt. Gesucht ist das 95-%-Konfidenzintervall für den Erwartungswert des abgefüllten Volumens.

Es ist $n = 80$, $s = 5$ cm³ und $1 - \alpha = 95\,\%$. Aus der Tabelle ergibt sich $c = 1{,}96$. Das liefert das Konfidenzintervall

$$\left[\bar{x} - c\frac{s}{\sqrt{n}}; \bar{x} + c\frac{s}{\sqrt{n}}\right] = \left[498 - 1{,}96\frac{5}{\sqrt{80}}; 498 + 1{,}96\frac{5}{\sqrt{80}}\right] \approx [496{,}9; 499{,}1].$$

> **Wie Sie ein Konfidenzintervall für den Erwartungswert einer Grundgesamtheit bestimmen**
>
> 1. Wahl des Konfidenzniveaus: $1 - \alpha$.
> 2. Wahl des Konfidenzintervalls: $K = \left[\bar{x} - c\frac{s}{\sqrt{n}}; \bar{x} + c\frac{s}{\sqrt{n}}\right]$.
> 3. Bestimmung des $\left(1 - \frac{\alpha}{2}\right)$-Quantils: $\Phi(c) = 1 - \frac{\alpha}{2}$, dann nach c auflösen oder die Tabelle benutzen.
> 4. Berechnung der Intervallgrenzen: $\bar{x} - c\frac{s}{\sqrt{n}}$ und $\bar{x} + c\frac{s}{\sqrt{n}}$. Damit ergibt sich das Konfidenzintervall $K = \left[\bar{x} - c\frac{s}{\sqrt{n}}; \bar{x} + c\frac{s}{\sqrt{n}}\right]$.

Aufgabe 1: Neujustierung einer Maschine bewerten

Eine Maschine stellt Werkstücke der Länge 100 cm her. Da zufallsabhängige Ungenauigkeiten im Herstellungsprozess auftreten, ist es nötig, die Maschine ab und zu neu zu justieren, wenn große Abweichungen von der Soll-Länge auftreten. Die Länge der hergestellten Stücke kann man durch eine Zufallsvariable X beschreiben. Der Produktion wird eine Stichprobe vom Umfang $n = 50$ Werkstücke entnommen. Diese Stichprobe liefert für die Länge der Werkstücke ein arithmetisches Mittel von $\bar{x} = 100{,}2\ cm$ und eine Standardabweichung von $s = 0{,}3$ cm. Ist dies mit einem angenommenen Mittelwert von 100 cm im Herstellungsprozess verträglich? Untersuchen Sie dies auf einem Konfidenzniveau von 95 %.

> **Was Sie wissen sollten**
> ▶ Sie sollten die Eigenschaften von Schätzfunktionen kennen.
> ▶ Sie sollten ein Konfidenzintervall für das arithmetische Mittel berechnen können.

9.4 Schätzen des Parameters p einer Binomialverteilung

Obwohl Lastkraftwagen und Zugmaschinen nur einen Anteil von etwa 9 % am Kraftfahrzeugbestand in Deutschland haben (Stand Januar 2017, Kraftfahrt-Bundesamt Flensburg), werden diese im Bewusstsein der Verkehrsteilnehmer viel stärker wahrgenommen. Das liegt unter anderem auch an den hohen Jahresfahrleistungen der LKW. Der ADAC geht von einem Anteil des Schwerverkehrs auf Autobahnen von 15 % aus.

Abbildung 9.2 Lastkraftwagen

Bei einer Verkehrszählung auf der Autobahn wurde registriert, ob ein vorüberfahrendes Auto ein LKW oder ein PKW war. Dabei ergaben sich innerhalb von 3 Minuten die folgenden Werte. Mit »1« ist ein LKW, mit »0« ein PKW bezeichnet.

1	0	0	0	1	0	0	0	0	0
0	1	0	0	1	0	0	0	0	0
0	0	0	0	1	0	0	0	0	0
0	0	0	0	0	0	0	0	0	0
0	0	0	0	0	1	0	0	0	1
0	0	0	0	1	0	0	0	1	0

Tabelle 9.2 Verkehrszählung mit LKW und PKW

Aus diesen Zahlen soll ein Schätzwert für die Wahrscheinlichkeit ermittelt werden, dass ein vorüberfahrendes Auto ein LKW ist.

Bei der vorliegenden Registrierung handelt es sich um die 60-fache Wiederholung eines Bernoulli-Experimentes (vergleiche Abschnitt 8.1, »Die Bernoulli-Verteilung«). Ein beliebiges dieser 60 Experimente wird durch eine Zufallsvariable X_i beschrieben, welche die Werte 0 oder 1 annehmen kann. Dabei wird der Wert 1 mit der Wahrscheinlichkeit p angenommen. Die Wahrscheinlichkeit p ist unbekannt und soll geschätzt werden:

$$X_i = \begin{cases} 1 & p \\ 0 & 1-p \end{cases} \text{ für } i = 1,\ldots,60$$

Die Anzahl der Erfolge in dieser Bernoulli-Kette gibt die Anzahl der LKW an. Diese Anzahl wird durch eine Zufallsvariable S beschrieben, für die gilt: $S = X_1 + X_2 + \ldots + X_{60}$. In der vorliegenden Stichprobe kommen 9 Einsen vor, daher hat S den Wert 9 angenommen. Die Situation lässt sich mit einem Binomialmodell (vergleiche Abschnitt 8.3) beschreiben. Für die Zufallsvariable S gilt deshalb:

$$P(S = k) = \binom{n}{k} p^k (1-p)^{n-k}$$

Dabei ist $n = 60$ (Zahl der Experimente) und $k = 9$ (Zahl der Erfolge). Um die unbekannte Wahrscheinlichkeit p zu schätzen, kann man eine grundlegende Methode verwenden, die sogenannte Maximum-Likelihood-Schätzung (vergleiche Abschnitt 8.5, »Die hypergeometrische Verteilung«). Dieses Prinzip sagt aus, dass man p so wählen soll, dass das beobachtete Ereignis die größte Wahrscheinlichkeit von allen Ereignissen, die eintreten könnten, besitzt. Für welchen Wert von p wird der Ausdruck $P(S=9) = \binom{60}{9} p^9 (1-p)^{60-9}$

maximal? Lässt man die Wahrscheinlichkeit $P(S = 9)$ in Abhängigkeit von p mit einem Computer berechnen und zeichnen, dann erhält man das folgende Bild:

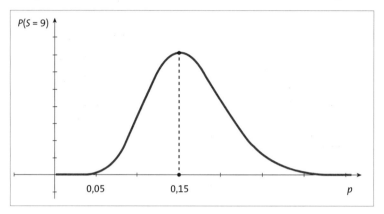

Abbildung 9.3 $P(S = 9)$ als Funktion von p

Die Zeichnung lässt vermuten, dass die Funktion $f(p) = \binom{60}{9} p^9 (1-p)^{60-9}$ für $p = 0{,}15$ ein Maximum annimmt. Bildet man die erste und die zweite Ableitung von $f(p)$, dann kann man dies auch belegen: $\dfrac{d}{dp} f(p) = 3 \cdot \binom{60}{9} p^8 (1-p)^{50} (3 - 20p)$.

Setzt man die erste Ableitung gleich 0, dann ergeben sich die Lösungen $p = 0$, $p = 1$ und $p = 3/20 = 0{,}15$.

Beim Einsetzen von 0,15 in die zweite Ableitung

$$\frac{d^2}{dp^2} f(p) = 6 \cdot \binom{60}{9} p^7 (1-p)^{49} (590 p^2 - 177 p + 12)$$

erhält man einen negativen Wert, sodass damit gezeigt ist, dass für $p = 0{,}15$ ein Maximum vorliegt.

Also nimmt die Funktion $P(S = 9)$ für $p = 0{,}15$ ihr Maximum an. Damit ist der Schätzwert für p gefunden. Dieser Wert wird Sie nicht überraschen. Sie hätten sicher intuitiv als Schätzwert für p die relative Häufigkeit für die Anzahl der LKW gewählt. Diese ist $\dfrac{9}{60} = 0{,}15$. Trotzdem hat die Maximum-Likelihood-Methode zur Konstruktion von Schätzfunktionen ihre Berechtigung, da sie auch in weniger offensichtlichen Fällen ein Ergebnis liefert. Die in diesem Spezialfall gewonnene Schätzfunktion für p hat auch im allgemeinen Fall Gültigkeit. Außerdem ist die Schätzfunktion erwartungstreu:

> **Merke: Schätzfunktion für den Parameter p einer Binomialverteilung**
>
> Eine Bernoulli-Kette vom Umfang n wird durch die Zufallsvariablen $X_1, ..., X_n$ beschrieben. Diese Zufallsvariablen sind unabhängig und haben alle dieselbe Verteilung. Jede der Variablen kann nur die Werte 0 und 1 annehmen. Der Wert 1 wird mit der zu schätzenden Wahrscheinlichkeit p angenommen. Dann ist $\overline{X} = \frac{1}{n}\sum_{i=1}^{n} X_i$ eine erwartungstreue Schätzfunktion für p.

Für p soll nun ein Konfidenzintervall angegeben werden. $\overline{X}$ ist die Summe unabhängiger und identisch verteilter Zufallsvariablen X_i. Deshalb kann man den zentralen Grenzwertsatz auf die Zufallsvariable $\overline{X}$ anwenden. Dies zeigt, dass $\overline{X}$ annähernd normalverteilt ist. Für diese Verteilung werden nun Erwartungswert und Standardabweichung berechnet. Wenn Sie die nachfolgende Rechnung scheuen, können Sie gleich nach dem Ergebnis für das Konfidenzintervall sehen.

In Abschnitt 8.1, »Die Bernoulli-Verteilung«, wurde gezeigt, dass für den Erwartungswert und die Varianz der X_i gilt: $E(X_i) = p$; $Var(X_i) = p \cdot (1-p)$. Damit lassen sich der Erwartungswert und die Varianz von $\overline{X}$ berechnen. Dazu werden die Rechenregeln für Erwartungswerte und Varianzen aus Abschnitt 7.12 verwendet. Bei den Umformungen für die Varianz wird von der Unabhängigkeit der Zufallsvariablen X_i Gebrauch gemacht:

$$E(\overline{X}) = E\left(\frac{1}{n}\sum_{i=1}^{n} X_i\right) = \frac{1}{n}\sum_{i=1}^{n} E(X_i) = \frac{1}{n} n p = p \text{ und}$$

$$Var(\overline{X}) = Var\left(\frac{1}{n}\sum_{i=1}^{n} X_i\right) = \frac{1}{n^2}\sum_{i=1}^{n} Var(X_i) = \frac{1}{n^2} n \cdot p \cdot (1-p) = \frac{p \cdot (1-p)}{n}.$$

Daraus ergibt sich die Standardabweichung von $\overline{X}$:

$$\sigma_{\overline{X}} = \sqrt{\frac{p \cdot (1-p)}{n}}$$

Der zentrale Grenzwertsatz (Abschnitt 8.12, »Die Normalapproximation der Binomialverteilung«) sagt aus, dass die Zufallsvariable

$$Y = \frac{\overline{X} - E(\overline{X})}{\sigma_{\overline{X}}} = \frac{\overline{X} - p}{\sqrt{\frac{p \cdot (1-p)}{n}}}$$

annähernd standardnormalverteilt ist.

Um das Konfidenzintervall für p zu bestimmen, gibt man zunächst das Konfidenzniveau $1-\alpha$ vor und bestimmt c so, dass $P(-c \leq Y \leq c) = 1-\alpha$ gilt.

Da Y standardnormalverteilt ist, heißt dies (siehe Abschnitt 8.10, »Rechnen mit der Normalverteilung«):

$\Phi(c) - \Phi(-c) = 1 - \alpha$

Weil $\Phi(-c) = 1 - \Phi(-c)$ gilt, folgt:

$\Phi(c) - (1 - \Phi(c)) = 1 - \alpha$,

$2 \cdot \Phi(c) = 2 - \alpha$ und

$\Phi(c) = 1 - \frac{\alpha}{2}$, d. h. c ist das $\left(1 - \frac{\alpha}{2}\right)$-Quantil der Standardnormalverteilung.

Nachdem c bestimmt ist, ersetzt man in der Ungleichung $-c \leq Y \leq c$ die Zufallsvariable Y durch ihre oben aufgeführte Bedeutung $\dfrac{\overline{X} - p}{\sqrt{\dfrac{p \cdot (1-p)}{n}}}$.

Damit ergibt sich $-c \leq \dfrac{\overline{X} - p}{\sqrt{\dfrac{p \cdot (1-p)}{n}}} \leq c$.

Die unbekannten Wahrscheinlichkeiten p und $1-p$ im Nenner kann man durch $\overline{X}$ und $1 - \overline{X}$ schätzen. Das führt auf

$-c \leq \dfrac{\overline{X} - p}{\sqrt{\dfrac{\overline{X} \cdot (1-\overline{X})}{n}}} \leq c$,

$-c\sqrt{\dfrac{\overline{X} \cdot (1-\overline{X})}{n}} \leq \overline{X} - p \leq c\sqrt{\dfrac{\overline{X} \cdot (1-\overline{X})}{n}}$ und

$-\overline{X} - c\sqrt{\dfrac{\overline{X} \cdot (1-\overline{X})}{n}} \leq -p \leq -\overline{X} + c\sqrt{\dfrac{\overline{X} \cdot (1-\overline{X})}{n}}$.

Nach Multiplikation mit -1 und Umsortieren hat man das gewünschte Konfidenzintervall erhalten:

$\overline{X} - c\sqrt{\dfrac{\overline{X}(1-\overline{X})}{n}} \leq p \leq \overline{X} + c\sqrt{\dfrac{\overline{X}(1-\overline{X})}{n}}$

> **Merke: Konfidenzintervall für den Parameter p einer Binomialverteilung**
>
> Um den Parameter p einer Binomialverteilung auf dem Konfidenzniveau $1-\alpha$ zu schätzen, verwendet man das Konfidenzintervall

$\left[\overline{x} - c\sqrt{\dfrac{\overline{x}(1-\overline{x})}{n}} ; \overline{x} + c\sqrt{\dfrac{\overline{x}(1-\overline{x})}{n}}\right]$. Dabei ist c das $\left(1-\dfrac{\alpha}{2}\right)$-Quantil der Standardnormalverteilung, n ist der Stichprobenumfang und $\overline{x}$ ist der geschätzte Wert für p.

Berechnen wir ein Konfidenzintervall für das eingangs betrachtete LKW-Beispiel:

Beispiel 2: LKW-Anteil auf der Autobahn

Es wird das zuvor angeführte LKW-Beispiel betrachtet. Der Anteil der LKW auf der Autobahn wurde durch eine Stichprobe vom Umfang $n = 60$ geschätzt. In dieser Stichprobe befanden sich 9 LKW, d. h. p wurde zu $p = \dfrac{9}{60} = 0{,}15$ bestimmt. Für diesen Schätzwert wird ein Konfidenzintervall bestimmt.

1. Wahl des Konfidenzniveaus: $1 - \alpha = 95\,\%$ d. h. $\alpha = 0{,}05$
2. Wahl des Konfidenzintervalls:

$$\left[\overline{x} - c\sqrt{\dfrac{\overline{x}(1-\overline{x})}{n}} ; \overline{x} + c\sqrt{\dfrac{\overline{x}(1-\overline{x})}{n}}\right]$$

3. Bestimmung des $(1 - \dfrac{0{,}05}{2})$-Quantils:

$\Phi(c) = (1 - \dfrac{0{,}05}{2}) = 0{,}975$

$c \approx 1{,}9599 \approx 1{,}96$

4. Berechnung der Intervallgrenzen:

$\overline{x} - c\sqrt{\dfrac{\overline{x}(1-\overline{x})}{n}} = 0{,}15 - 1{,}96\sqrt{\dfrac{0{,}15 \cdot (1-0{,}15)}{60}} = 0{,}0596$

$\overline{x} + c\sqrt{\dfrac{\overline{x}(1-\overline{x})}{n}} = 0{,}15 + 1{,}96\sqrt{\dfrac{0{,}15 \cdot (1-0{,}15)}{60}} = 0{,}24$

Damit ergibt sich das Konfidenzintervall $K = [0{,}06; 0{,}24]$, d. h. mit 95 % Sicherheit liegt der LKW-Anteil zwischen 6 % und 24 %.

Hier wird zusammengefasst, wie Sie im Einzelnen vorgehen können, um ein Konfidenzintervall für den Parameter p einer Binomialverteilung zu bestimmen:

> **Wie Sie ein Konfidenzintervall für den Parameter _p_ einer Binomialverteilung bestimmen können**
> 1. Erheben Sie eine Stichprobe vom Umfang n.
> 2. Bestimmen Sie die relative Häufigkeit $\bar{x}$ der Erfolge in der Stichprobe.
> 3. Wählen Sie das Konfidenzniveau $1 - \alpha$.
> 4. Berechnen Sie das $\left(1 - \frac{0{,}05}{2}\right)$-Quantil c der Standardnormalverteilung.
> 5. Berechnen Sie die Intervallgrenzen $\bar{x} - c\sqrt{\frac{\bar{x}\cdot(1-\bar{x})}{n}}$ und $\bar{x} + c\sqrt{\frac{\bar{x}\cdot(1-\bar{x})}{n}}$.

Wenden Sie diese Methode an, um Aufgabe 2 zu lösen.

Aufgabe 2: Sicherheit für eine absolute Mehrheit einschätzen

Vor einer Wahl hat eine Umfrage unter 1000 Wahlberechtigten ergeben, dass 51,8 % dieser Personen Partei XY wählen würden. Kann sich diese Partei sicher sein, dass sie bei der Wahl die absolute Mehrheit erlangen wird?

> **Was Sie wissen sollten**
> Sie sollten ein Konfidenzintervall für den Parameter _p_ einer Binomialverteilung berechnen können.

9.5 Umfang einer Stichprobe zur Schätzung des Erwartungswertes bei bekannter Standardabweichung

Endlich ist es soweit. Sie planen Ihre erste Umfrage. Dabei sollen Sie mit einer _Fehlergrenze_ von $e = 5\,€$ den durchschnittlichen Geldbetrag μ_X ermitteln, der ihren Mitstudenten monatlich zur Verfügung steht. Wie viele Personen müssen Sie befragen, wenn das Ergebnis ein Konfidenzniveau von $1 - \alpha = 95\,\%$ haben soll?

Durch die Angabe der Fehlergrenze ist die Länge des Konfidenzintervalls festgelegt. Die Fehlergrenze gibt die Abweichung um $\bar{x}$ nach oben und unten an. Wurde z. B. als Stichprobenmittel $\bar{x} = 1000$ gefunden, so ist bei einer Fehlergrenze von 5 € das Konfidenzintervall gleich [995; 1005].

Das Konfidenzintervall zur Schätzung des Mittelwertes in der Grundgesamtheit hat die Form:

$$K = \left[\bar{x} - c\frac{s}{\sqrt{n}}; \bar{x} + c\frac{s}{\sqrt{n}}\right]$$

Dabei ist n der Stichprobenumfang, $\bar{x}$ ist das Stichprobenmittel, s ist die Standardabweichung in der Stichprobe, und c ist das $\left(1 - \frac{0{,}05}{2}\right)$-Quantil der Standardnormalverteilung.

Die Breite B des Konfidenzintervalls ist gleich $B = 2 \cdot c\frac{s}{\sqrt{n}}$.

Berücksichtigt man die Fehlergrenze $e = \frac{B}{2}$, so ergibt sich $c \cdot \frac{s}{\sqrt{n}} = e$.

Diese Gleichung kann man nach n auflösen. Das liefert $n = \frac{c^2 \cdot s^2}{e^2}$.

Weil $\alpha = 5\,\%$ gewählt wurde, ist $c = 1{,}96$. Daraus folgt $n = \frac{1{,}96^2 \cdot s^2}{5^2}$.

Die Standardabweichung s in der Stichprobe liegt natürlich noch nicht vor, denn Sie haben die Stichprobe ja noch gar nicht erhoben. Aber Sie haben vor der Hauptstudie natürlich einen *Pretest* durchgeführt, um die Funktionsfähigkeit des gesamten Studiendesigns zu überprüfen. In diesem Vortest haben Sie eine *Vorläuferstichprobe* erhoben, die eine Standardabweichung von 50 € aufwies. Diesen Wert können Sie nun für s verwenden. Es ergibt sich: $n = \frac{1{,}96^2 \cdot 50^2}{5^2} = 384{,}16$. Für Ihre Umfrage müssen Sie also 385 Personen befragen.

> **Merke: Stichprobenumfang zur Schätzung des Erwartungswertes**
>
> Um den Erwartungswert mit der Fehlergrenze e auf einem Konfidenzniveau von $1 - \alpha$ zu schätzen, muss die Stichprobe den notwendigen Umfang von
>
> $n = \left(\frac{c \cdot s}{e}\right)^2$ haben. Dabei ist c das $\left(1 - \frac{0{,}05}{2}\right)$-Quantil der Standardnormalverteilung, und s ist die Standardabweichung in der Grundgesamtheit.

Die Situation, dass der Erwartungswert geschätzt werden soll, die Standardabweichung aber bekannt ist, hat durchaus praktische Bedeutung. Denken Sie z. B. an die Herstellung von Massenartikeln wie Schrauben, Kronkorken oder Milchtüten durch eine Maschine. Dann ist aus der früheren Produktion die Standardabweichung z. B. der Schraubenlänge bekannt, denn die Standardabweichung hängt in erster Linie von der Güte der Maschine ab. Dagegen hängt der Erwartungswert der Schraubenlänge von der gewählten Einstellung der Maschine ab. Beachten Sie zu dieser Problematik Aufgabe 3.

Aufgabe 3: Stichprobenumfang für Milchtüten festlegen

Eine Abfüllanlage für Milchtüten soll einen Liter Milch in jede Tüte füllen. Aus früheren Produktionen ist bekannt, dass die Standardabweichung des Einfüllvolumens 2,5 cm^3 beträgt. Wie viele Milchtüten müssen Sie untersuchen, um den Erwartungswert des eingefüllten Volumens auf einem Konfidenzniveau von 95% mit einer Fehlergrenze von 0,5 cm^3 genau zu schätzen?

> **Was Sie wissen sollten**
> Sie sollten wissen, wie groß man den Stichprobenumfang wählen muss, um mit einer vorgegebenen Fehlergrenze den Erwartungswert schätzen zu können.

9.6 Umfang einer Stichprobe zur Schätzung eines Anteils

Seit 1997 wird zwischen den Wahlen die politische Stimmung in Deutschland durch die *Sonntagsfrage* ermittelt. Für die ARD-Tagesthemen befragt das Meinungsforschungsinstitut Infratest dimap jeweils ca. 1500 Wahlberechtigte (Veröffentlichung der Ergebnisse auf *www.infratest-dimap.de*). Bei anderen Umfrageinstituten werden ähnlich viele Personen befragt. Immer wieder gibt es dabei gewichtige Unterschiede zwischen den Umfragen und dem tatsächlichen Wahlergebnis. Bei der Bundestagswahl im Jahr 2002 wurden der SPD 45 % vorausgesagt, erreicht hat sie nur 38,5 %. Bei der Bundestagswahl 2005 bekam die CDU trotz einer 40-%-Vorhersage nur 35,2 % der Stimmen. Der SPD-Politiker Frank-Walter Steinmeier, der zwölfte Bundespräsident der Bundesrepublik Deutschland, hat dies einmal so kommentiert: »Die Sonntagsfrage sagt nicht viel aus, weil alle Befragten ganz genau wissen: Sonntag ist gar keine Wahl.«

Die Meinungsinstitute betonen mittlerweile, dass sie aktuelle Wahlneigungen und nicht das tatsächliche Wahlverhalten, das sich oft erst am Wahltag manifestiert, messen. Keines der Institute legt aber offen, wie es aus den erhobenen Daten der Umfrage zu den prognostizierten Zahlen kommt. Bekannt ist lediglich, dass zweistufige Verfahren zur Auswertung verwendet werden. Immerhin werden neuerdings die Fehlergrenzen zu den Umfragen veröffentlicht, die etwa zwischen 1,5 % und 3 % liegen. Eine viel größere Genauigkeit haben die Wahltagsbefragungen (*exit polls*). Dazu werden etwa 50000 Wähler unmittelbar nach ihrer Stimmabgabe befragt. Die Wähler werden gebeten, auf einem Fragebogen ihre gerade getroffene Wahlentscheidung anzukreuzen und weitere Angaben über sich selbst zu machen. Mit diesem Verfahren lassen sich zuverlässigere Resultate erzielen als mit den Vorwahlumfragen, die aus Kostengründen nur einen kleinen Stichprobenumfang haben. Die folgenden Überlegungen zeigen, dass man für eine Umfrage, welche keinerlei Vorergebnisse nutzen kann, unerwartet große Stichprobenumfänge benötigt, wenn man die üblichen Fehlergrenzen einhalten will.

Durch eine Umfrage soll der Anteil der Wähler geschätzt werden, welche Partei XY wählen wollen. In Abschnitt 9.4, »Schätzen des Parameters p einer Binomialverteilung«, wurde das Konfidenzintervall

$\left[\overline{x} - c\sqrt{\frac{\overline{x}(1-\overline{x})}{n}}\,;\,\overline{x} + c\sqrt{\frac{\overline{x}(1-\overline{x})}{n}}\right]$ für den Anteil p in einer Grundgesamtheit bestimmt.

Die Fehlergrenze e ist damit gleich $e = c\sqrt{\frac{\overline{x}(1-\overline{x})}{n}}$. Löst man diese Gleichung nach n auf, dann ergibt sich: $n = \left(\frac{c \cdot \sqrt{\overline{x}(1-\overline{x})}}{e}\right)^2$.

In dieser Formel ist $\overline{x}$ ein Schätzwert für p. Hat man jetzt keine weiteren Informationen zu p, dann kann man immerhin verwenden, dass das Produkt $\overline{x} \cdot (1-\overline{x})$ stets kleiner als $\frac{1}{4}$ ist (vergleiche Abbildung 7.63). Deshalb kann man den Wurzelausdruck durch $\frac{1}{2}$ abschätzen. Damit ergibt sich $n = \left(\frac{c}{2 \cdot e}\right)^2$.

Die folgende Tabelle gibt die nach dieser Formel erforderlichen Stichprobenumfänge n für die Konfidenzniveaus 99 %, 95 % und 90 % in Abhängigkeit von der Fehlergrenze e an:

Fehlergrenze e	n für 1 − α = 99%	n für 1 − α = 95%	n für 1 − α = 90%
0,01 = 1 %	16.588	9.604	6.764
0,02 = 2 %	4.147	2.401	1.691
0,03 = 3 %	1.844	1.068	752
0,04 = 4 %	1.037	601	423
0,05 = 5 %	664	385	271

Tabelle 9.3 Stichprobenumfänge

Für ein Konfidenzniveau von 95 % und eine Fehlergrenze von 1 % sind also rund 10.000 Befragungen nötig. In Abbildung 9.4 sehen Sie die graphische Darstellung dieser Zusammenhänge. Auf der x-Achse ist e in Prozent aufgetragen. Auf der y-Achse ist der erforderliche Stichprobenumfang aufgetragen.

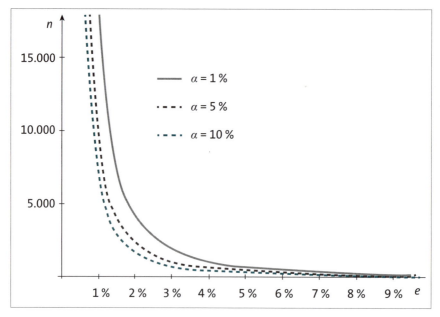

Abbildung 9.4 Stichprobenumfang für verschiedene Werte von α in Abhängigkeit von e

Die Tabelle und die Grafik zeigen, dass unerwartet große Stichprobenumfänge erforderlich sind. Durch zusätzliche Informationen kann der Stichprobenumfang verringert werden. Ist z. B. bekannt, dass Partei XY ungefähr 12 % Wähler besitzt, dann kann man dies in der Formel $n = \left(\dfrac{c \cdot \sqrt{\overline{x}(1-\overline{x})}}{e}\right)^2$ verwenden.

Damit ergibt sich speziell für diesen Fall $n = \left(\dfrac{c \cdot \sqrt{0{,}12 \cdot 0{,}88}}{e}\right)^2 = \left(\dfrac{0{,}325 \cdot c}{e}\right)^2$.

Die nächste Tabelle zeigt, dass diese Vorinformation den erforderlichen Stichprobenumfang deutlich reduziert.

Fehlergrenze e	n für $1-\alpha = 99\%$	n für $1-\alpha = 95\%$	n für $1-\alpha = 90\%$
0,01 = 1 %	7.010	4.058	2.876
0,02 = 2 %	1.753	1.015	719
0,03 = 3 %	779	451	320
0,04 = 4 %	439	254	180
0,05 = 5 %	281	163	116

Tabelle 9.4 Reduzierte aufgerundete Stichprobenumfänge

In der Praxis geht man deshalb so vor, dass man nach dem Anlaufen der Umfrage Näherungswerte für p erhebt. Damit kann man dann den Stichprobenumfang vermindern.

> **Was Sie wissen sollten**
> Sie sollten wissen, wie man den erforderlichen Stichprobenumfang zur Bestimmung eines Anteils berechnen kann.

9.7 Lösungen zu den Aufgaben

Aufgabe 1: Neujustierung einer Maschine bewerten

a) Wahl des Konfidenzniveaus: $1 - \alpha = 95\,\%$.

b) Wahl des Konfidenzintervalls: $K = \left[\overline{x} - c\dfrac{s}{\sqrt{n}};\, \overline{x} + c\dfrac{s}{\sqrt{n}}\right]$.

c) Bestimmung des $\left(1-\frac{0{,}95}{2}\right)$-Quantils: $\Phi(c) = 1 - \frac{\alpha}{2} = 1 - \frac{0{,}05}{2} = 0{,}975$.

Daraus ergibt sich $c \approx 1{,}9599 \approx 1{,}96$.

d) Berechnung der Intervallgrenzen:

$$\bar{x} - c\frac{s}{\sqrt{n}} = 100{,}2 - 1{,}96\frac{0{,}3}{\sqrt{50}} \approx 100{,}12$$

$$\bar{x} + c\frac{s}{\sqrt{n}} = 100{,}2 + 1{,}96\frac{0{,}3}{\sqrt{50}} \approx 100{,}28$$

Damit ergibt sich das Konfidenzintervall $K = [100{,}12;\ 100{,}28]$.

Das Konfidenzintervall enthält den Wert 100 nicht, d. h. die Produktion verläuft nicht nach den Vorgaben. Folglich muss die Maschine neu justiert werden.

Aufgabe 2: Sicherheit für eine absolute Mehrheit einschätzen

Es ist $n = 1000$ und $\bar{x} = 0{,}518$. Als Konfidenzniveau wird 95 % gewählt, d. h. wie oben gilt: $\alpha = 0{,}05$ und damit $c = 1{,}96$.

$$\bar{x} - c\sqrt{\frac{\bar{x} \cdot (1-\bar{x})}{n}} = 0{,}518 - 1{,}96\sqrt{\frac{0{,}518 \cdot (1-0{,}518)}{1000}} = 0{,}487$$

$$\bar{x} + c\sqrt{\frac{\bar{x} \cdot (1-\bar{x})}{n}} = 0{,}518 + 1{,}96\sqrt{\frac{0{,}518 \cdot (1-0{,}518)}{1000}} = 0{,}549$$

Auch ein Wert von z. B. $p = 49\,\%$ ist mit dem Ergebnis der Umfrage verträglich, d. h. die Partei kann nicht von der absoluten Mehrheit ausgehen.

Aufgabe 3: Stichprobenumfang für Milchtüten festlegen

Weil $\alpha = 5\,\%$ gewählt wurde, ist $c = 1{,}96$ und damit $n = \frac{1{,}96^2 \cdot s^2}{e^2}$ mit $s = 2{,}5\ \mathrm{cm}^3$ und $e = 0{,}5\ \mathrm{cm}^3$. Setzt man dies ein, dann ergibt sich $n = 96{,}04$, d. h. es müssen 97 Milchtüten verwendet werden.

Kapitel 10
Testen von Hypothesen

In diesem Kapitel sollen grundlegende Einsichten für Testverfahren vermittelt werden. Aus der Vielzahl möglicher Tests wurden einige Verfahren ausgewählt, an denen sich ein Verständnis für das Testen vermitteln lässt.

10.1 Grundbegriffe

Zum Einstieg

Stellen Sie sich vor, Sie seien ein junger Arzt und wurden gerade als Nervenarzt eingestellt. Ausgerechnet am ersten Arbeitstag sollen Sie entscheiden, ob ein bestimmter Patient krank ist und deshalb in eine geschlossene Anstalt eingeliefert werden muss. Sie entscheiden damit über die Hypothese »Der Patient ist gesund.«.

Da Sie noch sehr unerfahren sind, benutzt Sie für Ihre Entscheidung einen Würfel. Erscheint bei einem einmaligen Würfelwurf 1, 2 oder 3, so erklären Sie den Patienten für gesund, in den anderen Fällen für krank.

Es ist offensichtlich, dass im vorliegenden Beispiel das benutzte Testkriterium weniger den Zustand des Patienten als vielmehr den des Würfels testet. Unabhängig von dieser Einsicht lässt sich sagen, dass Sie mit der beschriebenen Verfahrensweise einen Test festgelegt haben.

Test

Ein Test ist eine **Vorschrift**, die angibt, ob man sich aufgrund eines Experimentes **für** oder **gegen** eine Hypothese entscheiden soll.

10.1.1 Hypothesen

Es ist offensichtlich, dass Fortschritte in Psychologie, Soziologie, Medizin, Physik, Chemie und Biologie ohne empirische Fundierung nicht denkbar sind. Empirische Fundierung erhält man durch Experimente. Man kann dabei zwischen Erkundungs- und Entscheidungsexperimenten unterscheiden.

Bei einem *Erkundungsexperiment* will der Experimentator erfahren, was unter bestimmten Bedingungen passiert, z. B. wie ein gesunder Mensch auf eine bestimmte Droge reagiert. *Entscheidungsexperimente* beziehen sich dagegen auf miteinander im Wettstreit stehende theoretische Erwartungen, auf *Hypothesen*. Durch ein Experiment kann eine Hypothese *falsifiziert* (widerlegt) werden. Dagegen ist es nicht möglich, eine Hypothese zu *verifizieren* (als wahr zu bestätigen). Das soll durch folgende Überlegung verdeutlicht werden.

Beispiel 1: Wenn A, dann B

Für ein bestimmtes Experiment laute die zu prüfende Hypothese »Wenn Bedingung *A* erfüllt ist, so tritt Ereignis *B* ein.«.

Bei der Durchführung des Experimentes können nun zwei unterschiedliche Fälle eintreten:

1. **Die Bedingung A war gegeben, das Resultat B ist aber nicht eingetreten.**
2. **Die Bedingung A war gegeben, das Resultat B hat sich ergeben.**

Liegt Fall 1 vor, so hat sich die Hypothese mit Sicherheit als falsch erwiesen, die Hypothese ist *falsifiziert* worden.

Tritt Fall 2 ein, so kann nur festgestellt werden, dass die Hypothese wahrscheinlich richtig ist. Die Hypothese hat sich bewährt und kann nicht abgelehnt werden. Es ist aber durchaus denkbar, dass bei Wiederholung des Experimentes die Hypothese abgelehnt werden muss.

Diese Situation ist aus der Mathematik bekannt. Ein einziges Gegenbeispiel reicht aus, die Allgemeingültigkeit einer Behauptung zu widerlegen. Dagegen reichen noch so viele Beispiele, in denen sich die Behauptung bestätigt, nicht aus, deren Allgemeingültigkeit zu beweisen.

> **Merke**
> Hypothesen können nur falsifiziert werden. Eine Hypothese kann man nicht verifizieren.

Daraus ergibt sich das folgende Vorgehen für das Testen von Hypothesen:

Nullhypothese und Alternativhypothese

Beim Hypothesentesten versucht man die Ausgänge des Experimentes alternativ zu formulieren. Die sogenannte **Alternativhypothese** H_1 drückt dabei die Erwartung des Experimentators aus. Die **Nullhypothese** H_0 wird als Verneinung von H_1 formuliert.

Wenn durch das Experiment H_0 falsifiziert werden kann, sagt man, dass H_0 zugunsten von H_1 verworfen wird oder dass H_1 angenommen wird. Lässt sich H_0 dagegen nicht ablehnen, so darf man nicht sagen, dass die Nullhypothese damit bewiesen ist. Vielmehr sollte man vorsichtiger formulieren, dass das Experiment nicht gegen die Nullhypothese spricht.

Kritischer Bereich und Annahmebereich

Mit der Testvorschrift teilt man die Menge der möglichen Ausgänge des Experimentes in zwei Teilmengen ein. Die eine Teilmenge, der *kritische Bereich K*, besteht aus den Ergebnissen, bei deren Eintreten man die Nullhypothese zurückweisen wird. Die andere Teilmenge, der **Annahmebereich A**, wird durch diejenigen Ergebnisse gebildet, für die man die Nullhypothese annimmt.

Beispiel 2: Faire Münze?

Von einer Münze wird angenommen, dass sie mit einer Wahrscheinlichkeit p von mehr als 50 % auf Wappen fällt. Um dies zu testen, soll die Münze 10 Mal geworfen werden, und es soll gezählt werden, wie oft sie dabei auf Wappen fällt. Die Hypothesen sind:

Nullhypothese H_0: »p = 0,5.«

Alternativhypothese H_1: »p > 0,5.«

Dabei wird folgende Testvorschrift gewählt: Fällt die Münze mehr als 7 Mal auf Wappen, dann wird die Nullhypothese abgelehnt. Für den kritischen Bereich und den Annahmebereich ergeben sich mit dieser Auswahlregel folgende Mengen von Ergebnissen: $K = \{8, 9, 10\}$; $A = \{1, 2, 3, 4, 5, 6, 7\}$.

Mit diesen Vorschriften ist ein Test festgelegt. Natürlich entstehen jetzt verschiedene Fragen: Warum wird gerade 7 als kritischer Wert gewählt? Kann man sich mit dem Verfahren auch irren, und wenn ja, mit welcher Wahrscheinlichkeit findet dies statt? Die Beantwortung dieser beiden Fragen führt auf die Begriffe *Fehler 1. Art* und *Fehler 2. Art*.

10.1.2 Fehler beim Testen

Dieses Mal sind Sie Hauptmann bei der Feuerwehr und werden von Fehlalarmen geplagt. Sie überlegen, ob Sie bei einem Alarm vor dem Ausrücken über die Hypothesen

H_0: »Es brennt.« und

H_1: »Es brennt nicht.«

entscheiden sollen. Nur wenn Sie H_0 nicht ablehnen können, rücken Sie mit Ihrer Mannschaft aus, ansonsten bleiben Sie und die Mannschaft in der Station. Die möglichen Situationen, die sich dabei einstellen können, sind in Tabelle 10.1 aufgelistet:

	H_0 ist wahr, es brennt.	H_0 ist falsch, es brennt nicht.
Die Feuerwehr rückt aus	Richtige Entscheidung	Fehler 2. Art
Die Feuerwehr rückt nicht aus	Fehler 1. Art	Richtige Entscheidung

Tabelle 10.1 Fehler 1. und 2. Art

Abbildung 10.1 Feuerwehr

Das Beispiel zeigt, dass es zwei prinzipielle Fehler beim Testen von Hypothesen geben kann.

Fehler 1. und 2. Art

Fehler 1. Art: Die Nullhypothese ist **wahr**, wird aber **abgelehnt**.

Fehler 2. Art: Die Nullhypothese ist **falsch**, wird aber **angenommen**.

Betrachten wir noch einmal Beispiel 2, »Faire Münze?«. Nimmt man einmal an, dass »H_0: p = 0,5.« richtig ist, dann kann man die Wahrscheinlichkeit, den Fehler 1. Art zu begehen, leicht bestimmen. Die Zufallsvariable X, welche die Anzahl an Wappen in den 10 Würfen angibt, ist binomialverteilt mit n = 10 und p = 0,5 (H_0 soll ja wahr sein). Abbildung 10.2 zeigt das Histogramm der zugehörigen Wahrscheinlichkeitsfunktion.

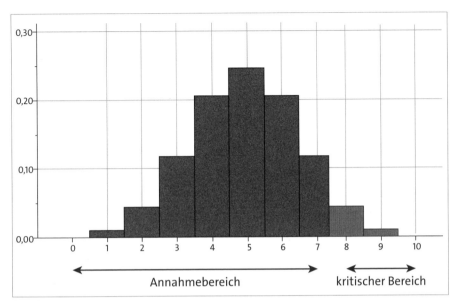

Abbildung 10.2 Histogramm der Wahrscheinlichkeitsfunktion $n = 10$, $p = 0{,}5$

Die Flächeninhalte der Rechtecke geben die Wahrscheinlichkeiten $P(X = k)$, $k = 0, ..., 10$ an. Die Wahrscheinlichkeit $P(8 \leq X \leq 10)$, dass X einen Wert größer als 7 annimmt, ist gleich

$$P(8 \leq X \leq 10) = \binom{10}{8} 0{,}5^8 \cdot 0{,}5^2 + \binom{10}{9} 0{,}5^9 \cdot 0{,}5^1 + \binom{10}{10} 0{,}5^{10} \cdot 0{,}5^0$$
$$\approx 0{,}055$$

Die Wahrscheinlichkeit, dass H_0 abgelehnt wird, obwohl $p = 0{,}5$ gilt, d. h. die Wahrscheinlichkeit für den Fehler 1. Art, ist deshalb bei Wahl der Entscheidungsregel $X \geq 8$ für den kritischen Bereich K gleich $0{,}055 = 5{,}5\,\%$. Man schreibt dies auf folgende Weise: $P_{H_0}(X \in K) = 5{,}5\,\%$.

Das tiefgestellte H_0 soll andeuten, dass die Berechnung der Wahrscheinlichkeit $P(X \in K)$ so erfolgt, dass H_0 als gültig vorausgesetzt wird.

Signifikanzniveau

Die Wahrscheinlichkeit $P_{H_0}(X \in K)$ für den Fehler 1. Art nennt man die *Irrtumswahrscheinlichkeit* oder das *Signifikanzniveau* α. Die Wahrscheinlichkeit $1 - \alpha$ heißt die *statistische Sicherheit*.

Im Beispiel wurde das Entscheidungskriterium für die Ablehnung von H_0 vorgegeben, und dann wurde die Wahrscheinlichkeit berechnet, bei Anwendung dieses Kriteriums den Fehler 1. Art zu begehen. In der Praxis geht man umgekehrt vor. Man gibt die Größe der Irrtumswahrscheinlichkeit α vor und bestimmt daraus das Ablehnungskriterium.

> **Merke: Konstruktion eines Tests**
>
> Aus der Bedingung $P_{H_0}(X \in K) \leq \alpha$ bestimmt man den kritischen Bereich K, d. h. diejenigen Werte, für die H_0 zurückgewiesen wird, so, dass ein gültiges H_0 in höchstens $\alpha \cdot 100\,\%$ aller Fälle zurückgewiesen wird, wenn man den Test oft durchführt. Für α wählt man in der Regel die Irrtumswahrscheinlichkeit (das Signifikanzniveau) 0,05 oder 0,01.

Betrachten Sie als Ergänzung zu der »Konstruktion eines Tests« die folgenden Punkte:

- Wie man aus der Bedingung für den Fehler 1. Art den kritischen Bereich findet, wird in den nächsten Abschnitten für verschiedene Testverfahren gezeigt.
- Die Strategie, dass man den Fehler 1. Art begrenzt und nicht auf den Fehler 2. Art eingeht, zeigt, dass man es für schwerwiegender hält, einen Fehler 1. Art zu begehen als einen Fehler 2. Art. Für die konkreten Fälle in der Testpraxis muss man deshalb darauf achten, wie Nullhypothese und Alternativhypothese gewählt werden, damit sie zu dieser Vorstellung passen.
- Führt ein Test auf dem Signifikanzniveau von α dazu, dass H_0 abgelehnt wird, so ist die Sprechweise »Die Ablehnung von H_0 ist auf dem Niveau α signifikant.« üblich. Je kleiner α ist, umso besser ist die Alternativhypothese gesichert.
- Führt ein Test zu dem Ergebnis, dass H_0 nicht abgelehnt werden kann, so ist es falsch zu sagen, dass H_0 damit verifiziert wurde. Das »Nichtverwerfen« bedeutet nicht die Gültigkeit von H_0. Auf diese Situation wurde schon in Abschnitt 10.1.1, »Hypothesen«, eingegangen.

> **Was Sie wissen sollten**
>
> - Sie sollten die Begriffe Nullhypothese und Alternativhypothese kennen.
> - Sie sollten wissen, was man unter einem Fehler 1. Art und unter einem Fehler 2. Art versteht.
> - Sie sollten wissen, was der kritische Bereich und was der Annahmebereich ist.
> - Sie sollten wissen, dass man die Wahrscheinlichkeit für den Fehler 1. Art verwendet, um einen Test zu konstruieren.

10.2 Der Binomialtest

Besitzen Sie übersinnliche Fähigkeiten? Das können Sie z. B. im Internet auf verschiedenen Seiten testen. Auf einer Internetseite [ESO] sollen Sie von 28 verdeckten Karten raten, welches Symbol sich auf der Rückseite befindet. Zur Auswahl stehen:

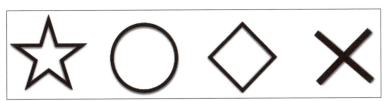

Abbildung 10.3 Symbole

Nachdem die Karten geraten wurden und die Anzahl der Treffer festgestellt wurde, gibt es die folgende Auflösung:

Wie viele Treffer hast du?	
1–4	Du hast leider keinerlei Hellsichtigkeit.
5–10	Diese Treffer sind reiner Zufall.
11–16	Es könnten hellseherische Fähigkeiten vorliegen.
17–22	Hier liegen offensichtlich hellseherische Fähigkeiten vor.
> 23	Du bist ein Hellseher.

Tabelle 10.2 Prognosen in Abhängigkeit von der Trefferanzahl

Lassen sich die in der Tabelle getroffenen Abstufungen mathematisch »belegen«?

Man kann die Situation durch eine Bernoulli-Kette mit $n = 28$ und der Erfolgswahrscheinlichkeit p beschreiben. Liegen keine hellseherischen Fähigkeiten vor, d. h. wird geraten, dann ist die Wahrscheinlichkeit für einen Treffer im Einzelversuch gleich $p = \frac{1}{4}$. Mit hellseherischen Fähigkeiten ist $p > \frac{1}{4}$. Zu testen sind deshalb die Hypothesen

$H_0 : p = \frac{1}{4}$ und $H_1 : p > \frac{1}{4}$.

Als Testgröße wählt man die Anzahl S_n der Erfolge in der Bernoulli-Kette. Für große Werte von S_n wird man die Nullhypothese ablehnen. Der kritische Bereich hat also die Form $K = \{k, k+1, ..., 28\}$. Damit nimmt die in Abschnitt 10.1.2, »Fehler beim Testen«, aufgestellte Bedingung $P_{H_0}(S_{28} \geq k) \leq \alpha$, mit welcher der kritische Bereich bestimmt wird, die folgende Form an: $P_{H_0}(S_{28} \in \{k, k+1, ..., 28\}) \leq \alpha$.

Weil die Bedingung $S_{28} \in \{k, k+1, ..., 28\}$ gleichbedeutend mit $S_{28} \geq k$ ist, bedeutet dies, dass eine natürliche Zahl k gesucht ist, sodass gilt:

$P_{H_0}(S_{28} \geq k) \leq \alpha$

Um die Wahrscheinlichkeit α möglichst gut auszunutzen, ist dabei k minimal zu wählen. Das kann man an Abbildung 10.4 veranschaulichen. Dort sind die Wahrscheinlichkeiten $P_{H_0}(S_{28} = i)$ als Rechteckinhalte dargestellt. Zu beachten ist, dass in der Darstellung die Rechtecke ab $i = 16$ bis $i = 28$ nicht zu sehen sind, weil die Rechteckhöhen zu gering sind.

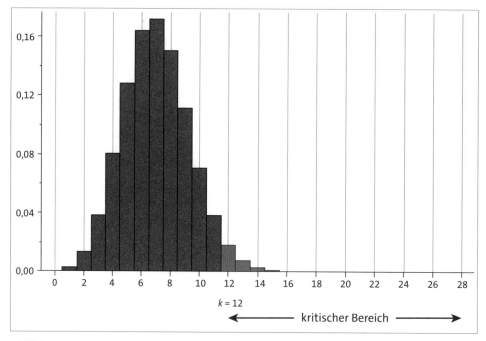

Abbildung 10.4 Histogramm der Binomialverteilung $n = 28$, $p = 1/4$

436 Testen von Hypothesen

Weil die Wahrscheinlichkeit $P_{H_0}(S_{28} \geq k)$ unter der Gültigkeit von H_0 zu berechnen ist, hat p den Wert 1/4.

Man beginnt mit der Rechteckfläche für $i = 28$, addiert dazu den Wert der Rechteckfläche, die zu $i = 27$ gehört, dann den Wert des Rechtecks von $i = 26$ usw., und zwar so lange, bis der Wert der Summe erstmals größer als α wird. Wählt man als Signifikanzniveau $\alpha = 0{,}05$, dann ergibt sich:

$$P_{H_0}(S_{28} \geq 28) = \sum_{i=28}^{28} \binom{28}{i}\left(\frac{1}{4}\right)^i\left(\frac{3}{4}\right)^{28-i} = \binom{28}{28}\left(\frac{1}{4}\right)^{28}\left(\frac{3}{4}\right)^0 \approx 1{,}39 \cdot 10^{-17} \leq 0{,}05,$$

$$P_{H_0}(S_{28} \geq 27) = \sum_{i=27}^{28} \binom{28}{i}\left(\frac{1}{4}\right)^i\left(\frac{3}{4}\right)^{28-i} = \binom{28}{27}\left(\frac{1}{4}\right)^{27}\left(\frac{3}{4}\right)^1 + \binom{28}{28}\left(\frac{1}{4}\right)^{28}\left(\frac{3}{4}\right)^0,$$

$\approx 1{,}17 \cdot 10^{-15} + 1{,}39 \cdot 10^{-17} = 1{,}1839 \cdot 10^{-15} \leq 0{,}05$

usw.

$$P_{H_0}(S_{28} \geq 12) = \sum_{i=12}^{28} \binom{28}{i}\left(\frac{1}{4}\right)^i\left(\frac{3}{4}\right)^{28-i} = 0{,}029 \leq 0{,}05 \text{ und}$$

$$P_{H_0}(S_{28} \geq 11) = \sum_{i=11}^{28} \binom{28}{i}\left(\frac{1}{4}\right)^i\left(\frac{3}{4}\right)^{28-i} = 0{,}068 > 0{,}05.$$

Also ist $k = 12$, und der kritische Bereich hat die Form $K = \{12, 13, ..., 28\}$. Hellseherische Fähigkeiten liegen daher ab 12 richtig bestimmten Karten vor, was mit den Angaben auf der Internetseite in Einklang steht.

Zur Berechnung der obigen Summen können Sie das Tabellenblatt »*Tabellen 8.3 Binomialverteilung*« verwenden.

Aufgabe 1: Bello gegen Frisdas

Die beiden Hundefutter »Bello« und »Frisdas« sollen bezüglich ihrer Beliebtheit bei Hunden verglichen werden. Durch einen Test soll gezeigt werden, dass »Bello« bei Hunden beliebter ist als »Frisdas«. Dazu werden 16 Hunden beide Futtermittel angeboten. Es zeigt sich, dass 11 Hunde »Bello« wählen. Testen Sie die Hypothesen

$H_0 : p = \dfrac{1}{2}$ »Beide Futtermittel sind gleich beliebt.« und

$H_1 : p > \dfrac{1}{2}$ »Futtermittel ›Bello‹ ist beliebter.«

auf dem Signifikanzniveau $\alpha = 0{,}05$.

Im Beispiel der außersinnlichen Wahrnehmungen wurde die Nullhypothese für große Werte der Prüfgröße abgelehnt. Deshalb lag der kritische Bereich rechts. In diesem Fall spricht man von einem *rechtsseitigen Test*. Besteht der kritische Bereich aus kleinen Werten der Testgröße, dann hat man es mit einem *linksseitigen Test* zu tun. Schließlich gibt es noch den Fall, dass H_0 für kleine und für große Werte abgelehnt wird. In diesem Fall liegt ein *zweiseitiger Test* vor.

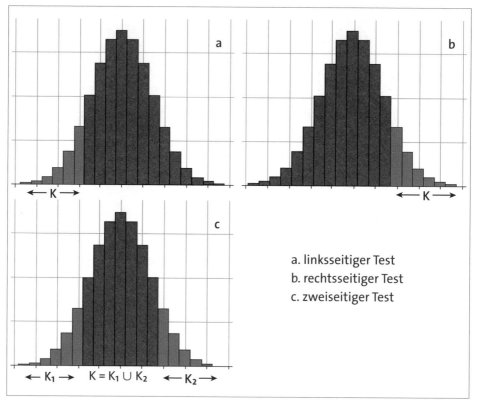

Abbildung 10.5 Linksseitiger, rechtsseitiger und zweiseitiger Test

Der rechtsseitige Test wurde bereits behandelt. Für ihn wird aus der Bedingung $P_{H_0}(S_n \geq k) = \sum_{i=k}^{n} \binom{n}{i} p^i (1-p)^{n-i} \leq \alpha$ der Wert k bestimmt und damit der kritische Bereich in der Form $K = \{k, k+1, ..., n\}$ festgelegt. Für einen linksseitigen Test bestimmt man k aus der Bedingung

$$P_{H_0}(S_n \leq k) = \sum_{i=0}^{k} \binom{n}{i} p^i (1-p)^{n-i} \leq \alpha$$

und erhält damit einen kritischen Bereich, der die Form $K = \{0, 1, ..., k\}$ hat. Beim zweiseitigen Test besteht der kritische Bereich aus zwei Teilmengen. Diese ergeben sich, wenn man von links bzw. von rechts so lange Wahrscheinlichkeiten addiert, bis jeweils der Wert $\frac{\alpha}{2}$ überschritten wird. Die Wahrscheinlichkeit α wird beim zweiseitigen Test zu gleichen Teilen auf die beiden Bereiche aufgeteilt. Die Bedingung

$$P_{H_0}(S_n \leq k) = \sum_{i=0}^{k} \binom{n}{i} p^i (1-p)^{n-i} \leq \frac{\alpha}{2}$$

liefert den Wert k, und die Bedingung

$$P_{H_0}(S_n \geq g) = \sum_{i=g}^{n} \binom{n}{i} p^i (1-p)^{n-i} \leq \frac{\alpha}{2}$$

liefert den Wert g, sodass sich der kritische Bereich

$K = \{0,1,...,k\} \cup \{g, g+1,...,n\}$ ergibt. Zur näheren Erläuterung folgen für den linksseitigen Test und für den zweiseitigen Test je ein Beispiel.

Beispiel 3: Sonntagskinder

Werden an Sonntagen weniger Kinder geboren als an den übrigen Tagen? Vom 18.4.2016 an wurden ein Jahr lang die Geburten in einem Krankenhaus in Neustadt an der Weinstraße registriert. Während dieses Jahres wurden dort 273 Kinder geboren. Diese Geburten verteilten sich folgendermaßen auf die einzelnen Wochentage:

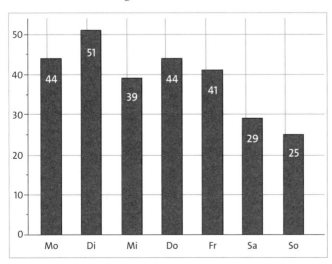

Abbildung 10.6 Verteilung der Geburten auf Wochentage in einem Jahr

Lässt sich die geringe Zahl an Sonntagsgeburten durch zufällige Schwankungen erklären, wenn man annimmt, dass die Geburten gleichmäßig über die Wochentage verteilt sind? Als Nullhypothese wird angenommen, dass die Geburten gleichmäßig verteilt sind, d. h. dass eine Sonntagsgeburt die Wahrscheinlichkeit $p = \frac{1}{7}$ besitzt. Die Daten legen es nahe, als Alternativhypothese $p < \frac{1}{7}$ zu wählen:

$H_0 : p = \frac{1}{7}$ und

$H_1 : p < \frac{1}{7}$

Nach der Nullhypothese sind die Sonntagsgeburten binomialverteilt mit $n = 273$ und $p = \frac{1}{7}$. Die Zufallsgröße S_{273} gibt die Zahl der Sonntagsgeburten an. Der kritische Bereich hat die Form $K = \{0, 1, ..., k\}$. Als Signifikanzniveau wird $\alpha = 5\,\%$ gewählt. Die Zahl k bestimmt man so, dass die Bedingung

$$P_{H_0}(S_{273} \leq k) = \sum_{i=0}^{k} \binom{273}{i} \left(\frac{1}{7}\right)^i \left(1 - \frac{1}{7}\right)^{273-i} \leq \alpha$$

erfüllt ist und k maximal ist. Für $k = 29$ hat die Summe den Wert $0{,}046 < 5\,\%$, für $k = 30$ hat die Summe den Wert $0{,}067 > 5\,\%$. Folglich ist der kritische Bereich durch $K = \{0, 1, ..., 29\}$ gegeben. Da S_{273} den Wert 25, der im kritischen Bereich liegt, angenommen hat, wird H_0 zurückgewiesen. Die beobachtete geringe Geburtenzahl an Sonntagen lässt sich demnach nicht als zufälliger Effekt deuten. Dieses Phänomen wird, nicht nur in Neustadt, schon länger beobachtet. Es ist plausibel anzunehmen, dass die geringere Zahl an Sonntagsgeburten mit der Zunahme an geplanten Kaiserschnitten zusammenhängt, für die ein bestimmter zeitlicher Spielraum besteht und die dann meist unter der Woche angesetzt werden.

Beispiel 4: Mädchengeburten

Sind Jungen- und Mädchengeburten im Krankenhaus aus Beispiel 3 gleich häufig? Als Nullhypothese geht man davon aus, dass Jungen- und Mädchengeburten die gleiche Wahrscheinlichkeit haben. Bezeichnet man mit p die Wahrscheinlichkeit für eine Jungengeburt, dann gilt: $H_0 : p = \frac{1}{2}$. Die Alternativhypothese ist dann $H_1 : p \neq \frac{1}{2}$. Als Signifikanzniveau wählt man $\alpha = 5\,\%$.

Die Testgröße S_n gibt die Anzahl an Jungengeburten an. Im vorliegenden Fall ergaben sich 139 Jungengeburten und 134 Mädchengeburten, sodass S_n den Wert 139 angenommen hat. Da unter der Annahme der Gültigkeit der Nullhypothese gerechnet wird, ist S_n binomialverteilt mit $n = 273$ und $p = \frac{1}{2}$. Der kritische Bereich hat das Aussehen $K = \{0,1,...,k\} \cup \{g, g+1,...,n\}$. Die Zahlen k und g bestimmt man aus den Bedingungen

$$P_{H_0}(S_{273} \leq k) = \sum_{i=0}^{k} \binom{273}{i} \left(\frac{1}{2}\right)^i \left(1-\frac{1}{2}\right)^{273-i} \leq \frac{\alpha}{2} = 0{,}025$$

und

$$P_{H_0}(S_{273} \geq g) = \sum_{i=g}^{273} \binom{273}{i} \left(\frac{1}{2}\right)^i \left(1-\frac{1}{2}\right)^{273-i} \leq \frac{\alpha}{2} = 0{,}025.$$

Dabei sind k maximal und g minimal zu wählen. Mit einem Computerprogramm, einer Tabelle oder mit Tabellenblatt »8.3 Binomialverteilung« findet man:

Für $k = 119$ hat die 1. Summe den Wert 0,0197 < 0,025.

Für $k = 120$ hat die 1. Summe den Wert 0,0263 > 0,025.

Deshalb ist $k = 119$ zu wählen. Entsprechend erhält man:

Für $g = 152$ hat die 2. Summe den Wert 0,0263 > 0,025.

Für $g = 153$ hat die 2. Summe den Wert 0,0197 < 0,025.

Deshalb ist $g = 153$ zu wählen.

Als kritischer Bereich ergibt sich damit:

$K = \{0,1,...,119\} \cup \{153,154,...,273\}$.

Der beobachtete Wert $S_{273} = 139$ ist kein Element von K. H_0 kann deshalb nicht zurückgewiesen werden. Die Daten sprechen nicht dafür, dass eine ungleiche Verteilung der Geschlechter vorliegt.

In Aufgabe 2 sollen Sie selbst einen Test konstruieren:

Aufgabe 2: Einen Würfel beurteilen

Ein Würfel soll darauf getestet werden, ob mit der Wahrscheinlichkeit 1/6 die Augenzahl 6 fällt. Dazu werden 60 Würfelwürfe durchgeführt. Konstruieren Sie den kritischen Bereich für einen Test auf dem Signifikanzniveau $\alpha = 5\,\%$.

> **Was Sie wissen sollten**
> Sie sollten einen Binomialtest durchführen können.

10.3 Test für den Erwartungswert einer Grundgesamtheit

Haben männliche Profifußballer ein geringeres Körpergewicht als deutsche Männer im Alter zwischen 20 und 30 Jahren? Das durchschnittliche Körpergewicht deutscher Männern zwischen 20 und 30 Jahren betrug im Jahr 2013 $\theta_0 = 80{,}3$ kg [MIK].

Profifußballer sind durchtrainiert, besitzen also einen geringeren Fettanteil im Körper. Das spricht für ein geringes Körpergewicht. Andererseits besitzen sie durch das Training eine größere Muskelmasse als der durchschnittliche deutsche Mann. Das spricht für ein größeres Gewicht. Welcher der beiden Effekte überwiegt?

Abbildung 10.7 Profifußballer

Die Zufallsvariable X soll das Gewicht eines zufällig ausgewählten Profifußballers angeben. Unbekannt sind der Erwartungswert θ und die Standardabweichung s_X von X. Durch einen Test soll entschieden werden, ob die Nullhypothese $H_0 : \theta = \theta_0 = 80{,}3$ gilt,

d. h. ob sich Fußballspieler im Gewicht nicht von ihren Altersgenossen unterscheiden. Die Alternativhypothese ist dann $H_1 : \theta \neq \theta_0 = 80{,}3$.

Für den Test wurde eine Stichprobe von $n = 104$ Fußballern aus den Kadern der Mannschaften der 1. Bundesliga gezogen [KIC, Saison 2016/2017]. Für jeden Spieler wird eine Zufallsvariable X_i betrachtet, die dessen Gewicht angibt. Die X_i sind unabhängige Zufallsvariablen, die alle dieselbe Verteilung wie X haben. Es ist naheliegend, dass man das Stichprobenmittel $\overline{X} = \frac{1}{n} \sum_{i=1}^{n} X_i$ der Körpergewichte als Testvariable verwendet, denn $\overline{X}$ ist eine erwartungstreue Schätzfunktion für den unbekannten Erwartungswert θ in der Population der Fußballspieler.

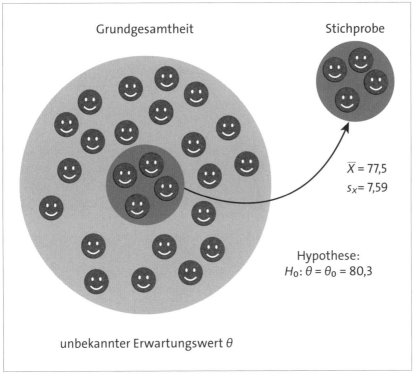

Abbildung 10.8 Veranschaulichung der Testsituation

Wegen des großen Stichprobenumfangs von $n = 104$ ist $\overline{X}$ annähernd normalverteilt mit dem Erwartungswert $E(X) = \theta$ und der Standardabweichung

$s_{\overline{X}} = \frac{1}{\sqrt{n}} s_X$ (vergleiche Abschnitt 9.2, »Eine Punktschätzung für den Erwartungswert«). Dabei kann die Standardabweichung s_X durch die empirische Standardabweichung $\sqrt{\frac{1}{n-1} \sum_{i=1}^{n} (x_i - \overline{x})^2}$ geschätzt werden. Jetzt ist alles soweit gerichtet, dass man den kritischen Bereich für den Test ermitteln kann. Die Nullhypothese $H_0 : \theta = \theta_0 = 80{,}3$ wird abgelehnt, wenn der Wert, den die Testgröße $\overline{X}$ annimmt, weit unterhalb oder weit oberhalb von θ_0 liegt. Der kritische Bereich hat damit folgendes Aussehen:

$K = (-\infty; \theta_0 - k] \cup [\theta_0 + g; \infty)$

Weil die Testgröße $\overline{X}$ normalverteilt ist und deshalb eine symmetrische Verteilung besitzt, kann man $g = k$ wählen, sodass sich ergibt:

$K = (-\infty; \theta_0 - k] \cup [\theta_0 + k; \infty)$

Die Konstante k wird wieder aus der Bedingung $P_{H_0}(\overline{X} \in K) \leq \alpha$ ermittelt, wobei α das Signifikanzniveau des Tests ist. Die Abbildung veranschaulicht die Situation.

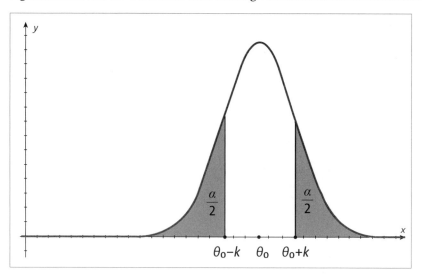

Abbildung 10.9 Verteilung von $\overline{X}$ bei Gültigkeit von H_0

Betrachtet man den linken Teil von K, dann gilt:

$\frac{\alpha}{2} = P_{H_0}(\overline{X} \leq \theta_0 - k)$

Die Berechnung dieser Wahrscheinlichkeit erfolgt unter der Annahme, dass H_0 gilt. Deshalb geht man davon aus, dass $\overline{X}$ den Erwartungswert θ_0 hat. Weil $\overline{X}$ annähernd normalverteilt ist und die Standardabweichung

$s_{\overline{X}} = \dfrac{1}{\sqrt{n}} s_X$ besitzt, gilt:

$$P_{H_0}(\overline{X} \leq x) = \Phi\left(\dfrac{x - \theta_0}{\dfrac{s_x}{\sqrt{n}}}\right)$$

Nimmt man die Gleichungen 1. und 2. zusammen, dann ergibt sich:

$$\dfrac{\alpha}{2} = P_{H_0}(\overline{X} \leq \theta_0 - k) = \Phi\left(\dfrac{\theta_0 - k - \theta_0}{\dfrac{s_x}{\sqrt{n}}}\right) = \Phi\left(-\dfrac{k\sqrt{n}}{s_X}\right) \text{ oder kurz}$$

$$\dfrac{\alpha}{2} = \Phi\left(-\dfrac{k\sqrt{n}}{s_X}\right)$$

Also ist $-\dfrac{k\sqrt{n}}{s_X}$ das $\left(\dfrac{\alpha}{2}\right)$-Quantil $z_{\alpha/2}$ der Standardnormalverteilung. (Näheres zu Quantilen finden Sie in Abschnitt 8.11.) Damit hat man k bestimmt: $k = -\dfrac{s_X}{\sqrt{n}} z_{\alpha/2}$

Auf den ersten Blick könnte man denken, dass alle Mühe vergebens war, weil sich für k ein negativer Wert ergibt. Zum Glück ist das aber nicht der Fall, denn das $\left(\dfrac{\alpha}{2}\right)$-Quantil ist stets negativ, wenn α eine Zahl zwischen 0 und 1 ist. Das lässt sich mit der folgenden Überlegung verstehen:

Die Normaldichtefunktion ist achsensymmetrisch zur y-Achse. Aus diesem Grund ist das 0,5-Quantil der Standardnormalverteilung gleich $x_{0,5} = 0$ (siehe Abbildung 10.10). Der dunkelunterlegte Bereich von $-\infty$ bis zur Stelle 0 hat deshalb den Flächeninhalt 0,5. Ist nun α eine Zahl aus dem Intervall (0; 1), d. h. ist $\dfrac{\alpha}{2}$ kleiner als 0,5, dann muss das zugehörige $\left(\dfrac{\alpha}{2}\right)$-Quantil $x_{\alpha/2}$ auf der x-Achse links von der Stelle $x_{0,5} = 0$ liegen. Folglich ist das $\left(\dfrac{\alpha}{2}\right)$-Quantil für alle Zahlen α, die zwischen 0 und 1 liegen, negativ.

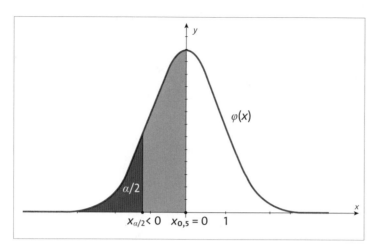

Abbildung 10.10 $\left(\dfrac{\alpha}{2}\right)$-Quantil der Standardnormalverteilung

Nachdem k bestimmt wurde, lässt sich der kritische Bereich aufschreiben:

$$K = \left(-\infty; \theta_0 - \left(-\frac{s_X}{\sqrt{n}} z_{\alpha/2}\right)\right] \cup \left[\theta_0 + \left(-\frac{s_X}{\sqrt{n}} z_{\alpha/2}\right); \infty\right) =$$

$$= \left(-\infty; \theta_0 + \frac{s_X}{\sqrt{n}} z_{\alpha/2}\right] \cup \left[\theta_0 - \frac{s_X}{\sqrt{n}} z_{\alpha/2}; \infty\right)$$

Setzt man $\alpha = 5\,\%$, dann ist $z_{\alpha/2} = z_{0,025} = -1{,}96$. Die erhobene Stichprobe lieferte den Stichprobenmittelwert $\bar{x} = 77{,}5$ und die empirische Standardabweichung $s_X = 7{,}59$. Setzt man dies alles ein und berücksichtigt, dass $n = 104$ gilt, so ergibt sich K zu $K = (-\infty; 78{,}84] \cup [81{,}76; \infty)$.

Weil 77,5 ein Element von K ist, wird die Hypothese H_0 abgelehnt. Fußballspieler unterscheiden sich also im Gewicht von der sonstigen männlichen Bevölkerung. (Einen Vergleich der Körpergröße von Fußballbundesligaspielern mit der Größe deutscher Männern finden Sie in Abschnitt 9.1, »Schätzfunktionen und Stichprobenverteilungen«.)

Die zuvor durchgeführte Bestimmung des $z_{0,025}$-Quantils bereitet bei Verwendung eines Computers keine Schwierigkeit. Wenn Sie dagegen mit einer Tabelle der Standardnormalverteilung arbeiten, dann finden Sie darin keine negativen Werte, sodass Sie $z_{0,025}$ nicht direkt ablesen können. Sehen Sie sich für diesen Fall die Abbildung 10.11 an. Hier wurde die Fläche von $-\infty$ bis zur Stelle $z_{\alpha/2}$ unter dem Graphen der Normaldichtefunktion eingefärbt. Ihr Flächeninhalt ist $\dfrac{\alpha}{2}$. Diese Fläche wurde an der y-Achse gespiegelt. Die gespiegelte Fläche erstreckt sich von einer Stelle a bis ∞. Offenbar ist $z_{\alpha/2} = -a$. Der Flächeninhalt unter dem Graphen der Normaldichtefunktion ist gleich 1. Deshalb ist der Flächeninhalt von $-\infty$ bis a gleich $1 - \frac{\alpha}{2}$. Also ist a das $\left(1 - \frac{\alpha}{2}\right)$-Quantil, d. h. $a = z_{1-\alpha/2}$. Setzt man dies in die letzte Gleichung ein, dann ergibt sich $z_{\alpha/2} = -z_{1-\alpha/2}$. Den Wert von $z_{1-\alpha/2}$ finden Sie in der Tabelle, weil dieser Wert positiv ist. Setzen Sie ein Minuszeichen davor, und schon haben Sie $z_{\alpha/2}$.

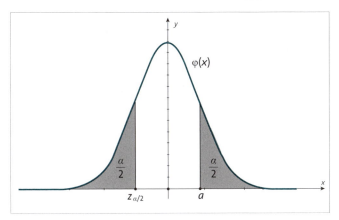

Abbildung 10.11 Normaldichtefunktion mit Quantilen

Das Ergebnis der letzten Betrachtungen lässt sich zusammenfassen und als Vorlage für ebenso gelagerte Probleme verwenden.

> **Merke: Zweiseitiger Test bezüglich des unbekannten Erwartungswertes einer Zufallsvariablen X bei großem Stichprobenumfang (Normalverteilungstest)**
>
> $H_0 : E(X) = \theta_0$ und
>
> $H_1 : E(X) \neq \theta_0$
>
> H_0 wird verworfen, wenn gilt:
>
> $\overline{x} \leq \theta_0 + \frac{s_X}{\sqrt{n}} z_{\alpha/2}$ oder $\overline{x} \geq \theta_0 - \frac{s_X}{\sqrt{n}} z_{\alpha/2}$.
>
> n: Umfang der Stichprobe ($n > 30$)
>
> $\overline{x}$: arithmetisches Mittel der Daten $x_1, ..., x_n$
>
> s_X: empirische Standardabweichun der Daten $x_1, ..., x_n$
>
> α: Signifikanzniveau
>
> $z_{\alpha/2}$: $(\alpha / 2)$-Quantil der Standardnormalverteilung

Falls ein einseitiger Test erfolgen soll, so gilt entsprechend:

> **Merke: Rechtsseitiger Test bezüglich des unbekannten Erwartungswertes einer Zufallsvariablen X bei großem Stichprobenumfang (Normalverteilungstest)**
>
> $H_0 : E(X) \leq \theta_0$ und
>
> $H_1 : E(X) > \theta_0$
>
> H_0 wird verworfen, wenn gilt:
>
> $$\bar{x} \geq \theta_0 - \frac{s_X}{\sqrt{n}} z_\alpha$$
>
> n: Umfang der Stichprobe ($n > 30$)
>
> $\bar{x}$: arithmetisches Mittel der Daten $x_1, ..., x_n$
>
> s_X: empirische Standardabweich der Daten $x_1, ..., x_n$
>
> α: Signifikanzniveau
>
> z_α: α-Quantil der Standardnormalverteilung

> **Merke: Linksseitiger Test bezüglich des unbekannten Erwartungswertes einer Zufallsvariablen X bei großem Stichprobenumfang (Normalverteilungstest)**
>
> $H_0 : E(X) \geq \theta_0$ und
>
> $H_1 : E(X) < \theta_0$
>
> H_0 wird verworfen, wenn gilt:
>
> $$\bar{x} \leq \theta_0 + \frac{s_X}{\sqrt{n}} z_\alpha$$
>
> n: Umfang der Stichprobe ($n > 30$)
>
> $\bar{x}$: arithmetisches Mittel der Daten $x_1, ..., x_n$
>
> s_X: empirische Standardabweichung der Daten $x_1, ..., x_n$
>
> α: Signifikanzniveau
>
> z_α: α-Quantil der Standardnormalverteilung

Die Formulierung »großer Stichprobenumfang« deutet auf die Voraussetzung hin, mit der sich der zentrale Grenzwertsatz anwenden lässt. Nur wenn diese Voraussetzung gegeben ist, folgt, dass $\bar{X}$ annähernd normalverteilt ist. Ist diese Voraussetzung nicht gegeben, dann muss man mit der *t-Verteilung* arbeiten. Dies übersteigt aber den Rahmen dieses Buches.

Aufgabe 3: Füllgewicht von Müslipackungen

Die Packungen einer Müslisorte sollen durchschnittlich 250 g enthalten. Ein Händler überprüft das Gewicht von 50 ausgewählten Packungen und stellt in der Stichprobe ein durchschnittliches Gewicht von nur 247 g und eine Standardabweichung von 15 g fest. Sind diese Ergebnisse mit der vertraglich zwischen Lieferant und Händler vereinbarten Bedingung von 250 g pro Packung verträglich, oder enthalten die Packungen zu wenig Müsli?

Abbildung 10.12 Müsli

10.4 Test bezüglich der unbekannten Differenz zweier Erwartungswerte

Die durchschnittliche Körpergröße von deutschen Männern ist 178 cm, die von deutschen Frauen ist 165 cm [MIK]. Männer sind also im Durchschnitt größer als Frauen. Trifft dies auch schon für Säuglinge zu? Sind männliche Säuglinge durchschnittlich größer als weibliche Säuglinge?

Die Zufallsgröße X gibt die Größe männlicher Säuglinge in deren Grundgesamtheit an. Entsprechend beschreibt die Zufallsvariable Y die weiblichen Säuglinge. Es soll durch einen Test festgestellt werden, ob sich die Erwartungswerte $E(X)$ und $E(Y)$ unterscheiden oder nicht, d. h. es wird die Hypothese H_0: »$E(X) = E(Y)$.« gegen die Hypothese $H_1 : E(X) \neq E(Y)$ getestet.

Dazu werden zwei große Stichproben $(X_1, ..., X_n)$ und $(Y_1, ..., Y_m)$ erhoben und die Stichprobenmittelwerte $\overline{X} = \dfrac{X_1 + ... + X_n}{n}$ und $\overline{Y} = \dfrac{Y_1 + ... + Y_m}{m}$ gebildet. Dabei müssen m und n nicht gleich sein. Da die Umfänge der Stichproben groß sein sollen, sind $\overline{X}$ und $\overline{Y}$ nach dem zentralen Grenzwertsatz annähernd normalverteilt.

Als Testgröße bietet sich die Differenz $U = \overline{X} - \overline{Y}$ der Zufallsvariablen an. Über die Differenz zweier normalverteilter Zufallsvariablen ist bekannt, dass diese ebenfalls normalverteilt ist. Außerdem ist der Erwartungswert der Differenz gleich der Differenz der einzelnen Erwartungswerte und die Varianz der Differenz ist gleich der Summe der einzelnen Varianzen (vergleiche Abschnitt 7.12, »Regeln für Erwartungswerte und Varianzen«). Daraus ergibt sich, dass die Testgröße $U = \overline{X} - \overline{Y}$ normalverteilt mit dem Erwartungswert $E(U) = E(\overline{U}) - E(\overline{Y})$ und der Varianz $s_U^2 = s_{\overline{X}}^2 + s_{\overline{Y}}^2$ ist.

Die Standardabweichung von U erhält man aus folgenden Überlegungen:

Es ist $s_{\overline{X}} = \dfrac{1}{\sqrt{n}} s_X$ und $s_{\overline{Y}} = \dfrac{1}{\sqrt{m}} s_Y$ (vergleiche Abschnitt 9.2, »Eine Punktschätzung für den Erwartungswert«).

Die Standardabweichungen s_X und s_Y können durch die empirischen Standardabweichungen $\sqrt{\dfrac{1}{n-1} \sum_{i=1}^{n}(x_i - \overline{x})^2}$ und $\sqrt{\dfrac{1}{m-1} \sum_{i=1}^{m}(y_i - \overline{y})^2}$ geschätzt werden. Die Standardabweichung der Testgröße U ist damit:

$$s_U = \sqrt{s_{\overline{X}}^2 + s_{\overline{Y}}^2} = \sqrt{\dfrac{1}{n} s_X^2 + \dfrac{1}{m} s_Y^2}$$

Die Hypothese H_0: $E(X) = E(Y)$ kann man auf folgende Weise umschreiben:

H_0: »$E(X) - E(Y) = 0$.«

H_0: »$E(X - Y) = 0$.«

$H_0 : E(U) = \theta = 0$.«

Diese Form der Hypothese stimmt mit dem Testproblem aus Abschnitt 10.3, »Test für den Erwartungswert einer Grundgesamtheit«, überein. Um dies zu sehen, muss man nur $\theta_0 = 0$ setzen.

Also kann man den in Abschnitt 10.3 gefundenen kritischen Bereich verwenden. Dieser war:

H_0 wird verworfen, wenn gilt:

$$\bar{x} \leq \theta_0 + \frac{s_X}{\sqrt{n}} z_{\alpha/2} \text{ oder } \bar{x} \geq \theta_0 - \frac{s_X}{\sqrt{n}} z_{\alpha/2}$$

Dabei war $\bar{x}$ der Wert, den die Testgröße $\bar{X}$ angenommen hatte, und

$$s_{\bar{X}} = \frac{1}{\sqrt{n}} s_X$$

war die Standardabweichung der Testgröße.

Zur Beschreibung der jetzt vorliegenden Situation muss man $\bar{x}$ durch $\bar{x} - \bar{y}$ und die Standardabweichung durch $s_U = \sqrt{\frac{1}{n} s_X^2 + \frac{1}{m} s_Y^2}$ ersetzen.

Damit hat man die Testvorschrift konstruiert:

H_0 wird verworfen, wenn gilt:

$$\bar{x} - \bar{y} \leq \theta_0 + \sqrt{\frac{1}{n} s_X^2 + \frac{1}{m} s_Y^2} \cdot z_{\alpha/2} \text{ oder } \bar{x} - \bar{y} \geq \theta_0 - \sqrt{\frac{1}{n} s_X^2 + \frac{1}{m} s_Y^2} \cdot z_{\alpha/2}$$

Weil $\theta_0 = 0$ gilt, folgt:

$$\bar{x} - \bar{y} \leq \sqrt{\frac{1}{n} s_X^2 + \frac{1}{m} s_Y^2} \cdot z_{\alpha/2} \text{ oder } \bar{x} - \bar{y} \geq -\sqrt{\frac{1}{n} s_X^2 + \frac{1}{m} s_Y^2} \cdot z_{\alpha/2}$$

Diese Ergebnisse werden hier zusammengefasst:

Merke: Zweiseitiger Test bezüglich der unbekannten Differenz θ der Erwartungswerte zweier unabhängiger Zufallsvariablen X und Y bei großen Stichprobenumfängen n und m (Normalverteilungstest)

$H_0: E(X) = \theta = \theta_0 = 0$ und

$H_1: E(X) = \theta \neq \theta_0 = 0$

H_0 wird verworfen, wenn gilt:

$$\bar{x} - \bar{y} \leq \sqrt{\frac{1}{n} s_X^2 + \frac{1}{m} s_Y^2} \cdot z_{\alpha/2} \text{ oder } \bar{x} - \bar{y} \geq -\sqrt{\frac{1}{n} s_X^2 + \frac{1}{m} s_Y^2} \cdot z_{\alpha/2}$$

Die verwendeten Bezeichnungen haben folgende Bedeutung:

$\theta = E(X) - E(Y)$

n: Umfang der Stichprobe der X_i, ($n > 30$)

m: Umfang der Stichprobe der Y_i, ($m > 30$)

$\bar{x}$: arithmetisches Mittel der Daten $x_1, ..., x_n$

$\bar{y}$: arithmetisches Mittel der Daten $y_1, ..., y_m$

s_X: empirische Standardabweichung der Daten $x_1, ..., x_n$

s_Y: empirische Standardabweichung der Daten $y_1, ..., y_m$

α: Signifikanzniveau

$z_{\alpha/2}$: $\frac{\alpha}{2}$-Quantil der Standardnormalverteilung

In Beispiel 5 können Sie die praktische Durchführung des Tests sehen.

Beispiel 5: Die Körpergröße bei Neugeborenen

Aus einem Neustadter Krankenhaus stammen die folgenden Körpergrößen von 35 Jungen und 38 Mädchen (April 2017):

53	53	56	51	49	51	53	48	54
53	52	54	53	52	50	53	50	55
57	52	55	53	51	53	48	54	56
52	51	52	52	51	55	52	52	

Tabelle 10.3 Größen von $n = 35$ männlichen Neugeborenen

48	53	50	53	52	49	53	49	54	55
51	53	52	53	51	49	56	52	52	56
53	53	55	50	49	53	54	53	57	
49	55	52	51	53	52	56	58	47	

Tabelle 10.4 Größen von $m = 38$ weiblichen Neugeborenen

Aus diesen zwei Stichproben folgt:

$\bar{x} = 52{,}46$; $\bar{y} = 52{,}39$; $\bar{x} - \bar{y} = 0{,}07$ und

$s_{\bar{X}} = 2{,}11$; $s_{\bar{Y}} = 2{,}57$

Wählt man als Signifikanzniveau $\alpha = 5\,\%$, so ist $z_{\alpha/2} = -1{,}96$.

$$\sqrt{\frac{1}{n}s_X^2 + \frac{1}{m}s_Y^2} \cdot z_{\alpha/2} = \sqrt{\frac{1}{35}2{,}11^2 + \frac{1}{38}2{,}57^2} \cdot (-1{,}96) = -1{,}075 \text{ und}$$

$$-\sqrt{\frac{1}{n}s_X^2 + \frac{1}{m}s_Y^2} \cdot z_{\alpha/2} = -\sqrt{\frac{1}{35}2{,}11^2 + \frac{1}{38}2{,}57^2} \cdot (-1{,}96) = 1{,}075$$

Der kritische Bereich ist damit: $K = (-\infty; -1{,}075] \cup [1{,}075; \infty)$.

Da $\bar{x} - \bar{y} = 0{,}07$ nicht in K liegt, kann die Nullhypothese nicht zurückgewiesen werden.

> **Was Sie wissen sollten**
>
> Sie sollten wissen, wie man einen Test bezüglich der Differenz zweier Erwartungswerte durchführen kann.

10.5 Der Wilcoxon-Zwei-Stichproben-Test

Im Straßenverkehr wird einem Autofahrer eine Reaktionszeit von etwa einer Sekunde zugebilligt. Bei dieser Zeit handelt es sich allerdings um die Summe von einzelnen Komponenten wie der visuellen Wahrnehmung des Gefahrenobjekts, der Umsetzzeit des Fußes vom Gas auf das Bremspedal und der sogenannten Schwelldauer der Bremsanlage. Die Zeit zwischen einem visuellen Reiz und dem Beginn einer Handlung liegt zwischen 0,2 und 0,3 Sekunden. Auch im Sport spielen Reaktionszeiten eine wichtige Rolle. Man denke an den 100-m-Läufer, der schnell auf den Startschuss reagieren muss. Ein Fußballspieler kann durch eine schnellere Reaktion einen Vorteil gewinnen, der ihm einen effektiven Angriff oder einen Torschuss ermöglicht. Durch ein entsprechendes Training können Sportler ihre Reaktionszeit verbessern.

In einer Gruppe von 5 Hobbysportlern und in einer Gruppe von 4 Personen, die keinen Sport treiben, wurden Reaktionszeiten gemessen. Für die Hobbysportler ergaben sich die Werte $x_1 = 0{,}15$, $x_2 = 0{,}19$, $x_3 = 0{,}25$, $x_4 = 0{,}27$ und $x_5 = 0{,}32$.

Die Nichtsportler erzielten die Werte $y_1 = 0{,}17$, $y_2 = 0{,}26$, $y_3 = 0{,}31$ und $y_4 = 0{,}35$.

Unterscheiden sich die beiden Gruppen in der Reaktionszeit?

Hier liegt ein Spezialfall folgender Situation vor:

Betrachtet werden zwei unabhängige Stichproben $(X_1, X_2, ..., X_m)$ und $(Y_1, Y_2, ..., Y_n)$. Die zugrunde liegenden Zufallsvariablen X und Y beschreiben das Merkmal in der jeweiligen Grundgesamtheit. Es wird vorausgesetzt, dass das Merkmal mindestens ordinalskaliert ist. Zu testen sind die Hypothesen

H_0: »X und Y haben dieselbe Verteilung.« und

H_1: »Die beiden Verteilungen sind gegeneinander verschoben.«

Dabei ist nicht bekannt, welche Art von Verteilung den Variablen X und Y zugrunde liegt. Testverfahren, bei denen man keine Annahmen über die Verteilung der Messwerte in der Grundgesamtheit macht, nennt man *nichtparametrische Tests*.

Umgangssprachlich könnt man die Hypothesen auch durch »Beide Gruppen sind gleich gut.« und »Eine der Gruppen ist besser.« beschreiben.

Um eine Testgröße zu gewinnen, sortiert man alle Beobachtungen der Größe nach und bestimmt die Ränge der m X-Werte. Für das Beispiel der Reaktionszeiten liefert dies:

Zeiten	0,15	0,17	0,19	0,25	0,26	0,27	0,31	0,32	0,33
Stichprobe	X	Y	X	X	Y	X	Y	X	Y
Rang der X_i	1		3	4		6		8	

Tabelle 10.5 Ränge der X_i

Im Fall der Gültigkeit der Nullhypothese sind die m X-Ränge eine zufällige Wahl aus der Menge {1, 2, ..., m+n}. Um dies zu beurteilen, wird die Summe der X-Ränge bestimmt. Im Beispiel ist dies $R_X = 1 + 3 + 4 + 6 + 8 = 22$. Ist dieser Wert besonders klein oder besonders groß, dann gibt dies Anlass, an der Nullhypothese zu zweifeln. Im ersten Fall stehen dann nämlich die X-Werte weit vorne, was dafür spricht, dass diese Gruppe besser ist. Im zweiten Fall stehen die X-Werte hinten, sodass die Gruppe der Y-Werte besser ist. Wann man eine Rangsumme groß bzw. klein nennt, wird, wie üblich, durch die Testvorschrift festgelegt. Dazu schaut man zuerst, welche Werte die Rangsumme überhaupt annehmen kann. Was ist der kleinste Wert, den die Rangsumme annehmen kann?

Die Rangsumme der X-Werte ist minimal, wenn alle X-Werte am Anfang stehen. Für das Beispiel der Reaktionszeiten wäre dies die Folge X X X X X Y Y Y Y mit der Rangsumme $R_X = 1 + 2 + 3 + 4 + 5 = 15$.

Für den allgemeinen Fall mit m X-Werten und n Y-Werten ist die minimale Rangsumme R_X gleich $1 + 2 + ... + m$, d. h. gleich der Summe der ersten m natürlichen Zahlen. Eine Formel dafür wurde im Abschnitt 2.2, »Das Summenzeichen«, angegeben. Die minimale Rangsumme ist also gleich $\sum_{i=1}^{m} i = \frac{m \cdot (m+1)}{2}$.

Wer sich unsicher ist, kann mit dieser Formel die Summe $1 + 2 + 3 + 4 + 5$ bestimmen und bestätigen, dass sich damit wie eben berechnet 15 ergibt.

Jetzt wird die maximal mögliche Rangsumme bestimmt. Die maximale Rangsumme ergibt sich, wenn alle X am Ende stehen. Im Beispiel der Reaktionszeiten wäre dies die Folge $Y\,Y\,Y\,Y\,X\,X\,X\,X$. Diese hat die Rangsumme $5 + 6 + 7 + 8 + 9 = 35$. Um Sie auf das vorzubereiten, was gleich kommt: Man kann die 35 auch auf eine andere Weise berechnen. Dazu subtrahiert man von der Summe der Zahlen von 1 bis $m + n = 9$ die Summe der Ränge der vorne stehende $n = 4$ Y-Werte: $(1 + 2 + 3 + \ldots + 8 + 9) - (1 + 2 + 3 + 4)$.

Wendet man diese Methode auf den allgemeinen Fall an, dann liefert dies:

$$\sum_{i=1}^{m+n} i - \sum_{i=1}^{n} i = \frac{(m+n)(n+m+1)}{2} - \frac{n(n+1)}{2}$$

Man klammert jetzt noch $\frac{1}{2}$ aus und multipliziert die Klammern aus:

$$\frac{(m \cdot n + m^2 + m + n^2 + n \cdot m + n - n^2 - n)}{2} = \frac{(m^2 + 2m \cdot n + m)}{2} =$$

$$= \frac{m^2}{2} + m \cdot n + \frac{m}{2} = m \cdot n + \frac{m \cdot (m+1)}{2}$$

Die gewonnenen Ergebnisse werden hier gesammelt:

> **Merke: Wertebereich der Rangsummen**
>
> Minimale Rangsumme: $r_{min} = \dfrac{m(m+1)}{2}$
>
> Maximale Rangsumme: $r_{max} = \dfrac{m(m+1)}{2} + m \cdot n$
>
> Für die Rangsumme R_X gilt damit: $\dfrac{m \cdot (m+1)}{2} \leq R_X \leq \dfrac{m \cdot (m+1)}{2} + m \cdot n$

Mithilfe des Wertes R_X wird nun die Testgröße für den Test nach Wilcoxon festgelegt. Dazu subtrahiert man in der letzten Ungleichung die Konstante $\dfrac{m \cdot (m+1)}{2}$, wobei sich dann $0 \leq W \leq m \cdot n$ mit $W = R_X - \dfrac{m \cdot (m+1)}{2}$ ergibt.

Die Größe W wird als Textgröße verwendet. Sie heißt *Wilcoxon-Rangsummenstatistik* und kann Werte zwischen 0 und $m \cdot n$ annehmen.

Im Beispiel der Reaktionszeiten hat W den Wert $22 - 5 \cdot \dfrac{6}{2} = 7$ angenommen.

Testen von Hypothesen

Als Nächstes ist zu klären, mit welcher Wahrscheinlichkeit W die einzelnen Werte von 0 bis $m \cdot n$ annimmt. Erst wenn diese Frage beantwortet ist, kann man die Testvorschrift bilden. In der folgenden Tabelle sind für das Beispiel der Reaktionszeiten einige der Stichprobenfolgen sowie deren zugehöriger Wert von W angegeben:

									W
X	X	X	X	X	Y	Y	Y	Y	0
X	X	X	X	Y	X	Y	Y	Y	1
X	X	X	X	Y	Y	X	Y	Y	2
X	X	X	Y	X	X	Y	Y	Y	2
X	X	X	X	Y	Y	Y	X	Y	3
X	X	X	Y	X	Y	X	Y	Y	3
X	X	Y	X	X	X	Y	Y	Y	3
...	...	...	...	...	...	...	...	...	...
Y	X	Y	Y	Y	X	X	X	X	17
Y	Y	X	Y	X	Y	X	X	X	17
Y	Y	Y	X	X	X	Y	X	X	17
Y	Y	X	Y	Y	X	X	X	X	18
Y	Y	Y	X	X	Y	X	X	X	18
Y	Y	Y	X	Y	X	X	X	X	19
Y	Y	Y	Y	X	X	X	X	X	20

Tabelle 10.6 Beispiele für Stichprobenfolgen mit $m = 5$ und $n = 4$

Man sieht, dass es nur eine Folge gibt, für die $W = 0$ gilt. Sämtliche X müssen in diesem Fall vor den Y stehen. Ebenso gibt es nur eine Folge mit $W = m \cdot n = 5 \cdot 4 = 20$. Zu $W = 17$ gehören drei Folgen, zu $W = 18$ gehören zwei Folgen.

In Tabelle 10.6 sind nur einige der möglichen Stichprobenfolgen aus $m = 5$ X-Werten und $n = 4$ Y-Werten angegeben, und das aus gutem Grund, denn es gibt davon 126 Stück. Das sieht man wie folgt ein:

Jede der Folgen hat die Länge m+n. Eine spezielle Folge ist dadurch festgelegt, an welchen dieser (m+n) Stellen die X-Symbole stehen. Dafür gibt es $\binom{m+n}{m} = \binom{9}{5} = 126$ Möglichkeiten (vergleiche Abschnitt 7.5.1, »Ungeordnete Stichproben ohne Zurücklegen«).

Für Abbildung 10.13 wurde eine vollständige Tabelle ausgewertet. Über jedem möglichen Wert von W wurde die Häufigkeit aufgetragen, mit der dieser Wert in der vollständigem Tabelle vorkommt. Die Werte von W sind auf der x-Achse abgetragen, die Anzahl der dazu gehörenden Folgen auf der y-Achse.

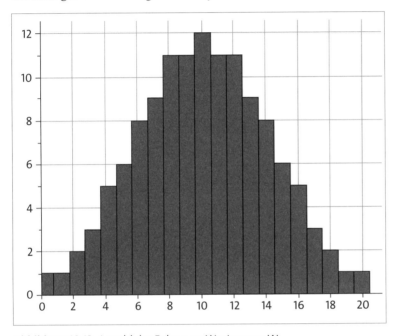

Abbildung 10.13 Anzahl der Folgen zu Werten von W

Es folgt ein Ablesebeispiel zu dieser Abbildung.

Beispiel 6: Anzahl von Stichprobenfolgen für bestimmte Werte von W

Zu W = 6 gehören 8 Folgen, zu W = 3 gibt es 3 Folgen.

Unter der Annahme, dass die Nullhypothese gilt, hat das Auftreten aller Folgen die gleiche Wahrscheinlichkeit. Diese ist gleich

$$\frac{1}{\binom{m+n}{m}} = \frac{1}{\binom{9}{5}} = \frac{1}{126}.$$

Beispiel 7: Wahrscheinlichkeiten für bestimmte Werte von W

Wir bleiben bei den Reaktionszeiten. Unter der Annahme, dass die Nullhypothese gilt, ist die Wahrscheinlichkeit, dass W den Wert 6 annimmt, gleich $8/126 \approx 0{,}063$, denn zu $W = 6$ gibt es 8 Folgen.

Berechnet man für jeden der Werte 0 bis 20, die W im Beispiel der Reaktionszeiten annehmen kann, die zugehörige Wahrscheinlichkeit, dann ergibt sich folgende Tabelle:

w	0	1	2	...	18	19	20
P(W = w)	0,0079	0,0079	0,0159	...	0,0159	0,0079	0,0079

Tabelle 10.7 Wahrscheinlichkeiten $P(W = w)$

Wie bei einem zweiseitigen Test üblich, wird der kritische Bereich für H_0 nun durch die an die Testgröße W gestellten Forderungen $P_{H_0}(W \leq w) \leq \frac{\alpha}{2}$ und $P_{H_0}(W \geq u) \leq \frac{\alpha}{2}$ bestimmt. Setzt man $\alpha = 5\,\%$, dann ergibt sich:

$$P_{H_0}(W \leq 1) = P_{H_0}(W = 0) + P_{H_0}(W = 1) =$$

$$= 0{,}0079 + 0{,}0079 = 0{,}0158 \leq \frac{0{,}05}{2} = 0{,}025$$

$$P_{H_0}(W \leq 2) = P_{H_0}(W = 0) + P_{H_0}(W = 1) + P_{H_0}(W = 2) =$$

$$= 0{,}0079 + 0{,}0079 + 0{,}0159 > 0{,}025$$

An der Tabelle erkennt man:

$$P(W \leq w) = P(W \geq m \cdot n - w)$$

Dieser Zusammenhang gilt für alle Werte von m und n. Aus diesem Grund gehören zum rechten Teil des kritischen Bereichs die Werte 19 und 20. Also gilt: $K = \{0,1\} \cup \{19,20\}$.

In Abbildung 10.14 ist die Wahrscheinlichkeitsfunktion für W dargestellt und der kritische Bereich markiert.

Weil $W = 7$ nicht im kritischen Bereich liegt, kann die Nullhypothese nicht abgelehnt werden, d. h. die beiden Gruppen unterscheiden sich nicht.

Sie werden sich jetzt sicher fragen, wie man die Wahrscheinlichkeiten $P(W = w)$ und damit den kritischen Bereich im allgemeinen Fall bestimmen kann. Wie Sie zuvor gesehen haben, wird zur Berechnung dieser Wahrscheinlichkeiten die Anzahl der Folgen benötigt, für die W den Wert w annimmt. Es gibt Rekursionsformeln, mit denen sich diese

Anzahlen berechnen lassen. Der Gebrauch dieser Formeln ist aber äußerst umständlich. Aus diesem Grund gibt es Tabellen für den Wilcoxon-Test, denen man sofort die Schranken für den kritischen Bereich entnehmen kann. In Abbildung 10.15 sehen Sie eine solche Tafel, die für den zweiseitigen Test mit $\alpha = 5\%$ gilt. In Beispiel 8 wird vorgeführt, wie man diese Tafel verwendet.

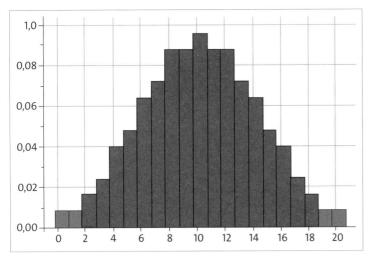

Abbildung 10.14 Wahrscheinlichkeitsfunktion für W im Fall $m = 5, n = 4$

m\n	3	4	5	6	7	8	9	10	11	12	13	14	15	16	17	18	19	20
4	-	0																
5	0	1	2															
6	1	2	3	5														
7	1	3	5	6	8													
8	2	4	6	8	10	13												
9	2	4	7	10	12	15	17											
10	3	5	8	11	14	17	20	23										
11	3	6	9	13	16	19	23	26	30									
12	4	7	11	14	18	22	26	29	33	37								
13	4	8	12	16	20	24	28	33	37	41	45							
14	5	9	13	17	22	26	31	36	40	45	50	55						
15	5	10	14	19	24	29	34	39	44	49	54	59	64					
16	6	11	15	21	26	31	37	42	47	53	59	64	70	75				
17	6	11	17	22	28	34	39	45	51	57	63	69	75	81	87			
18	7	12	18	24	30	36	42	48	55	61	67	74	80	86	93	99		
19	7	13	19	25	32	38	45	52	58	65	72	78	85	92	99	106	113	
20	8	14	20	27	34	41	48	55	62	69	76	83	90	98	105	112	119	127

Abbildung 10.15 Schranken für den zweiseitigen Wilcoxon-Test für $\alpha = 5\%$

Beispiel 8: Kritischen Bereich bestimmen

Für $m = 7$ und $n = 5$ entnimmt man der Tabelle in Abbildung 10.15 den Wert $w = 5$. Dann bildet man $u = m \cdot n - 5 = 35 - 5 = 30$. Also ist der kritische Bereich gleich

$K = \{0,1,2,3,4,5\} \cup \{30,31,32,33,34,35\}$.

Um Aufgabe 4 zu lösen, verwenden Sie ebenfalls Abbildung 10.15.

Aufgabe 4: Vitamingehalt zweier Orangensaftsorten

Von zwei Sorten Orangensaft wurden jeweils 10 Proben entnommen und der Vitamingehalt in Milligramm bestimmt. Untersuchen Sie auf einem Signifikanzniveau von 5 %, ob sich die beiden Sorten bezüglich des Gehaltes an Vitamin C unterscheiden.

Sorte X	124	147	119	120	126	115	139	142	115	127
Sorte Y	128	150	122	118	131	109	141	146	112	123

Tabelle 10.8 Vitamingehalt in zwei Stichproben

Die Tabelle für den zweiseitigen Wilcoxon-Test geht bis $m = n = 20$. Was können Sie machen, wenn m oder n größer als 20 sind?

Es lässt sich zeigen, dass die Zufallsvariable W näherungsweise normalverteilt ist und den Erwartungswert $\mu = \dfrac{m \cdot n}{2}$ sowie die Varianz $\sigma^2 = \dfrac{m \cdot n \cdot (m + n + 1)}{12}$ besitzt. Diese Approximation ist gut, wenn $n > 3$ und $m > 3$ und $n + m > 19$ ist. Aus der Bedingung $P_{H_0}(W \leq w) \leq \dfrac{\alpha}{2}$ wird in diesem Fall:

$$P_{H_0}(W \leq w) \approx \Phi\left(\dfrac{w - \dfrac{m \cdot n}{2}}{\sqrt{\dfrac{m \cdot n(m + n + 1)}{12}}}\right) \leq \dfrac{\alpha}{2}$$

Setzt man $\alpha = 5\,\%$ und berücksichtigt, dass $z_{\alpha/2} = z_{0,025} = -1{,}96$ das 0,025-Quantil der Standardnormalverteilung ist, dann ergibt sich:

$$\dfrac{w - \dfrac{m \cdot n}{2}}{\sqrt{\dfrac{m \cdot n(m + n + 1)}{12}}} = -1{,}96$$

Auflösen nach w liefert $w = \dfrac{m \cdot n}{2} - 1{,}96 \cdot \sqrt{\dfrac{m \cdot n(m+n+1)}{12}}$. Damit können Sie den kritischen Bereich für den Wilcoxon-Test festlegen. Lesen Sie dazu die folgende Zusammenfassung:

> **So führen Sie einen zweiseitigen Wilcoxon-Test auf dem Signifikanzniveau $\alpha = 5\,\%$ durch**
>
> Für zwei unabhängige Stichproben $(X_1, X_2, ..., X_m)$ und $(Y_1, Y_2, ..., Y_n)$ sollen die Hypothesen
>
> H_0: »X und Y haben dieselbe Verteilung.« und
>
> H_1: »Die beiden Verteilungen sind verschieden.«
>
> getestet werden.
>
> 1. Sortieren Sie die Werte der beiden Stichproben.
> 2. Bestimmen Sie die Rangsumme R_X der X-Werte.
> 3. Bestimmen Sie den Wert der Testgröße $W = R_X - \dfrac{m \cdot (m+1)}{2}$.
> 4. Wenn m und n kleiner als 20 sind, dann verwenden Sie die Tabelle für den zweiseitigen Test und ermitteln Sie w. Bilden Sie $u = m \cdot n - w$. Der kritische Bereich ist dann $K = \{0,...,w\} \cup \{u,...,m \cdot n\}$.
>
> Falls $m > 3$ und $n > 3$ und $n + m > 19$ gilt, so berechnen Sie
>
> $w = \dfrac{m \cdot n}{2} - 1{,}96 \cdot \sqrt{\dfrac{m \cdot n \cdot (m+n+1)}{12}}$ und setzen Sie
>
> $u = m \cdot n - w$. Der kritische Bereich ist dann
>
> $K = \{0,...,w\} \cup \{u,...,m \cdot n\}$.

Den kritischen Bereich können Sie auch mit dem Tabellenblatt »*10.5 Wilcoxon*« in der Datei »*Tabellen*« berechnen lassen.

Es gibt Situationen, in denen man nicht zeigen möchte, dass zwei Gruppen verschieden sind, sondern dass eine Gruppe bezüglich eines Merkmals besser als die andere Gruppe ist. In diesem Fall ist ein einseitiger Test angebracht. Eine solche Situation sieht man in Beispiel 8.

Beispiel 9: Neues Futtermittel für Hamster

Eine Firma hat ein neues Futtermittel für Goldhamster entwickelt, das eine größere Gewichtszunahme der Hamster verspricht als das alte Mittel. Eine Woche lang wurden $m=9$ Hamster mit dem neuen Präparat X gefüttert, eine zweite Gruppe aus $n=9$

Hamstern erhielt das alte Präparat Y. Die Gewichtszunahmen der Hamster in Gramm zeigt die Tabelle:

Futter Y	115	112	113	73	70	64	58	52	42
Futter X	215	176	161	152	145	97	96	94	82

Tabelle 10.9 Hamstergewichte

Getestet werden die Hypothesen:

H_0: »X und Y haben dieselbe Verteilung, d. h. die Mittel sind wirkungsgleich.«

H_1: »Präparat X ist besser.«

Die Gewichtszunahmen werden nun absteigend sortiert. Falls das Präparat X besser ist, so sollten in der sortierten Folge vermehrt X-Symbole vor den Y-Symbolen stehen. In diesem Fall nimmt die Rangsumme R_X und damit auch die Testgröße $W = R_X - \frac{m \cdot (m+1)}{2}$ kleine Werte an. Im Fall des einseitigen Tests hat der kritische Bereich deshalb die Form $K = \{0, 1, ..., w\}$. Wenn W einen Wert aus K annimmt, dann wird H_0 abgelehnt. Wie beim zweiseitigen Test gibt es Tabellen, aus denen man den kritischen Bereich ablesen kann. Die Tabelle für den einseitigen Test auf dem Signifikanzniveau $\alpha = 5\%$ findet man in der Abbildung 10.16. Um damit das vorliegende Problem bearbeiten zu können, werden die Daten aus der Tabelle 10.9 absteigend sortiert. Das liefert die Folge XXXXXYYYXXXXYYYYYY. Die Summe der X-Ränge in dieser Folge ist 57. Davon wird $\frac{m \cdot (m+1)}{2} = \frac{9 \cdot 10}{2}$ subtrahiert, um die Testgröße W zu erhalten: $W = 57 - 45 = 12$.

Für das vorliegende Beispiel gilt $m = n = 9$. Aus der Tabelle ergibt sich $w = 21$. Also ist der kritische Bereich gleich $K = \{0, 1, ..., 21\}$. Da 12 ein Element von K ist, wird die Nullhypothese zurückgewiesen.

m\n	3	4	5	6	7	8	9	10	11	12	13	14	15	16	17	18	19	20
3	0																	
4	0	1																
5	1	2	4															
6	2	3	5	7														
7	2	4	6	8	11													
8	3	5	8	10	13	15												
9	4	6	9	12	15	18	21											
10	4	7	11	14	17	20	24	27										
11	5	8	12	16	19	23	27	31	34									
12	6	9	13	17	22	26	30	34	38	43								
13	6	10	15	19	24	28	33	37	42	47	51							
14	7	12	16	21	26	31	36	41	46	51	56	61						
15	8	13	18	23	28	34	39	44	50	55	61	66	72					
16	8	14	19	25	30	36	42	48	54	60	65	71	77	83				
17	9	15	21	27	33	39	45	51	58	64	70	77	83	89	96			
18	10	16	22	28	35	41	48	55	61	68	75	82	89	95	102	109		
19	10	17	23	30	37	44	51	58	65	72	80	87	94	101	109	116	123	
20	11	18	25	32	39	47	54	62	69	77	84	92	100	107	115	123	130	138

Abbildung 10.16 Einseitiger Wilcoxon-Test $\alpha = 5\,\%$

Falls $m > 3$ und $n > 3$ und $n + m > 19$ gilt, so kann man, wie schon beim zweiseitigen Test, die Approximation durch die Normalverteilung verwenden:

$$P_{H_0}(W \leq w) \approx \Phi\left(\frac{w - \frac{m \cdot n}{2}}{\sqrt{\frac{m \cdot n(m + n + 1)}{12}}}\right) \leq \alpha$$

Im Unterschied zum zweiseitigen Test steht auf der rechten Seite der Ungleichung α und nicht $\frac{\alpha}{2}$. Das erklärt sich damit, dass beim zweiseitigen Test die Wahrscheinlichkeit α gleichmäßig auf die beiden Teilmengen des kritischen Bereichs aufgeteilt wurde. Das entfällt beim einseitigen Test.

Setzt man $\alpha = 5\,\%$ und berücksichtigt, dass $z_\alpha = z_{0,05} = -1{,}6449$ das 0,05-Quantil der Standardnormalverteilung ist, dann ergibt sich:

$$\frac{w - \frac{m \cdot n}{2}}{\sqrt{\frac{m \cdot n \cdot (m+n+1)}{12}}} = -1{,}64$$

Auflösen nach w liefert $w = \dfrac{m \cdot n}{2} - 1{,}64 \cdot \sqrt{\dfrac{m \cdot n \cdot (m+n+1)}{12}}$.

Wie Sie beim einseitigen Wilcoxon-Test vorgehen können, lesen Sie in der folgenden Zusammenfassung:

> **So führen Sie einen einseitigen Wilcoxon-Test auf dem Signifikanzniveau $\alpha = 5\,\%$ durch**
>
> Für zwei unabhängige Stichproben $(X_1, X_2, ..., X_m)$ und $(Y_1, Y_2, ..., Y_n)$ sollen die Hypothesen
>
> H_0: »X und Y haben dieselbe Verteilung.« und
>
> H_1: »Die Gruppe X ist besser.«
>
> getestet werden.
>
> 1. Sortieren Sie die Werte der beiden Stichproben.
> 2. Bestimmen Sie die Rangsumme R_X der X-Werte.
> 3. Bestimmen Sie den Wert der Testgröße $W = R_X - \dfrac{m \cdot (m+1)}{2}$.
> 4. Wenn m und n kleiner als 20 sind, dann verwenden Sie die Tabelle für den einseitigen Test und ermitteln Sie w. Der kritische Bereich ist dann $K = \{0, ..., w\}$.
>
>   Falls $m > 3$ und $n > 3$ und $n + m > 19$ gilt, so berechnen Sie
>
> $$w = \frac{m \cdot n}{2} - 1{,}64 \cdot \sqrt{\frac{m \cdot n \cdot (m+n+1)}{12}}.$$
>
>   Der kritische Bereich ist dann $K = \{0, ..., w\}$.

Den kritischen Bereich können Sie auch mit dem Tabellenblatt »10.5 Wilcoxon« in der Datei »Tabellen« berechnen lassen.

> **Was Sie wissen sollten**
>
> Sie sollten wissen, dass der Wilcoxon-Test ein parameterfreier Test ist.
>
> Sie sollten den Wilcoxon-Test verwenden können.

10.6 Nachwort

Wenn Sie, liebe Leserin, lieber Leser, auf dieser Seite angelangt sind, dann haben Sie ein großes Durchhaltevermögen bewiesen. Dafür haben Sie die Grundbegriffe der beschreibenden Statistik kennengelernt. Sie haben einen Einblick in die Grundlagen der Wahrscheinlichkeitrechnung erhalten, und Ihnen sind wichtige Wahrscheinlichkeitsverteilungen begegnet.

Auch in das weite und faszinierende Feld der beurteilenden Statistik haben Sei einen Einblick erhalten und erfahren, welche Grundideen beim Schätzen und beim Testen eine Rolle spielen.

Damit können Sie nun Situationen, in denen der Zufall eine Rolle spielt, kompetent beurteilen. Sie wissen einen Korrelationskoeffizienten zu interpretieren und verstehen, was ein Signifikanzniveau von 5% bedeutet.

Mit diesen Grundlagen muss Ihnen vor weitergehenden Studien der Statistik nicht mehr bange sein. Sie werden zwar noch viel Neues erfahren, können dieses aber auf der jetzt erworbenen Basis leichter verstehen. Für Ihr Studium wünsche ich Ihnen viel Erfolg.

10.7 Lösungen zu den Aufgaben

Aufgabe 1: Bello gegen Frisdas

Als Testgröße wählt man die Anzahl S_n an Erfolgen, d. h. die Anzahl an Hunden, die »Bello« gewählt haben. Es liegt eine Bernoulli-Kette der Länge $n = 16$ mit $p = 1/2$ vor. Für große Werte von S_n wird man die Nullhypothese ablehnen. Der kritische Bereich hat also die Form $K = \{k, k+1, \ldots, 16\}$.

Es ist k minimal zu wählen, und zwar so, dass $P_{H_0}(S_{16} \geq k) \leq 0{,}05$ erfüllt ist. Weil H_0 vorausgesetzt wird, ist bei der Rechnung $p = 1/2$ zu setzen. Das führt auf:

$$P_{H_0}(S_{16} \geq k) = \sum_{i=k}^{16} \binom{16}{i} \left(\frac{1}{2}\right)^i \left(\frac{1}{2}\right)^{16-i} = \left(\frac{1}{2}\right)^{16} \sum_{i=k}^{16} \binom{16}{i} \leq 0{,}05.$$

Tabelliert man $P_{H_0}(S_{16} \geq k)$, so ergibt sich:

k	16	15	14	13	12	11
$P_{H_0}(S_{16} \geq k)$	$0{,}15 \cdot 10^{-4}$	0,00026	0,0021	0,0106	0,0384	0,105

Tabelle 10.10 Wahrscheinlichkeiten für Aufgabe 1

Der Tabelle kann man entnehmen, dass der kritische Bereich gleich
$K = \{12, 13, 14, 15, 16\}$ ist. Weil 11 kein Element von K ist, kann H_0 nicht abgelehnt werden, d. h. es kann nicht gefolgert werden, dass »Bello« beliebter als »Frisdas« ist.

Aufgabe 2: Einen Würfel beurteilen

Die Hypothesen lauten:

$H_0 : p = \dfrac{1}{6}$ und

$H_1 : p \neq \dfrac{1}{6}$

Der kritische Bereich ist durch $K = \{0,1,...,k\} \cup \{g, g+1,...,n\}$ gegeben. Die Zahlen k und g bestimmt man aus den Bedingungen

$$P_{H_0}(S_{60} \leq k) = \sum_{i=0}^{k} \binom{60}{i}\left(\frac{1}{6}\right)^i \left(1-\frac{1}{6}\right)^{60-i} \leq \frac{\alpha}{2} = 0{,}025 \text{ und}$$

$$P_{H_0}(S_{60} \geq g) = \sum_{i=g}^{60} \binom{60}{i}\left(\frac{1}{6}\right)^i \left(1-\frac{1}{6}\right)^{60-i} \leq \frac{\alpha}{2} = 0{,}025.$$

a) $P_{H_0}(S_{60} \leq 4) \approx 0{,}020 \leq 0{,}025$

$P_{H_0}(S_{60} \leq 5) \approx 0{,}051 > 0{,}025$

Daraus folgt: $k = 4$.

b) $P_{H_0}(S_{60} \geq 16) \approx 0{,}0338 > 0{,}025$

$P_{H_0}(S_{60} \geq 17) \approx 0{,}0164 < 0{,}025$

Daraus folgt: $g = 17$.

Als kritischer Bereich ergibt sich damit: $K = \{0,1,2,3,4\} \cup \{17,18,...,60\}$.

Falls die Anzahl an Sechsen bei den 60 Würfelwürfen innerhalb von K liegt, so kann man H_0 zurückweisen.

Aufgabe 3: Füllgewicht von Müslipackungen

Die zu testenden Hypothesen sind:

$H_0 : \theta_0 = 250$ und

$H_1 : \theta_0 < 250$

Für das Signifikanzniveau des Tests wird $\alpha = 5\%$ gewählt. Es handelt sich um einen linksseitigen Test. H_0 wird verworfen, wenn

$$\bar{x} \leq \theta_0 + \frac{s_X}{\sqrt{n}} z_\alpha$$

gilt. Das 0,05-Quantil der Standardnormalverteilung ist $z_{0,05} = -1{,}64$. Damit ergibt die rechte Seite der letzten Ungleichung:

$$\theta_0 + \frac{s_X}{\sqrt{n}} z_\alpha = 250 + \frac{15}{\sqrt{50}} \cdot z_{0,05} = 250 + \frac{15}{\sqrt{50}} \cdot (-1{,}64) = 246{,}5$$

Da $247 > 246{,}5$ gilt, kann H_0 nicht abgelehnt werden. Das Gewicht der Packungen stimmt demnach mit den vereinbarten Bedingungen überein.

Aufgabe 4: Vitamingehalt zweier Orangensaftsorten

Es werden die Hypothesen

H_0: »X und Y haben dieselbe Verteilung.« und

H_1: »Die beiden Verteilungen unterscheiden sich.«

untersucht.

Es ist $m = n = 10$. Der Tabelle für den zweiseitigen Test mit $\alpha = 5\%$ entnimmt man die Schranke $w = 23$. Es ist $u = 10 \cdot 10 - 23 = 100 - 23 = 77$. Also ist der kritische Bereich gegeben durch:

$K = \{0,1,2,\dots,23\} \cup \{77,78,\dots,100\}$

Um den Wert der Testgröße W zu bestimmen, werden die beiden Stichproben sortiert. Das liefert die Folge *YYXXYXXYYYYYXXYXYXY*.

Die Rangsumme der X ist gleich $R_X = 104$. Für die Testgröße W ergibt sich:

$$W = R_X - \frac{m \cdot (m+1)}{2} = 104 - \frac{10 \cdot 11}{2} = 49$$

Die Zahl 49 ist kein Element von K. Die beiden Säfte unterscheiden sich deshalb nicht im Vitamin-C-Gehalt.

Anhang A
Tabelle der Standardnormalverteilung

$$\Phi(x) = \frac{1}{\sqrt{2\pi}} \int_{-\infty}^{x} e^{-\frac{z^2}{2}} dz:$$

x	$\Phi(x)$	x	$\Phi(x)$	x	$\Phi(x)$	x	$\Phi(x)$	x	$\Phi(x)$
0,00	0,50000	0,80	0,78814	1,60	0,94520	2,40	0,99180	3,20	0,99931
0,02	0,50798	0,82	0,79389	1,62	0,94738	2,42	0,99224	3,22	0,99936
0,04	0,51595	0,84	0,79955	1,64	0,94950	2,44	0,99266	3,24	0,99940
0,06	0,52392	0,86	0,80511	1,66	0,95154	2,46	0,99305	3,26	0,99944
0,08	0,53188	0,88	0,81057	1,68	0,95352	2,48	0,99343	3,28	0,99948
0,10	0,53983	0,90	0,81594	1,70	0,95543	2,50	0,99379	3,30	0,99952
0,12	0,54776	0,92	0,82121	1,72	0,95728	2,52	0,99413	3,32	0,99955
0,14	0,55567	0,94	0,82639	1,74	0,95907	2,54	0,99446	3,34	0,99958
0,16	0,56356	0,96	0,83147	1,76	0,96080	2,56	0,99477	3,36	0,99961
0,18	0,57142	0,98	0,83646	1,78	0,96246	2,58	0,99506	3,38	0,99964
0,20	0,57926	1,00	0,84134	1,80	0,96407	2,60	0,99534	3,40	0,99966
0,22	0,58706	1,02	0,84614	1,82	0,96562	2,62	0,99560	3,42	0,99969
0,24	0,59483	1,04	0,85083	1,84	0,96712	2,64	0,99585	3,44	0,99971
0,26	0,60257	1,06	0,85543	1,86	0,96856	2,66	0,99609	3,46	0,99973
0,28	0,61026	1,08	0,85993	1,88	0,96995	2,68	0,99632	3,48	0,99975
0,30	0,61791	1,10	0,86433	1,90	0,97128	2,70	0,99653	3,50	0,99977
0,32	0,62552	1,12	0,86864	1,92	0,97257	2,72	0,99674	3,52	0,99978

x	Φ(x)	x	Φ(x)	x	Φ(x)	x	Φ(x)	x	Φ(x)
0,34	0,63307	1,14	0,87286	1,94	0,97381	2,74	0,99693	3,54	0,99980
0,36	0,64058	1,16	0,87698	1,96	0,97500	2,76	0,99711	3,56	0,99981
0,38	0,64803	1,18	0,88100	1,98	0,97615	2,78	0,99728	3,58	0,99983
0,40	0,65542	1,20	0,88493	2,00	0,97725	2,80	0,99744	3,60	0,99984
0,42	0,66276	1,22	0,88877	2,02	0,97831	2,82	0,99760	3,62	0,99985
0,44	0,67003	1,24	0,89251	2,04	0,97932	2,84	0,99774	3,64	0,99986
0,46	0,67724	1,26	0,89617	2,06	0,98030	2,86	0,99788	3,66	0,99987
0,48	0,68439	1,28	0,89973	2,08	0,98124	2,88	0,99801	3,68	0,99988
0,50	0,69146	1,30	0,90320	2,10	0,98214	2,90	0,99813	3,70	0,99989
0,52	0,69847	1,32	0,90658	2,12	0,98300	2,92	0,99825	3,72	0,99990
0,54	0,70540	1,34	0,90988	2,14	0,98382	2,94	0,99836	3,74	0,99991
0,56	0,71226	1,36	0,91309	2,16	0,98461	2,96	0,99846	3,76	0,99992
0,58	0,71904	1,38	0,91621	2,18	0,98537	2,98	0,99856	3,78	0,99992
0,60	0,72575	1,40	0,91924	2,20	0,98610	3,00	0,99865	3,80	0,99993
0,62	0,73237	1,42	0,92220	2,22	0,98679	3,02	0,99874	3,82	0,99993
0,64	0,73891	1,44	0,92507	2,24	0,98745	3,04	0,99882	3,84	0,99994
0,66	0,74537	1,46	0,92785	2,26	0,98809	3,06	0,99889	3,86	0,99994
0,68	0,75175	1,48	0,93056	2,28	0,98870	3,08	0,99896	3,88	0,99995
0,70	0,75804	1,50	0,93319	2,30	0,98928	3,10	0,99903	3,90	0,99995
0,72	0,76424	1,52	0,93574	2,32	0,98983	3,12	0,99910	3,92	0,99996
0,74	0,77035	1,54	0,93822	2,34	0,99036	3,14	0,99916	3,94	0,99996
0,76	0,77637	1,56	0,94062	2,36	0,99086	3,16	0,99921	3,96	0,99996
0,78	0,78230	1,58	0,94295	2,38	0,99134	3,18	0,99926	3,98	0,99997

Anhang B
Literaturverzeichnis und Weblinks

- [APP] David R. Appleton, Joyce M. French & Mark P. J. Vanderpump, Ignoring a Covariate: An Example of Simpson's Paradox, The American Statistician 50, 1996.
- [ARE] *http://de.wikipedia.org/wiki/Arecibo-Botschaft*, 2017.
- [BAS] *http://baseportal.de/baseportal/dermichi/main*, 2017.
- [BEN] Frank Benford, The Law of Anomalous Numbers, in Proc. Amer. Phil. Soc 78, pp. 551–72, 1938.
- [BOE] *http://www.boell.de/isswas*, 2017.
- [BUE] A. Büchter, H.-W. Henn, Elementare Stochastik, Springer-Verlag Berlin Heidelberg, 2005.
- [BUN] *http://www.bundesliga.de*, 2017.
- [DOS] Fjodor M. Dostojewski: Der Spieler.
- [DUB] H.-H. Dubben, H.-P. Beck-Bornholdt, Mit an Wahrscheinlichkeit grenzender Sicherheit, Hamburg, 2005.
- [ESO] *http://www.topesoterik.com/hellsehertest_url1.php*, 2017.
- [FEL] William Feller, An Introduction to Probability Theory and Its Applications, Volume 1, John Wiley & Sons, 1970.
- [FER] Franz Ferschl, Deskriptive Statistik, Würzburg, Wien, Physica Verlag 1978.
- [GIG] Gerd Gigerenzer, Wie kommuniziert man Risiken?, Fortschritt und Fortbildung in der Medizin, 26, Deutscher Ärzteverlag, 2002/2003.
- [HAR] *https://www.haribo.com/deDE/top1-haribo-goldbaeren.html*, 2017.
- [HAV] Julian Havil, Gamma, Springer Spektrum, 2013.
- [HEI] *https://de.statista.com/statistik/daten/studie/2633/umfrage/entwicklung-des-verbraucherpreises-fuer-leichtes-heizoel-seit-1960/*, 2017.
- [HEN] Norbert Henze, Stochastik für Einsteiger, Springer Spektrum, 2017.
- [JAH] Philologen-Jahrbuch Rheinland-Pfalz, 33. Ausgabe, Philologen-Verband Rheinland-Pfalz, Mainz, 1989/1990.
- [JOI] Joint United Nations Programme on HIV/AIDS (UNAIDS) and World Health Organization (WHO): AIDS epidemic update, Dezember 2009.

- [KAH] Daniel Kahnemann, Schnelles Danken, langsames Denken, Siedler Verlag München, 2011.
- [KIC] *http://www.kicker.de*, 2017.
- [KRA] Walter Krämer, Denkste!, Piper Verlag München, 2003.
- [KRS] Jürgen Kraus, Die Demographie des Alten Ägypten, Dissertation, Göttingen, 2004.
- [LAM] *https://portal.mytum.de/pressestelle/pressemitteilungen/news_article.2010-07-06.0818878758*, 2017.
- [MAL] Lara Malberger, Frieden im Forst, DIE ZEIT Nr. 31/2016.
- [MAT] Leopold Mathelitsch, Sigrid Thaller, Physik des Sports, WILEY-VCH Verlag Berlin, 2015.
- [MID] T. L. Middelhoff & O. Anders (2015), Abundanz und Dichte des Luchses im westlichen Harz. Fotofallenmonitoring, Projektbericht, Nationalpark Harz, 2014/15.
- [MIK] Statistisches Bundesamt, Mikrozensus, 2013.
- [NEW] Simon Newcomb, Note on the Frequency of Use of the Different Digits in Natural Numbers, The American Journal of Mathematics 4, p. 39–40), 1881.
- [NOL] Johannes Nollé, Kleinasiatische Losorakel, Verlag C.H.BECK, München, 2007.
- [OLD] *https://www.uni-oldenburg.de/no_cache/wetter/*, 2017.
- [PAR] Fritz Müller-Partenkirchen, Sei vergnügt, Rosenheimer Verlagshaus, 1982.
- [POI] *www.poissonverteilung.de*, 2017.
- [RIE] Hans Riedwyl, Der Korrelationskoeffizient liegt zwischen −1 und +1, Stochastik in der Schule 22, 2002.
- [SCH] Wolfgang Schwarz, Ein einfaches Poisson-Modell für Ligawettbewerbe im Sport, MNU 53/3, S.146–151, Dümmler Köln, 2000.
- [SIG] *http://www.signale.de/arecibo/gesamt.html*, 2017.
- [SIL] Mark F. Schilling, The Longest Run of Heads, The College Mathematics Journal, Vol. 21, No. 3, May 1990.
- [SOZ] Sozio-oekonomisches Panel (SOEP), Berlin, 2006.
- [STA15] Statistisches Jahrbuch 2015, Statistisches Bundesamt, Wiesbaden, 2015.
- [STA16] Statistisches Jahrbuch 2016, Statistisches Bundesamt, Wiesbaden, 2016.
- [STA95] Statistisches Jahrbuch 1995, Statistisches Bundesamt, Wiesbaden, 1995.
- [TKS] Geschäftsbericht Städtische Tourist, Kongress und Saalbau GmbH, Neustadt/Weinstraße, 2014/2015.
- [TOL] Metin Tolan, So werden wir Weltmeister, Piper, 2010.

- [TVE] Amos Tversky, Daniel Kahneman, Judgment under Uncertainty: Heuristics and Biases, Science, New Series, Vol. 185, No. 4157, pp. 1124–1131, September 27, 1974.
- [VER] Statistisches Bundesamt, Verkehrsunfälle, Fachserie 8, Reihe 7, 2016.
- [WET] *http://www.wetterkontor.de/de/wetter/deutschland*, 2017.

Index

1. Pfadregel **212**, **213**, 262, 329
2. Pfadregel 215, **216**, 301, 329

A

Absolute Häufigkeit **34**, 40, 42, 188, 420
Abzählbar unendlich **25**, 236, 245
Alternativhypothese 430
Arithmetische Mittel **81**, 138, 144, 412
   für klassierte Daten 91
   gewichtetes 88
Ausreißer **78**, 86, 91, 101–103, 106

B

Baumdiagramm 190, **191**, 244
Bedingte Wahrscheinlichkeit ... **219**, 221, 226, 229
Benford-Gesetz 237
Bereichsschätzung 405
Bernoulli-Experiment 317
Bernoulli-Kette 436
Bernoulli-Verteilung 315, **317**
   Erwartungswert 319
   Varianz 319
Beschreibende Statistik → Deskriptive Statistik
Bimodal 105
Binomialkoeffizient **202**, 203, 211
Binomialverteilt 432, 440, 441
Binomialverteilung **326**, 341
   Varianz 333
Boxplot **99–103**, 123
Box-Whisker-Plot 99

C

Capture-Recapture-Verfahren 347

D

Deskriptive Statistik 15, **19**, 294, 470
Dezil 99
Dichtefunktion **257–261**, 273, 362, 377, 379, 386
   normalverteilt 386
Disjunkt **184**, 227, 228, 230, 247, 251
Diskrete Gleichverteilung 322
   Erwartungswert 326
   Varianz 326
   Verteilungsfunktion 325
   Wahrscheinlichkeitsfunktion 325

E

e → Euler'sche Zahl
Empirische Standardabweichung 444
Empirische Varianz 126, **127**
Empirische Verteilungsfunktion 51
Empirisches Gesetz der großen Zahlen 185
Ereignis **177**, 178, 182–185, 189, 216, 219, 221, 222, 228–231, 233, 259, 265
Ergebnisraum **175**, 176, 185, 191, 234
Erwartungswert **268**, 277
   Bernoulli-verteilt 319
   binomialverteilt 333
   diskrete Zufallsvariable 268, **270**
   geometrisch verteilt 353
   gleichverteilte Zufallsvariable 326
   hypergeometrisch 348
   Konfidenzintervall 413
   negativ exponentiell 362
   Poisson-verteilt 340
   Produkt von Zufallsvariablen 288
   Punktschätzung 410
   Regeln 283
   stetig gleichverteilt 361
   stetige Zufallsvariable 273
   Transformationssatz 287
Euler'sche Zahl 199, **259**, 340

F

Fakultät ... 198
Fehler 1. Art ... 432
Fehler 2. Art ... 432
Fehlergrenze ... 420–425

G

Galtonbrett ... 326
Gegenereignis ... 182
Geometrische Mittel ... 107–109
Geometrische Reihe ... 40, 247
Geometrische Verteilung ... 352
Geordnete Stichproben ... **192**, 193, 196, 211
Gleichverteilte Zufallsvariable ... 359
Gleichverteilte Zufallszahlen ... 358
Grenzwertsatz, zentraler ... **375**, 378, 417
Grundgesamtheit ... 21–23, 27, 28, 34, 127, 219, 220, 405–410, 413, 421, 423, 442
Gruppen-Screening ... 271

H

Harmonische Mittel ... 109, **112**, 113
Harmonische Reihe ... 356
Häufigkeitsdichte ... **46–49**, 104, 379
Häufigkeitsverteilung ... 47, **58**, 88, 128–130, 294
Histogramm ... **46–49**, 55–59, 103, 330, 331, 334, 336, 351, 380, 390, 433, 436
Hypergeometrische Verteilung ... 346
Hypothese ... 429

I

Induktive Statistik ... 19
Intervallskala ... 26
Irrtumswahrscheinlichkeit ... **411**, 433

K

Kardinalskala ... **26**, 113
Kastendiagramm ... 99
Klassenbreite ... 43, **45–48**, 131
Klasseneinteilung ... **19**, 43, 45, 47, 48, 50, 51, 55, 56, 90, 378
Klassenhäufigkeit ... **45**, 47
Klassenmitte ... **45**, 47, 48, 91
Konfidenzintervall ... **410**, 423
   Erwartungswert ... 412
   Parameter p einer Binomialverteilung ... 418
Konfidenzniveau ... 411
Korrelation ... **145**, 148–150, 154, 157–161, 326
Korrelationskoeffizient ... **150–153**, 155, 156, 159, 160, 471
Kovarianz ... **155**, 156, 159, 167
Kreisdiagramm ... **36**, 37, 59
Kritischer Bereich ... **431**, 434, 436–441, 444, 446, 453, 458, 460–462, 464
Kumulieren ... 50

L

Lagemaßzahlen ... 80, **105**, 106, 113, 114, 118, 137
Lageparameter ... 103, **113**
Laplace-Experiment ... **176**, 177, 180, 181, 221, 232, 233, 252
Linda-Problem ... **22**, 183
Lineare Regression ... 161
Lineare Transformation ... **137**, 141, 143, 144
Linearer Zusammenhang ... 148, **154**, 160

M

Maximum-Likelihood-Schätzung ... 348, 415
Median ... **91–97**, 99–102, 105, 106, 124, 126, 389
Medianabweichung ... 123–126
Merkmal ... 21, **23–25**, 28, 34, 44, 48, 55, 58, 80, 94, 105, 106, 138, 148, 294, 378
   diskret ... 26
   qualitativ ... 24
   quantitativ ... 25

quantitativ-diskret ... 25
quantitativ-stetig ... 25
Rangmerkmal ... 25
stetig ... 26
Merkmalsausprägung ... 21, **23–25**, 28, 32, 34, 42, 44, 93, 103, 104, 140, 294
Merkmalsträger ... 21, 27, **28**, 34
Methode der kleinsten Quadrate ... **163**, **164**, 167, 168
Mikrozensus ... **18**, 471
Minimalitätseigenschaft ... **85–87**, 91, 95, 97
Mittelwert ... 78, **81**, 83, 88, 108, 133, 140, 142, 145, 150, 268, 270, 406, 408
Mittelwertabweichung ... 123–126
Modalwert ... **103–106**, 113
Modus ... 103

N

Nichtparametrische Tests ... 454
Nominalskala ... **26**, 27
Normalapproximation, Binomialverteilung 391
Normaldichtefunktion ... **368**, 373, 445
Normalverteilt ... **363**, 408, 445, 448, 450, 460
Normalverteilung ... 363, 388
Nullhypothese ... 430

O

Oder-Ereignis ... **184**, 185
Ordinalskala ... 26

P

Parabel ... 85, 86, 165, 166, 357
Pascal'sches Dreieck ... 203
Permutation ... 198, 201
Perzentil ... 99, 387
Pfadregeln ... **211**, 218, 243, 244
Poisson-Prozess ... 259, 339
Poisson-Verteilung ... 338
Varianz ... 340

Prävalenz ... 229
Produktregel ... **190–192**, 194, 196, 201, 206, 232, 347
Punktschätzung ... 405
Erwartungswert ... 407

Q

Qualitative Daten ... 30
Quantil ... **97**–99, 103, 121, 387, 388, 412, 418–421, 445, 446, 460, 463
Quantitativ-diskrete Daten ... 41
Quantitativ-stetige Daten ... 44
Quartil ... **99–103**, 121–123
Quartilsabstand ... 121–123
Quotenstichprobe ... 24

R

Rangsumme ... 454
Regressionsgerade ... 162, 167, 168
Relative Häufigkeit ... **34–36**, 40, 42, 44–47, 51, 53, 56, 187, 189, 343, 382, 416
Run-Länge ... 281

S

Satz von Bayes ... 228, **230–232**
Säulendiagramm ... 19, **20**, 33, 42, 43, 67, 103, 183
Schätzer ... 406
Schätzfunktion ... 405
effizient ... 407
erwartungstreu ... 406
Erwartungswert ... 408
konsistent ... 407
Parameter p einer Binomialverteilung ... 417
Schließende Statistik ... 19
Schwerpunkteigenschaft ... 83, 84
Sensitivität ... 229
Sichere Ereignis ... 184
Sicherheitswahrscheinlichkeit ... 411

Sigma-Regeln **384**, **385**, 409, 412
Signifikanzniveau 433
Simpson-Paradoxon **70**, **73**, 75
Spannweite 100, 121, 123
Spezifität 229
Stabdiagramm **32**, 33, 52–54, 59, 239, 240, 242, 245
Standardabweichung 84, 106, 123, **126–131**, 133, 138–141, 144–146, 157, 281, 282, 372, 405–408, 421, 422, 442–444
   diskrete Zufallsvariable 275
   stetige Zufallsvariable 278
Standardisieren 141, 147
Standardisierung 136, 139, 141–145
   Zufallsvariable 291
Standardnormalverteilung **371**, 463
   Eigenschaften 381
Statistische Sicherheit 433
Stetige Gleichverteilung 357
Stichprobe 18, **24**, 27, 101, 120, 127, 192, 210, 347, 348, 405–409, 419–421, 443, 446, 454
   geordnet 193
   repräsentativ 18, 24
   ungeordnet 193
Stichprobenumfang 421, 424
Stichprobenverteilung 406
   arithmetisches Mittel 408
Stirling-Formel 199
Streuungsmaß 84, 100, **123**, 124, 126
Streuungsmaßzahlen 106, **118**, 120, 121, 123, 126, 133, 137, 268
Summationsindex **37**–40, 238, 289
Summenkurve **52**, 54, 59
Summenzeichen **36**–40, 130, 151, 155, 247, 273, 277, 289

T

Test 429
   Binomialtest 438
   Erwartungswert 442
   Konstruktion 434
   linksseitig 438
   rechtsseitig 438

   Wilcoxon 461
   zweiseitig 438
Totale Ereignisdisjunktion 228
Totalerhebung 23
Transformationssatz 287
Tschebyschew'sche Ungleichung 281, 384

U

Unabhängige Ereignisse 233
Und-Ereignis 184
Ungeordnete Stichproben 192, **200**, 202, 209
Unmögliche Ereignis 184

V

Varianz 106, **123**, **126–130**, 132, 133, 138, 139, 150, 167, 168, 274–277, 281, 287, 288, 290, 294, 325, 333, 340, 353, 362, 366, 408, 450, 460
   Bernoulli-verteilt 319
   Binomialverteilt 333
   diskrete Zufallsvariable 275
   geometrisch verteilt 353
   gleichverteilte Zufallsvariable 326
   hypergeometrisch 348
   negativ exponentiell 362
   Poisson-verteilt 340
   Regeln 283
   stetig gleichverteilt 361
   stetige Zufallsvariable 278
   Summe von Zufallsvariablen 290
   Verschiebungssatz 289
Verhältnisskala 26, 27
Verteilung
   Bernoulli 317
   Binomialverteilt 337
   geometrisch 352
   gleichverteilt 325
   hypergeometrisch 346
   Poisson 259, **340**
   stetig gleichverteilt 360
Verteilungsfunktion **51–54**, 56–59, 249, 251, 252, 260, 268, 294, 317, 360, 361, 406

Binomialverteilt 337
　　diskrete Zufallsvariable **249**
　　geometrische 354
　　negativ exponentiell 362
　　negativ exponentiell verteilt 362
　　Normalverteilung 373
　　Standardnormalverteilung 372
　　stetige Zufallsvariable **253**, 257
　　Warten auf die erste 6 249
Vierfeldertafel 228, **229**
Volkszählungen 17, 18
Vorläuferstichprobe 421

W

Wahrscheinlichkeit **119**, 176, 177, 180, 182,
　　　　　　　　　　　　206, 211, 213, 227, 229,
　　　　　　　　　　　　252, 281, 282, 294, 296,
　　　　　　　　　　　　315, 341, 348, 351, 387,
　　　　　　　　　　　　　　　　　　410, 412, 440
　　1. Pfadregel 213
　　2. Pfadregel 216
　　A-posteriori 231
　　A-priori 231
　　bedingte 219, **222**
　　Gegenereignis 182
　　Laplace-Experiment 176
　　Lotto 206
　　Regeln 183
　　sicheres Ereignis 184
　　totale 228
　　unmögliches Ereignis 184
　　Warten auf die erste 6 247
Wahrscheinlichkeitsdichte **257**, 277
Wahrscheinlichkeitsfunktion **237**–**239**, 246,
　　　　　　　　249–251, 259, 262–264, 266, 270,
　　　　　　　　　　294, 317, 330, 360, 361, 433, 458
　　Binomialverteilt 333
　　gemeinsame **262**, 266

　　geometrisch verteilt 352, 353
　　gleichverteilt 325
　　hypergeometrisch verteilt 348
　　Poisson-verteilt 340
　　stetig gleichverteilt 360
Wartezeit 259, 260, 273, 274, 352, 362
Wilcoxon-Rangsummenstatistik 455
Wilcoxon-Zwei-Stichproben-Test 453

Z

Zensus 17
Zentralwert 92, 93
z-Transformation 141
Zufallsexperiment **174**, 176, 177, 180, 182,
　　　　　　　　　　　　185, 189, 191, 215, 233,
　　　　　　　　　　　　　　　　　234, 246, 265, 317
Zufallsgröße 235
Zufallsstichprobe 24, 408, 410
Zufallsvariable **235**–**237**, 239, 245, 254, 255,
　　　　　　　　　　　　273, 281, 282, 294, 360–362,
　　　　　　　　　　　　383, 405–407, 410, 442, 443, 460
　　Binomialverteilt 333
　　diskret 236
　　geometrisch verteilt 352, 353
　　hypergeometrisch 348
　　negativ exponentiell verteilt 362
　　normalverteilt **373**, 377
　　Poisson-verteilt 340
　　standardisierte 291, 292
　　standardnormalverteilt 372
　　stetig 236, **253**, 258
　　stetig gleichverteilt 360
　　unabhängige 265
　　Verknüpfung 261
　　Wahrscheinlichkeitsfunktion 237
z-Verteilung 371
z-Werte **141**, 142, 381

»Ein umfassender Rundumblick auf das breite und fesselnde Gebiet der Informatik.«

– LINUX MAGAZIN

411 Seiten, broschiert, 24,90 Euro
ISBN 978-3-8362-4406-0
www.rheinwerk-verlag.de/4273

Perfekt für den Einstieg ins Informatikstudium

Schließen Sie Wissenslücken und bereiten Sie sich gründlich aufs Studium vor! Dieser Vorkurs zeigt alles Wesentliche – Schritt für Schritt, anschaulich und zum Mitmachen. Die Autoren erklären die Grundkonzepte der Informatik und bieten zahlreiche Knobeleien, Diagramme und Aufgaben mit Lösungen. Hier erwerben Sie Grundkenntnisse in Rechnerarchitekturen, Algorithmen, formalen Sprachen und objektorientierter Programmierung – und haben auch noch Spaß beim Lesen und Lernen!

Kostenlose Buchauszüge im Rheinwerk-Shop!

»Ein unverzichtbares Grundwerk, das bis ins Detail hinein zuverlässig informiert und anleitet.«

– Macwelt.de

677 Seiten, gebunden, 49,90 Euro
ISBN 978-3-8362-6013-8
www.rheinwerk-verlag.de/4545

Das Training für mehr Effizienz und Produktivität am Mac

Sie kennen Ihren Mac, wollen aber nun wissen, wie Sie ihn wirklich effektiv nutzen und administrieren können? Dann sind Sie bei dem neuen Buch von Kai Surendorf genau richtig. Seit Jahren steht der Name »Surendorf« für Kompetenz in der Vermittlung von Wissen zu macOS und OS X. Ob Sie Power-User oder ambitionierter Anwender sind oder einfach nur Spaß am Arbeiten mit dem Mac haben: Es gibt zahlreiche Techniken, Tipps und Tricks, die Ihnen die Arbeit leicher machen werden.

Jetzt bei uns im Rheinwerk-Shop: Buch, E-Book und Bundle!

276 Seiten, Klappbroschur, 24,90 Eu
ISBN 978-3-8362-5596-7
www.rheinwerk-verlag.de/4418

Rituale, Routinen und Techniken gegen das Aufschieben

Dieses Buch verhilft Ihnen endlich zu einem Sieg über das Aufschieben. Ohne Ausreden, ohne Verzögerungen. Randvoll mit Tipps, Ritualen und Techniken gegen das Aufschieben zeigt Philipp Barth, wie man den ersten Schritt macht und Projekte mit Elan angeht. Locker und anregend erzählt er vom richtigen Zeitmanagement, klarer Fokussierung und positiver Selbstmotivation. Ein praktisches Buch, das dem Leser wirklich weiterhilft.

Ihre Weiterbildung beginnt hier:
www.rheinwerk-verlag.de

Das E-Book zum Buch

Sie haben das Buch gekauft und möchten es zusätzlich auch elektronisch lesen? Dann nutzen Sie Ihren Vorteil.
Zum Preis von nur 5 Euro bekommen Sie zum Buch zusätzlich das E-Book hinzu.

Dieses Angebot ist unverbindlich und gilt nur für Käufer der Buchausgabe.

So erhalten Sie das E-Book

1. Gehen Sie im Rheinwerk-Webshop auf die Seite:
   www.rheinwerk-verlag.de/E-Book-zum-Buch
2. Geben Sie dort den untenstehenden Registrierungscode ein.
3. Legen Sie dann das E-Book in den Warenkorb, und gehen Sie zur Kasse.

Ihr Registrierungscode

3NGQ-QWRF-T8XA-9ZB7-3F

Sie haben noch Fragen? Dann lesen Sie weiter unter:
www.rheinwerk-verlag.de/E-Book-zum-Buch